表面活性剂科学与应用

（第二版）

宋昭峥　王　军　蒋庆哲　南北杰　柯　明　编著

中国石化出版社

内 容 提 要

本书系统论述了各种表面活性剂的结构、性能、合成及用途，特别针对表面活性剂科学的最新发展，介绍了一些具有特殊结构和性能的新型表面活性剂；系统论述了表面活性剂在溶液中的状态与性质以及表面活性剂在界面上的吸附、润湿、渗透与反渗透、乳化与破乳、起泡与消泡、洗涤、增溶、分散与聚集、防腐、杀菌、抗静电等作用的基本原理。

本书在选材上兼顾科学研究和实际应用的需要，在详细介绍基础理论知识的同时，也反应了表面活性剂科学的最新成就和发展，并适当探讨了表面活性剂在石油开采、石油加工、采矿、材料、农药等工业中的应用问题。本书可供涉及表面活性剂理论研究和应用的有关科研人员、工程技术人员使用，也可作为高校相关专业的大学教师、研究生、高年级大学生的专业基础性教材和参考书。

图书在版编目(CIP)数据

表面活性剂科学与应用 / 宋昭峥等编著 . —2版
—北京：中国石化出版社，2015.1(2022.6重印)
ISBN 978-7-5114-3177-6

Ⅰ.①表… Ⅱ.①宋… Ⅲ.①表面活性剂–应用
Ⅳ.①TQ423.9

中国版本图书馆 CIP 数据核字(2015)第 016827 号

中国石化出版社出版发行
地址:北京市东城区安定门外大街 58 号
邮编:100011 电话:(010)57512500
发行部电话:(010)57512575
http://www. sinopec-press. com
E-mail:press@ sinopec. com
北京富泰印刷有限责任公司印刷
全国各地新华书店经销

*

787×1092 毫米 16 开本 20 印张 496 千字
2015 年 2 月第 2 版 2022 年 6 月第 2 次印刷
定价:60.00 元

前　言

表面活性剂工业是20世纪30年代发展起来的一门知识密集型、技术开发型行业，特别是二战以后，表面活性剂工业得到了迅速发展，并继续向高技术方向发展，其发展水平已被视为各国高新化工技术产业的重要标志，并成为当今世界化学工业激烈竞争的焦点。近年来，随着石油化工的高速发展，为表面活性剂的生成提供了丰富的原料，使表面活性剂的产量和品种迅速增长，成为国民经济基础工业之一。

由于表面活性剂具有润湿、分散、乳化、增溶、起泡、消泡、洗涤、均染、抗静电、防腐、杀菌等一系列独特的作用和功能，表面活性剂对改进生产工艺，提高产品质量，节约能源，降低成本，提高生产率，增加附加值等方面发挥了巨大作用，因此，有"工业味精"和"工业催化剂"之称。

随着世界经济和科学技术的发展，表面活性剂的发展更为迅猛，其应用领域从日用化学工业扩展到工农业各部门。例如石油开采与管输、石油加工、采矿、化肥、食品、农业、建材、环保、纺织、环境、医药等，表面活性剂几乎渗透到一切生产及技术经济领域。

因此，学习和掌握表面活性剂的基础理论和应用性能是很有必要的。

本书根据《表面活性剂科学与应用》(第一版)存在的不足，结合最近几年的科研与教学成果进行了修订。本书取材广泛，内容新颖和全面，兼顾基础理论和有关方面应用，不仅较为详细地介绍了表面活性剂的系统知识，而且还列举了大量实际生产和应用的例子。目的在于启迪读者思路、拓宽应用视野，以便开发更多更好的表面活性剂，为国民经济发展作出新的贡献。

本书内容共包括10章。第1章、第2章为表面活性剂的基本概念、结构、种类与用途，特别针对表面活性剂科学的最新发展，介绍一些具有特殊结构和性能的新型表面活性剂；第3章、第4章为表面活性剂界面吸附性质和表面活性剂溶液体相性质；第5~10章主要讲述表面活性剂的润湿、渗透与反润湿、乳化与破乳、起泡与消泡、洗涤、分散与聚集、复配一系列应用的基本原理以及所涉及的各种物理化学性质。

本书主要介绍基础知识，并将其与应用紧密结合起来，使读者加深对基本概念和原理的理解和掌握。

　　参加本书编写工作的有中国石油大学（北京）宋昭峥、蒋庆哲、柯明以及长庆油田第四采油厂的王军和南北杰，本书第 1~2 章由蒋庆哲编写，第 3~6 章由宋昭峥编写，第 7 章和涉及表面活性剂在油田中应用的内容由王军编写，第 8、9 章由柯明编写，第 10 章由南北杰编写。全书内容由宋昭峥组织审查。另外，本书是在中国石油大学（北京）应化特色基金的资助基础上完成的，在此表示感谢。

　　限于作者的水平，书中难免有缺点和错误，希望读者批评指正。

编者

2014 年 9 月于中国石油大学（北京）重质油国家重点实验室

目　录

第1章 绪论

随着世界工业和科技的发展，表面活性剂工业的发展更为迅猛，其应用领域从日用化学工业扩展到工农业各部门。例如石油开采与管输，石油加工，采矿，化肥，食品，农业，建材，环保，纺织，环境，医药等，表面活性剂几乎渗透到一切生产及技术经济领域，表面活性剂工业已经成为国民经济的基础工业之一[1~2]。

表面活性剂有两个重要的性质，一个是在各种界面上的定向吸附，另一个是在溶液内部能形成胶束。前一种性质是许多表面活性剂用作乳化剂、起泡剂、润湿剂的原因，后一种性质是表面活性剂常用增溶作用的原因。

1.1 界面与表面

表面活性剂的作用主要表现在它能改变表(界)面的物理化学性质从而产生一系列的应用性能。那么什么是表(界)面呢？所谓界面是指物质相与相的分界面(interface)，如油和水互不相溶，油水混在一起分为两层，其中的分界面即为油水界面。

我们周围的物质，在一定条件下可以形成气、液、固三种聚集状态，也就有了气、液、固三相。在各相之间存在着界面，共有气–液、气–固、液–液、液–固和固–固 5 种不同的相界面。当组成界面的两相中有一相为气相时，常被称为表面(surface)。气体与液体间的界面是各类界面中最简单的一类，它的化学组成最简单，而且具有物理和化学的均匀性。

界面不是一个简单的几何面，而是从一相到另一相的过渡层，具有一定的厚度，约 $10^{-9} \sim 10^{-8}$ m，有几个分子层厚。界面层的性质与相邻两体相的性质有关，但又有所差别。这种差别主要是由于分子处于界面层时所感受的作用力与在体相中不同而引起的。表面现象的产生则是这种作用力差异的结果。

界面现象的研究，不仅具有理论意义，在实际应用中尤为重要。与国计民生息息相关的电子、生物、材料、化工、矿冶、纺织、食品等部门常涉及催化作用(如多相催化，胶束催化，相转移催化等)、相变化(如蒸馏、萃取、结晶、溶解等)、吸附(如染色、脱色、除臭、浮选等)、表面膜[如由磷脂等生物活性物质组成的双层膜(BLM)、微电子集成路块中有重要应用的 LB 膜、减缓水蒸发的单分子膜等]、新相生成(如过冷与过热、过饱和等)、表面活性剂的物理化学(如润湿、研磨、洗涤、乳化、消泡、注水采油、矿物浮选等)等界面化学问题。

1.2 表面张力和表面自由能

液体表面最基本的特性是倾向收缩，其表现是小液滴呈球形，如水银珠、植物叶片上的露珠等。看起来液体的表面像是绷紧的，这是由于它包住的液体造成的。液体表面自动收缩的驱动力源于表面上的分子所处的状态与体相内部的分子所处的状态(或分子所受作用力)的差别，如图 1-1 所示。

表面层分子与内部分子相比，它们所处的环境不同，如图 1-1 所示，在液体内部，每个分子所受其周围相邻分子的作用力是对称的，各个方向的力彼此抵消，即所受到邻近分子的吸引力的合力为零。而液体表面上液体分子所受液相分子的引力比气相分子对它的引力强，它所受的力是不对称的，结果产生了表面分子受到指向液体内部并垂直于界面的引力。因此表面上的分子有向液相内部迁移的趋势，从而使液体表面具有张力，有自发收缩的趋势。这种引起液体表面自动收缩的力就叫表面张力(surface tension)。表面张力使表面层有自动收缩到最小的趋势，并使表面层显示出一些独特性质，如表面吸附、毛细现象、过饱和状态等。

可以通过图 1-2 中框架实验来测量液体的表面张力。

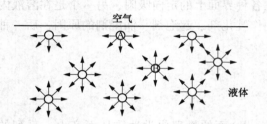

图 1-1　分子在液体内部和表面　　　　图 1-2　带滑丝的一金属丝框，框上可形成
　　　　所受吸引力场的不同[3]　　　　　　　一肥皂膜，在外力 F 作用下，膜被拉伸

如图 1-2 所示，其中一边是可以自由活动且无摩擦力存在的滑丝，将此框架从肥皂水中拉出，即可在框架中形成一层肥皂水膜。在无相反外力存在下，绷紧的肥皂水膜会自动收缩，使滑丝向膜缩小的方向移动。若欲制止肥皂水膜的自动收缩，需在相反方向施加一力 F。显然，表面张力 γ 是作用在膜的边界上并随滑丝的长度 l 而改变的，而膜有两个表面，故表面张力为

$$\gamma = \frac{F}{2l} \tag{1-1}$$

从力学的观点来看，液体表面张力就是张紧的液体表面的收缩力，它存在于液体表面上的任何部分，其方向是切于液面而垂直于作用线指向液面缩小的方向上的单位长度上的收缩力。其单位通常以 mN/m 表示。

液体表面自动收缩的现象也可以从能量的角度来认识。考虑液膜面积变化过程的能量变化，设图 1-2 中的肥皂水膜处于平衡状态，若增加一无限小的力于滑丝上以使其向下移动 dx 距离，形成面积为 $2ldx$ 的肥皂膜，此过程中环境对体系所作功为

$$W = F \cdot dx \tag{1-2}$$

将式(1-1)代入式(1-2)得到

$$W = \gamma 2l dx = \gamma dA \tag{1-3}$$

式(1-3)意味着 γ 就是使液体增加单位表面时所需作的可逆功。根据能量最小原理，肥皂膜必有自发收缩减小的趋势，当肥皂膜收缩时，体系就会对外作功而将同样大小的能量释放出来，因此 γ 也就是表面自由能(surface free energy)，其单位以 mJ/m 表示。

从另一角度来看，液体内部的分子 B 因受到邻近分子对它的净拉力为零。若将 B 分子移至液体表面(增加新表面)就必须克服净拉力对 B 分子作功，才能将 B 分子移至液体表面。由于对 B 分子作功所以移至液体表面后，B 分子具有的能量就比在液体内部时高。因此表面

自由能是一种过剩量，即与正常体相内部相比较时，表面多出的那部分自由能，因此也称表面过剩自由能(surface excess free energy)。

表面过剩自由能 γ 也是一个特定的热力学函数。对于只有一种表面的多组分体系，在可逆过程中有如下相应的关系式：

$$dU = TdS - pdV + \gamma dA + \sum_i \mu_i dn_i \qquad (1-4a)$$

$$dH = TdS + Vdp + \gamma dA + \sum_i \mu_i dn_i \qquad (1-4b)$$

$$dF = -SdT - pdV + \gamma dA + \sum_i \mu_i dn_i \qquad (1-4c)$$

$$dG = -SdT + Vdp + \gamma dA + \sum_i \mu_i dn_i \qquad (1-4d)$$

式中 γ 被定义为

$$\gamma = \left(\frac{\partial G}{\partial A_s}\right)_{T, p, n_i} = \left(\frac{\partial U}{\partial A_s}\right)_{S, V, n_i} = \left(\frac{\partial H}{\partial A_s}\right)_{S, p, n_i} = \left(\frac{\partial F}{\partial A_s}\right)_{T, V, n_i} \qquad (1-5)$$

即 γ 相当于恒温恒压等相应变数不变的条件下，可逆地增加单位表面积所引起的自由能等相应热力学函数的变化。

表面张力和表面自由能分别是用力学方法和热力学方法研究液体表面现象时采用的物理量，具有不同的物理意义，却又具有相同的量纲。当采用适宜的单位时二者同值。

从分子的相互作用来看，表面张力实际上是分子间吸引力的一种量度，分子间吸引力大者表面张力高。因此引起分子间吸引力变化的因素都会引起表面张力的变化。有多种因素可以影响物质的表面张力。

（1）物质本性

表面张力起源于净吸力，而净吸力取决于分子间的引力和分子结构，因此表面张力与物质本性有关，γ 随分子间作用力的增强而增大。一般有：γ(金属键)>γ(离子键)>γ(极性键)>γ(非极性键)。

例如水是极性分子，分子间有很强的吸引力，常压下 20℃ 时水的表面张力高达 72.75mN/m，而非极性分子的正己烷在同温度下其表面张力只有 18.43mN/m。水银有极大的内聚力，故在常温下是所有液体中表面张力最高的物质(485mN/m)。当然，其他熔态金属的表面张力也很高(一般是在高温熔化状态时的数据)，例如 1100℃ 熔态铜的表面张力为 879mN/m。

（2）相界面性质

通常所说的某种液体的表面张力，是指该液体与含有本身蒸气的空气相接触时的测定值。在与液体相接触的另一相物质的性质改变时，表面张力会发生变化。Antonoff 发现，两个液相之间的界面张力是两液体已相互饱和(尽管互熔度很小)时两个液体的表面张力之差，即

$$\gamma_{1,2} = \gamma_1 - \gamma_2 \qquad (1-6)$$

式中，γ_1，γ_2 分别为两个相互饱和的液体的表面张力。这个经验规律称为 Antonoff 法则。

在液-气界面上，表面张力是液体分子相互吸引所产生的净吸力的总和，空气分子对液体分子的吸引可以忽略。但在液 1-液 2 界面上，两种不同的分子也要相互吸引，因而降低了每种液体的净吸力，使新界面的张力比原有两个表面张力中较大的那个小些。

有机液体与水之间的界面张力见表 1-1。

表 1-1　有机液体与水之间的界面张力[3]　　　　（mN/m）

液体	表面张力			界面张力		温度/℃
	水层 γ'_1	有机液层 γ'_2	纯有机液体	计算值	实验值	
苯	63.2	28.8	28.4	34.4	34.4	19
乙醚	28.1	17.5	17.7	10.6	10.6	18
氯仿	59.8	26.4	27.2	33.4	33.3	18
四氯化碳	70.9	43.2	43.4	24.7	24.7	18
戊醇	26.3	21.5	24.4	4.8	4.8	18
{ 5%戊醇 95%苯	41.4	28.0	26.0	13.4	16.1	17

（3）温度对表面张力的影响

温度升高，表面张力下降，当达到临界温度 T_0 时，表面张力趋向于零。这可用热力学公式说明：

因为 $dG = -SdT + Vdp + \gamma dA + \sum_B \mu_B dn_B$

运用全微分的性质，可得：

$$\left(\frac{\partial S}{\partial A}\right)_{T,p,n_B} = -\left(\frac{\partial \gamma}{\partial T}\right)_{A,p,n_B} \tag{1-7}$$

等式左方为正值，因为表面积增加，熵总是增加的，所以 γ 随温度的增加而下降[4]。如图 1-3 所示。

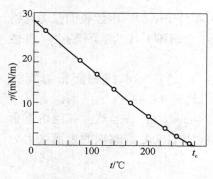

图 1-3　液体的表面张力与
温度的关系曲线[5]

当温度接近临界温度 T_0 时，液相和气相的界面逐渐消失，表面张力最终降为零。温度升高液体的表面张力下降主要是由于随温度升高液体的饱和蒸气压增大，气相中分子密度增加，因此气相分子对液体表面分子的吸引力增加。反之温度升高会使液相的体积膨胀，液相分子间距增大，分子间相互作用力减小。这两种效应均使液体的表面张力减小。

关于表面张力和温度的关系式，目前主要采用一些经验式。实验证明，非缔合性液体的 $\gamma - T$ 关系基本上是线性的，可表示为：

$$\gamma_T = \gamma_0 [1 - K(T - T_0)] \tag{1-8}$$

式中，γ_T，γ_0 分别为温度 T 和 T_0 时的表面张力；K 为表面张力的温度系数。

（4）压力对表面张力的影响

气相的压力对液体的表面张力影响的因素要比温度对液体表面张力的影响复杂得多[6]。首先气相压力的增加使气相分子的密度增加，有更多的气体分子与液面接触，从而使液体表面分子所受到两相分子的吸引力不同的程度减小，导致液体表面张力下降。但液体表面张力随气相压力变化并不太大，大约气相压力增加 10 个大气压液体的表面张力才下降约 1mN/m。例如在 101.33kPa 下，水和四氯化碳的 γ 分别是 72.8mN/m 和 26.8mN/m，而在 1013kPa 时分别是 71.8mN/m 和 25.8mN/m。另外气相压力增加，气相分子有可能被液面吸收，溶解于液体中改变液相成分使液体表面张力发生变化，这些因素均会导致液体表面张力降低。

1.3 弯曲液体表面的现象

大面积的水面看起来总是平坦的，而一些小面积的液面却都是曲面（$R \gg$ 表面厚度 10nm）。如毛细管中的液面，气泡、露珠的液面等。造成这种现象的原因是液体表面存在着表面张力，它总是力图收缩液体的表面。在体积相同的条件下球形的表面积最小，所以小液面往往成弯曲状。

1.3.1 弯曲液体表面下的附加压力

在液体平面界面两侧的压力是平衡、相等的，但弯曲液面下的压力与平液面下的压力是不同的[7]。

如图 1-4(a) 所示，对于凸液面，由于表面张力的方向是切于液面且垂直于作用线，而且是指向液面缩小的方向，因此凸液面产生的附加压力 Δp 是指向液体内部的，凸液面下的压力 $p_{凸}$ 是附加压力 Δp 和气相压力 p_0 之和，即 $p_{凸} = \Delta p + p_0$；如图 1-4(b) 所示凹液面内的压力 $p_{凹}$ 则与凸液面的相反，液体的表面张力有力图将凹液面拉平的趋势。因此凹液面下的压力 $p_{凹}$ 小于气相压力，即 $p_{凹} = p_0 - \Delta p$。

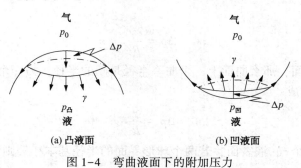

(a) 凸液面　　　　　　　(b) 凹液面

图 1-4　弯曲液面下的附加压力

综上所述，由于液体表面存在着表面张力，在表面张力的作用下弯曲液面的两边存在着压力差；在曲面的曲率中心这边的体相因受到附加压力的影响，而在曲率中心这一边，体相的压力比曲面另一边体相的压力大。

1.3.2 Young-Laplace 公式

1805 年 Young-Laplace 导出了附加压力与曲率半径之间的关系式：

$$p_s = \gamma \left(\frac{1}{R'_1} + \frac{1}{R'_2} \right) \tag{1-9}$$

根据数学上规定，凸面的曲率半径取正值，凹面的曲率半径取负值。所以，凸面的附加压力指向液体，凹面的附加压力指向气体，即附加压力总是指向球面的球心。

如图 1-5 所示，如果液面是任意曲面，曲面的主要半径为 R_1 和 R_2。平衡时若使曲面 $ABCD$ 扩大无限小的量，即沿法线方向移动 dz 距离到 $A'B'C'D'$，其面积增量为 $\Delta A = (x + dx)(y + dy) - xy = xdy + ydx$。由于面积增加，体系得到的表面功 $W' = \gamma(xdy + ydx)$。又因

曲面两边有压差 Δp，所以当曲面位移 dz 时需体积功 $W = \Delta p(xydz)$。

当体系达到平衡时，上述表面功 W' 和体积功 W 相等，即

$$\gamma(xdy + ydx) = \Delta p \cdot xydz \tag{1-10}$$

由图 1-5 可见 ΔAOB 相似于 $\Delta A'O'B'$，于是：

$$\frac{x + dx}{R_1 + dz} = \frac{x}{R_1} = \frac{dx}{dz} \text{ 或 } dx = xdz/R_1 \tag{1-11}$$

$$\frac{y + dy}{R_2 + dz} = \frac{y}{R_2} = \frac{dy}{dz} \text{ 或 } dy = ydz/R_2 \tag{1-12}$$

将 dx、dy 的关系式代入式(1-10)，得

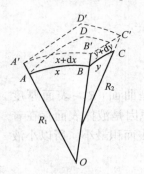

图 1-5 任意曲面扩大时
所做功的分析

$$\Delta p = \gamma\left(\frac{1}{R_1} + \frac{1}{R_2}\right) \tag{1-13}$$

式中，R_1 和 R_2 是曲面的两个主曲率半径。

式(1-13)就是 Laplace 公式，这是适用任意曲面的一般公式，它表示了附加压力与表面张力成正比，与曲率半径成反比；即曲率半径越小，附加压力越大。

适用范围：

① 适用毛细管直径<0.5mm 情形；

② 适用于 R 为定值的小液滴或液体中小气泡。

如果曲面是球面的一部分，则任意的曲率半径都相等即 $R_1 = R_2$，因此 Laplace 方程式就还原为式(1-14)。

$$\Delta p = \frac{2\gamma}{R} \tag{1-14}$$

如果曲面是圆柱面，那么曲面上一个曲率半径是圆的半径，另一个曲率半径是 ∞，所以 Laplace 方程式可以写成

$$\Delta p = \frac{\gamma}{R} \tag{1-15}$$

对于肥皂泡有两个气-液表面，若两个球形界面的半径基本相等则气泡内外的压差为

$$\Delta p = \frac{4\gamma}{R} \tag{1-16}$$

这表明一个肥皂泡，它的泡内压力比泡外压力大，因此吹出肥皂泡后，若不堵住吹管口，肥皂泡很快就会缩小。

1.3.3 毛细现象

毛细现象是指毛细管插入液相中，毛细管内液体上升或下降的现象[8]。若液体能很好地润湿管壁，接触角 $\theta = 0°$，液体在毛细管内的液面将呈现凹液面。

如图 1-6(a)所示，凹液面上方气相为大气压 p_0，而凹液面下方液相的压力 $p_凹$ 小于大气压。若毛细管半径较小，且横截面为圆形，则弯月面近于半球面，此时凹液面的半径等于毛细管半径，其界面两边的压力差卸 $\Delta p = \frac{2\gamma}{r}$。为了维持管内、外液体在同一水平上，如图 1-6(a)中 a、a' 两处的压力相等，毛细管内的液柱会上升至高度为 h 处，使毛细管中的静压降与附加压力 Δp 相等，即 $\Delta p = \Delta\rho gh$，$\Delta\rho$ 为液相与气相的密度差，g 为重力加速度。附加压力

与毛细管上升高度 h 成正比，即

$$\Delta p = \frac{2\gamma}{r} \Delta \rho g h \qquad (1-17)$$

$$\frac{2\gamma}{\Delta \rho g} = rh = a^2 \qquad (1-18)$$

式中，a^2 为毛细管常数。

若液体不能润湿毛细管壁，即接触角 $\theta = 180°$ 时，液体在管内的液面呈现凸液面（凸半球面），如图 1-6(b) 所示，由于凸液面下方液相的压力大于液面上方气相压力，因此毛细管内的液柱下降，下降的深度也与附加压力成正比。

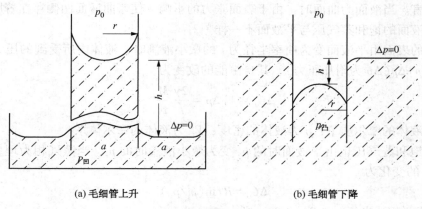

(a) 毛细管上升　　　　　　　　(b) 毛细管下降

图 1-6　毛细管现象

如果毛细管内的液体与管壁形成的接触角在 $0° < \theta < 180°$ 范围内，液面是圆球面的一部分（见图 1-7），且两个主曲率半径相等即 $R_1 = R_2 = R$，由于 $\frac{r}{R} = \cos\theta$

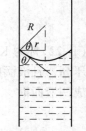

$R = \frac{r}{\cos\theta}$，所以式 (1-16) 可以改写为

$$\Delta p = \frac{2\gamma\cos\theta}{R} \qquad (1-19)$$

图 1-7　$0° < \theta < 180°$ 时的
毛细管上升现象

几种毛细现象：

（1）液体在地层和纺织品中的流动

原油和水在地层中的流动属液体在不均匀孔径的毛细管中的流动，当忽略重力作用时，由于不同管径的曲率半径不同，造成两部分液面的附加压力不同（毛细压差）。因此，液体将往附加压力大的方向流动。

若要改变其流动方向，必须施加一克服此压力差的力，若采用表面化学方法改变体系表面张力和液面曲率，可以改变体系毛细压差以利于实现所要求的流动。这是三次采油的关键问题之一。

（2）关于泡沫和乳状液的稳定性

泡沫和乳状液是由两种不相混溶的流体相形成的分散体系。泡沫是大量气体分散在少量液体中构成的，而乳状液是一种液体以微小液滴状态分散在另一液相中。泡沫的片膜与片膜之间构成具有不同曲率的连续液体，由于附加压力不同，液体从曲率小、压力大的片膜流向曲率大、压力小的片膜边界，最后导致泡沫排液、泡膜变薄而破裂。这是影响泡膜稳定的重要原因。

（3）压汞法测孔径

水银在一般固体的孔中形成凸液面，欲使水银进入固体孔中须克服毛细压差。即

$$\Delta p = \frac{2\gamma \cos\theta}{r} \qquad (1-20)$$

当 γ、θ 已知，通过测定毛细压差可计算固体的孔径，如催化剂的孔径测定。

1.3.4　液体的表面曲率的关系——Kelvin 公式

在一定温度下，当气-液两相达到平衡时，液体的饱和蒸气压是一恒定值，这是对液面为平液面而言。当液面为曲面时，由于表面张力的影响，使弯曲液面两侧存在着压力差，因此造成弯曲液面的饱和蒸气压与平液面不一样[9]。

当液体的表面由平液面变为曲率半径为 r 的微小液滴时，液体内所受到的压力由平液面时的 p 变为 $p+\Delta p$（Δp 为附加压力），其自由能的改变为：

$$\Delta G_L = V_L \Delta p = \frac{2\gamma}{r} \cdot \frac{M}{\rho} \qquad (1-21)$$

式中，M 为液体的摩尔质量；ρ 为液体的密度；V_L 为液体的摩尔体系。

液体的饱和蒸气压也由平液面时的 p_0 变为微小液滴时的 p_r，当蒸气相为理想气体时其自由能 ΔG_V 的变化为

$$\Delta G_V = RT\ln(p_r/p_0) \qquad (1-22)$$

在气-液两相达平衡时 $\Delta G_L = \Delta G_V$，则

$$V_L \frac{2\gamma}{r} = RT\ln(p_r/p_0)$$

或

$$\frac{2\gamma}{r} \cdot \frac{M}{\rho} = RT\ln(p_r/p_0) \qquad (1-23)$$

式（1-22）称为 Kelvin 公式。它表明液面为凸液面的小液滴的平衡蒸气压比平液面的平衡蒸气压高，且液滴的曲率半径越小平衡蒸气压越大。反之若液面为凹液面，如玻璃毛细管中当形成凹液面时，与液面平衡的蒸气压 p_r 比平液面的平衡蒸气压 p_0 小。此 Kelvin 方程式为

$$\frac{2\gamma \cos\theta}{r} \cdot \frac{M}{\rho} = RT\ln(p_0/p_r) \qquad (1-24)$$

式中，θ 为接触角；R 为毛细管半径。

当接触角 $\theta < 90°$，$\cos\theta > 0$ 时，液体在毛细管中呈凹液面，毛细管越细则液体的平衡蒸气压就越低。开尔文公式可用以说明一系列涉及相变的介稳状态（如蒸气的过饱和、液体的过冷与过热、微晶熔点下降和溶解度增大等）和许多表面效应（如毛细凝结等）。

（1）过饱和蒸气

一定温度下，蒸气分压高于该温度下的饱和蒸气压，仍不凝结的蒸气称过饱和蒸气[10]。例如，纯水在 298K 的蒸气压为 3172Pa，而由表 1-2 可以看出在洁净的空气中水蒸气即使达到很高的过饱和程度也不会凝聚成水珠。这是由于水珠的半径小到 10^{-6}cm 时，其蒸气压就比正常的高 11%，水珠中约有 14 万个水分子。即使空气中的水蒸气能达到 11% 的过饱度，要将这么多水分子聚集在一起形成小水珠也是不太可能的。只有存在一些曲率半径足够大的

粒子作为水蒸气聚集的核，才可能使水蒸气凝结成液体。空气中的尘埃往往就充当了水蒸气凝结的核的作用。人工降雨正是这一原理的具体应用，将 AgI 小晶粒撒在水蒸气过饱和的空气中作为水蒸气凝结的核，从而使水蒸气在其上凝结而形成雨。

表 1-2　20℃时水珠半径(r)与水的蒸气压的关系

r/cm	10^{-4}	10^{-5}	10^{-6}	10^{-7}
p_r/p_0	1.001	1.011	1.114	2.95

（2）过热液体

一定压力下，液体的温度大于该压力下的沸点，仍不能沸腾的液体称过热液体[11,12]。沸腾是液体从内部形成气泡、在液体表面上剧烈汽化的现象。但如果在液体中没有提供气泡的物质存在，液体在沸点时将无法沸腾。

液体过热现象的产生是由于液体在沸点时无法形成气泡所造成的。根据开尔文公式，小气泡形成时期气泡内饱和蒸气压远小于外压，但由于凹液面附加压力的存在，小气泡要稳定存在需克服的压力又必须大于外压。因此，相平衡条件无法满足，小气泡不能存在，这样便造成了液体在沸点时无法沸腾而液体的温度继续升高的过热现象。过热较多时，极易暴沸。为防止暴沸，可事先加入一些沸石、素烧瓷片等物质。因为这些多孔性物质的孔中存在着曲率半径较大的气泡，加热时这些气体成为新相种子（汽化核心），因而绕过了产生极微小气泡的困难阶段，使液体的过热程度大大降低。

例 1-1　将正丁醇（摩尔质量 $M = 0.074kg/mol$）蒸气聚冷至 273K，发现其过饱和度约达到 4 时方能自行凝结为液滴，若 273K 时正丁醇的表面张力 $\gamma = 0.0261N/m$，密度 $\rho = 1 \times 10^3 kg/m^3$，试计算：

（a）在此过饱和度下所凝结成液滴的半径 r；

（b）每一液滴中所含正丁醇的分子数。

解：（a）过饱和度即为 p_s/p_0，根据开尔文公式

$$\ln 4 = \frac{2 \times 0.074 \times 0.0261}{8.314 \times 273 \times 10^3 \times r} m$$

$$r = 1.23 \times 10^{-9} m$$

（b）

$$V = \frac{4}{3}\pi r^3 = 7.79 \times 10^{-27} m^3$$

$$m = 7.79 \times 10^{-24} kg$$

$$n = \frac{7.79 \times 10^{-24}}{0.074} \times 6.023 \times 10^{23} = 63（个）$$

例 1-2　当水滴半径为 $10^{-8}m$ 时，其 25℃饱和蒸气压的增加相当于升高多少温度所产生的效果。已知水的密度为 $0.998 \times 10^3 kg/m^3$，摩尔蒸发焓为 44.01kJ/mol。

解：按开尔文公式，

$$\ln(p_s/p_0) = \frac{2\gamma \cdot M}{RT_1 \rho \cdot r}$$

又根据克拉贝龙-克劳修斯方程

$$\ln(p_2/p_1) = \frac{\Delta_v H}{R}\left(\frac{1}{T_1} - \frac{1}{T_2}\right)$$

$$p_2/p_1 = p_s/p_0$$

$$\frac{2\gamma M}{RT_1\rho \cdot r} = \frac{\Delta H}{R}\left(\frac{1}{T_1} - \frac{1}{T_2}\right)$$

$$\frac{1}{T_2} = \frac{1}{T_1} - \frac{R \cdot 2\gamma M}{RT_1\rho \cdot r \cdot \Delta_v H}$$

$$= \frac{1}{298.15\text{K}} - \frac{2\times0.07197\times18.02\times10^{-3}}{298.15\times0.998\times10^3\times1\times10^{-8}\times44.01\times10^3\text{K}}$$

$$= 3.3342\times10^{-3}\text{K}^{-1}$$

$$T_2 = 299.92\text{K} \quad \Delta T = 1.77\text{K}$$

（3）毛细凝结与等温蒸馏

考虑液体及其饱和蒸气与孔性固体构成的体系（图1-8）。孔中液面与孔外液面的曲率不同，导致蒸气压力不同。在形成凹形液面的情况下，孔中液体的平衡蒸气压低于液体的正常蒸气压，故在体系蒸气压低于正常饱和蒸气压时即可在毛细管中发生凝结，此即所谓毛细凝结现象。硅胶能作为干燥剂就是因为硅胶能自动地吸附空气中的水蒸气，使得水气在毛细管内发生凝结。

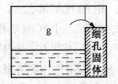

图1-8 等温蒸馏示意图

毛细凝结的另一应用是等温蒸馏。其过程是，如果在一封闭容器中有曲率大小不同的液面与它们的蒸气相共存，由于在相同温度下不同液面的平衡蒸气压力不同，体系中自发进行液体分子从平面液相通过气相转移到曲率大的凹液面处。

Kelvin公式也可应用到乳状液体系中，说明油（水）珠的溶解度，随油（水）珠的半径减小而在水（油）中的溶解度增大的原因。将油（水）在水（油）中的溶解度 S 代入式（1-22）中代替平衡压力 p 可得到乳状液中油（水）在水（油）中的溶解度与液珠曲率半径的关系式，分别为

$$V_o\frac{2\gamma}{r} = RT\ln\frac{S_r}{S_o} \tag{1-25}$$

$$V_w\frac{2\gamma}{r} = RT\ln\frac{S_r}{S_w} \tag{1-26}$$

式中，γ 为油水界面张力；V_o 和 V_w 分别为油和水的摩尔体积；S_o 和 S_w 分别为油和水在水和油中的正常溶解度；S_r 代表液珠半径为 r 时油和水在水（油）中的溶解度。

从式（1-25）和式（1-26）可以看出油（水）在水（油）中的溶解度随液珠曲率半径减小而增加。

用同样的方法也可得到固体在水中的溶解度与固体颗粒大小的关系式。

$$V_s\frac{2\gamma}{r} = RT\ln\frac{S_r}{S_s} \tag{1-27}$$

式中，V_s 为固体的摩尔体积；S_s 为大块固体的溶解度；S_r 为固体粒子其半径为 r 时的溶解度；γ 为固-液界面能。

由式（1-27）所示固体粒子越小其溶解度越大。

虽然开尔文公式是针对两种流体间的界面导出的，但已被成功地应用于固体-流体界面，解释溶液的过饱和现象以及结晶的陈化等。这时，若用浓度代替压力，开尔文公式可以指示溶解度与粒子大小的关系，是Ostward陈化理论的基础。

1.3.5 表面张力的测定方法

（1）滴重法

滴重法也叫作滴体积法（图1-9），基本原理：自一毛细管滴头滴下液体时，液滴的大小与液体的表面张力有关，即表面张力也大，滴下的液滴也越大，二者存在以下关系：

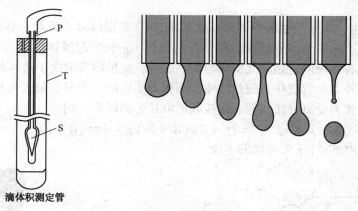

滴体积测定管

图1-9　滴体积法测定表面张力

P—滴管；T—试管；S—滴管头

$$\gamma = W(2\pi r f) = \frac{V\rho g}{2\pi r f} \tag{1-28}$$

式中，γ 为表面张力；$W(V)$ 为液滴从毛细管滴下的液体的重量（或体积）；r 为毛细管滴头处的半径；f 为仪器的校正系数；ρ 为液体的密度。

（2）毛细管上升法

如图1-10所示，将一洁净的半径为 r 的均匀毛细管插入能润湿该毛细管的液体中，则由于表面张力所引起的附加压力，将使液柱上升，达平衡时，附加压力与液柱所形成的压力大小相等，方向相反：

$$\Delta \rho = \frac{2\gamma}{r} = \Delta \rho g h \tag{1-29}$$

式中，h 为达平衡时液柱高度；g 为重力加速度。

$\Delta \rho = \rho_{液} - \rho_{气}$（$\rho$ 为密度）。由图1-10可以看出，曲率半径 r 与毛细管半径 R 以及接触角 θ 之间存在着如下关系：

$$\cos\theta = \frac{R}{r} \tag{1-30}$$

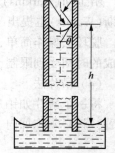

图1-10　毛细管上升法
示意图[3,5,9]

$$\gamma = \frac{\Delta \rho g h}{2} \cdot r = \frac{\Delta \rho g h R}{2\cos\theta} \tag{1-31}$$

若接触角 $\theta = 0$，$\cos\theta = 1$，$\Delta \rho = \rho_{液}$则

$$\gamma = \frac{1}{2} \rho g h \cdot R \tag{1-32}$$

从式（1-31）可见，若 R 已知，由平衡液柱上升高度可测出液体表面张力。若接触角不为零，则应用与接触角有关的公式。但由于目前接触角 θ 的测量准确度还难以满足准确测定表面张力的要求，因此，该法一般不用于测定接触角不为零的液体表面张力。

若考虑到对弯液面的修正，常用公式为：

$$r = \frac{\Delta \rho R g (h + R/3)}{2\cos\theta} \tag{1-33}$$

毛细管上升法理论完整，方法简单，有足够的测量精度。应用此法时除了要有足够的恒温精度和有足够精度的测高仪外，还须注意选择内径均匀的毛细管。

（3）脱环法

在图 1-11 中，水平接触面的圆环（通常用铂环）被提拉时将带起一些液体，形成液柱。环对天平所施之力由两个部分组成：环本身的重力 mg 和带起液体的重力 p。p 随提起高度增加而增加，但有一极限，超过此值环与液面脱开，此极限值取决于液体的表面张力和环的尺寸。这是因为外力提起液柱是通过液体表面张力实现的。因此，最大液柱重力 mg 应与环受到的液体表面张力垂直分量相等。设拉起的液柱为圆筒形，则

$$p = mg = 2\pi R\gamma + 2\pi(R + 2r)\gamma = 4\pi\gamma(R + r) \tag{1-34}$$

式中，R 为环的内半径；r 为环丝的半径。

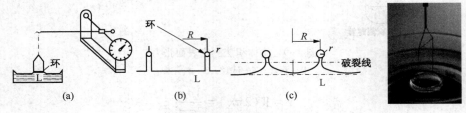

图 1-11　脱环法示意图[3]

但实际上拉起的液柱并不是圆筒形，而常如图 1-10（c）所示的那样偏离圆筒形。为修正实际所测重力与实际值的偏差，引入校正因子 F。即

$$\gamma = \frac{Fp}{4\pi(R + r)} \tag{1-35}$$

哈金斯（Harkins）和佐尔丹（Jordan）曾经列出校正因子 F 值的表，朱地玛（Zuidema）和华特斯（Waters）也提出了有关 F 值的计算公式，在此不赘述，必要时可参考有关专著。

脱环法操作简单，但由于应用经验的校正系数使方法带有经验性。对于溶液，由于液面形成的时间受到限制，所得结果不一定是平衡值。

（4）吊片法

将一个薄片如铂片、云母片或盖玻片等悬于液面之上，使其刚好与液面接触，为维持此位置，就必须施加向上的拉力 p，此力与表面张力大小相同、方向相反。

$$\gamma = \frac{p}{2(l + d)} \tag{1-36}$$

式中，γ 为表面张力；p 为维持薄片正好与液面接触所需的拉力；l 为薄片的宽度；d 为薄片的厚度。

（5）最大气泡压力法

当毛细管足够细时，将毛细管端与液面接触，然后在管内逐渐加压，管下端出现的弯月形液面，可视为球面的一部分，随着小气泡的变大，气泡的曲率半径将变小，当气泡的半径等于毛细管的半径时，液面曲率半径最小。由拉普拉斯公式可知，小气泡所承受的附加压力，在数值上应为气泡内外的压力差。一般测量时，若保证毛细管口刚好与液面相接触，则

可忽略液柱压差 $\rho g h$。

$$\gamma = \frac{p_m r}{2} \qquad (1-37)$$

式中，γ 为表面张力；p_m 为从毛细管中吹出气泡的最大压力；r 为毛细管的半径。

例 1-3 用最大气泡法测量液体表面张力的装置如图 1-12 所示。将毛细管垂直地插入液体中，其深度为 h。由上端通入气体，在毛细管下端呈小气泡放出，小气泡内的最大压力可由 U 形管压力计测出。

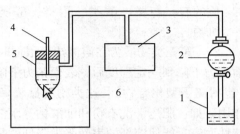

图 1-12 最大气泡压力法测表面张力[13]

1—烧杯；2—滴液漏斗；3—数字式微压差测量仪；4—毛细管；5—表面张力仪；6—恒温玻璃水浴

解：已知 300K 时，某液体的密度 $\rho = 1.6 \times 10^3 \mathrm{kg/m^3}$，毛细管的半径 $r = 0.001\mathrm{m}$，毛细管插入液体中的深度 $h = 0.01\mathrm{m}$，小气泡的最大表压 $p(最大) = 207\mathrm{Pa}$。问该液体在 300K 时的表面张力为若干？

$$\begin{aligned}
\Delta p &= p_内 - p_外 \\
&= p_{大气} + p_{最大} - (p_{大气} + \rho g h) \\
&= p_{最大} - \rho g h \\
&= \frac{2\gamma}{r}
\end{aligned}$$

$$\begin{aligned}
\gamma &= \frac{r}{2}(p_{最大} - \rho g h) \\
&= \frac{1 \times 10^{-3}}{2}(207 - 1.6 \times 10^3 \times 9.8 \times 0.01) \mathrm{N/m} \\
&= 25.1 \times 10^{-3} \mathrm{N/m}
\end{aligned}$$

（6）滴外形法

表面吸附速率很慢的溶液只能采用滴外形法。所谓滴外形法是利用液滴或气泡的形状与表面张力存在一定关系的这一特点，测定平衡表面张力及表面张力随时间而变化的关系。

1.4 表面活性和表面活性剂

表面活性剂是一大类有机化合物，它们的性质极具特色，应用极为灵活、广泛，有很大的实用价值和理论价值。表面活性剂一词来自英文 surfactant。实际上是短语 surface active agent 的缩合词。在欧洲，特别是有关的工业界和应用技术人员则常用 tenside 来称呼此类物质。

究竟什么是表面活性剂？在水中加入某种物质时，水溶液的表面张力会发生变化。根据大量实验结果，人们把各种物质的水溶液的表面张力与浓度的关系归结为三种类型(图 1-13)：

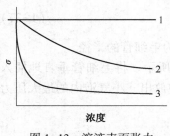

图 1-13　溶液表面张力与浓度的关系

第一类物质为溶液的表面张力随着浓度的增加而稍有上升，且往往近于直线。此类物质为无机盐类及多羟基有机物，如 NaCl、KNO_3、NaOH、蔗糖、甘油醇等水溶液属于这一类型[13]。

第二类物质为溶液的表面张力随着浓度的增加而逐渐降低；浓度稀释，下降较快，浓度高时，下降较慢。属于此类物质的有：醇类、酸类、酮类、醛类、酯类等大部分极性有机物。

第三类物质为在溶液浓度很低时，溶液的表面张力随着浓度的增加而急剧下降，表面张力下降到一定程度后，表面张力下降缓慢或基本不变。此类物质主要是长链极性有机物(包括离子型化合物)。这类物质显著降低水的表面张力，产生铺展、乳化、起泡、分散等作用，如：肥皂、洗衣粉和油酸钠等水溶液具有曲线 3 的性质。

就降低表面张力这一特性而言，能使溶剂的表面张力降低的物质称为表面活性物质。从这个定义来讲，第二、第三两类物质为表面活性物质，而第一类物质为非表面活性物质。但第二、第三两类物质又具有不同的特点。两类物质的区别是第三类物质在水溶液中，分子能发生缔合而形成胶团，而第二类物质没有。正因为第三类物质的这种特性，使它具有润湿、乳化、起泡，以及洗涤作用而被称为表面活性剂。

因此，我们可以给表面活性剂下这么一个定义：凡是在低浓度下吸附于体系的界面上，显著改变界面性质，从而产生润湿与反润湿，乳化与破乳，起泡与消泡，以及在较高浓度下产生增溶的物质称为表面活性剂。

1.4.1　表面活性剂的结构特点

表面活性剂之所以能在界面上吸附，改变界面性质降低界面张力，主要由分子结构所决定。表面活性剂分子结构由两部分组成：对水有亲和性的极性基团和对烃有亲和性的非极性基团——烃链。这样在一个分子中既有亲油基，又有亲水基，即构成了表面活性剂分子的两亲性，所以表面活性剂也成为双亲物质。比较常见的亲油基(hydrophobic group)：—CH_2 链，CF 链，Si 链，聚氧丙烯；比较常见的亲水基(hydrophilic group)：—COOH，—SO_3M，聚氧乙烯醚。

1.4.2　表面活性原理–表面吸附和溶液内部自聚

表面活性剂的表面活性源于表面活性剂分子的两亲性结构，表面活性剂溶于水后，亲油基受到水分子的排斥会使其逃逸出水相，而亲水基又受到水分子吸引，甚至足以把一短截非极性烃链一并拉入水溶液中。而为了克服这种不稳定的状态，就只有占据溶液的表面，将亲油基伸向气相，亲水基伸向水相(如图 1-13 所示)。在水面富集形成定向单分子吸附层，使气-水和油-水界面的张力下降，表现出表面活性。

在水溶液中的非极性基团相互靠拢、缔合的作用即所谓"疏水作用(hydrophobic interaction)"或疏水效应[3,6,13]。非极性分子或基团本身自相缔合而表现出逃离水介质中的热力学趋势，这种趋势导致表面活性剂分子在水溶液表面上的吸附及溶液中胶团的形成[13~15]，如图 1-14 所示。表面活性剂的两亲性不仅表现为在界面上的定向排列，还表现为当表面活性剂在溶液中超过某一特定浓度时(界面吸附达饱和)可通过碳氢链的疏水作用或"疏水效应"缔合成胶团。

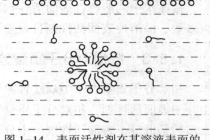

虽然表面活性剂分子都具有两亲性，但具有两亲结构的物质不一定都是表面活性剂。例如：CH_3CH_2COONa、CH_3COONa，它们分子中均有亲油基——烃基，亲水基——COONa，但由于亲油基的烃链过短，亲油能力很弱，所以没有表面活性。如果烃链过长，大于 C_{20}，由于亲油性强，而不溶于水，则表面活性也变也很差，只有烃链长度在 $C_{12} \sim C_{18}$ 范围内才是性能较好的表面活性剂。

图 1-14　表面活性剂在其溶液表面的定向吸附和在溶液内部形成胶团[3,13]

1.5　表面活性剂的分类

从化学结构上考虑，表面活性剂由亲水基和亲油基两种结构组成。但由于亲油基和亲水基种类繁多、各式各样以及它们连接方式多种多样，因此表面活性剂种类非常多。目前，表面活性剂有一万多种之多。表面活性剂可按用途、性质和化学结构进行分类。表面活性剂性质的差异，除与亲油基的大小、形状有关外，主要由亲水基团决定，因而表面活性剂的分类，一般以亲水基的结构为依据，即按化学结构分类。这与国际上通常以表面活性剂在水溶液中解离出表面活性离子的种类进行分类是一致的。

1.5.1　按亲水基分类

离子分类方法是常用的分类法，它实际是化学结构分类法。表面活性剂溶于水后，按离解或不离解分为离子型表面活性剂和非离子型表面活性剂。离子型表面活性剂又可按产生电荷的性质分为阴离子型、阳离子型和两性表面活性剂。如图 1-15 所示。

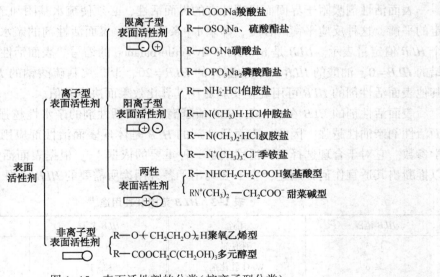

图 1-15　表面活性剂的分类(按离子型分类)

1.5.2 按溶解性分类

按在水中的溶解性表面活性剂可分为水溶性表面活性剂和油溶性表面活性剂，前者占绝大多数，油溶性表面活性剂日益重要。

1.5.3 按相对分子质量分类

相对分子质量大于10000者称为高分子表面活性剂，相对分子质量1000～10000的称为中分子表面活性剂，相对分子质量100～1000的称为低分子表面活性剂。常用的表面活性剂大多数是低分子表面活性剂。中分子表面活性剂有聚醚型的，即聚氧丙烯与聚氧乙烯缩合的表面活性剂，在工业上占有特殊的地位。高分子表面活性剂的表面活性并不突出，但在乳化、增溶特别是分散或絮凝性能上有独特之处，很有发展前途。

1.5.4 按用途分类

表面活性剂按表面活性剂的用途分为：表面张力降低剂、渗透剂、润湿剂、乳化剂、增溶剂、分散剂、絮凝剂、消泡剂、分散剂、起泡剂、杀菌剂、抗静电剂、缓蚀剂、防水剂、织物整理剂、均染剂等。

1.5.5 特种表面活性剂

特种表面活性剂主要是指表面活性剂分子结构中含有一些特殊的元素[16]。主要包括：有机金属表面活性剂、含硅表面活性剂、含氟表面活性剂、含磷表面活性剂、含硼表面活性剂和反应性特种表面活性剂。

1.6 表面活性剂的亲水-亲油平衡

表面活性剂吸附于界面而呈现特有的界面活性，必须使疏水基团和亲水基团之间具有一定的平衡，这种反应平衡的程度，即亲水-亲油平衡。表面活性剂的亲水亲油性质可以用一个HLB值定量表示。HLB是hydrophile lyophile balance的缩写。表面活性剂的HLB值均以石蜡的HLB=0，油酸的HLB=1、油酸钾的HLB=20、十二烷基硫酸钠的HLB=40作为标准，其他表面活性剂的HLB可用乳化实验对比其乳化效果而决定其值。

表面活性剂的HLB在0～40，HLB值越高，表面活性剂的亲水性越强；HLB值越低，表面活性剂亲油性越强。因此，表面活性剂的HLB是体现表面活性剂应用性能的重要物理化学参数。它对于合理选择表面活性剂是一种重要的依据[17]。根据表面活性剂的HLB值，可以推断出其适宜作何种用途，表1-3列出了各种用途所需要的HLB范围。

表1-3 HLB范围及其用途[18]

HLB 范围	用途	HLB 范围	用途
1～3	消泡剂	8～18	O/W 乳化剂
3～6	W/O 乳化剂	13～15	洗涤剂
7～9	润湿剂	15～18	加溶剂

表面活性剂的亲水亲油性从理论上来衡量是困难的，因为表面活性剂均是具有亲水亲油基的两亲分子，这两种基团之间并非完全是独立的，它们之间存在着相互影响。

1.6.1 非离子表面活性剂

这种方法假定表面活性剂的亲油基和亲水基部分对整个分子的亲油性和亲水性的贡献仅与各部分的相对分子质量有关。

（1）Griffin 法主要用于非离子型表面活性剂的 HLB 值的计算

$$HLB = \frac{亲水基质量}{亲油基质量 + 亲水基质量} \times 20 \tag{1-38}$$

此法适用于聚氧乙烯基非离子表面活性剂 HLB 值的计算。

例如，壬基酚聚氧乙烯醚 $C_9H_{19}-C_6H_4-O-(CH_2CH_2O)_{10}H$

亲水基质量 $-O-(CH_2CH_2O)_{10}H = 457$

亲油基质量 $C_9H_{19}-C_6H_4- = 203$

$$HLB = \frac{457}{203+457} \times 20 = 13.9$$

（2）多元醇型脂肪酸酯非离子表面活性剂

$$HLB = 20 \times (1 - \frac{S}{A}) \tag{1-39}$$

式中，S 为酯的皂化值；A 为脂肪酸的酸值。

式（1-39）适用于多元醇脂肪酸酯。例如，甘油硬脂酸单酯的皂化值 $S = 161$，酸值 $A = 198$，则

$$HLB = 20(1 - \frac{161}{198}) = 3.8$$

皂化值不易测定的表面活性剂如 Tween 类的非离子型表面活性剂，采用下式计算 HLB 值：

$$HLB = \frac{E + P}{5} \tag{1-40}$$

式中，E 为聚氧乙烯的质量分数；P 为多元醇的质量分数。

由于一般情况下，分子的亲水性、亲油性不仅与该部分的相对分子质量有关，而且与该部分的化学结构有关，显然这种方法对于不同结构类型的表面活性剂要分别计算。由于表面活性剂在水溶液中都会采取一定的构象存在，结构性质并不是简单的加和，因而就存在一个有效链长的问题，但在简单的相对分子质量 HLB 值计算中被略去了，采用本法计算，有时误差高达 36%。

1.6.2 离子表面活性剂

Davies（1957 年）提出，表面活性剂的分子结构可以分解为一些基团，每一基团皆有其 HLB 数（正或负）。通过下式，可由各基团的 HLB 数之代数和求得 HLB 值：

$$HLB = 7 + \sum (基团的\ HLB\ 数) \tag{1-41}$$

一些常见基团的 HLB 数列在表 1-4，根据式（1-41）和表 1-5，可以估算表面活性剂的 HLB 值。

表 1-4 一些基团的 HLB 值基团数[19]

亲水基	HLB 值	亲油基	HLB 值
—SO$_4$Na	38.7	—CH—	−0.475
—COOK	21.1	—CH$_2$—	−0.475
—COONa	19.1	—CH$_3$	−0.475
—N(叔胺)	9.4	=C—	−0.475
酯(失水山梨醇环酯)	6.8	—CF$_2$—	−0.870
酯(自由)	2.4	—CF$_3$	−0.870
—COOH	2.1	苯环	−1.662
—OH(自由)	1.9	—(C$_3$H$_6$O)—氧丙烯基	−0.15
—O—	1.3		
—OH(失水山梨醇环)	0.5		
—CH$_2$—CH$_2$O—	0.33		

表 1-5 表面活性剂(大多是通用商品)的 HLB 值[5,9,13]

表面活性剂	商品名称	类型①	HLB
失水山梨醇三油酸酯	Span 85(斯班 85)	N	1.8
失水山梨醇三硬脂酸酯	Span 65	N	2.1
乙二醇酯肪酸酯	Emcol EO-50	N	2.7
丙二醇单硬脂酸酯	Emcol PO-50	N	3.4
丙二醇单硬脂酸酯	("纯"化合物)	N	3.4
失水山梨醇倍半油酸酯	Arlacel 83	N	3.7
甘油单硬脂酸酯	("纯"化合物)	N	3.8
失水山梨醇单油酸酯	Span 80	N	4.3
失水山梨醇单硬脂酸酯	Span 60	N	4.7
二乙二醇脂肪酸酯	Emcol DP-50	N	5.1
二乙二醇单月桂酸酯	Atlas G-2147	N	6.1
失水山梨醇单棕榈酸酯	Span 40	N	6.7
四乙二醇单硬脂酸酯	Atlas G-2147	N	7.7
失水山梨醇单月桂酸酯	Span 20	N	8.6
聚氧丙烯硬脂酸酯	Emulphor VN-430	N	9
聚氧烯失水山梨醇单硬脂酸酯	Tween 61(吐温 61)	N	9.6
聚氧乙烯失水梨醇单油酸酯	Tween 81	N	10.0
聚氧乙烯失水山梨醇三硬脂酸酯	Tween 65	N	10.5
聚氧乙烯失水山梨醇三油酸酯	Tween 85	N	11
聚氧乙烯单油酸酯	PEG 400 单油酸酯	N	11.4
烷基芳基磺酸盐	Atlas G-3300	A	11.7
三乙醇胺油酸盐		A	12
烷基酚基氧乙烯醚	Igepal CA-630	N	12.8
聚氧乙烯单月桂酸酯	PEG 400 单月桂酸酯	N	13.1
聚氧乙烯蓖麻油	Atlas G-1794	N	13.3
聚氧乙烯失水山梨醇单月桂酸酯	Tween 21	N	13.3
聚氧乙烯失水山梨醇单硬脂酸酯	Tween 60	N	14.9
聚氧乙烯失水山梨醇单油酸酯	Tween 80	N	15
聚氧乙烯失水山梨醇单棕榈酸酯	Tween 40	N	15.6
聚氧乙烯失水山梨醇单月桂酸酯	Tween 20	N	16.7
油酸钠		A	18
油酸钾		A	20
N-十六烷基-N-乙基吗啉基乙基硫	Atlas G-263(纯化合物)	A	25~30
酸盐月桂基硫酸钠(十二烷基硫酸钠)		A	40

① N—非离子；A—负离子。

例如，$C_{12}H_{25}SO_3Na$ HLB 值的计算：

$$HLB = 7 + 12 \times (-0.475) + 11 = 12.3$$

分子结构式法和结构参数法结果不是十分准确，但由于基础数据较全，对于新结构的表面活性剂的设计、性能预测等方面仍有较大的应用价值。

1.6.3 混合表面活性剂

混合表面活性剂的 HLB 值一般采用质量分数加和法计算。结果虽然粗略，但完全可以满足一般应用的需要，通常的乳化法测定表面活性剂的 HLB 值也是以此为基础的。

$$HLB = \frac{W_A HLB_A + W_B HLB_B + \cdots}{W_A + W_B + \cdots} \tag{1-42}$$

比如含 30%Span−80（$HLB = 4.3$）和 70%Tween−80（$HLB = 15$）的混合乳化剂的 HLB 值为：

$$HLB = 0.30 \times 4.3 + 0.70 \times 15.0 = 1.8$$

一些表面活性剂的 HLB 值见表 1−5。

1.7 表面活性剂的活性

表面活性剂能使液体的表（界）面张力降低，这是表面活性剂活性的主要标志。因此溶液的表面张力降低是评价表面活性剂表面活性的量度。表面张力或界面张力（γ）降低能力的评价有两种方法。一种方法是将 γ 降低至一定值以下，比较所需要的表面活性剂浓度。此种方法是评价表面活性剂降低表（界）面张力的效率（efficiency）。另一种方法是表面活性剂能使溶液的表面张力降低到可能达到的（一般在 cmc 附近）最小值（γ_{cmc}），而不考虑表面活性剂的浓度，这种方法是评价表面活性剂降低表（界）面张力的能力（effectiveness）。表面活性剂的效率与能力不一定完全一致，效率高者可以是能力强者，也可以是能力较差的。例如，对于表面活性剂同系物，随碳原子数增加其效率增加，临界胶团浓度低，即达到 cmc 时表面活性剂的用量少，但降低表面张力的能力 γ_{cmc} 却相差不大，即表面活性剂的效率增大而能力不变。以 $C_nH_{2n+1}SO_4Na$ 系列（$n = 8 \sim 16$）为例，其 cmc 值随碳原子数的增加而规律地减小，每增加一个碳原子，则 cmc 减小一半，但 γ_{cmc} 则基本不变化（约为 40mN/m）。当 $n = 8$、10、12、14、16 时，烷基硫酸钠系列的庚烷−水溶液的 γ_{cmc} 分别为 12，12，10，8，8mN/m。

表面活性剂降低表（界）面张力的效率可用 pC_{20} 来衡量。pC_{20} 定义为：

$$pC_{20} = -\lg(C_2)\pi = 20 \tag{1-43}$$

其含义为当表（界）面张力降低 20mN/m 时，溶液内部的浓度（C_2）的负对数即 pC_{20}。pC_{20} 值越大，表示降低表面张力的效率越高，pC_{20} 值增加一单位，表示该表面活性剂降低表面张力的效率提高 10 倍。一切影响 cmc 的因素均能影响 pC_{20}。

表面活性剂降低表（界）面张力的能力可用 cmc 时的表面张力降低值（表面压）作为能力的量度。

$$\pi_{cmc} = \gamma_0 - \gamma_{cmc} \tag{1-44}$$

式中，π_{cmc} 为 cmc 时的表面压；γ_0 为纯溶剂的表面张力；γ_{cmc} 为溶液在 cmc 时的表面张力。

表面活性剂降低表（界）面张力的效率和能力这两个参数对表面活性剂的应用性能起着重要作用。效率高而 cmc 低的长直链型表面活性剂的起泡性能是优良的，但润湿性能差。相反，能力、π_{cmc} 和 cmc 高的支链型表面活性剂润湿性好，但泡沫稳定性差。对于气−液界面吸附膜的强度和表面弹性以前者为好，对于气-固界面的润湿剂则以后者为适宜，因为这种结构的扩张系数容易提高(γ_{cmc}低的，胶团及分子的扩散常数大）。有时把前者称为 efficient 型或洗涤型结构，把后者称为 efficient 型或润湿性结构。

1.8　表面活性剂的一般性质

表面活性剂的一般性质主要是指物理、化学和生物活性等性质。它包括溶解性、化学稳定性、安全性和温和性、生物降解性等。这些性质主要依亲水基离子性质的不同而有所不同。

1.8.1　溶解性

1. 表面活性剂在水中的溶解性

（1）离子型表面活性剂在水中的溶解性

离子型表面活性剂在水中的溶解性．其一般规律是：溶解度随温度升高而增大，当温度

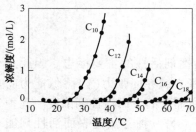

图 1-16　系列烷基苯磺酸盐的
溶解度与温度关系[20]

上升到某一数值后．溶解度急剧上升，有一个明显的突变点，如图 1-16 所示。这一突变点相应的温度称为克拉夫特温度（或叫做克拉夫特点）。高于此点时，则由于已经溶解的表面活性剂离子形成了胶束，出现胶束效应使溶解度急剧上升。正好此点时的表面活性剂的溶解度。亦即该点的临界胶束浓度。一般，离子型表面活性剂应在克拉夫特点以上使用。

由图 1-16 可以看出，同系物中，碳原子数越多，溶解度越低，克拉夫特温度越高。

（2）非离子型表面活性剂在水中的溶解性

非离子型表面活性剂在水中的溶解不同于离子型表面活性剂。它们一般在浊度低时易溶于水，水分子通过氢键与亲水性乙氧基结合（图 1-17），从而，表面活性剂溶解于水中成为澄清的溶液。氢键能（结合能为 29.3kJ/mol）较小，得到破坏，溶解度降低。当温度升高到一定程度后（对每一种表面活性剂不同）表面活性剂水溶液变浑浊，继而表面活性剂会析出、分层，此时的温度为浊点（T_p）。

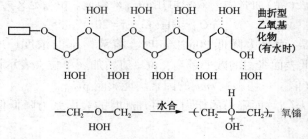

图 1-17　乙氧基化非离子型表面活性剂与水分子结合示意（T_p 以下）

2. 表面活性剂在油溶剂中溶解性

表面活性剂在油溶剂中的溶解性，主要取决于亲油基和亲水基的种类，链的长短对离子的种类、溶液的温度、不纯物的存在与否等因素。

亲油基的种类是决定表面活性剂是否溶于油类溶剂的主要因素之一。亲油基亲油性的大

小的顺序已在前面作了叙述。亲油基的亲油性越大，而亲水基的亲水性又十分弱时，则油溶性较大。就同族亲油基而言，如果溶剂的极性极小时，随着烷基链长的增大，则该表面活性剂的油溶性增大。在亲油基中导入极性基团时，油溶性减小。如将支链、芳香环导入表面活性剂分子中时，其油溶性有增加的趋势。

在无极性或微极性溶媒中，脂肪酸肥皂、磺酸盐、硫酸酯盐等离子型表面活性剂中，离子性弱的表面活性剂往往溶解性好。

离子型表面活性剂的亲水基，位于分子端部比位于中间时，有较大的油镕性。

非离子型表面活性剂的 *HLB* 越小，油溶性越好，因此，EO 系表面活性剂随加成摩尔数的增加，油溶性降低。

温度升高，表面活性剂在油溶剂中的溶解性增大。在油溶剂中，很多表面活性剂也有克拉夫特点。

此外，水分式不纯物的微量存在，对表面活性剂在油中的溶解性，往往也有较大的影响。

1.8.2　化学稳定性

化学稳定性一般是指在酸、碱、无机盐和氧化剂的溶液中的稳定性。

(1) 酸、碱稳定性

一般阴离子表面活性剂在强酸中不稳定，而在碱性溶液中较稳定。在强酸作用下，羧酸盐易成为游离羧酸而析出，硫酸酯盐易于水解；而碳酸盐在酸和碱中则比较稳定，磷酸酯盐对酸、碱也有较好的稳定性。

阳离子型表面活性剂中，胺盐类在碱中不稳定，容易析出游离胺，但较耐酸；而季铵盐在酸和碱中均较稳定。

除羧酸的聚乙二醇酯(或环氧乙烷加成物)外，一般的非离子表面活性剂能稳定地存在于酸、碱溶液中。

对两性表面活性剂，其稳定性一般随 pH 值的不同而不同，在一定的 pH 值(等电点)时容易生成沉淀。但分子中有季铵离子者，则不会出现沉淀。

在所有的表面活性剂分子中，凡含有酯基者（$-\overset{\overset{\textstyle O}{\|}}{C}-O-R-$），则在强酸及强碱溶液中都易发生水解，最不稳定；含醚链者(—O—)最为稳定。

(2) 无机盐稳定性

无机盐比较容易使离子型表面活性剂在溶液中盐析而沉淀出。特别是多价金属离子对阴离子型表面活性剂的影响更大，易于与阴离子作用形成不溶或难溶的盐。其中，尤以羧酸类表面活性剂为明显，它们遇 Ca^{2+}、Mg^{2+} 及 Al^{3+} 等形成不溶于水的金属皂。

无机盐对非离子型及两性表面活性剂的作用甚少，不易沉淀析出，甚至某些非离子和两性表面活性剂可溶于浓无机盐溶液中，表现出良好的相溶性。

(3) 氧化稳定性

氧化稳定性一般以离子型中的磺酸盐类和非离子型中的聚环氧乙烷醚类最为稳定。其原因主要在于：这些表面活性剂的 C—S 键和—O—键比较稳定。所以在含有氧化剂如过硼酸钠或过碳酸钠的洗涤剂中，以上述两种类型表面活性剂作为洗净剂最为适宜。若从疏水性的 C—H 及 C—C 键考虑，则以全氟碳链的稳定性最高。因此，碳氢链表面活性剂，如

C8F17SO3K、C6F13SO13K 等可作为镀铬中的铬雾抑制剂。

1.8.3　安全性和温和性

表面活性剂在与人体接触的体系如药物、食品、化妆品及个人卫生用品中的应用越来越广泛，随着人类生活水平的提高，人们对各类与人体接触配方中表面活性剂的毒副作用投入越来越多的关注。

1. 表面活性剂的安全性

表面活性剂及其代谢产物在机体内引起的生物学变化，亦即对机体可能造成的毒副作用包括急性毒性、亚急性毒性、慢性毒性、对生育繁殖的影响、胚胎毒性、致畸性、致突变性、致癌性、致敏性、溶血性等。表面活性剂与人体不同部分以不同方式接触，对上述毒副作用会提出不同的要求。

（1）毒性

表面活性剂对人体的经口毒性分为急性、亚急性和慢性三种。毒性大小，特别是急性毒性大小一般用半致死量，也称致死中量 LD_{50} 表示，即指使一群受试动物中毒死一半所需的最低剂量（mg/kg）。对鱼类用 LT_{50}（mg/kg）或 LC_{50}（mg/L）表示。

表 1-6　表面活性剂对黑鼠的经口服急性毒性 LD_{50}[21]

类型	表面活性剂	LD_{50}/（g/kg）
阴离子	直链烷基苯磺酸钠（$C_{12} \sim C_{14}$）	1.3～2.5
	十二烷基硫酸钠	1.3
	十二烷基聚环氧乙烷（3）硫酸盐	1.8
	烷基磺酸盐	3.0
	胰加漂 T	4.0
	渗透剂 T	1.9
非离子	十八烷基聚环氧乙烷（2）	25.0
	十八烷基聚环氧乙烷（10）	2.9
	十八烷基聚环氧乙烷（20）	1.9
	脂肪酸失水山梨醇聚环氧乙烷（20）	20.0
	壬基酚聚环氧乙烷（9～10）	1.5
阳离子	十六烷基三甲基溴化氨	0.1
	十六烷基溴化吡啶	0.2

由表 1-6 数据可见，阳离子表面活性剂有较高毒性，阴离子型居中，非离子型和两性离子型表面活性剂毒性普遍较低，甚至比乙醇的 LD_{50}（6670mg/kg）还低，因而是安全的。

一般毒性小的杀菌力弱，毒性大者杀菌力强。阳离子表面活性剂中的季铵盐，是有名的杀菌剂，对各类细菌、霉菌和真菌有较强的杀灭作用，但同时对生物有较大的毒性，它们会使中枢神经系统和呼吸系统机能下降，并使胃部充血。非离子表面活性剂属于低毒或无毒类，经口服无毒。但其杀菌力相应也弱。其中毒性最低的是 PEG 类，较次的是糖酯、AEO和 Span、Tween 类，烷基酚聚醚类毒性偏高。而阴离子表面活性剂的毒性和杀菌力则介于两者之间，在通常应用浓度范围内，不对人体造成急性毒性伤害，但口服后会使胃肠道产生不适感，有腹泻现象。某些两性表面活性剂也具有较高的杀菌力，例如 Tego 系列，特别是Tego103、Tego51 都有极好的杀菌力，且毒性很低，刺激性小。另外，甜菜碱类、咪唑啉类两性表面活性剂都有相当好的杀菌能力。

表面活性剂分子中含有芳香基者，毒性较大。聚环氧乙烷醚类非离子表面活性剂的毒性以链长者较大。非离子型表面活性剂的毒性虽较小，但往往能污染水域，在水中浓度只要百万分之几就能杀害鱼类，因此应引起注意。

（2）溶血性

药物注射液或营养注射液中常用非离子型表面活性剂作为增溶剂、乳化剂或悬浮剂使用，对于一次注射量较大的场合，特别是静脉注射时，表面活性剂的溶血性必须引起重视。阴离子型表面活性剂的溶血性最大，一般不在注射液中使用；阳离子型的溶血性次之，非离子型的溶血性最小。在非离子表面活性剂中，又以氢化蓖麻油酸 PEG 酯的溶血性作用为低，最适于静脉注射，但若其中 PEG 聚合度加大，则溶血性会超过 Tween 类。非离子型溶血性的排列次序为：Tween<PEG 脂肪酸酯<PRG 烷基酚<AEO。在 Tween 系列中，溶血性次序为：Tween80<Tween40<Tween60<Tween20。

2. 表面活性剂的温和性

表面活性剂对人体皮肤、眼睛、毛发，特别是对皮肤、眼睛的温和性是一个颇难定义的概念，截至目前为止仍然没有统一的标准。目前通用的温和性评价方法主要分为活体试验和离体试验两大类。出于安全性考虑和满足保护动物运动的需要，目前大力提倡采用离体试验方法，但大部分立法仍以活体试验结果为检验标准。

（1）活体试验

活体试验主要在人体皮肤和兔皮及兔眼黏膜上进行，两种较为常用的方法是 Diaize 兔皮试验和 Draize 兔眼试验。有时也采用 Duhring chamber test 或 Cupshaking test 即对人体的腕屈曲侧部进行贴斑试验，观察表面活性剂对人体间歇试验引起的红斑和浮肿等现象。也有采用手都浸渍法，即将人手浸泡在一定浓度的表面活性剂溶液中模拟搓洗动作或洗碗碟动作，一定时间后测试浸泡前后皮肤表面的皮脂脱落率或蛋白质溶出性。

（2）离体试验

离体试验则以体外细胞或蛋白模拟生物体，观察表面活性剂对离体蛋白或细胞的作用，从而推断对活体组织的作用程度。最常用的两种离体试验方法为 red blood corpuscle test（RBC test）和 Zein test。

由于目前尚缺少统一的法定方法评价表面活性剂的刺激性，因此很难排出各种具体品种温和性的大小顺序，只能指出表面活性剂结构对温和性影响的一般规律。

① 分子大小。小分子表面活性剂容易造成经皮渗透，对皮肤刺激性大；而大分子表面活性剂不易发生本身经皮渗透问题，且由于大分子二级、三级结构的影响，极性基团及疏水支链均不易与皮肤或毛发发生直接、强烈的作用，因而比较温和。目前化妆品和个人卫生用品中所用的表面活性剂、乳化剂有向大分子、高分子化方向发展的趋势，或对天然高分子进行改性，如采用淀粉、多肽、水解纤维素、树胶的改性物，或采用合成高分子。

② 疏水基链长。一般认为疏水基链越长，分支化程度越小，表面活性剂对人体越温和，这一点已经得到众多事实证明。

③ 分子内引入 PEG 基团。PEG 型非离子表面活性剂无论在对皮肤黏膜或眼黏膜的刺激性方面都表现得比阴、阳离子型表面活性剂的低。增大分子中 PEG 长度，刺激性会进一步降低，既使是在离子型表面活性剂中引入 PEG 链，形成所谓掺合型（hybrid）表面活性剂，也会增大分子的温和性，SDS 中引入 PEG 键形成 AES 便是一个很好的例证。分子中引入甘

油或其他多元醇也会收到与引入 PEG 链相同的结果。

④ 表面活性剂结构与皮肤的相似性。本身结构比较复杂，与皮肤结构具有一定相似性或相近性的表面活性剂对皮肤比较温和。

⑤ 离子基团的极性。离子基团的极性愈小，对皮肤、毛发愈温和。作为洗涤剂和日用化妆品的表面活性剂，以阴离子型为最多。阴离子型表面活性剂对皮肤的刺激作用顺序，以亲水基而言，烷基硫酸钠最大，其次为烷基苯磺酸钠，再次为 α-烯烃磺酸钠、烷基聚环氧乙烷醚硫酸钠和羧酸盐。以疏水基而言，碳原子数小于 12 者刺激性较大，12 以上者刺激性较小。非离子型表面活性剂的刺激性较小，其中醚型的又比酯型的大。不论醚型或酯型，随环氧乙烷摩尔数的增加，其亲水倾向增大，刺激性也随之减弱。

1.8.4 生物降解性(环境友好性)

环境友好化和可持续性发展，是当今世界发展的主题。表面活性剂由于其结构的特殊性，广泛渗透于食品乳化、制浆造纸、皮毛加工、石油钻井、采油、金属加工和洗涤等应用领域中。表面活性剂在使用后，其残余量随工业废水而排出，释放到自然环境中。因此，天然水的污染问题变得越来越严重。表面活性剂对环境的污染，主要靠自然界微生物对其分解(即通过生物降解)得以消除。因此，使用表面活性剂时应尽可能选容易生物降解的表面活性剂。

生物降解性是有机化合物因受微生物作用而转化为细胞物质，同时分解成可为能源利用的、没有公害的二氧化碳和水等物质的一种性质。生物降解性也称为生物分解性能。有机物主要是指储存废水的各种环境中所存在的微生物。最重要的微生物是指能够用许多不同的有机物作为食物的细菌。

表面活性剂生物降解过程实质上是一个氧化过程——把无生命的有机物自然打碎成比较简单的组分。讨论表面活性剂的生物降解，常用以下三个术语：

① 表面活性剂的初级生物降解，是指改变物质特性所需的最低程度的生物降解作用，即表面活性剂在细菌作用下，分子发生氧化作用，而不再具有明显的表面活性剂特性；

② 表面活性剂的最终生物降解，是指表面活性剂分子在细菌作用下，完全转变成二氧化碳、水、无机盐以及与细菌正常代谢过程有关的产物；

③ 表面活性剂的环境可接受的生物降解，是指表面活性剂被微生物分解所产生的生成物排放到环境中，可达到该生成物不干扰污水处理，不污染、不毒害水域中生物的总体水平。

表面活性剂的生物降解氧化，可通过三种氧化方式予以实现：

① 末端的 ω-氧化：是亲油基端降解第一步；

② β-氧化：该过程使亲油基脂肪烃部分发生生物降解；

③ 芳环氧化：亲油基含有苯环时所发生的氧化降解过程。

1. 阴离子型表面活性剂的生物降解性

洗涤剂配方中应用的表面活性剂大都属于阴离子型，如 LAS，AS，脂肪醇醚硫酸盐 AES，α-烯烃磺酸盐 AOS，仲烷基磺酸盐 SAS 等，因此对阴离子型表面活性剂生物降解性的研究大多集中于这几种表面活性剂。洗涤品中降解最迅速的是 AS，它能被普通的硫酸酯酶水解成硫酸盐和相应的脂肪醇，再进一步氧化成二氧化碳和水。

对于烷基苯磺酸钠：含直链的较有分支的易于生物降解；其烷基中端基为三甲基取代者

最不易降解；有支链者次之。在直链烷基苯磺酸钠中，含 $C_6 \sim C_{12}$ 烷基者的降解速度快。而大于 C_{12} 的直链烷基苯磺酸钠对微生物活性的抑制比较显著。苯基在末端的伯碳烷基苯磺酸钠，对位异构体比邻位异构体的降解速度快。因此，商品烷基苯磺酸钠洗涤剂以对十二烷基苯磺酸钠为主。烷基苯磺酸钠的生物降解曲线见图 1-18。

2. 非离子型表面活性剂

非离子型表面活性别的生物降解包括碳氢链及聚环氧乙烷链两部分。

碳氢链部分的降解规律亦是支链的比直链的降解困难。烷基部分所带支链越多，则越不容易降解。酚基对降解影响很大，聚环氧乙烷链越长，降解性越差。含有芳基的表面活性剂，其生物降解比仅有脂肪基的表面活性剂更困难。目前，烷基苷被认为是生物降解性最好的一类非离子型表面活性剂。

非离子型表面活性剂的生物降解曲线见图 1-19。

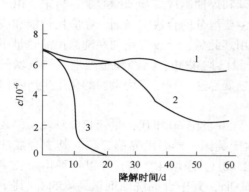 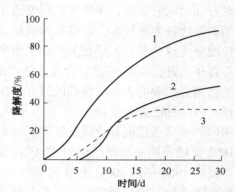

图 1-18　烷基苯磺酸钠的生物降解曲线[22]

1—$(CH_3)_3 C(CH_2)_7 C_6H_4SO_3Na$;

2—$(CH_3)_2 CH(CH_2\ \underset{\underset{CH_3}{|}}{CH}\ )_3 C_6H_4SO_3Na$;

3—$CH_3(CH_2)_{11}C_6H_4SO_3Na$

图 1-19　非离子型表面活性剂的生物降解曲线[23]

1—C_{13}-AE9（直链）;

2—C_{13}-AE9（支链）; 3—NPE9（支链）

3. 阳离子型表面活性剂

一般认为阳离子型表面活性剂会有较好的生物降解性，这可能与其抗菌性能有关。例如烷基三甲基氯化铵和烷基苄基二甲基氯化铵易于降解，二烷基二甲基氯化铵、烷基吡啶氯化物的降解性稍差。对于难以降解的阳离子型表面活性剂，可使之与其他类型表面活性剂复配，从而提高其降解能力。例如三甲基十二烷基氯化铵在 27℃ 时不能降解，但与 LAS 制成 1∶1 型复配体系就很容易降解[24]。

4. 两性表面活性剂

两性表面活性剂，对于天然产物，不仅没毒性，而且还是一种营养剂（如卵磷酯两性表面活性剂），当然生物降解性是极高的。就是一些合成的两性表面活性剂，生物降解性也很好，如咪唑啉类两性表面活性剂，故一般对生物降解性的研究不涉及两性表面活性剂。

1.9　表面活性剂的应用和发展

其实，表面活性剂远在人类认识之前就已经客观存在了。例如，构成地球上最初的原生动物——阿米巴的细胞双分子膜中的蛋白质、核酸和脂质，以及几十万年以前的脊椎动物——恐龙体内乳化脂肪、帮助消化的胆汁酸，哺乳动物乳汁中乳化剂铬氨酸和球蛋白，以及蛋黄中富含的卵磷脂，西方人很早就学会了用生蛋黄调制油性药剂和乳化精制配制沙拉。

肥皂是使用最早的表面活性剂之一，公元前7~前6世纪已经开始使用，人们利用羊油和草木灰制作肥皂，羊油-三羧酸酯与碱水解生产肥皂。红油（又名土耳其红油），是蓖麻油硫酸化产物（阴离子表面活性剂），1875年首次由德国巴登苯胺纯碱公司合成，是第一个合成的表面活性剂，用于纺织和皮革工业。第一次世界大战时，德国研究成功从萘、丙醇或丁醇用发烟硫酸生产烷基萘磺酸盐，可以用来代替肥皂，因而节省了制皂用的动植物油脂。烷基萘磺酸盐的洗净能力虽然较差，但具有良好的润湿和渗透能力，且不受硬水或酸性溶液的影响，所以至今仍被广泛采用。表面活性剂和合成洗涤剂形成一门工业得追溯到20世纪30年代，以石油化工原料衍生的合成表面活性剂和洗涤剂打破了肥皂一统天下的局面。1936年随着石油化工的发展，美国首先研究成功由苯和煤油制成烷基苯磺酸盐。后来，由于添加各种助剂和改进生产技术，以烷基苯磺酸盐为主要组分的合成洗涤剂，在应用性能和成本方面都比肥皂优越，开始大量在生产和生活中应用。此后，合成洗涤剂在洗涤用品总量中所占的比重逐年上升，1995年世界合成洗涤剂的产量已达43Mt，已经超过肥皂并继续增长。以合成洗涤剂为代表的表面活性剂的研究和生产发展迅速，现已成为重要的化工生产部门。表面活性剂的品种已有几千种。

中国的表面活性剂和合成洗涤剂工业起始于20世纪50年代，尽管起步较晚，但发展较快。1995年洗涤用品总量已达到3100kt，仅次于美国，排名世界第二位。其中合成洗涤剂的生产量从1980年的400kt上升到1995年的2300kt，净增4.7倍，并以年平均增长率大于10%的速度增长。2000年洗涤用品总量达到3600kt，其中合成洗涤剂达到655kt。其中产量超万吨的表面活性剂品种计有：直链烷基苯磺酸钠（LAS）、脂肪醇聚氧乙烯醚硫酸钠（AES）、脂肪醇聚氧乙烯醚硫酸铵（AESA）、月桂醇硫酸钠（K12或SDS）、壬基酚聚氧乙烯（10）醚（TX-10）、平平加O、二乙醇酰胺（6501）硬脂酸甘油单酯、木质素磺酸盐、重烷基苯磺酸盐、烷基磺酸盐（石油磺酸盐）、扩散剂NNO、扩散剂MF、烷基聚醚（PO-EO共聚物）、脂肪醇聚氧乙烯（3）醚（AEO-3）等。

而当前，表面活性剂行业作为国民经济的重要组成部分，其发展水平已被视为各国高新化工技术产业的重要标志，并成为当今世界化学工业激烈竞争的焦点。目前，发达国家在该领域的研究已具备了完整的体系，能够实现产品研究开发多样化、系列化，开发力度非常大，并且开发理念已突破传统意义上的表面活性剂。2010年，全球年产量超过12.70Mt，品种则达万种以上。表面活性剂种类繁多，各种表面活性剂都有其独特的结构和性质，如何合理地选择和使用，一直是这一领域人们致力于解决的重要问题。

从历史发展看，表面活性剂源于洗涤剂，随着表面活性剂数量的发展和整体工业水平的提高，表面活性剂已从日常的家用洗涤，进入国民经济的各个领域：食品、造纸、制革、玻璃、石油、化纤、纺织、印染、油漆、医药、农药、胶片、照相、金属加工、工业清洗、选矿、环保等各个工业部门。表面活性剂在国民经济各个部门中的用量虽少，但能起到增加产品品种、降低消耗、节约能源、提高效率、改善产品质量、改善环境等关键作用，它在国际上具有"工业味精"的称号。

目前对表面活性剂的研究，主要有三个方面：一是系统开发安全、温和、易生物降解的表面活性剂，主要集中在从天然产物中制备出可以生物降解的表面活性剂。如开发糖苷类表面活性剂，糖苷有多个游离的羟基，可以开发各种多元醇和醇类表面活性剂，它们具有对人体温和，生物降解快，性能优异，与别的表面活性剂具有协同效应。如美国 Henkel，BASF 公司研制成功的非离子表面活性剂烷基苷[25]；开发大豆磷脂类表面活性剂，磷脂类表面活性剂既有表面活性，又有生物活性，其应用领域已经延伸到食品、医药、化妆品和多种工业助剂。二是研究新的生产工艺与技术代替或改造落后的生产工艺与技术，进一步降低生产成本，提高产品质量。如在支链烷基苯技术方面，UOP 开发了新型 DEH-9 催化剂比 1986 年投入 DHE-7 催化剂在选择性方面提高 4%～5%，LAB 的收率也相应得到提高。西班牙 Petresa 公司最近开发了 Detal 氟化氢缩合工艺，比传统的 HF 工艺节省了大量的投资[26]。三是研究表面活性剂的复配方法，获得更好、功能更多的产品。通过表面活性剂之间、表面活性剂与其他物质的复配，达到降低成本、提高性能，优化使用目的。因此，表面活性剂复配技术是表面活性剂发展的一个潮流。

参 考 文 献

1　鞠洪斌，日用化学品科学，2014，6：1～6

2　曲波，曹炜．中国化工，1997，2：50～51

3　沈钟，赵振国，王国庭．胶体与界面化学(第三版)．北京：化学工业出版社，2004

4　施润苗，杨茜，程凤云．中国化学会第 29 届学术年会摘要集——第 11 分会：基础化学教育，2014

5　赵国玺．表面活性剂作用原理．北京：中国轻工业出版社，2003

6　黑恩成，刘国杰．大学化学，2010，3：79～82

7　王勇，林书玉，张小丽．中国科学，2013，8：917～922

8　熊林，蒋浩然．首都师范大学学报，2014，4：27～31

9　徐燕莉．表面活性剂的功能．北京：化学工业出版社，2000

10　张伟，杨志强，吕婧，吕剑．高校化学工程学报，2014，4：449～453

11　B. L. Beegle，M. Modell and R. C. Reid. AICHE，1974，20：1200～1209

12　R. C. Reid. Chem. Eng. Educa，1978，60：759～768

13　赵国玺．表面化学．北京大学出版社，1991

14　Nicholls A，Sharo K A，Honing B. Protein，1991，11：281～296

15　Herzeeld D J. Undeerstanding hydrophobic behavior. Sciencem1991，253：88～90

16　蒋文贤．特种表面活性剂．北京：中国轻工业出版社，1995

17　北原文雄，五井康胜，早野茂夫．表面活性剂——物性、应用、化学生态学．孙绍增，卫祥元，王澄元译．北京：化学工业出版社，1984

18　Paul Bencher. Surfactant in solution. New York：Marcel Deker Inc，1985

19　肖进新，赵振国．表面活性剂应用原理．北京：化学工业出版社，2004

20　赵国玺．表面活性剂物理化学．北京：北京大学出版社，1984

21　陈荣圻．表面活性剂化学与应用．北京：纺织工业出版社，1990

22　林巧云，葛虹．表面活性剂基础与应用．北京：中国石化出版社，1997

23　Kravetz L，Salanitro J P. J Am Oil Chem Soc，1991，68(8)：610

24　方云．两性表面活性剂．北京：中国轻工业出版社，2000

25　李干佐，张高勇，张越．化学通报，2002，8：506～515

26　伍明化，陈焕钦．广州化工，1995，4：8～10

第2章 表面活性剂的类型

表面活性剂的分子结构中具有亲水基和亲油基两种结构，但由于亲油基和亲水基结构、种类以及连接方式多种多样，因此表面活性剂种类非常多，结构复杂多样。按其产量排序分别为：阴离子占56%，非离子占36%，两性离子占5%，阳离子占3%[1]。

本章按照离子分类法介绍表面活性剂的结构、性能和用途知识，一些特殊结构的表面活性剂和新型表面活性剂也在本章中介绍，这对于拓宽应用者的思路是很有必要的。

2.1 阴离子型表面活性剂

阴离子型表面活性剂（anionic surfactant）溶于水解离出表面活性阴离子。例如：十二烷基苯磺酸钠在水溶液中按下式解离：

$$C_{12}H_{25}\!-\!\!\bigcirc\!\!-\!SO_3Na \longrightarrow C_{12}H_{25}\!-\!\!\bigcirc\!\!-\!SO_3^- + Na^+$$

阴离子型表面活性剂是各类表面活性剂中产量最大的一类也是发展最早的一类。阴离子型表面活性剂按亲水基不同，可以分为以下四大类：羧酸盐型，磺酸盐型，硫酸酯盐型，磷酸酯盐型。阴离子型表面活性剂中产量最大、应用最广的是磺酸盐，其次是硫酸盐[1,2]。

与其他表面活性剂相比，除了其表面活性的差异，阴离子型表面活性剂一般具有以下特性：

① 溶解度随温度的变化存在明显的转折点，即在较低的一段温度范围内随温度上升非常缓慢，当温度上升到某一定值时其溶解度随温度上升而迅速增大，这个温度叫做表面活性剂的克拉夫特点（Kraft point），一般离子型表面活性剂都有Kraft点；

② 一般情况下与阳离子型表面活性剂配伍性差，容易生成沉淀或变为浑浊，但在一些特定条件下与阳离子型表面活性剂复配可极大地提高表面活性；

③ 抗硬水性能差，对硬水的敏感性，羧酸盐>磷酸盐>硫酸盐>磺酸盐；

④ 羧酸盐在酸中易析出自由羧酸，硫酸盐在酸中可发生自催化作用迅速分解，其他类型阴离子型表面活性剂在一般条件下是稳定的；

⑤ 阴离子型表面活性剂是家用洗涤剂、工业清洗剂、干洗剂和润湿剂的重要组分。

2.1.1 羧酸盐型

羧酸盐表面活性剂（carboxylate）是以羧基为亲水基的一类阴离子型表面活性剂。肥皂的主要成分是羧酸钠或者羧酸钾，是人们最早使用的阴离子型表面活性剂。它是油脂经碱水解后所得到的产物，是长链脂肪羧酸的钠盐或者钾盐。羧酸盐可用以下通式表示：

$$\underset{\substack{\| \\ R-C-O^-\,M^+}}{\overset{O}{}}$$

根据金属离子不同，皂类表面活性剂可分为碱金属皂、碱土金属皂及高价金属皂和有机碱皂。

1. 合成

（1）以天然动植物油脂为原料

制造皂类表面活性剂的原料是来自天然动植物油脂，油脂与碱皂化反应制得，其反应如下：

$$
\begin{array}{l}
\text{H}_2\text{COOCR} \\
| \\
\text{HCOOCR} \quad +3\text{NaOH} \longrightarrow 3\text{RCOONa}+ \\
| \\
\text{H}_2\text{COOCR}
\end{array}
\qquad
\begin{array}{l}
\text{CH}_2\text{OH} \\
| \\
\text{CHOH} \\
| \\
\text{CH}_2\text{OH}
\end{array}
$$

皂化所用的碱可以是氢氧化钠、氢氧化钾。用氢氧化钠皂化油脂得到的肥皂称为钠皂，而用氢氧化钾进行皂化得到的肥皂叫做钾皂。

（2）以石油为原料

可以石油为原料合成脂肪酸，部分地代替了天然油脂。

$$2\text{RCH}_3+3\text{O}_2 \xrightarrow{\text{催化剂, }\Delta} 2\text{RCOOH}+2\text{H}_2\text{O}$$

（3）以多羧酸为原料

除简单的脂肪酸皂外，在某些特殊应用中还使用以多羧酸制成的肥皂[1]，如

$$
\begin{array}{l}
\text{CH}_2\text{COONa} \\
| \\
\text{C}_n\text{H}_{2n+1}\!-\!\text{CHCOONa}
\end{array}
$$
（$n=12\sim16$）等，在胶片生产中用作润湿剂。用三乙醇胺与油酸制成的皂为淡黄色浆状物，溶于水，易氧化变质，常用作乳化剂。

（4）以松香酸为原料

松香的主要成分是松香酸[3]：

松香酸与纯碱溶液中和形成的松香皂易溶于水，有较好的抗硬水能力和润湿能力，多用于洗涤用肥皂生产中。

2. 皂类表面活性剂的性质

① 皂类表面活性剂的水溶性。一价脂肪酸盐溶于水，二价及高价脂肪酸盐不溶于水，而溶于油。

② 在 pH 值小于 7 的水溶液中不稳定，易水解生成不溶的自由酸失去表面活性

③ 皂类表面活性剂降低表面张力的能力。碱金属皂类的表面活性起始于 C_8 的脂肪酸盐，随着脂肪酸盐的碳链增长，降低表面张力的能力逐渐增强，超过 C_{18} 者能力下降。

3. 皂类表面活性剂的用途

碱金属皂主要作为家用洗涤制品，如脂肪酸钠是香皂和肥皂的主要组分，脂肪酸钾是液体皂的主要组分。金属皂和有机碱皂主要用作工业表面活性剂。

在石油工业中，羧酸盐表面活性剂，能使油层和地层水的界面张力达到 $10^{-4}\sim10^{-3}$ mN/m，可以用作提高原油采收率的驱油剂[4,5]。重金属皂如铝皂可用泥浆消泡剂和 W/O 乳化剂[6]。

2.1.2 磺酸盐型

磺酸盐(sulfonate)类表面活性剂,去污力强,泡沫力和泡沫稳定性较好,它在酸性、碱性、硬水及某些氧化物溶液(如次氯酸钠、过氧化物等)中都比较稳定。它不仅具有比较良好的洗涤性能,而且原料来源丰富,成本较低,容易喷雾干燥成型,制成颗粒状洗涤剂,亦可制成液体洗涤剂,在家用和工业洗涤中都有广泛的用途。

1. 烷基苯磺酸盐表面活性剂(ABS,LAS)

1) 烷基苯磺酸盐表面活性剂的合成

烷基苯磺酸盐(alkyl benzene sulfonate,ABS 或 LAS)作为阴离子表面活性剂,在表面活性剂中是产量最大、应用最广的一类。它是通过烷基苯的磺化制成烷基苯磺酸,再由碱中和而制得。

(1) 磺化

$$R—ArH + H_2SO_4 \longrightarrow R—ArSO_3H + H_2O$$
$$R—ArH + SO_3 \longrightarrow R—ArSO_3H$$

式中,R—和—ArH 分别表示烷基和芳烃。

由于用硫酸磺化是可逆反应,酸液利用率低、磺化效率不高;而 SO_3 磺化是以化学计量与烷基芳烃反应,无废酸生成,利用率高,加之 SO_3 来源丰富成本较低,所以 SO_3 磺化技术发展很快,尤以意大利 Ballestra 膜式磺化最为先进。

(2) 中和

将上述磺化制得的烷基芳基磺酸用碱中和即可转变为具有优良表面活性的烷基芳基磺酸盐。如用氢氧化钠中和,其主要反应为:

$$R—ArSO_3H + NaOH \longrightarrow R—ArSO_3Na + H_2O$$

除用 NaOH 中和烷基芳基磺酸外。还可以根据不同的用途改用氨(或胺)、或 $Ca(OH)_2$、$Ba(OH)_2$ 中和生成相应的烷基芳基磺酸盐。

2) 烷基苯磺酸盐表面活性剂的结构与性能[7]

烷基苯磺酸盐这种表面活性剂在一定程度上克服了皂表面活性剂的缺点,在硬水中不与钙、镁离子形成沉淀,其去污力强,泡沫力和泡沫稳定性好,在酸、碱和某些氧化物(次氯酸钠、过氧化物等)溶液中稳定性好,作为洗涤剂配方中的表面活性剂易喷雾干燥成型,是优良的洗涤剂和泡沫剂。

3) 烷基苯磺酸盐表面活性剂的用途

烷基苯磺酸钠盐是应用最广泛的工业表面活性剂和家用高泡洗涤剂;三乙醇胺盐常用于液体洗涤剂和化妆品中,一些胺盐则由于其油溶性而用于干洗过程[3]。另外,还用于三次采油中作为乳化剂、发泡剂和高效驱油剂[8]。

2. 烷基磺酸盐(AS)

烷基磺酸盐(alkyl sulfonate,AS)通式为 RSO_3M,R 为 $C_{12} \sim C_{20}$ 的烷基。烷基链长平均碳数为 $C_{15} \sim C_{16}$ 为宜。其中 M 为金属,可为碱金属或碱土金属,作为民用合成洗涤剂的表面活性物其金属离子均为 Na^+,此类表面活性剂的亲水基直接与烷基链连接。

1) 烷基磺酸盐表面活性剂的合成

烷基磺酸盐的主要生产方法为磺氧化法及磺氯化法[2]。

烷基磺酸盐的早期专利出现于 1936 年,用磺氯化方法制取烷基磺酸盐。二次大战中德国用磺氯化法生产大量烷基磺酸钠代替油脂为原料的洗涤剂和渗透剂。

$$RH+SO_2+Cl_2 \longrightarrow R\ SO_2Cl+HCl$$

$$R\ SO_2Cl+2NaOH \longrightarrow R\ SO_3Na+H_2O+NaCl$$

磺氯化法虽然是最早实现工业化的方法但该法具有较大的局限性，并末得到发展。

二氧化硫和氧与烷烃反应制取烷基磺酸盐的反应是在 20 世纪 40 年代发现、在 20 世纪 50 年代发展的方法，称为磺氧化法。目前认为是一种有工业化价值的方法，所得产品为膏状物。本法不需要氯气，副产物少，可以简化工艺，降低成本。

$$RCH_2CH_3+SO_2+\frac{1}{2}O_2 \xrightarrow{NaOH} \underset{\underset{SO_3Na}{|}}{RCHCH_3}$$

2）烷基磺酸盐表面活性剂的性质和性能

与羧酸盐和硫酸酯盐相比，烷基磺酸盐 krafft 点高，水溶性差，但其抗硬水性能优于羧酸盐和硫酸酯盐，生物降解性优于 LAS，可作洗涤剂、乳化剂等。

3）烷基磺酸盐表面活性剂的用途

烷基磺酸盐具有较高的润湿、起泡和乳化能力，去污作用也较强。制成合成洗涤剂，其性质与烷基苯磺酸盐洗涤剂性质相似，但它的毒性较低，对皮肤的刺激性也较低，而且生物降解速率高。烷基磺酸盐还常应用于石油、纺织、合成橡胶等领域。

3. 石油磺酸盐

石油磺酸（petroleum sulfonate）是用三氧化硫、发烟硫酸磺化高沸点石油馏分而得，中和后得到石油磺酸盐。石油磺酸盐是各种磺酸盐的混合物，主要成分为复杂的烷基苯磺酸盐和烷基萘磺酸盐。其次为脂肪烃的磺酸盐和环烃的磺酸盐及其氧化物等，实际应用的石油磺酸盐大都为油溶性的，其平均相对分子质量为 400～580。

石油磺酸盐常用于切削油和农药中作为乳化剂，在矿物浮选中用作泡沫剂，在燃料油中用作分散剂，高相对分子质量的用作金属防锈油中的防蚀剂，在矿物浮选中作为成泡、促集剂。近年来，大量的石油磺酸钠用于石油开采及钻井泥浆、原油破乳等，特别是三次采油提高采收率。

2.1.3 硫酸酯盐类表面活性剂

脂肪醇硫酸酯盐（fatty alcohol sulfuric acid ester salt）的化学通式可写为：$ROSO_3M$，M 为碱金属，或 NH_4^+ 或有机胺盐如二乙醇胺或三乙醇胺盐，R 为 $C_8 \sim C_{18}$ 的烷基，$C_{12} \sim C_{14}$ 醇通常是硫酸化最理想的醇。

1. 硫酸酯盐类表面活性剂的合成

脂肪醇硫酸酯盐是以脂肪醇、脂肪醇醚或脂肪酸单甘油脂经硫酸化反应然后用碱中和而制得：

$$ROH+SO_3（或\ H_2SO_4、H_2SO_4.nSO_3） \longrightarrow ROSO_3H$$

$$ROH+ClSO_3H \longrightarrow ROSO_3H+HCl$$

$$ROSO_3H+NaOH \longrightarrow ROSO_3Na$$

$$ROH+H_2NSO_3H \longrightarrow ROSO_3NH_4$$

2. 硫酸酯盐类表面活性剂的性质和用途

硫酸酯盐型阴离子表面活性剂主要有脂肪醇硫酸酯盐（又称伯烷基硫酸酯盐）和仲烷基

硫酸酯盐两类。具有良好的发泡力和洗涤性能，在硬水中稳定，其水溶液呈中性或微碱性，它可以作为重垢棉织物洗涤剂，也可以用作轻垢液体洗涤剂，在配制餐具洗涤液、香波、地毯和室内装饰品清洁剂、硬表面清洁剂等洗涤制品时，硫酸酯盐类表面活性剂是必不可少的组分之一；此外还可以用作牙膏发泡剂、乳化剂、纺织剂及电镀浴添加剂等。

（1）脂肪醇硫酸（酯）盐（FAS 或 AS）　脂肪醇硫酸盐的通式为：$ROSO_3^-M^+$，R 为烷基，M^+ 为钠、钾、铵、乙醇胺基等阳离子，又名伯烷基硫酸盐，英文简写为 FAS 或 AS。

FAS 是肥皂之后出现的最早阴离子型表面活性剂，是由椰子油氢解生成的 $C_{12} \sim C_{14}$ 脂肪醇与硫酸酯化并中和制得。它有合适的溶解性、泡沫性和去污性。大量应用于洁齿剂、香波、泡沫浴和化妆品中，也是轻垢、重垢洗涤剂、地毯清洗剂、硬表面清洗剂配方中的重要组分。如月桂基硫酸钠（$C_{12}H_{25}OSO_3Na$），商品名为 K12 的洗涤剂在洁齿剂中有润湿、起泡和洗涤的作用；而月桂基硫酸酯的重金属盐有杀灭真菌和细菌的作用；用牛脂和椰子油制成的钠肥皂与烷基硫酸酯的钠、钾盐配制成的富脂香皂泡沫丰富、细腻，还能防止皂钙的生成；高碳脂肪醇硫酸盐与两性离子表面活性剂复配制成的块状洗涤剂有良好的研磨性和物理性能，并具有调理作用。

高碳脂肪醇硫酸盐可用作工业清洁剂、柔软平滑剂、纺织油剂组分、乳液聚合用乳化剂等。

（2）仲烷基硫酸盐（Teep01）　它是由烯烃与硫酸反应生成的仲烷基硫酸酯，经中和后得到的产品，通式为 $\underset{\overset{|}{OSO_3Na}}{RCHCH_3}$，商品名为梯波尔（Teep01）。

与伯烷基硫酸（酯）盐不同，其硫酸酯盐部分（—O—SO_3Na）是与烷基链上的仲碳原子相连，烷基链的碳原子数为 10~18。

梯波尔（Teep01）与 FAS 相似，也是一种性能良好的表面活性剂，但由于结构上的差异，它的溶解性和润湿性更好。因制成粉状产品易吸潮结块，一般制成液体或浆状洗涤剂。

2.1.4　磷酸酯类表面活性剂

磷酸酯类表面活性剂（phosphate ester surfactant）分为两种：磷酸单酯和磷酸双酯。磷酸是三元无机酸，与脂肪醇反应可以生成磷酸单酯和磷酸双酯。磷酸单酯和磷酸双酯都是酸性磷酸酯，在日用化学品中作为表面活性剂使用的是将酸性磷酸酯用适当的碱中和而生成的磷酸酯盐类。

$$\underset{\text{磷酸单酯盐}}{RO\overset{\overset{\displaystyle O}{\uparrow}}{\underset{\underset{\displaystyle OM}{|}}{—P—}}OM} \qquad\qquad \underset{\text{磷酸双酯盐}}{RO\overset{\overset{\displaystyle O}{\uparrow}}{\underset{\underset{\displaystyle OM}{|}}{—P—}}OR}$$

R = C_8—C_{18} 的烷基；M = K^+，Na^+ 或二乙醇胺、三乙醇胺等。

1. 磷酸酯类表面活性剂的合成

有机磷酸酯盐与硫酸酯盐相似，由高级醇或聚氧乙烯化的高级醇与磷酸化剂反应，然后用碱中和而得。常用的磷酸化剂主要是五氧化二磷和聚磷酸。常用的碱是氢氧化钠、氢氧化钾、氨、单乙醇胺、二乙醇胺和三乙醇胺。

$$3ROH+P_2O_5 \longrightarrow \underset{\substack{| \\ OH \\ \text{单酯}}}{RO-\overset{\overset{O}{\|}}{P}-OH} + \underset{\substack{| \\ OH \\ \text{双酯}}}{RO-\overset{\overset{O}{\|}}{P}-OR}$$

$$ROH+H_4P_2O_7 \longrightarrow \underset{\substack{| \\ OH}}{RO-\overset{\overset{O}{\|}}{P}-OH} + H_3PO_4$$

2. 磷酸酯类表面活性剂的性质和用途[9]：

磷酸酯的表面张力，单酯比双酯高，正构碳链的磷酸酯高于异构碳链的磷酸酯，并随烷基碳链的增加其表面张力下降。

单、双酯对临界胶束浓度的影响也很大，一般单酯大而双酯小，例如 C_{12} 的单酯的临界胶束浓度(cmc)为 3.0×10^{-3} mol/L，双酯则为 1.5×10^{-3} mol/L；双酯的去污力大于单酯，C_{10} 的双酯其去污力最好。在碳数相同的情况下，带支链者去污力较正构为好。双酯与其他表面活性剂相比，去污力大于牛油醇硫酸钠及十二烷基苯磺酸钠。

抗静电作用则以短链为好，单烷基磷酸酯优于双酯。

其生物降解性和其他表面活性剂相比，磷酸酯盐具有较好的生物降解性。

脂肪醇磷酸酯盐广泛应用于工农业生产中。在纺织工业中，用于配制合成纤维油剂，用作染色助剂、抗静电剂。

2.2 阳离子型表面活性剂

1928 年，阳离子型表面活性剂(cationic surfactants)开始应用，当时用作杀菌剂。这类表面活性剂的产量增长较快，品种发展迅速，应用范围日益广泛。目前阳离子型表面活性剂的产量还比较小，但其增长速度要比阴离子和非离子大得多[10]。

阳离子型表面活性剂通常是那些具有表面活性的含氮化合物，即有机胺衍生出来的盐类，在水中离解出表面活性正离子，其表面活性是由携带正电荷的表面活性离子来体现的。它的表面活性离子电荷与阴离子型表面活性剂相反，故常称之为"逆性皂"。例如，十二烷基三甲基氯化铵在水中解离：

$$\left[\underset{\substack{| \\ CH_3}}{\overset{\substack{CH_3 \\ |}}{C_{12}H_{25}-N-CH_3}} \right]Cl \longrightarrow \left[\underset{\substack{| \\ CH_3}}{\overset{\substack{CH_3 \\ |}}{C_{12}H_{25}-N-CH_3}} \right]^+ + Cl^-$$

解离出的表面活性阳离子，其亲油基团为 $C_{12}H_{25}N$，而亲水基团为季铵离子。

阳离子型表面活性剂按链结构分为胺盐类、季铵盐类和杂环阳离子表面活性剂等。

阳离子型表面活性剂具有以下特性：

① 不适用于洗涤。一般纤维织物和固体表面均带有负电荷，当使用阳离子型表面活性剂时，它吸附在基质和水的表面上，由于阳离子型表面活性剂与基质间具有强烈的静电引力，亲油剂朝向水相，使基质疏水，因此，不适用于洗涤。

② 具有良好的抗静电作用。当阳离子型表面活性剂吸附在纤维表面，形成一定向吸附膜后，中和了纤维表面的负电荷，减少了因摩擦产生的自由电子，因而，具有良好的抗静电作用；

③ 杀菌作用显著。很稀的溶液(1/100000～1/10000)即有杀菌效果，这是由于细菌被强力吸附后，阻止了细菌的呼吸作用和糖解作用所致。

④ 广泛应用于纤维的柔软整理剂。阳离子型表面活性剂能显著降低纤维表面的摩擦系数，具有良好的柔软平滑性能。

⑤ 阳离子型表面活性剂不能与肥皂等阴离子型表面活性剂混用，否则将引起阳离子型表面活性剂沉淀而失效。

2.2.1 胺盐类 RNH_2HX

胺盐为伯胺、仲胺或叔胺与酸的反应物，常见的胺盐为 RNH_2HX（$X = Cl$、Br、I、CH_3COO、NO_3 等）。

1. 胺盐类表面活性剂的合成

胺盐类表面活性剂的合成与生产主要有两步，第一步生产脂肪胺，第二步脂肪胺与盐酸起中和反应，生成脂肪酸盐酸盐[11]：

$$RCH_2NH_2 + HCl \longrightarrow RNH_2HCl$$

脂肪胺生产主要有以下方法：

（1）脂肪酸法

由脂肪酸或脂肪酸酯与氨共热生成脂肪腈，再经加氢还原即制得脂肪族高级胺。

$$RCOOH + NH_3 \longrightarrow RCONH_2 \longrightarrow RCN \xrightarrow[\text{催化剂}]{H_2} RCH_2NH_2$$

新工艺：一步法，脂肪酸、氨和氢直接在催化剂上反应：

$$RCOOH + NH_3 + 2H_2 \xrightarrow{\text{催化剂}} RCH_2NH_2 + 2H_2O$$

（2）脂肪醇法

脂肪醇和氨在 380～400℃、12.16～17.23MPa 下，可制得伯胺。

$$ROH + NH_3 \longrightarrow RNH_2 + H_2O$$

（3）脂肪腈法

首先将脂肪腈在低温下转化为伯胺，然后在铜铬催化剂下脱氢，得到仲氨。

$$RCN + 2H_2 \longrightarrow RCH_2NH_2$$

$$2RNH_2 \xrightarrow{Cu-Cr} R_2NH + NH_3$$

2. 胺盐类表面活性剂的性质与用途

胺盐是弱碱盐，在酸性条件下具有表面活性，在碱性条件下，胺游离出来而失去表面活性，因而使它的使用受到限制。

简单有机胺的盐酸盐或醋酸盐可在酸性条件中用作乳化、分散、润湿剂，也常用作浮选剂以及颜料粉末表面的憎水剂。其次，还可用于沥青铺路的黏合增强剂。

2.2.2 季铵盐类表面活性剂

疏水基直接连在氮原子上的季铵盐 $R-N^+(CH_3)_3X^-$ 是结构简单、应用最广泛的一类阳离子表面活性剂。

1. 季铵盐类表面活性剂的合成

制备烷基季铵盐的反应，实质是以胺为亲核试剂的亲核取代反应。此类季铵盐的制备方法主要有：以卤代烃、甲醇、氯化苄或以硫酸二酯对叔胺进行烷基化反应可制得相应的季铵盐。

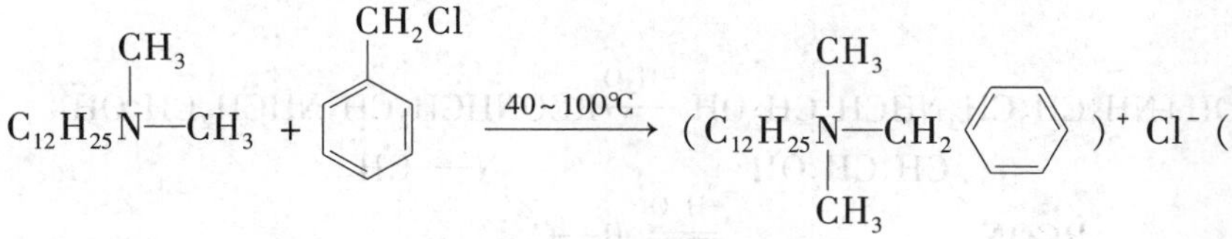

2. 季铵盐类表面活性剂的性质和用途[12]

季铵盐与胺盐不同，不受 pH 变化的影响，不论酸性、中性或碱性介质，季铵离子都无变化。季铵盐溶液有很强的杀菌能力，常用于消毒、杀菌。

季铵盐类表面活性剂都含有一个离子化的氮原子是其重要标志，被广泛用作织物调理剂、衣料柔软剂、杀虫剂、植物生长促进剂等。在阳离子型表面活性剂中的地位最为重要，产量也最大。

2.2.3 杂环季铵盐阳离子型表面活性剂

杂环类阳离子型表面活性剂为表面活性剂分子中含有除碳原子外，还具有其他原子且呈环状结构的化合物。杂环的成环规律和碳环一样，最稳定与最常见的杂环也是五元环或六元环。有的环只含有一个杂原子，有的含有多个或多种杂原子。常见的杂环类阳离子型表面活性剂如吡啶盐、吗啉盐和咪唑啉盐等。

1. 吡啶盐

卤代烷与吡啶或甲基吡啶反应，生成类似季铵盐的烷基吡啶卤化物。

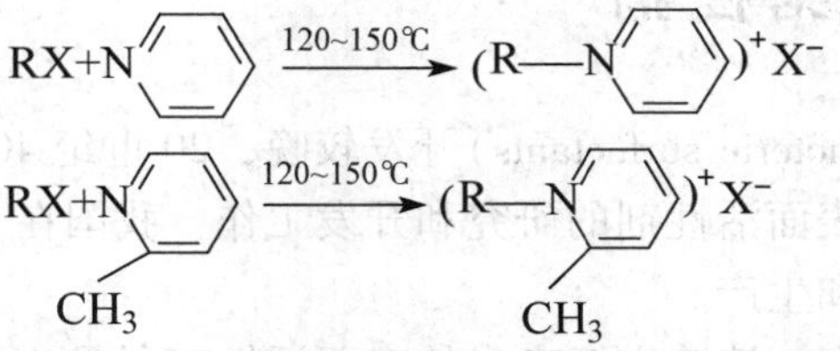

十六烷基吡啶氯化物或溴化物，是很早就使用的直接染料固色剂。十二烷基吡啶溴化物易溶于水，可作杀菌剂。

2. 吗啉盐

用长链伯胺和双(2-氯乙基)醚反应生成 N-烷基吗啉，N-烷基吗啉再同低碳氯代烷进行烷基化反应，生成烷基吗啉阳离子氯化物。

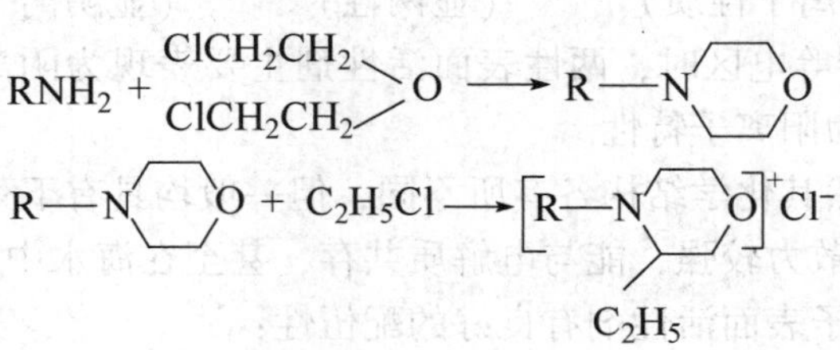

N-烷基吗啉和硫酸二甲酯或不对称的硫酸二烷基酯化反应，可生成相应的阳离子型表面活性剂，这类表面活性剂可用作润湿剂、洗净剂、杀菌剂等。

3. 咪唑啉

高碳烷基咪唑啉类主要由脂肪酸及其酯和多元胺脱水缩合、闭环合成咪唑林环，咪唑啉环被烷基化得到相应的季铵盐。

例如：

$$RCOOH + NH_2CH_2CH_2NHCH_2CH_2OH \xrightarrow{-H_2O} RCONHCH_2CH_2NHCH_2CH_2OH$$

或

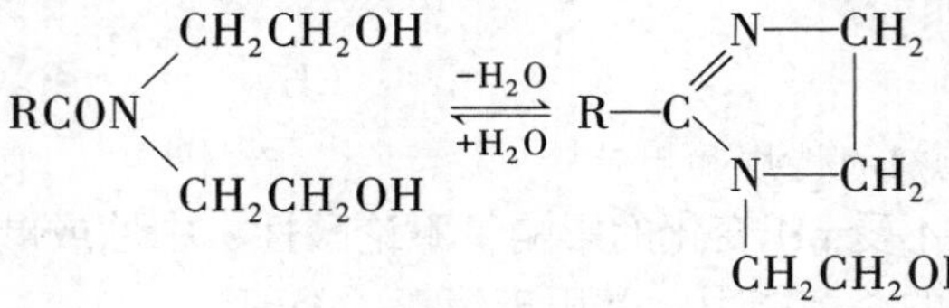

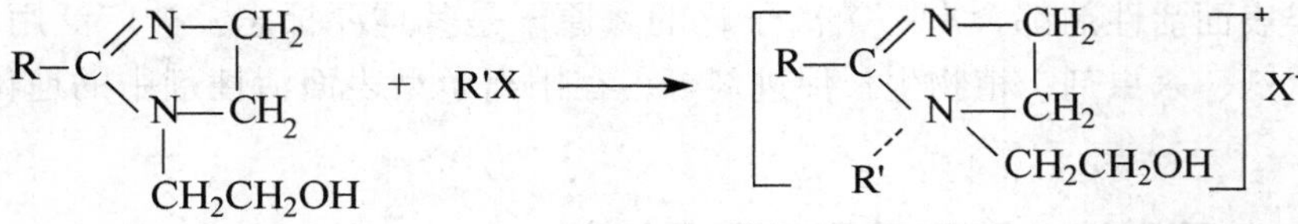

唑啉型阳离子表面活性剂主要用于纤维柔软剂、抗静电剂、防锈剂。例如，十六烷基氯化吡啶、十六烷基溴化吡啶可用作染色助剂和杀菌剂。十八酰胺甲基氯化吡啶是常用的纤维防水剂。

4. 其他杂环类型

其他杂环季铵盐阳离子型表面活性剂还有胍衍生物、三嗪衍生物以及氮戊环和氮己环衍生物阳离子型表面活性剂等。

2.3 两性表面活性剂

两性表面活性剂（amphoteric surfactants）开发较晚，20 世纪 40 年代中期才开始。1950 年以后，各国逐渐重视两性表面活性剂的研究和开发工作，我国在 20 世纪 70 年代前后开始对两性表面活性剂进行研究和生产。

两性表面活性剂是指在水溶液中解离出的表面活性离子是一个既带有阴离子又带有阳离子的两性离子，而且两性离子随着溶液 pH 值的变化而变化。例如：氨基羧酸盐类

$$\overset{+}{R}NH_2CH_2COOM \underset{H^+}{\overset{OH^-}{\rightleftharpoons}} \overset{+}{R}NH_2CH_2COO^- \underset{H^+}{\overset{OH^-}{\rightleftharpoons}} RNH_2CH_2COO^-$$

在强酸中　　　　　　等电点　　　　　　在强碱中
（显阳离子性质）　　（显两性）　　　（显阴离子性质）

在溶液的 pH 值高于等电区时，两性表面活性剂主要表现为阴离子特性，溶液的 pH 值低于等电区时主要表现为阳离子特性。

两性表面活性剂虽然其化学结构各有所不同，但一般均具有下列共同性能：

① 耐硬水，钙皂分散力较强，能与电解质共存，甚至在海水中也可以有效地使用；

② 与阴、阳、非离子表面活性剂有良好的配伍性；

③ 一般在酸、碱溶液中稳定，特别是甜菜碱类两性表面活性剂在强碱溶液中也能保持

其表面活性；

④ 大多数两性表面活性剂对眼睛和皮肤刺激性低，因此，适合于配制香波和其他个人护理品。

两性表面活性剂通常具有良好的洗涤、分散、乳化、杀菌、柔软纤维和抗静电等性能，可用作织物整理助剂、染色助剂、钙皂分散剂、干洗表面活性剂和金属缓蚀剂等。但是，两性表面活性剂价格比较高，因此是表面活性剂中产量最低的一类，但其品种较多，相对增长速度比较快，因此预计两性表面活性剂的研究和生产在将来会出现一个崭新的局面[13,14]。

2.3.1 咪唑啉型两性表面活性剂

咪唑啉是两性表面活性剂产量和种类最多和应用最广的一种，最早由 Hans. S. Mannheimer 在 20 世纪 50 年代开发的，这类化合物使用至今，已越来越受到人们的重视，因为它在功能方面比其他表面活性剂优越[15~18]。

1. 咪唑啉型两性表面活性剂的合成

咪唑啉表面活性剂的合成属于热聚反应，即由脂肪酸、多胺进行缩合反应，反应过程分为两步：脱水和形成环状咪唑啉，反应式为：

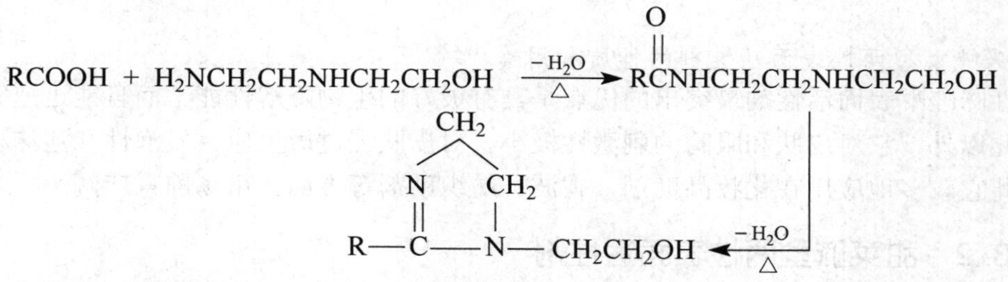

$$RCOOH + H_2NCH_2CH_2NHCH_2CH_2OH \xrightarrow[\triangle]{-H_2O} \overset{O}{\overset{\|}{R}CNHCH_2CH_2NHCH_2CH_2OH}$$

环状咪唑啉必须经过季铵烷基化，引入阴离子，才能生成两性咪唑啉。

羧基咪唑啉：引入羧基的反应中，应用最广的烷基化试剂是氯乙酸钠：

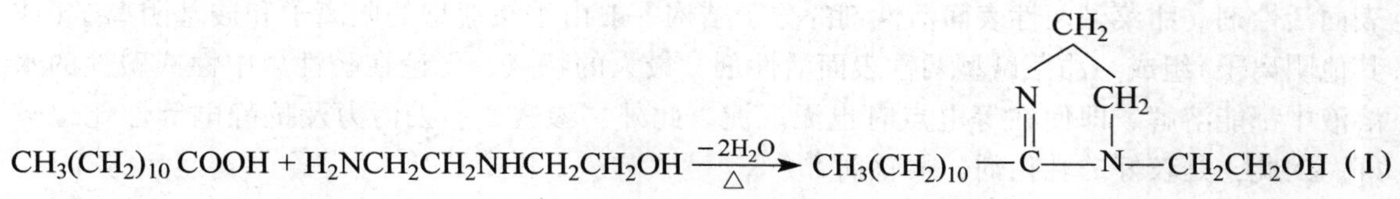

$$CH_3(CH_2)_{10}COOH + H_2NCH_2CH_2NHCH_2CH_2OH \xrightarrow[\triangle]{-2H_2O} CH_3(CH_2)_{10}-C-N-CH_2CH_2OH \quad (Ⅰ)$$

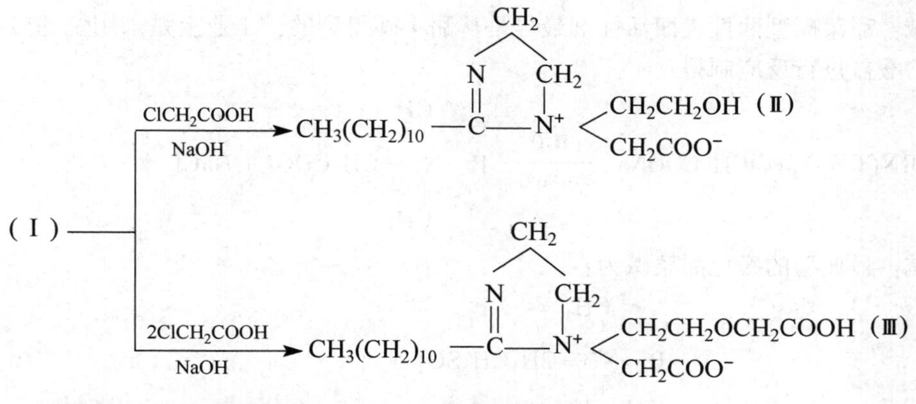

磺酸咪唑啉：咪唑啉与 3-氯-2-羟基丙磺酸反应：

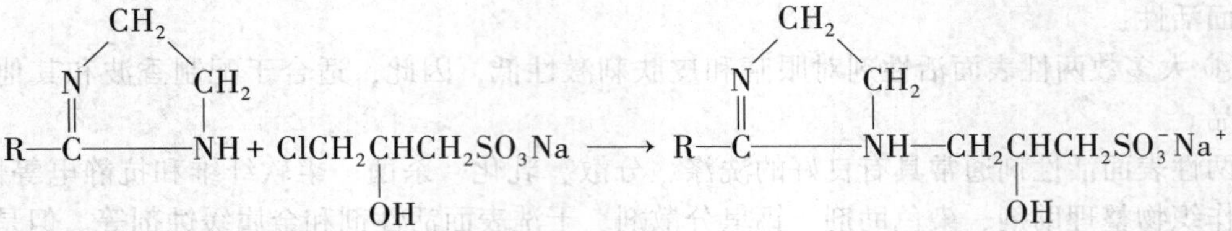

磷酸咪唑啉：咪唑啉与磷酸酯氯化物反应：

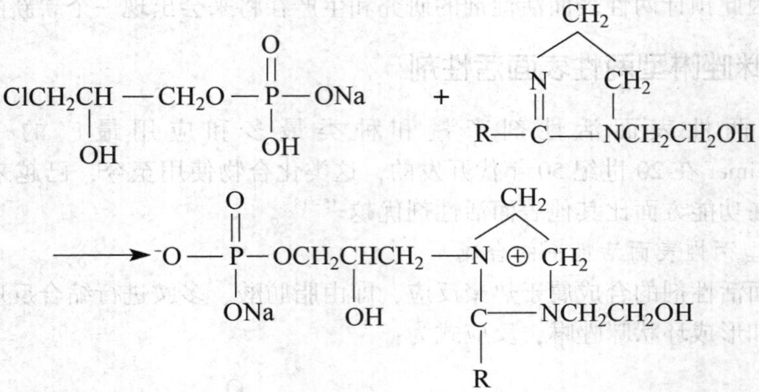

2. 咪唑啉型两性表面活性剂的性质和用途[19~22]

两性咪唑啉表面活性剂最突出的优点是具有极好的生物降解性能，而且能迅速完全地降解，除此以外，它对皮肤和眼睛的刺激性极小，对皮肤无过敏反应，发泡性和泡沫稳定性很好，因此它较多地应用在化妆品助剂、香波、纺织助剂等方面，市场前景广阔。

2.3.2 甜菜碱型两性表面活性剂

甜菜碱最早是由 Kruger 从甜菜中提取出来的天然含氮化合物，其化学名为三甲基乙酸铵。1876 年，Bruhl 把结构类似于这种天然产物的具有两性特性的化合物命名为甜菜碱两性表面活性剂。甜菜碱两性表面活性剂的分子结构一般由季铵盐型的阳离子和羧基阴离子(或其他阴离子)组成。甜菜碱型两性表面活性剂，最大的特点是无论在酸性、中性或碱性的水溶液中都能溶解。即使在等电点时也无沉淀。此外，渗透力、去污力及抗静电等性能也较好。因此，是较好的乳化剂、柔软剂[23,24]。

1. 甜菜碱型两性表面活性剂的合成

羧酸甜菜碱：甜菜碱型两性表面活性剂最早是从甜菜碱得到的，工业上是采用烷基二甲基叔胺与卤代乙酸盐进行反应制得：

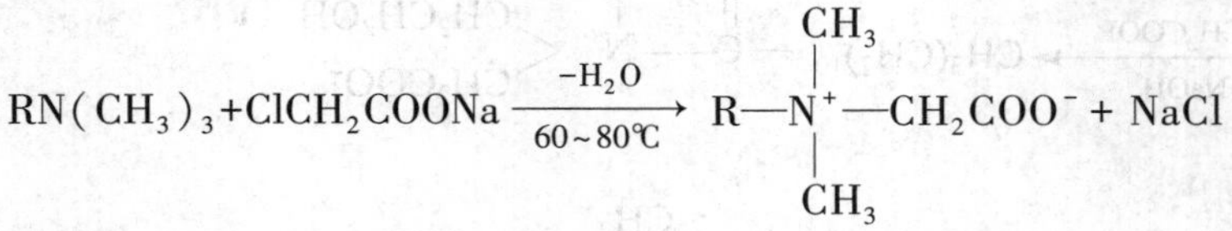

$$RN(CH_3)_3 + ClCH_2COONa \xrightarrow[60~80℃]{-H_2O} R-\overset{\overset{\displaystyle CH_3}{|}}{\underset{\underset{\displaystyle CH_3}{|}}{N^+}}-CH_2COO^- + NaCl$$

磺酸甜菜碱：最典型的磺化甜菜碱为：

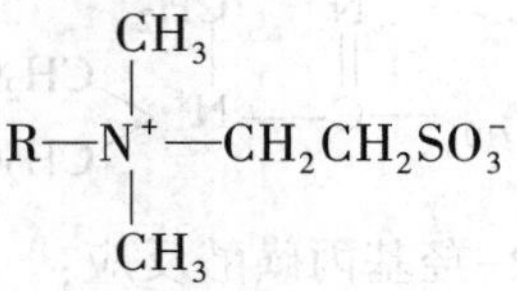

$$R-\overset{\overset{\displaystyle CH_3}{|}}{\underset{\underset{\displaystyle CH_3}{|}}{N^+}}-CH_2CH_2SO_3^-$$

它可由叔胺与氯代丙烷反应，再用亚硫酸氢钠引入磺酸基。

$$\underset{\underset{CH_3}{|}}{\overset{\overset{CH_3}{|}}{R-N}} + ClCH_2CH=CH_2 \longrightarrow [\underset{\underset{CH_3}{|}}{\overset{\overset{CH_3}{|}}{RN^+-CH_2CH=CH_2}}]Cl^-$$

$$[\underset{\underset{CH_3}{|}}{\overset{\overset{CH_3}{|}}{RN^+-CH_2CH=CH_2}}]Cl^- + NaHSO_3 \longrightarrow \underset{\underset{CH_3}{|}}{\overset{\overset{CH_3}{|}}{RN-CH_2CH_2CH_2SO_3^-}} + NaCl$$

含有羟基的磺基甜菜碱比一般的磺基甜菜碱的水溶性好，但其异构体较多，不易分离制得纯物质。采用3-氯-2-羟基丙磺酸钠与烷基叔铵进行季铵化反应，可制得纯度较高的含羟基的磺基甜菜碱。

$$\underset{\underset{CH_3}{|}}{\overset{\overset{CH_3}{|}}{RCH_2N}} + \underset{\underset{Cl \ OH}{| \ \ |}}{CH_2CHCH_2SO_3Na} \longrightarrow \underset{\underset{CH_3}{|}}{\overset{\overset{CH_3}{|}}{RCH_2N^+}}\underset{\underset{OH}{|}}{CH_2CHCH_2SO_3^-}$$

硫酸基甜菜碱：对于硫酸酯甜菜碱，可以由叔胺与氯醇等化合物反应，引入羟基，然后再进行酯化。例如：

$$RN(CH_3)_2 + Cl(CH_2)_nOH \longrightarrow [\underset{\underset{CH_3}{|}}{\overset{\overset{CH_3}{|}}{RN-(CH_2)_nOH}}]Cl^- \xrightarrow[NaOH]{HSO_3Cl} [\underset{\underset{CH_3}{|}}{\overset{\overset{CH_3}{|}}{RN-(CH_2)_n}}]Cl^-$$

甜菜碱两性表面活性剂的合成，在一定程度上和季铵盐类阳离子表面活性剂的合成相似，其合成路线和方法也可借鉴。

2. 甜菜碱型两性表面活性剂的性质和应用[25~28]

各种类型的甜菜碱在性质方面有显著的不同。有羧基离子的甜菜碱与强酸例如盐酸形成外部盐，这些氯化氢盐可用作分离或净化手段；反之，磺酸甜菜碱的外部盐不能形成，磺酸甜菜碱在碱性溶液中沉淀，在酸性范围通常具有良好的水溶性。羧基甜菜碱和磺基甜菜碱二者在强电解质溶液中均具有良好的溶解性，对硬水不敏感。

两性甜菜碱表面活性剂在碱溶液中不显示阴离子型表面活性剂的特性，在它们的等电区域其在水中的溶解度也没有显著降低。甜菜碱通常在广泛的 pH 范围内有优异的水溶性。表面活性甜菜碱也不象外部的季铵盐一样，它们与阴离子表面活性剂有兼容性。

两性甜菜碱表面活性剂最主要的应用领域是洗发香波和其他个人盥洗用品，具有对皮肤的温和效应并显示良好的头发调理性质。

两性甜菜碱表面活性剂也可以作抗静电剂和柔软剂。在这方面的应用比季铵盐阳离子表面活性剂的应用少一些，甜菜碱的碱土金属络合物作为洗涤剂赋于纤维柔软和抗静电效果。甜菜碱表面活性剂对聚丙烯纤维、尼龙等有足够的抗静电效果。羧烷基甜菜碱可以掺和到聚合物中，降低静电荷。

两性甜菜碱表面活性剂还可以和聚合物混合复配用于催化载体制备的模板剂。

2.3.3 氨基酸类表面活性剂

氨基羧酸型中以 α-氨基乙酸型和 β-氨基丙酸型为主,特别是 β-氨基丙酸类是重要的商品表面活性剂。目前氨基酸型表面活性剂的生产规模较小、成本较高,仍主要用于个人卫生用品等传统领域[29~31]。

1. 氨基羧酸类表面活性剂的合成[32~35]

合成氨基酸表面活性剂始于 1909 年 S. Bondi 合成 N-酰基谷氨酸,进入 20 世纪 70 年代研究工作开始活跃起来。合成氨基酸的方法有丙烯酸甲酯法、丙烯腈法、丙内酯法等。

(1) 丙烯酸甲酯法

采用等摩尔的十二烷胺和丙烯酸甲酯反应,然后再用等摩尔的氢氧化钠水解,即可制得 N-十二烷基-β-氨基丙酸钠,反应如下:

$$C_{12}H_{25}NH_2 + CH_2 = CHCOCH_3 \xrightarrow{25\sim30^\circ\mathrm{C}} C_{12}H_{25}NCH_2CH_2COCH_3$$

$$\xrightarrow{NaOH} C_{12}H_{25}NCH_2CH_2CONa + CH_3OH$$

当十二胺与丙烯酸甲酯的摩尔比为 1:2 时水解产物即为二羧酸盐法。

$$C_{12}H_{25}N \begin{array}{c} C_{12}H_{25}CH_2CH_2C-ONa \\ C_{12}H_{25}CH_2CH_2C-ONa \end{array}$$

根据所用脂肪胺的碳链长度不同、亲水基部分的氨基和羧酸基数以及所在位置不同,可以制备出各种氨基酸型两性表面活性剂。

(2) 丙烯腈法

用丙烯腈代替丙烯酸甲酯,成本可以降低。

$$C_{12}H_{25}NH_2 + CH_2 = CHCN \longrightarrow C_{12}H_{25}NHCH_2CH_2CN$$

$$\xrightarrow[\text{水解}]{NaOH} C_{12}H_{25}NHCH_2CH_2CONa + NH_3$$

(3) 丙内酯法

脂肪胺(伯胺、仲胺)和 β-正丙基酯反应,可以得到一种属于 β-氨基丙酸系两性表面活性剂,其反应如下:

$$\begin{array}{c} CH_2-CH_2 \\ | \quad | \\ O-C=O \end{array} + RNH_2 \longrightarrow HOCH_2CH_2CONHR + HOOCCH_2CH_2NHR$$

2. 氨基磺酸系的合成[36]

这类两性表面活性剂中最早合成的是 N-烷基-N-乙磺酸的衍生物。它由伯胺和溴乙基磺酸钠反应而得：

$$RNH_2 + BrCH_2CH_2SO_3Na \longrightarrow RNH-CH_2CH_2SO_3H$$

脂肪胺（伯胺）和 1，3-丙撑基亚磺酸内酯反应也可制备氨基磺酸，其反应如下：

$$RNH_2 + \begin{matrix} CH_2\!-\!CH_2 \\ | \qquad\quad SO_2 \\ CH_2\!-\!O \end{matrix} \longrightarrow RNHCH_2CH_2SO_3H$$

用 N-烷基氨丙基磺酸盐与 1，3-丙撑基亚磺酸内酯反应得到二元磺酸的衍生物。

$$RNHCH_2CH_2CH_2SO_3Na + \begin{matrix} CH_2\!-\!CH_2 \\ | \qquad\quad SO_2 \\ CH_2\!-\!O \end{matrix} \xrightarrow{NaOCH_3} R\!-\!N \begin{matrix} CH_2CH_2CH_2SO_3Na \\ \\ CH_2CH_2CH_2SO_3Na \end{matrix}$$

另一种氨基磺酸系两性表面活性剂具有多功能基团，它由卤代丁二酸二酯和氨乙基碳酸钠反应得到，其反应式如下：

$$\underset{\underset{Cl}{|}}{ROCCHCH_2COR} + NH_2CH_2CH_2SO_3Na \longrightarrow \underset{\underset{NHCH_2CH_2SO_3Na}{}}{ROCCHCH_2COR}$$

氨基磺酸系两性表面活性剂可以用 N，N-二（β-羟乙基）烷基胺和羟乙基磺酸钠（或溴乙基磺酸钠）反应制得，其反应如下：

$$RN \begin{matrix} C_2H_4OH \\ \\ C_2H_4OH \end{matrix} + HOC_2H_4SO_3Na \xrightarrow[Na]{200\sim210℃} RN \begin{matrix} C_2H_4OC_2H_4SO_3Na \\ \\ C_2H_4OH \end{matrix}$$

脂肪基卤代物如氯代十六烷与 2，4-二磺酸盐苯胺反应可以制备氨基磺酸两性离子表活性剂。

3. 氨基酸类表面活性剂的性质与应用[37~39]

氨基羧酸两性离子表面活性剂广泛用于洗涤剂、香波和其他化妆品配方。它的刺激性小，生物降解性好，具有防腐、防蚀作用。在强碱溶液中，它是一个良好的乳化剂、泡沫剂和去污剂。

氨基磺酸两性离子表面活性剂在许多方面与氨基羧酸衍生物相似，因此应用方面也相似。

$$CH_3(CH_2)_{10}Cl + H_2N\!-\!\underset{\underset{SO_3Na}{}}{\bigcirc}\!-\!SO_3Na \longrightarrow CH_3(CH_2)_{15}\!-\!NH\!-\!\underset{\underset{SO_3Na}{}}{\bigcirc}\!-\!SO_3Na$$

2.3.4　卵磷脂

卵磷脂是一种天然的两性表面活性剂，化学名称为磷脂酰胆碱（PC）。1844 年，法国化学家 Gobly 首先从鸡蛋中分离出一种黄色油状物质，将其命名为卵磷脂。卵膦酯是在所有的生物有机体中都能找到的天然的两性表面活性剂[40]。

一般说来，卵磷脂是由连接两个脂肪酸基和一个含有胺的磷酸基的甘油酯组成的，因此，由于脂肪基和胺基的组成与性质的不同，可以存在许多卵磷脂。

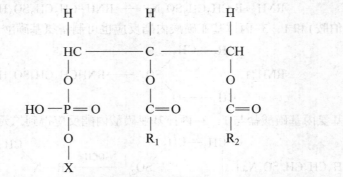

式中，R_1 和 R_2 是 $C_{14} \sim C_{20}$ 的饱和或不饱和脂肪羧酸链；X 的不同构成了不同的磷脂，见表 2-1。

表 2-1 X 和对应的磷脂

-X	中文名称	英文名称	-X	中文名称	英文名称
$-CH_2-CH_2N(CH_3)$	磷脂酰胆碱(卵磷脂)	PC	$-C_6H_2(OH)_3$	磷脂酰肌醇	PI
$-CHNH_3$	磷脂酰乙醇胺	PE	$-H$	磷脂酸	PA

卵磷脂最大的工业生产来源是大豆油生产过程中的副产物。在大规模制造大豆卵磷脂之前，主要的原料来源是蛋黄。卵磷脂量少且价格昂贵，因此只限于在医药中应用[40,41]。

1. 卵磷脂的制备[42,43]

目前国内生产的卵磷脂产品一般是从大豆油、菜籽油等植物油的水化油脚或动物脑以及蛋黄中提取得到的，是多种磷脂成分的混合物，除含有磷脂酰胆碱外，还含有磷脂酰乙醇胺（PE，俗称脑磷脂）、肌醇磷脂（PI）、磷脂酸（PA）、丝氨酸磷脂（PS），还包含少量的缩醛磷脂胆碱和溶血磷脂酰胆碱，这使得卵磷脂产品的使用范围受到很大限制。此外，卵磷脂 *HLB* 值较小，在水相体系中分散性较差，氧化稳定性差，并且流散性不好，不易形成粉末状态。上述原因使得卵磷脂各项功能很难有效地发挥出来。从 20 世纪 50 年代开始，人们对卵磷脂进行各个方面的研究和探索，卵磷脂至今仍是多个学科领域的研究热点。

（1）卵磷脂的粗提

新鲜大豆油脚用旋转蒸发器进行脱水丙酮脱油 3~5 次，粉末状粗卵磷脂加入浓度为 85% 的乙醇搅拌 20min，静置取乙醇相反复 3 次减压蒸馏得微黄色蜡状卵磷脂。

（2）卵磷脂的提纯

为了得到纯度高的卵磷脂，必须对得到的粗产品进行提纯精制。提纯精制方法主要有：分级提浓法、柱层析法、超临界流体提取法和膜分离法。

① 分级提浓法。欧美等国目前工业上均用分级提浓法。卵磷脂在醇中的溶解度比脑磷脂和肌醇磷脂高，分级提浓可使卵磷脂含量由 15%~20% 提高到 50%~60%。采用这种方法提纯的磷脂，乳化能力大大提高，黏度也明显下降。

② 超临界流体提取法。此方法多选用 CO_2 作为超临界流体。由于 CO_2 无毒，且具有低温操作的优点，所以特别适用于卵磷脂这种天然产物的分离。

③ 柱层析法和膜分离法。将粗卵磷脂溶于丙酮溶液，加入某种金属离子之后可使脑磷脂的沉淀率为91%，卵磷脂的沉淀率为7%，从而使卵磷脂达到很高的纯度。柱层析法主要用于实验室提纯，而膜分离法还不成熟，未见有工业报道。

2. 卵磷脂的应用[43~47]

卵磷脂分子含有亲脂基和亲水基，是一种天然的两性表面活性剂，具有良好的表面活性和乳化作用；另一方面，卵磷脂是构成生物膜的重要成分，在延缓衰老、防治心血管系统疾病方面具有积极的意义，因此它在食品、医药、饲料、化妆品领域应用十分广泛。此外，卵磷脂还可用于造纸、橡胶、皮革、涂料、磁带、石油等行业，作为润湿剂、乳化剂和分散剂等。

2.4 非离子表面活性剂

非离子表面活性剂(nonionic surfactant)自20世纪30年代开始应用以来，发展非常迅速，应用广泛，许多性能超过离子表面活性剂，随着石油工业的发展，原料来源丰富，工艺不断改进，成本日渐降低，产量占表面活性剂总产量的比例越来越高，逐渐有超过其他类型表面活性剂的趋势。

非离子表面活性剂在水溶液中不解离为离子状态，而是以分子或胶束状态存在于溶液中。非离子表面活性剂有以下特征。

① 表面活性剂家族第二大类，产量仅次于阴离子型表面活性剂。

② 稳定性高，不受酸、碱、盐所影响，耐硬水性强。

③ 与其他表面活性剂及添加剂相容性较好，可与阴、阳、两性离子型表面活性剂混合使用。

④ 与离子型表面活性剂相比，非离子表面活性剂一般来讲起泡性能较差，因此适合于配制低泡型洗涤剂和其他低泡型配方产品。

⑤ 非离子表面活性剂产品，大部分呈液态或浆状，这是与离子型表面活性剂不同之处。

2.4.1 聚氧乙烯型非离子表面活性剂

这类表面活性剂主要由氧乙烯基(EO)与含有活泼氢原子的疏水化合物结合，并按需要结合成任意长度。当EO数目较多时，整个分子就变成了水溶性的了，结合的氧乙烯基越多，水溶性越好。如果适当地控制氧乙烯基长度，就可以合成由油溶性(EO在5mol以下)到水溶性(EO在10mol以上)的各种非离子表面活性剂，因而合成的品种规格极多，用途也极为广泛。

1. 平平加(Peregal)

平平加(Peregal)是商品名，其化学成分是脂肪醇聚氧乙烯醚。用氢氧化钠做催化剂，长链脂肪醇在无水和无氧气存在的情况下与环氧乙烷发生开环聚合反应，就生成脂肪醇聚氧乙烯醚非离子表面活性剂。

$$ROH + n CH_2\!\!-\!\!CH_2 \xrightarrow[\text{催化剂}]{\text{NaOH}} RO(\!C_2H_4O\!)_{\overline{n}}H$$

$$R = C_{8\sim18}, \quad n = 1\sim45$$

这类表面活性剂稳定性较高，生物降解性和水溶性均较好，并且有良好的润湿性能。制造此类产品的长链脂肪醇有椰子油还原醇(主要成分为 C_{12} 醇)、月桂醇、十六醇、油醇及鲸蜡醇等。

2. 烷基酚聚氧乙烯醚(OP)

通式 $R\!-\!\!\bigcirc\!\!-\!O(CH_2CH_2O)_nH$，烷基 R 碳原子数要少些，一般是辛基或壬基，很少有 12 个碳原子以上的，聚合度 $n = 1 \sim 15$。苯酚有时也可以用甲苯酚、萘酚等代替，但较少用。OP 型表面活性剂的化学性质很稳定，不怕酸、碱，即使高温时也不易破坏，不易生物降解，且毒性较醇醚大，故常用于工业。以下是较为常用的两种烷基酚聚氧乙烯醚：

（1）TX-10

TX-10 也叫匀染剂 TX-10，化学名称叫辛基酚聚氧乙烯醚-10，为黄色黏稠液体。辛醇与苯酚，用天然硅铝酸(酸性白土)作催化剂，反应生成辛基苯酚。辛基苯酚再与环氧乙烷在氢氧化钠催化下，发生开环聚合，就生成辛基酚聚氧乙烯醚-10，即 TX-10。

$$C_8H_{17}OH + \bigcirc\!\!-\!OH \longrightarrow C_8H_{17}\!-\!\!\bigcirc\!\!-\!OH$$

$$C_8H_{17}\!-\!\!\bigcirc\!\!-\!OH + 10CH_2\!-\!\!CH_2 \longrightarrow C_8H_{17}\!-\!\!\bigcirc\!\!-\!O(CH_2CH_2O)_{10}H$$

TX-10 具有较好的去污、润湿和乳化作用，还有较好的匀染和抗静电性能。用作合成纤维油剂时，既有乳化性能又起抗静电的作用。在漂染工艺中用作扩散剂和匀染剂，在石油工业中作乳化剂，在建筑上用作混凝土的分散剂。

（2）OP-10

OP-10 也叫匀染剂 OP 和乳化剂 OP。化学名称叫十二烷基酚聚氧乙烯醚，为棕黄色膏状物。十二烷基酚与环氧乙烷在氢氧化钠催化下，发生开环聚合，就生成十二烷基酚聚氧乙烯醚，即 OP-10。

$$C_{12}H_{25}\!-\!\!\bigcirc\!\!-\!OH + 10CH_2\!-\!\!CH_2 \xrightarrow{NaOH} C_{12}H_{25}\!-\!\!\bigcirc\!\!-\!O(CH_2CH_2O)_{10}H$$

乳化剂 OP 耐酸、耐碱、耐硬水、耐氧化剂和还原剂，对盐也比较稳定，具有助溶、乳化、润湿、扩散和洗净等作用。可用做印染助剂、合成纤维油剂和工业乳化剂。

3. 脂肪酸聚氧乙烯醚

这种表面活性剂分子中含有酯基，在酸、碱性热溶液中易水解，不如亲油基与亲水基以醚键结合的表面活性剂。此种表面活性剂的起泡性、渗透和洗涤能力都较差，但具有较好的乳化性和分散性，主要用作乳化剂、分散剂、纤维油剂及染色助剂等。

$$R\!-\!\!\bigcirc\!\!-\!OH + n\triangle O \xrightarrow[\text{催化剂}]{NaOH} R\!-\!\!\bigcirc\!\!-\!O(C_2H_4O)_nH$$

$$R = C_{12 \sim 18}$$

$$RCOOH + HO\!-\!CH_2(C_2H_4O)_{n-1}CH_2OH \xrightarrow[\text{脱水缩合}]{H_2SO_4} RCOO(C_2H_4O)_nH + H_2O$$

$$RCOO(C_2H_4)_nH + RCOO(C_2H_4O)_nH \Longleftrightarrow RCOO(C_2H_4O)_nOCR + HO(C_2H_4O)_nH$$

4. 脂肪胺聚氧乙烯醚

环氧乙烷与烷基胺起加成反应，能生成 2 种反应产物：

$$R-NH_2 + nCH_2\!\!-\!\!CH_2 \longrightarrow R-NH-CH_2CH_2\!\!-\!\!(C_2H_4O)_{n-2}OCH_2CH_2OH$$
$$\underset{O}{\diagdown\diagup}$$

和

$$R-NH_2 + 2nCH_2\!\!-\!\!CH_2 \longrightarrow R-N \begin{matrix} CH_2CH_2\!\!-\!\!(C_2H_4O)_{n-2}OCH_2CH_2OH \\ \\ CH_2CH_2\!\!-\!\!(C_2H_4O)_{n-2}OCH_2CH_2OH \end{matrix}$$

$R=C_{12\sim18}$，m 和 n 不一定，通常不相等。

这类非离子表面活性剂与其他非离子表面活性剂相比，具有非离子和阳离子两者的性质，如耐酸不耐碱，有一定的杀菌性等。当氧乙烯基的数目较大时，非离子性增加，则不像脂肪胺盐类表面活性剂，在碱性溶液中不再析出，表面活性不受破坏。由于非离子性增加，阳离子性减少，可与阴离子表面活性剂混合使用。

此类表面活性剂常用作染色助剂，也常用于人造丝生产中以增强再生纤维的强度，还可保持喷丝孔的清洁，防止污垢沉积。

2.4.2 多元醇表面活性剂

这类表面活性剂是由多元醇与脂肪酸进行部分酯化制备得到的。其亲水性是由部分未酯化的游离羟基提供的。

$$C_{11}H_{23}COOH+ \begin{matrix} CH_2-OH \\ | \\ CH-OH \\ | \\ CH_2-OH \end{matrix} \xrightarrow[\text{加热}(200℃)]{0.5\%\sim1\%NaOH} \begin{matrix} C_{11}H_{23}COOCH_2 \\ | \\ CH-OH \\ | \\ CH_2-OH \end{matrix} +H_2O$$

月桂酸　　　　甘油　　　　　　　月桂酸单甘油酯或甘油月桂酸单酯

$$\begin{matrix} C_{11}H_{23}COOCH_2 \\ | \\ C_{11}H_{23}COOCH \\ | \\ C_{11}H_{23}COOCH_2 \end{matrix} +2 \begin{matrix} CH_2-OH \\ | \\ CH-OH \\ | \\ CH_2-OH \end{matrix} \xrightarrow[\text{加热}(200\sim240℃)]{0.5\%\sim1\%NaOH} \begin{matrix} C_{11}H_{23}COOCH_2 \\ | \\ CH-OH \\ | \\ CH_2-OH \end{matrix}$$

月桂酸三甘油酯　　　　甘油　　　　　　　月桂酸单甘油酯
（椰子油）

这类表面活性剂的亲水性比较差，其中有不少类是油溶性的。为提高其亲水性，将多元醇部分酯环氧乙烷化，生成的化合物也是一类非离子表面活性剂。

多元醇表面活性剂除具有一般非离子表面活性剂的良好表面活性外，还有无毒性这一突出特点，因此，广泛应用于食品工业、化妆品和医药工业中。如 Span 类产品具有低毒、无刺激等特性，在医药、食品、化妆品中广泛用做乳化剂和分散剂；它常与水溶性表面活性剂如 Tween 系列复合使用，可发挥出良好的乳化力。也可用作人造纤维和合成纤维的柔软剂。下面举几种常见的例子。

1. 司潘(Span)型

司潘型表面活性剂是山梨醇酐和各种脂肪酸形成的酯，不同的脂肪酸决定了不同的商品牌号，如：

司潘-20　是失水山梨醇(山梨醇酐)和月桂酸生成的酯。

司潘-40　是失水山梨醇与棕榈酸生成的酯。

司潘-60　是失水山梨醇与单硬脂酸生成的酯。

司潘–65　是失水山梨醇与三硬脂酸生成的酯。

司潘–80　是失水山梨醇与单油酸生成的酯。

司潘–85　是失水山梨醇与三油酸生成的酯。

$$
\begin{array}{c}
\underset{\displaystyle HO-C}{\overset{\displaystyle H}{|}} \quad \underset{\displaystyle C-OH}{\overset{\displaystyle H}{|}} \\
\\
H_2C \quad CH-CH-CH_2-O-\overset{\displaystyle O}{\overset{\displaystyle \parallel}{C}}-C_{17}H_{33} \\
\underset{\displaystyle O}{} \qquad \underset{\displaystyle OH}{}
\end{array}
$$

（失水山梨醇油酸酯，司潘–80）

这类表面活性剂都是油溶性的，$HLB = 1.8 \sim 3.8$，因其亲油性较强，一般用作水/油乳剂的乳化剂，国内生产的为"乳化剂 S"系列产品。用于搽剂、软膏，亦可作为乳剂的辅助乳化剂。

2. 吐温（Tween）型

司潘型表面活性剂不溶于水。如欲使其水溶，可在未酯化的羟基上接聚氧乙烯基，从而成为相应的吐温型。例如吐温–80 就是由司潘–80 改性的：

$$
\begin{array}{c}
H(OC_2H_4)_p O-\overset{\displaystyle H}{\overset{\displaystyle |}{C}} \quad \overset{\displaystyle H}{\overset{\displaystyle |}{C}}-O(C_2H_4O)_q H \\
\\
H_2C \quad CH-CH-CH_2-O-\overset{\displaystyle O}{\overset{\displaystyle \parallel}{C}}-C_{17}H_{33} \\
\underset{\displaystyle O}{} \qquad \underset{\displaystyle O(C_2H_4O)_r H}{}
\end{array}
$$

$$p+q+r = 20$$

吐温–80

这类表面活性剂亲水性大大增加，为水溶性表面活性剂，用作增溶剂、乳化剂、分散剂和润湿剂，在国内生产的为"乳化剂 T"系列产品。因为它们无毒，主要用于食品工业和医药工业。

2.4.3　聚醚

这是一类较新的非离子表面活性剂，其中经常应用的是由环氧乙烷和环氧丙烷共聚生成的共聚物（嵌段聚合物）。其亲油基是聚氧丙烯基，亲水基是聚氧乙烯基。亲水、亲油部分的大小，可以通过调节聚氧丙烯和聚氧乙烯比例加以控制。这类产品，因起始剂的种类、环氧化合物聚合顺序以及聚合物的相对分子质量不同，所以产品品种繁多。按其聚合方式可分为整嵌、杂嵌、全嵌三种类型。

全嵌型聚醚是在起始剂上先加成一种环氧化合物，然后再加成另一种环氧化合物得到的产物。杂嵌型聚醚有两种：一种是起始剂上先加上一种环氧化合物，然后再加成两种或多种环氧化合物混合物得到的产品；另一种是在起始剂上先加成混合的环氧化物，然后再加成单一的环氧化物所得的产物。全杂嵌段聚醚是在起始剂上先加成一定比例的两种或多种环氧化合物的混合物，然后再加上比例不同的同样混合物或比例不变而环氧化物不同的混合物制得的产物。

其中，全嵌型聚醚应用最广。用单官能团引发剂聚合的产物如：$RO(C_3H_6O)_m(C_2H_4$

O$)_n$H，调节 m、n 可得具有各种性质的表面活性剂。如果维持 m、n 不变，而仅改变聚合次序，则得：RO$(C_2H_4O)_m(C_3H_6O)_n$H，其性质与前者有很大差别，浊点大为降低，起泡性能也大大减弱。

自双官能团引发剂制备出的全嵌型聚醚表面活性剂中，以丙二醇为引发剂者得到广泛应用，其结构为：HO$(C_2H_4O)_a(C_3H_6O)_b(C_2H_4O)_c$H，$b \geqslant 15$，$(C_2H_4O)_{a+c}$ 的量占 20%～90%。调节聚氧丙烯的相对分子质量和聚氧乙烯的质量分数，可得一系列不同性质的聚醚：相对分子质量小者润湿性能较好，起泡作用差，洗涤作用不佳；随相对分子质量增加，则洗涤性能变好，起泡作用渐增；相对分子质量很大时则润湿性能不好，洗涤性能有所下降，但分散性能增加。这类表面活性剂不但可溶于水，也可溶于芳烃、卤代烃及极性有机溶剂。

此类聚醚中很多品种在低浓度时即有降低界面张力的能力，是许多 O/W、W/O 体系的有效乳化剂。聚醚有良好的钙皂分散作用，浓度很稀时即可防止硬水中钙皂沉淀。聚醚有较好的增溶作用，无毒、无臭、无味、无刺激性；有些品种可用于人造血中作为乳化、分散剂。聚醚中有不少是低泡表面活性剂，在许多工业过程中甚至用作消泡剂或抑泡剂。

对于全杂聚醚及整聚-杂聚型(或杂聚-整聚型)非离子表面活性剂，特别是多官能团引发的表面活性剂，现在应用及研究工作不多，商品生产也很少。

2.4.4 非离子表面活性剂的性质和应用

非离子表面活性剂在水中的溶解行为与离子型表面活性剂不同[48~50]。含有醚基或酯基的非离子表面活性剂在水中的溶解度随温度的升高而降低，开始在较低温度时表面活性剂溶液呈透明状，当温度升高到某一温度时，溶液开始变浑浊，这一温度称为该表面活性剂的浊点。

非离子表面活性剂具有高表面活性，其水溶液的表面张力低，临界胶团浓度亦低于离子型表面活性剂，胶团聚集数大，增溶作用强，并具有良好的乳化能力和洗涤作用。

由于非离子表面活性剂不能在水中解离成离子，因此，稳定性高，酸、碱、离子对它的影响较小，耐硬水性强。

非离子表面活性剂大多具有良好的乳化、润湿、渗透性能及起泡、洗涤、稳泡、抗静电等作用，且无毒。特别是烷基多苷，是新一代性能优良的非离子表面活性剂，它不但表面活性高、去污力强，而且无毒、无刺激、生物降解性好，被誉为新一代"绿色产品"。

非离子表面活性剂广泛用作纺织业、化妆品、食品、药物等的乳化剂、消泡剂、增稠剂，以及医疗方面的杀菌剂及洗涤、润湿剂等。此外，非离子表面活性剂在石油开采中也被广泛应用。

2.5 混合型表面活性剂

混合型表面活性剂主要是指分子中的亲水部分既有聚氧乙烯链，又有离子基团的一类表面活性剂，如脂肪醇聚氧乙烯醚羧酸盐、脂肪醇聚氧乙烯醚硫酸盐、脂肪醇聚氧乙烯醚磷酸盐等[51]。此类表面活性剂由于疏水基和亲水基间嵌入了聚氧乙烯链，因而兼具非离子和阴离子表面活性剂的一些特性。很多文献中将这类表面活性剂归入阴离子型表面活性剂。由于它们在很多方面与普通阴离子型表面活性剂有明显差别，因此本书将其单列出来，作为混合型表面活性剂。

2.5.1 脂肪醇聚氧乙烯醚羧酸盐

它是脂肪醇聚氧乙烯醚的改性产物，其化学通式为 $RO(CH_2CH_2O)_nCH_2COOM_{1/n}$，M 为金属离子或铵(胺)离子，$n$ 为反离子 M 的价数。脂肪醇聚氧乙烯醚羧酸盐由于疏水基和亲水基间嵌入了聚氧乙烯链，因此克服了普通羧酸盐类阴离子表面活性剂的一些缺陷。具有以下特性：

① 它的水溶性和抗硬水性比肥皂好得多；

② 在酸、碱介质中具有较好的化学稳定性；

③ 产品温和，为无刺激性表面活性剂，对酶的活性影响较小；

④ 具有优良的去油污性和分散性。

此类表面活性剂作为洗涤剂、分散剂、染色助剂、抗静电剂、乳化剂、金属加工冷却润滑剂、润湿剂、软化剂和渗透剂的成分而得到广泛应用。从 20 世纪 70 年代起又用于无磷洗涤剂中，在三次采油研究中亦有应用。它也可与多种表面活性剂复配，制成浴液、液体皂、香波和洗面奶等。

2.5.2 脂肪醇聚氧乙烯醚硫酸盐

这是在非离子表面活性剂聚氧乙烯醚即 $RO(C_2H_4O)_nH$ 的基础上衍生出来的一种重要的表面活性剂。其结构通式为 $RO(C_2H_4O)_nSO_4Na$，n 一般为 $1\sim4$。

脂肪醇聚氧乙烯醚硫酸盐是混合型表面活性剂中最重要、产量最大的一种。脂肪醇聚氧乙烯醚硫酸盐的溶解性能、抗硬水性能、起泡性、润湿性均优于脂肪醇硫酸盐，且刺激性也低于脂肪醇硫酸盐。

由于脂肪醇聚氧乙烯醚硫酸盐的多种性能均优于脂肪醇硫酸盐，因而可取代脂肪醇硫酸盐而广泛用于洗涤剂、个人护理品等配方中。

2.6 特种表面活性剂

随着表面活性剂在工业和民用领域中的应用越来越广泛，极大地促进了相关领域的迅速发展，同时对表面活性剂品种和性能也提出了越来越高的专业需求。目前，通用表面活性剂产品的性能已不能完全适应这些行业的功能要求，开发新的表面活性剂和寻求现有表面活性剂品种的个性特点已变得非常必要。

一般表面活性剂的疏水基是碳氢烃基(分子中还可含有 O，N，S，C1，Br，I 等元素)，这种常用的表面活性剂称为碳氢表面活性剂或普通表面活性剂。如果在分子中除了上面这些元素外，还含有 F，Si，B 等元素，则称为特种表面活性剂。文献中也常把它们称为"元素表面活性剂"。

特种表面活性剂具有普通表面活性剂所不具备的很多特殊性能，特别是氟表面活性剂，在很多领域具有普通表面活性剂无法替代的作用。

2.6.1 氟表面活性剂

将碳氢表面活性剂分子碳氢链中的氢原子部分或全部用氟原子取代，就成为碳氟表面活性剂，或称氟表面活性剂。碳氟表面活性剂是特种表面活性剂中最重要的品种，有很多碳氢表面活性剂不可替代的重要用途[52,53]。

这类表面活性剂的亲油基是 CF 链，例如：$CF_3CF_2CF_2CF_2CF_2CF_2CF_2COOK$

1. 氟表面活性剂的性质[54,55]

碳氟表面活性剂的独特性能常被概括为"三高"、"两憎"，即高表面活性、高耐热稳定性及高化学稳定性，它的含氟烃基既憎水又憎油。碳氟表面活性剂其水溶液的最低表面张力可达到 20mN/m 以下，甚至达到 15mN/m 左右。碳氟表面活性剂如此突出的高表面活性以致其水溶液可在烃油表面铺展。碳氟表面活性剂有很高的耐热性，如固态的全氟烷基磺酸钾，加热到 420℃以上才开始分解，因而可在 300℃以上的温度下使用；氟表面活性剂有很高的化学稳定性，它可抵抗强氧化剂、强酸和强碱的作用，而且在这种溶液中仍能保持良好的表面活性。若将其制成油溶性表面活性剂还可降低有机溶剂的表面张力。

2. 氟表面活性剂的合成

带有全氟聚氧丙烯链的氟表面活性剂通常采用如下的反应进行合成：

$$CF_3CF\!=\!CF_2 \xrightarrow{H_2O_2} CF_4CF\overset{\displaystyle O}{\overbrace{\qquad}}CF_2 \xrightarrow[\text{聚合}]{KF} C_3F_7O\!\left(\!\underset{CF_4}{CF}\!-\!CF_2O\!\right)_{\!\overline{n}}\underset{CF_3}{CF}\!-\!COF$$

$$\xrightarrow{+NH_2(CH_2)_4N(C_2H_5)_2} C_3F_7O\!\left(\!\underset{CF_3C}{CF}\!-\!CF_2O\!\right)_{\!n}\underset{CF_3C}{CF}CONH(CH_2)_3N(C_2H_5)_9$$

$$\xrightarrow[\text{季铵化}]{CH_3I} C_3F_7O\!\left(\!\underset{CF_4}{CF}\!-\!CF_2O\!\right)_{\!n}\underset{CF_3}{CF}CONH(CH_2)_3\overset{+}{N}(C_2H_5)_2 \cdot I^-\\ \hspace{8cm}\underset{CH_3}{\big|}$$

此产物为阳离子型表面活性剂。

如将全氟聚氧丙烯直接水解，并以碱中和，则得到全氟羧酸盐阳离子型表面活性剂。

$$C_3F_7O\!\left(\!\underset{CF_3}{CF}\!-\!CF_3O\!\right)_{\!n}\underset{CF_3}{CF}\!-\!COF \xrightarrow[\text{+NaOH}]{-H_2O_2-HF} C_3F_7O\!\left(\!\underset{CF_3}{CF}\!-\!CF_2O\!\right)_{\!n}\underset{CF_3}{CF}COONa$$

全氟磺酸盐表面活性剂采取如下合成路线

$$CF_2\!=\!CF_2+SO_3 \longrightarrow \underset{O^-}{CF_2}\!-\!\underset{SO_2^+}{CF_2} \xrightarrow{F^-} \underset{O^-}{CF_2}\!-\!\underset{SO_2^+F}{CF_2} \xrightarrow{\overset{CF_3CF\overbrace{\quad}CF_2}{}}$$

$$\underset{F}{O}\!=\!\underset{CF_3}{C}\!-\!\underset{CF_3}{CF}\!\left(\!OCFCF_2\!\right)_{\!\overline{m}}OC_2F_4SO_2F \xrightarrow[\text{Na}_2\text{CO}_3]{\text{高温脱 }COF_2} CF_2\!=\!CF\!\left(\!\underset{CF_3}{OCFCF_2}\!\right)_{\!\overline{m}}OC_2F_4SO_2F$$

$$\xrightarrow{F_2} C_2F_5\!\left(\!\underset{CF_3}{OCFCF_2}\!\right)_{\!\overline{m}}OC_2F_4SO_2F \xrightarrow[\text{NaOH}]{\text{水解}} C_2F_5\!\left(\!\underset{CF_3}{OCFCF_2}\!\right)_{\!\overline{m}}OC_2F_4SO_2Na$$

3. 氟表面活性剂的应用[56~58]

由于碳氟表面活性剂的独特性能，使它有着广泛的用途。特别是在一些特殊应用领域，有着其他表面活性剂无法替代的作用。早期，它曾用做四氟乙烯乳液聚合的乳化剂，以后逐步用做润湿剂、铺展剂、起泡剂、抗黏剂、防污剂等，广泛应用于消防、纺织、皮革、造纸、选矿、农药、化工等各个领域，显示出强大的生命力。

2.6.2 硅表面活性剂

硅表面活性剂是指疏水基为全甲基化的 Si—O—Si、Si—C—Si 或 Si—Si 主干的一类特种表面活性剂。近年来，含硅表面活性剂正以其独特性能引起了人们的关注。其中以 Si—O—Si 为主干的表面活性剂(称为硅氧烷表面活性剂)因为原料易得，在工业上应用最广。一般所说的硅表面活性剂也主要指硅氧烷表面活性剂[59,60]。

1. 硅表面活性剂的性质

硅表面活性剂有下列特性：①很高的表面活性，其表面活性仅次于氟表面活性剂，水溶液的最低表面张力可降至大约 20mN/m，而典型的碳氢表面活性剂为 30mN/m 左右；②在水溶液和非水体系都有表面活性；③对低能表面有优异的润湿能力；④具有优异的消泡能力，是一类性能优异的消泡剂；⑤通常有很高的热稳定性；⑥它们是无毒的，不会刺激皮肤，因而可适用于药物和化妆品；⑦它们由不同的化学方法制备，可以产生不同类型的分子结构，通常有很高的相对分子质量，属于高分子表面活性剂。

2. 硅表面活性剂的合成

通常采用下列反应制备硅氧烷表面活性剂

$$
(CH_3)_3SiO{\underset{\underset{CH_3}{|}}{\overset{\overset{CH_3}{|}}{Si}}}{-O}{\overline{\overline{}}_n}C_2H_5 + HO{\overline{\overline{}}}C_2H_4O{\overline{\overline{}}_n}R \xrightarrow{-C_2H_4OH} (CH_3)_4SiO{\underset{\underset{CH_3}{|}}{\overset{\overset{CH_3}{|}}{Si}}}{-O}{\overline{\overline{}}_n}{\overline{\overline{}}}C_2H_4O{\overline{\overline{}}_n}R
$$

这种表面活性剂的 Si—O—C 键在酸性溶液中易发生水解，为克服这一缺点，通常按下列反应制得无 Si—O—C 键的表面活性剂：

$$
(CH_3)_3SiO{\underset{\underset{CH_3}{|}}{\overset{\overset{CH_3}{|}}{Si}}}{-O}{\overline{\overline{}}_n}{\underset{\underset{CH_2}{|}}{\overset{\overset{CH_2}{|}}{Si}}}{-H} + CH_2=CH{-}CH_3{\overline{\overline{}}}C_2H_4O{\overline{\overline{}}_n}OR
$$

$$
\xrightarrow{\text{铂催化剂}} (CH_3)_3SiO{\underset{\underset{CH_3}{|}}{\overset{\overset{CH_3}{|}}{Si}}}{-O}{\overline{\overline{}}_n}{\underset{\underset{CH_3}{|}}{\overset{\overset{CH_3}{|}}{Si}}}{-(CH_2)_3(OC_2H_4)_nOR}
$$

3. 硅表面活性剂的用途

由于硅表面活性剂上述特殊性能，在工业上得到了广泛应用。自 20 世纪 50 年代用于尿烷泡沫塑料的稳泡剂以来，到 1994 年仅在此项应用中的用量就达约 30000t/a，从而促进了硅表面活性剂工业的迅速发展。近十几年来，随着更多的硅表面活性剂被合成，人们系统地研究了其在水和非水体系中的表(界)面活性、有序组合体行为以及与各种添加剂间的相互作用，建立了其在纤维、涂料、化妆品等工业上应用的理论基础。硅表面活性剂的缺点是生物降解性能较差。此外，其价格相对较高。但其高效率可弥补其成本的不足。

2.7 高分子表面活性剂

高分子表面活性剂通常指相对分子质量大于 10000，具有表面活性的物质。广义上，凡是能够改变界面性能的大分子物质皆可称为高分子表面活性剂[61-63]。

2.7.1 高分子表面活性剂的分类

高分子表面活性剂按来源分类可分为天然的、天然物质改性的和合成的三类。

1. 天然高分子及改性产物

天然高分子表面活性剂是从动植物分离、精制而制得的两亲性水溶性高分子。合成高分子表面活性剂是指亲水性单体均聚或与憎水性单体共聚而成，或通过将一些普通高分子经过化学改性而制得。

淀粉、羧甲基淀粉、羟乙基淀粉、羟丙基淀粉、丙烯腈接枝淀粉、丙烯酸接枝淀粉以及羟甲基纤维素等有强吸水作用可作为吸水剂和胶体保护剂。阳离子淀粉可作为纺织中的施胶剂和污水处理中的絮凝剂，钻井液中的降失水剂和降黏。相对分子质量较低的木质素铁铬盐、腐殖酸盐、单宁酸钠、栲胶等可作为降黏剂和分散剂。

2. 合成高分子表面活性剂

合成高分子表面活性剂也有阴离子型、阳离子型、非离子型和两性离子型。

(1) 非离子型高分子表面活性剂

将对位烷基苯酚与甲醛缩合即得线型高分子，以环氧乙烷处理后则得水溶性的非离子型高分子表面活性剂，聚氧乙烯烷基酚醚甲醛缩合物。

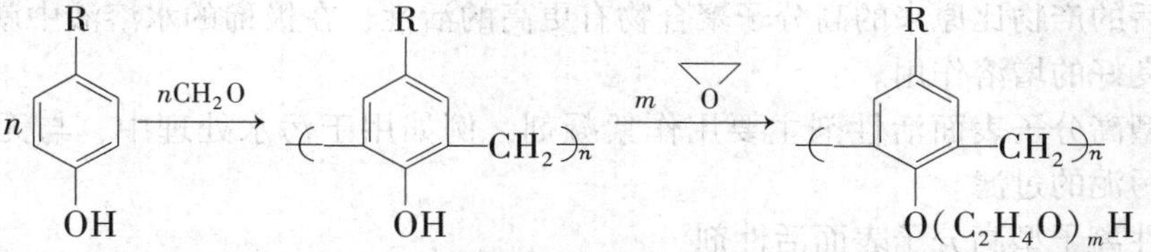

前面所述的整嵌段聚醚型非离子表面活性剂也是一种相对分子质量较低的高分子表面活性剂。近年来用作原油破乳剂的所谓"超高相对分子质量"破乳剂，则是相对分子质量达数十以至数百万的环氧丙烷-环氧乙烷聚合的聚醚，是典型的非离子型高分子表面活性剂。

(2) 阴离子型高分子表面活性剂

阴离子型高分子表面活性剂应用广泛，这类表面活性剂在水中溶解时，随溶液的 pH 不同，其游离状态不同，它的溶解度和溶液的黏度也有所变化。例如，pH 低时，由于羧酸基离解不充分，在水中的溶解性变差，所以分子是卷曲的；当 pH 增大时，离解度增大，阴离子之间的排斥作用增强，分子体积变大，黏度升高；pH 进一步增加到碱性时，聚合体的阴离子吸引聚阳离子，导致阴离子间排斥力减小，分子发生卷缩，黏度降低。

苯乙烯-马来酸酐(部分酯化)共聚物：

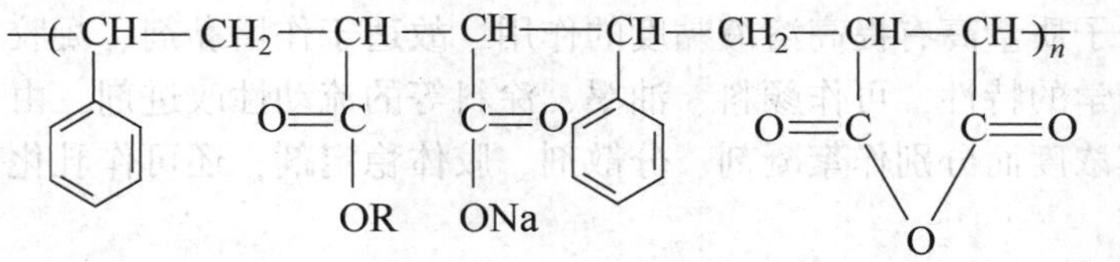

苯乙烯-甲基丙烯酸(部分酯化)共聚物：

$$\text{---}\!(CH_2\!\!-\!\!\underset{\underset{OR}{\overset{\overset{CH_3}{|}}{\underset{|}{C=O}}}{\overset{|}{C}}\!\!-\!\!CH\!\!-\!\!CH_2\!\!-\!\!CH_2\!\!-\!\!\underset{\underset{ONa}{\overset{\overset{CH_3}{|}}{\underset{|}{C=O}}}{\overset{|}{C}}\!\!-\!\!CH\!\!-\!\!CH_2)_n\text{---}\qquad R为烷基$$

上述两种表面活性剂为阴离子型，相对分子质量为 3000~10000，可用作水介质中颜料的分散剂及水性墨，水性涂料中的分散剂和流型改进剂。

（3）阳离子型高分子表面活性剂

将聚 4-（或 2-）-乙烯吡啶用 $C_{12}H_{25}Br$ 季铵化，就得到阳离子性高分子表面活性剂。

$$\text{---}\!(\underset{}{\overset{}{C}}\!\!-\!\!\underset{}{\overset{|}{C}}\!\!-\!\!\underset{}{\overset{}{C})_n}$$

季铵化后的产物比原来的高分子聚合物有更高的活性，在极稀的水溶液中就显示出对苯及十二烷有良好的增溶作用。

阳离子型高分子表面活性剂主要用作絮凝剂，例如用于污水处理中，与无机絮凝剂混用，可促进污泥的过滤。

（4）两性离子型高分子表面活性剂

以 $C_{12}H_{25}Br$ 与聚乙烯亚胺的部分亚氨基作用后，再与 $ClCH_2COOH$ 反应，即得具有高表面活性的两性高分子表面活性剂。

$$\text{---}\!(C_2H_4\!\!-\!\!\underset{\underset{C_{12}H_{25}}{|}}{N}\!\!-\!\!C_2H_4\!\!-\!\!\underset{\underset{CH_2COOH}{|}}{N})_n\text{---}$$

除此以外还有常用作絮凝剂、保水剂的聚丙烯酸的钠盐，聚丙烯酰胺及聚季铵盐类。

2.7.2 高分子表面活性剂的性质及用途

高分子表面活性剂一般具有以下特征：①降低表面张力的能力较小，多数不形成胶束；②由于相对分子质量高，故渗透力弱；③起泡性差，但形成的泡沫稳定；④乳化力好；⑤分散力或凝聚力优良；⑥多数低毒。

由于相对分子质量高有提高溶液黏度的作用，故适于作增黏剂、凝胶剂；高分子表面活性剂有改变流变学的特性，可作颜料、油墨、涂料等的流动性改进剂，由于易在粒子表面上吸附，可根据其浓度而分别作絮凝剂、分散剂、胶体稳定剂，还可作乳化剂、保湿剂、抗静电剂、润滑剂等。

2.8 两种新型表面活性剂

近一二十年来，特别是 20 世纪 90 年代以来，一些具有特殊结构的新型表面活性剂被相继开发。它们有的是在普通表面活性剂的基础上进行结构修饰（如引入一些特殊基团），有的是对一些本来不具有表面活性的物质进行结构修饰，有些是从天然产物中发现的具有两亲性结构的物质，更有一些是合成的具有全新结构的表面活性剂。这些表面活性剂不仅为表面活性剂结构与性能关系的研究提供了合适的对象，而且具有传统表面活性剂所不具备的新性质，特别是具有针对某些特殊需要的功能。其中最具有代表性的两种新型表面活性剂是：Gemini 表面活性剂和 Bola 表面活性剂。

2.8.1 孪连表面活性剂

Gemini 表面活性剂是近年来国际上研究较多的一种表面活性剂。Gemini 是双生子的意思，Gemini 型表面活性剂是由两个或两个以上相同或几乎相同的两亲分子，在其头基或靠近头基处由连接基团通过化学键连接在一起构成的，分子的形状如同"连体的孪生婴儿"，我们将其译作孪连表面活性剂，意为"孪生连体"。一般有两种类型[64]：①连接基团直接连接在两个亲水基上；②连接基团在非常靠近亲水基的地方连接两条疏水基。

类型一   类型二

如果连接基离得较远，分子性质与普通的 Gemini 分子相去甚远，这样的分子应称具有支链的 Bola 分子[65]。

与传统的表面活性剂相比，孪连表面活性剂具有很高的表面活性（cmc 和 C_{20} 值很低），其水溶液具有特殊的相行为和流变性，而且其形成的分子有序组合体具有一些特殊的性质和功能，已引起学术界和工业界人士的广泛兴趣和关注。

1. 孪连表面活性剂的结构类型

迄今为止，阳离子孪连表面活性剂已有季铵盐型、吡啶盐型、胍基型；阴离子型孪连表面活性剂有磷酸盐、硫酸盐、磺酸盐型及羧酸盐型；非离子型孪连表面活性剂出现了聚氧乙烯型和糖基型，其中糖基既有直链型的，又有环型的。从疏水链来看，由最初的等长的饱和碳氢链型，出现了碳氟链部分取代碳氢链型、不饱和碳氢链型、醚基型、酯基型、芳香型以及两个碳链不等长的不对称型。

孪连表面活性剂的连接基团的变化最为丰富，连接基团的变化导致了孪连表面活性剂性质的丰富变化。它可以是疏水的，也可以是亲水的；可以很长，也可以很短；可以是柔性的，也可以是刚性的。前者包括较短的碳氢链、亚二甲苯基、对二苯代乙烯基等，后者包括较长的碳氢链、聚氧乙烯链、杂原子等。从反离子来说，多数孪连表面活性剂以溴离子为反离子，但也有以氯离子为反离子的，也有以手性基团（酒石酸根、糖基）为反离子的，还有以长链羧酸根为反离子的。近年来又出现了多头多尾型孪连表面活性剂，它们的出现为孪连表面活性剂大家族增添了新的一员。

2. 孪连表面活性剂的性质

Gemini 与经典的表面活性剂在分子结构上的明显区别是连接基团的介入。因此 Gemini 分子可以看作是几个经典表面活性剂分子的聚合体。在 Gemini 的分子结构中，两个（或多个)亲水基依靠连接基团通过化学键而连接，由此造成两个(或多个)表面活性剂单体相当紧密的结合。这种结构一方面增加了碳氢链的疏水作用，另一方面，使亲水基(尤其是离子型)间的排斥作用因受到化学键限制而大大削弱。因此，连接基团的介入及其化学结构、连接位置等因素的变化，将使 Gemini 的结构具备多样化的特点，进而对其溶液和界面等性质产生影响[66,67]。表 2-2 列出一些典型孪连表面活性剂的 cmc，C_{20} 及 γ_{cmc}。为便于比较，表中同时列出了普通表面活性剂 $C_{12}H_{25}SO_4Na$ 和 $C_{12}H_{25}SO_3Na$ 的表面活性数据。

表 2-2 孪连表面活性剂的表面活性数值

类型	Y	$cmc/(mmol/L)$	$\gamma_{cmc}/(mN/m)$	$C_{20}/(mmol/L)$
A	—OCH₂CH₂O—	0.013	27.0	0.0010
B	—O—	0.033	28.0	0.008
B	—OCH₂CH₂O—	0.032	30.0	0.0065
B	—O(CH₂CH₂O—)₂	0.060	36.0	0.0010
$C_{12}H_{25}SO_4Na$		8.1	39.5	3.1
$C_{12}H_{25}SO_3Na$		9.8	39.0	4.4

注：表中，A、B 的结构式分别为

表 2-4 中的孪连表面活性剂的 C_{20} 值比普通表面活性剂降低 2~3 个数量级；cmc 值比普通表面活性剂降低 1~2 个数量级；其 cmc 也远低于普通表面活性剂。因此，与传统的表面活性剂相比，孪连表面活性剂具有很高的表面活性。

用短连接基团连接的 Gemini 表面活性剂，在相当低的浓度时其水溶液有很高的黏度，而相应的传统表面活性剂则是低黏度；Gemini 表面活性剂的聚集数目通常不超过传统表面活性剂的聚集数目(聚集数目是胶束的大小)。因此 Gemini 表面活性剂具有更加优良的物理化学性质，如：降低水溶液表面张力的能力和效率更加突出；具有较高的表面活性，很低的 krafft 点；良好的 Ca 皂分散力、润湿能力、泡沫稳定性、增溶能力、抗菌能力和洗涤能力等[68]。

3. 影响孪连表面活性剂性能的主要因素

对孪连表面活性剂来讲，除了与普通表面活性剂相同的影响因素之外，桥联基的结构(包括其长度、类型等)对其性能起着重要作用。

桥联基对孪连表面活性剂的表面活性影响主要表现在桥连基对 cmc 及气液界面表面活性剂分子截面积的影响。其原因可能是桥连基影响表面活性剂分子在体相及界面的空间构型及排列。一般来讲，孪连表面活性剂的桥连基柔性且亲水时，其表面活性较高；桥连基刚性且疏水时，表面活性较差。这可能是由于亲水且柔性的碳链使桥连基弯向水相，形成向外凸的胶团表面，疏水链在表面吸附层中也易于采取直立构象；疏水的桥连基倾向于和两条疏水链一起"逃离"水相，形成胶团的困难程度较前者稍大，而刚性的桥连基对疏水链的空间构型有一定限制，形成胶团的困难程度更大，在表面吸附层中也不易采取疏水链完全直立的构象。

桥连基的长度对表面活性也有很大的影响。当桥连基为柔性或碳链足够长时，孪连表面活性剂分子可能在界面形成"拱门"或"环"状空间构型；桥连基较短或为刚性时，该桥联基可能平躺在界面。前者分子排列较紧密，表面张力较低，而后者分子排列较松表面张力偏高。

例如，以烷基二甲基叔胺和二卤代烷烃为原料制得，反应式如下：

$$C_nH_{2n+1}-\underset{\underset{CH_3}{|}}{\overset{\overset{CH_3}{|}}{N}} + X-C_sH_{2s}-X \longrightarrow C_nH_{2n+1}-\underset{\underset{CH_3}{|}}{\overset{\overset{CH_3}{|}}{N}}-C_sH_{2s}-\underset{\underset{CH_3}{|}}{\overset{\overset{CH_3}{|}}{N^+}}-C_nH_{2n+1} \cdot 2X^-$$

式中，$n = 8 \sim 22$，$s = 2 \sim 8$，X=Cl 或 Br

4. Geminis 应用

（1）制备新材料

Geminis 表面活性剂可以制备纳米材料的模板剂。van der Voort 等[69]通过控制阳离子 Geminis（C_n–S–C_n2Br$^-$）的烷基链长度（m，n）以及连接基团的长度（n，m），可以制备不同晶相、不同孔径的高质量的纯硅胶。例如，1998 年 Voott 等[69]用双子表面活性剂作模板剂制备出高质量立方相的 MCM-48 和 MCM-41。利用电中性 Geminis 也可制备对热及热水超稳定的中孔囊泡状氧化硅材料[70]。Kunio 等[71]1998 年用紫外线辐射含双子表面活性剂的 HAuCl$_4$溶液，制得纤维状的 Au，而用传统表面活性剂则形成球状或棒状。

（2）增溶

Chen[72]用 20mmol/L 1，3 双（十二烷基-N-N-二甲基铵）-2-丙醇氯化物，通过电动毛细管色谱柱将 17 种麦角碱混合物完全分离开来（在 20℃，pH = 0.3，50mmol/L 磷酸缓冲溶液条件下）。而对应的单链表面活性剂十六烷基三甲基溴化铵就不能将 17 种麦角碱混合物分离开来。这是利用双子表面活性剂胶束的超强增溶能力。胶束增溶超滤，不仅可除去低分子有机物，还可分离水中的多价金属离子。双子表面活性剂这种超强增溶性和低 cmc 大大降低油-水表面张力，为三次采油提供新助剂。

（3）乳液聚合

带有各种连接基团的阳离子 Gemini，用于苯乙烯的乳液聚合时，所形成的 O/W 微胶乳粒子的大小可由 Gemini/单体比来控制。当连接基团为柔性的疏水烷基或亲水低聚氧乙烯时，粒子大小明显依赖于连接链的长度；若连接基团为刚性链（如芳基），则粒子大小不确定[73]。12-s-12，2Br$^-$（s 代表连接基团，s = 2，4，6，8，10 和 12；12 代表烷基长度），25℃，s = 10 时的乳液微粒最大，半径为 15nm；而 s = 2 时仅为 10nm（[Gemini]/[单体] = 5）。胶乳粒子的形成和大小，受微液滴结构、曲率和表面活性剂形状的影响。一些非离子 Gemini 也是油在水中很好的乳化剂。

（4）抑制金属腐蚀

金属腐蚀造成的经济损失是巨大的，双子表面活性剂在抗腐蚀上也有突出例子。Achouri 等[74]研究了用连结基团将长碳链二甲基叔胺连接起来的一类双子表面活性剂 14-n-14（$n = 2$，3，4）系列抑制铁在盐酸中的腐蚀情况，结果表明，它们对在 1mol/L 盐酸中的金属铁有很好的保护作用，并且随着 Gemini 浓度增大阻腐效果也增大，在 cmc 浓度附近达到最大值。

2.8.2 Bola 型表面活性剂

Bola 是南美土著人的一种武器的名称,其最简单的形式是一根绳的两端各结一个球。1951 年,Fuoss 和 Edelson 把疏水链的两端各连接一个离子基团的分子称为:Bola 式电解质[75]。Bola 型两亲化合物是一个疏水部分连接两个亲水部分构成的两亲化合物。

已经研究的 Bola 化合物有三种类型(图 2-1):单链型(Ⅰ型)、双链型(Ⅱ型)和半环型(Ⅲ型)。

单链型　　　　　双链型　　　　　半环型

图 2-1　Bola 化合物的类型

Bola 化合物的性质还随疏水基和极性基的性质而有所不同。作为 Bola 化合物的极性基既有离子型(阳离子或阴离子),也有非离子型。作为 Bola 化合物的疏水基既有直链饱和碳氢或碳氟基团,也可以是不饱和的、带分支的或带有芳香环的基团[76]。

1. Bola 型表面活性剂的性质

Bola 表面活性剂的特殊结构使 Bola 化合物溶液的表面张力、表面吸附、胶团、临界胶团浓度与临界胶团温度和囊泡有特有的性质。

(1) Bola 表面活性剂的表面张力

Bola 型表面活性剂降低水表面张力的能力不是很强。与一般表面活性剂相比,在疏水基相同亲水基性质也相同而只多一个亲水基的情况下,Bola 型表面活性剂水溶液的表面张力高于同浓度相应的普通表面活性剂的表面张力。例如,十二烷基二硫酸钠水溶液的最低表面张力为 47~48mN/m(图 2-2),而十二烷基硫酸钠水溶液的最低表面张力是 39.5 mN/m[77]。

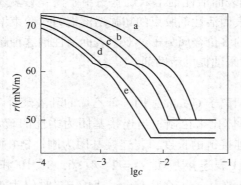

图 2-2　不同盐浓度时 α,ω-十二烷基二硫酸钠的表面张力-浓度曲线

a—NaCl 浓度为 0;b—NaCl 浓度为 0.1mol/L;c—NaCl 浓度为 0.2mol/L;

d—NaCl 浓度为 0.4mol/L;e—NaCl 浓度为 0.8mol/L

第二个特点是,Bola 化合物的表面张力-浓度曲线往往出现两个转折点。图 2-2 就是一例。在溶液浓度大于第二转折点后溶液表面张力保持恒定。

(2) Bola 表面活性剂的表面吸附

几乎所有对单链 Bola 化合物在溶液表面的研究都表明,分子在溶液表面的面积是同等条件下相应的单头表面活性剂所占面积的两倍或更大。这可以解释为 Bola 分子在界面采取倒 U 形构象的结果，即两个亲水基伸入水中，弯曲的疏水链伸向气相[图 2-3(a)]。于是，构成溶液表面吸附层的最外层是亚甲基；而亚甲基降低水的表面张力的能力弱于甲基，所以，Bola 化合物降低水表面张力的能力较差。

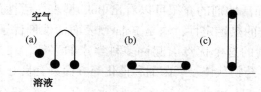

图 2-3　Bola 表面活性剂分子吸附于水面时的构象

而对于双链 Bola 化合物则一般认为在低浓度和高浓度时分别采取平躺和直立的构象[78]。

（3）临界胶团浓度（cmc）与临界胶团温度（krafft 点）

同样链长的 Bola 型表面活性剂由于具有两个极性头，亲水性更强，因此与疏水基碳原子数相同、亲水基也相同的一般表面活性剂相比，Bola 型表面活性剂的 cmc 较高，krafft 点较低，常温下具有较好的溶解性。但如果按亲水基与疏水基碳原子数之比来看，在比值相同时，Bola 型表面活性剂的水溶性较差。

（4）胶团

Bola 化合物形成的胶团有多种形态。当 Bola 化合物形成球形胶团时，在胶团中可能采取折叠构象，也可能采取伸展构象（图 2-4）。那么，究竟 Bola 化合物在胶团中采取何种构象呢？不难想见，当 Bola 分子在胶团中采取伸展构象时，一个 Bola 分子从胶团中解离，必然有一个带电的极性头需要穿过胶团疏水中心，这是比较困难的。因此，其解离速度常数应该比同碳原子数的一般型表面活性剂小。反之，Bola

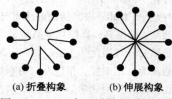

图 2-4　Bola 表面活性剂球形胶团可能具有的形态

分子在胶团中采取折叠构象时，分子从胶团中离解的速度常数比较大，因此，一些碳链较长的 Bola 分子在胶团中可能采取折叠构象。对于疏水链较短的 Bola 分子，在胶团中采取折叠构象可能存在空间结构上的困难。除了球形胶团，有些 Bola 化合物还可以形成棒状胶团。

Bola 两亲化合物分子因为具有中部是疏水基，两端为亲水基团的特殊结构，在水中做伸展的平行排列，即可形成以亲水基包裹疏水基的单分子层聚集体，称为单层类脂膜（简称MLM）。这种膜的厚度比通常的 BLM 膜薄得多。单层膜弯曲闭合后就形成单分子层囊泡（MLM 囊泡）如图 2-5(b)所示。

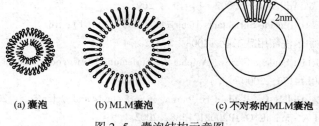

图 2-5　囊泡结构示意图

（5）囊泡的热稳定性[79]

Bola 型结构化合物在水中形成囊泡，这种囊泡具有很高的热稳定性。Bola 型两亲分子与异电性传统表面活性剂体系有较强的形成囊泡的能力，且形成的囊泡具有突出的热稳定性，并且有些体系中的囊泡在90℃时仍能保持稳定。

2. 应用研究[80~85]

由以上对 Bola 型表面活性剂的介绍可以看出 Bola 型表面活性剂的表面性质一般较差，但由其形成的囊泡有优异的热稳定性，这是 Bola 型表面活性剂优于传统表面活性剂的突出特点。Bola 型表面活性剂的这个优点引起许多科学家的兴趣，在光化学修饰、配体识别、生物矿化、凝胶化溶剂、药物载体、灭菌剂和催化等方面具有良好的应用前景。

参 考 文 献

1　牛金平，罗希权．日用化学品科学，2003，6：21~24

2　梁梦兰．表面活性剂和洗涤剂制备、性质、应用．北京：科学技术文献出版社，1992

3　赵国玺，朱步瑶．表面活性剂作用原理．北京：中国轻工业出版社，2003

4　Huang Hong，Domellar W H. J Am Oil Chem Soc，1990，67(5)：406

5　封卫强，罗明良，周杰．石油天然气化学学报，2008.2：305~307

6　赵福麟．油田化学．东营：石油大学出版社，2000

7　李宗石，徐明新．表面活性剂合成与工艺．北京：中国轻工业出版社，1992

8　于涛，刘娜，丁伟．化学工程师，2004，109(10)：52

9　刘程，米裕林．表面活性剂性质与应用．北京：北京工业大学出版社，2003

10　裴鸿；杨玉喜；日用化学品科学，2013，10：21~25

11　王培义．日用化学工业，1996，26(2)：33

12　刘磊力，王正祥，张广友．山东建材学院学报，1997，11(2)：144

13　鞠洪斌，日用化学品科学，2014，6：1~6

14　焦学瞬．表面活性剂实用新技术．北京：中国轻工业出版社，1993

15　黄忠林，周瑜，方霞，刘凡．四川理工学院学报，2013，26(8)：18~21

16　周春生，史真，于立军．西北大学学报，．2002，32(3)：258

17　Rieger M，Cosmelics M. Toilelnes，1984，99(2)：61

18　岳可芬，周春生，史真．西北大学学报，2002，32(3)：258

19　肖建新，赵振国．表面活性剂应用原理．北京：化学工业出版社，2003

20　汪祖模，徐玉佩．两性表面活性剂．北京：中国轻工业出版社，1992

21　John D，Newkirl. US3261774，1996

22　张贵才，马涛，葛际江，齐宁．西安石油大学学报，2005，20(2)：55

23　15Ernstand R，Miller E J. Amphoteric Surfactant. New York：Marcel Dekker，1962

24　Fedorynski M，Wojciechowski K，Mataca Z. J Phy Chem，1973，77：378

25　Schuth F，Schmidt W. Adv Mater，2002，14(19)：269

26　Vievsky A，Vinnusa U. Tenside Surfactants Detergents，1997，34(1)：18

27　高战备，丁红霞．中国洗涤用品工业，2008，2：72~74

28　Bluestein B R. Surfactant Science Series，Amphoteric Surfactanta. New York：Marcel Dekker，1982

29　Yamamoto C. JP2000144173，2000

30　Muller P，Weber E，Helbig C，Baldauf H. Journal of Surfactants and Detergents，2001，4(4)：404

31　Nakajimr K，Suzuki A，Masalo O. JP2002121588，2002

32　Jursic B S，Neumann O. Synthetic Communications，2001，34(4)：555

33　卢云，陈燕妮．精细与专用化学品，2001，16(9)：16

34　董银卯，马洁峰，彭金乱．化学试剂，2002，24(1)：55

35 Blanc. US4602106, 1986

36 汪祖模, 徐玉佩. 两性表面活性剂. 北京: 中国轻工业出版社, 1992

37 陈丽, 周美华. 精细与专用化学品, 2004, 19(12): 7

38 许虎君, 陈芳, 王树英. 华东理工大学学报, 1997, 23(6): 720

39 Iwama A. Membrane, 1986, 11(20): 99

40 MoustaphaOke, Jissy K Jacob, Gopinadhan. Food Research International, 2010, 43(1): 232-240

41 Iwama A. Membrane, 1986, 11(20): 99

42 Peter S. DE4440531, 1988

43 2Stcfanov K. Lin Khim, 1986, 19(4): 528

44 Alessenko A V, Burlakova E B. Bioelectrichemistry, 2002, 58: 13-21

45 Barennolzd Y. Sphingomyelin in bilayers and biological membranes. Bichime Biopphy ACTA, 1980

46 杨炼. 粮食食品科技, 1990, 1: 11

47 汤正良. 中国油脂, 1993, 2: 33

48 胡中兴. 粮食与油脂, 1990, 12: 12

49 Huibets P D T, Shab D, Katrizky A R. J Colloid Interface Sci, 1997, 193(1): 132

50 Huibets P D T, Lobanov V S, Katrizky A R. Langmiur. 1996, 12(6): 1462

51 Qiao L, Easteal A J, Colloid Polym Sci, 1998, 276(4): 313

52 刘兴云, 最新表面活性剂配方实例、生产工艺、用法用量及行业应用实务全书. 北京: 化学工业出版社, 2005

53 Erik K. Flounnated surfactants: synthesis, process, applications. New York: Marcel Dekker, 1994

54 梁治齐, 陈薄. 氟表面活性剂. 北京: 中国轻工业出版社, 1998

55 Guo X Z, BU Y Z. Colloid Polym Sci. 1983, 89: 261

56 刘忠文. 化工新型材料, 2004, 32(8): 46-49

57 Julian E, Audrey D, Dupont D, Steyller C. Colloid and Interface Science, 2003, 8(3): 267

58 Fluorisufactant, Paint & Coating Industry, 2002, 18(12): 102

59 Stebe M J, Visirlow A. Journal of Fluorine, 2003, 119: 191

60 Abe M, Malsuda K, Ogino K, Sawada H, Yoabino N. Langmuir, 1993, 9: 2755

61 Sawada H, Obasbi A. Fluonne Chem, 1993, 75: 121

62 沈一丁. 高分子表面活性剂. 北京: 化学工业出版社, 2002,

63 Litt M, Herz J, Turi E. Block Copolymers. New York: Plenum Press, 1970

64 Lee J H, Andrad J D. Polymer Surface Dynamics. New York: Plenum Press, 1976

65 王云斐, 刘云. 精细化工. 2004. 21(2): 98

66 Zana R. Adv Colloid Interface. 2002, 97: 205

67 唐世华, 黄建滨等. 日用化学工业. 2001, 31(6): 26;

68 张青山, 郭炳南, 张辉淼. 化学进展. 2004. 16(3): 344~345

69 唐世华, 黄建滨, 李子臣, 王传忠, 李猛. 自然科学进展. 2001, 11(12): 1240

70 Voort P VD, Malbieu M, Mees F, Vansanl E F. J Phys Chem B, 1998, 102(44): 8847

71 Shimazu S. Shokubai, 1999, 41(5): 326

72 EsumiK, Hara J, Albara N, et al. J Colloid and Interface Science, 1998, 208: 578

73 Chen KM. Journal of Chromatography A, 1998, 822(2): 281-290

74 Dreja M. et al. Langmuir, 1999, 15: 391-399

75 ElAcboun M, Kertits S, Gouttaya H M, et al. Progress in Organic Coating, 2001, 43: 267

76 黄建滨, 韩峰. 大学化学, 2004, 19(4): 3

77 阎云, 黄建滨, 李子臣, 赵小莉, 马季铭. 化学学报, 2002, 60(7): 1147

78 赵小莉，黄建滨，李子臣，朱步瑶．2000，30(5)：27

79 阎云，韩峰，黄建滨，李子臣，赵小莉，马季铭．物理化学学报，2002，18(9)：830

80 赵小莉，黄建滨等．日用化学工业．2000，30(6)：20

81 ClaryL，Gadras C，Greiner J，et al. Chem & Phys Lipids，1999，99：125

82 JayaasuriyaN，Bosak S，Regen S L. J Am Chem Soc，1990，112：5844

83 Peter TT，Thomas J P. Science，1996，271：167

84 NimalH，Stanislav B，Steven L R. J Am Chem Soc，1990，112：5851

85 Zhao DY，Huo Q，Feng J L，et al. Chem Mater，1999，11：2668

86 Liu MH，Cai J F. Langmuir，2000，16：2899

第3章 表面活性剂在界面上的吸附

吸附(absorption)是指表面活性剂在溶液内部向界面迁移并富集的过程。吸附是一种界面现象，它可在各种界面上发生，其中以固-气、固-液、气-液和液-液界面上的吸附应用最多。表面活性剂在溶液表面或油水界面上的吸附，对改变表面或界面状态，影响界面性质，从而产生一系列在应用中很重要的现象，如润湿、乳化、起泡、洗涤作用，是密切相关的[1]。对表面活性剂在界面或表面上的吸附作深入研究，是非常必要的。

3.1 表面过剩和 Gibbs 公式

1875 年，Gibbs 用热力学方法推导出表面张力、溶液浓度和吸附量之间的关系，是各种计算的基础。

3.1.1 过剩量(吸附量)

在应用热力学讨论有关吸附问题之前，还须确定我们的体系。

设有 α、β 两相，其相交界面 SS(图 3-1)，实验证明：在两相交界处的界面不是一个几何界面，而是一个有几分子层厚的过渡层。此过渡层的组成和性质是不均匀的，是连续变化的。在界面两侧 α、β 两相为均相的，V^α、V^β 分别代表 α、β 两相的体积。C_i^α、C_i^β 分别是 α、β 两相的 i 组分的浓度。由于实际浓度分布是不均匀的，这样假设后浓度与体积的乘积计算的 i 组分的摩尔数与实际摩尔数不一致，其差值为：

图 3-1 表面区的示意图

$$n_i^\sigma = n_i - (\ C_i^\alpha V^\alpha + C_i^\beta V^\beta) \tag{3-1}$$

式中，n_i^σ 为 i 组分的表面过剩量。

过剩量是由界面吸附作用引起的。单位面积上的过剩量或浓度为表面过剩 Γ：

$$\Gamma = \frac{n_i \sigma}{A} \tag{3-2}$$

Γ 被称为表面过剩，有时也叫表面浓度或吸附量，它有以下特点：

① Γ 是过剩量；

② Γ 的单位与普通浓度不同；

③ Γ 可以是正值，也可以是负值。

3.1.2 Gibbs 吸附公式

根据热力学第一定律和第二定律可知：对于一个多组分体系，在可逆过程中，体系表面能的微量变化为下列公式：

$$dU^\alpha = TdS^\alpha + \gamma dA + \sum \mu_i dn_i^\alpha \tag{3-3}$$

式中，U^α 为体系的表面能；μ_i 为 i 物质的化学势；dA 为面积的增加量；n_i^α 为 i 物质的表面过剩。

在恒温、恒压的条件下对上式积分得到

$$U^\alpha = TS^\alpha + \gamma A + \sum \mu_i n_i^\alpha \qquad (3-4)$$

将上式全微分后，得

$$dU^\alpha = TdS^\alpha + S^\alpha dT + \gamma dA + Ad\gamma + \sum \mu_i dn_i^\alpha + \sum n_i^\alpha d\mu_i \qquad (3-5)$$

比较式(3-3)和式(3-5)，可得

$$S^\alpha dT + Ad\gamma + \sum n_i^\alpha d\mu_i = 0 \qquad (3-6)$$

在恒温时 $S^\alpha dT = 0$，式(3-6)则变为

$$-Ad\gamma = \sum n_i^\alpha d\mu_i \qquad (3-7)$$

两边除以 A，得

$$-d\gamma = \sum \Gamma_i d\mu_i \qquad (3-8)$$

因 $d\mu_i = RTd\ln a_i$，代入式(3-8)，得

$$-d\gamma/RT = \sum \Gamma_i d\ln a_i \qquad (3-9)$$

式中 Γ 值是一个不确定的值。随着 SS 面的位置不同，Γ 可以有不同的值，这是因为在界面层的组成和性质都随着垂直于界面方向的距离而改变。为了解决这一问题，Gibbs 采用了一个非常巧妙的方法，规定了 SS 面的位置，不论体系中有多少组分，总可以确定一个 SS 的位置，可使某一组分的过剩为零(通常使溶剂的过剩为零)，见图 3-2。

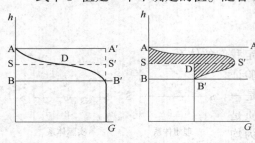

图 3-2　表面过剩示意图

对于二组分体系，

$$-d\gamma/RT = \Gamma_1 d\ln a_1 + \Gamma_2 d\ln a_2 \qquad (3-10)$$

采用 Gibbs 法把分界面的位置划在 $\Gamma_1 = 0$ 处，

$$-d\gamma/RT = \Gamma_2^{(1)} d\ln a_2 \qquad (3-11)$$

式中，$\Gamma_2^{(1)}$ 是溶质的表面过剩，上标(1)表示分界面的位置是在使 $\Gamma_1 = 0$ 的地方。

$$\Gamma_2^{(1)} = -\frac{1}{RT}\left(\frac{\partial \gamma}{\partial \ln a_2}\right)_T \qquad (3-12)$$

这就是 Gibbs 公式。若溶液很稀，则可以用浓度代替活度，

$$\Gamma_2^{(1)} = -\frac{1}{RT}\left(\frac{\partial \gamma}{\partial \ln C_2}\right)_T$$

或

$$\Gamma_2^{(1)} = -\frac{C_2}{RT}\left(\frac{\partial \gamma}{\partial C_2}\right)_T \qquad (3-13)$$

$\Gamma_2^{(1)}$ 是溶质的吸附量，其意义：相应于相同量的溶剂时，表面层中单位面积上的溶质的量比溶液内部多出的量，而不是单位面积上溶质的表面浓度。若溶液的浓度很低，这时，表面过剩量远远大于溶液内部浓度，因此，吸附量 Γ 可近似地看作表面浓度。

若 γ 单位是 $dyn/cm(erg/cm^2)$，R 的单位是 $8.31 \times 10^7 erg/(mol \cdot K)$，$\Gamma$ 单位是 mol/cm^2；若 γ 单位是 $mN/m(mJ/m^2)$，R 的单位是 $8.31 J/(mol \cdot K)$，Γ 单位是 mol/m^2

例 3-1　25℃下，乙醇水溶液的表面张力与浓度 c(mol/L)的关系为 $\gamma = 72 - 0.5c +$

$0.2c^2$，计算浓度为 0.5mol/L 时乙醇的表面过剩量 $\Gamma(\mathrm{mol/cm^2})$。

解 根据已知条件

$$\frac{\mathrm{d}\gamma}{\mathrm{d}c} = -0.5 + 0.2 \times 2c = -0.5 + 0.2 \times 2 \times 0.5 = -0.3$$

代入式(3-13)

$$\Gamma = -\frac{c}{RT}\left(\frac{\mathrm{d}\gamma}{\mathrm{d}c}\right)_T = -\frac{0.5}{8.31 \times 10^7 \times 298}(-0.3)$$

$$= 6 \times 10^{-12}(\mathrm{mol/cm^2})$$

3.1.3 Gibbs 公式意义

从式(3-13)可看出，吸附量 Γ_2 的符号取决于表面张力随浓度的变化率 $\frac{\partial\gamma}{\partial C}$：

$\frac{\partial\gamma}{\partial C} < 0$，即溶质能降低溶剂的表面张力 γ

$$\Gamma_2^{(1)} = -\frac{C_2}{RT}\left(\frac{\partial\gamma}{\partial C_2}\right)_T > 0$$

正吸附：溶质在表面相的浓度大于体相内部浓度。

$\frac{\partial\gamma}{\partial C} > 0$，即溶质能增加溶剂的表面张力 γ

$$\Gamma_2^{(1)} = -\frac{C_2}{RT}\left(\frac{\partial\gamma}{\partial C_2}\right)_T < 0$$

负吸附：溶质在表面相的浓度小于体相内部浓度。

3.1.4 Gibbs 公式的实验证实

1. 刮片法

20 世纪 30 年代，McBain 用刮片法直接测量出表面吸附量。他们设计了一个装置，让一个刀片以 11m/s 的速度迅速刮过溶液表面，刮下一层液体，其厚度约为 1mm。根据被刮下液体的质量 W 和浓度 C 以及溶液浓度 C_0 和刮过的面积 A，以每克溶剂含有溶质克数表示溶液浓度，可按式(3-14)计算吸附量，表 3-1 列出他们的一些典型结果，并与 Gibbs 公式相比较。

$$\Gamma_2^{(1)} = \frac{(C - C_0)}{A(1+C)} \tag{3-14}$$

表 3-1 Gibbs 公司的实验检验[2]

溶液	浓度/(mol/dm³)	吸附量 $\Gamma_2^{(1)}$/(g/cm²)	
		McBain 实验值	Gibbs 公式计算值
对苯胺-水	1.85×10^{-2}	6.1×10^{-10}	5.2×10^{-10}
对苯胺-水	1.63×10^{-2}	4.8×10^{-10}	4.9×10^{-10}
苯胺-水	2.18×10^{-2}	4.1×10^{-10}	4.8×10^{-10}
正己胺-水	2.59×10^{-2}	5.1×10^{-10}	6.5×10^{-10}
氯化钠-水	2.0	-0.43×10^{-10}	-0.37×10^{-10}

McBain 的实验结果不但证明了溶液表面有吸附，而且证明了表面非活性物质在表面被负吸附，考虑到实验上的困难，表 3-1 所示的是实验值与 Gibbs 公式计算值的相符程度是令人满意的。

2. 放射同位素法

随着技术的进步，Tajima 用放射性示踪剂直接测定了表面区域溶质的浓度以计算表面过程量，结果与 Gibbs 公式计算值相符很好，进一步证明了 Gibbs 公式的正确性。

图 3-3 为放射示踪法测定 $C_{12}H_{25}SO_4Na$。

又有人用泡沫法[5]直接测定了十二烷基硫酸钠的吸附，用乳状液法[6]测定了十二烷基硫酸钠在葵烷-水界面上的吸附。

大量实验都证明了 Gibbs 公式是正确的，可以放心地用作研究吸附及有关过程的基础。另外，在推导 Gibbs 公式时并未规定任何界面，因此，它能适用于任何两相界面。

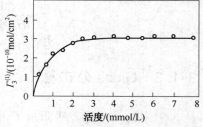

图 3-3　放射示踪法测定 $C_{12}H_{25}SO_4Na$[3,4]

○-实验值；—Gibbs 公式计算曲线（表面化学）

3.2　表面活性剂在气-液界面上的吸附

Gibbs 公式是研究表面活性剂溶液表面吸附最基本和最重要的公式之一。由其计算表面活性剂在溶液表面的吸附量是表面活性剂溶液研究的基础。

3.2.1　表面活性剂溶液表面吸附量的计算

1. 非离子型表面活性剂

在一般情况下，非离子型表面活性剂表面浓度很小（$<10^{-2}mol/dm^3$），因此可以直接应用 Gibbs 公式来计算：

$$\Gamma_2^{(1)} = -\frac{C_2}{RT}\left(\frac{\partial\gamma}{\partial C_2}\right)_T \tag{3-15}$$

式中，C_2 为表面活性剂浓度。

首先通过试验求得 $\gamma-C_2$ 的关系曲线，然后在确定的 C_2 下作 $\gamma-C_2$ 曲线的切线，其斜率为 $\left(\frac{\partial\gamma}{\partial C}\right)_T$，代入式（3-15）即可计算出表面活性剂的吸附量。

2. 离子型表面活性剂

由于离子型表面活性剂在水中的电离使水溶液中存在正、负离子和水分子，因此在表面相和体相中均存在这些离子和分子，在体相和表面相中，需同时考虑它们的平衡关系。例如：1:1 型离子型表面活性剂 NaR 的电离：

$$NaR \rightleftharpoons Na^+ + R^-$$
$$H_2O \rightleftharpoons H^+ + OH^-$$
$$-d\gamma/RT = \Gamma_{Na^+}dlna_{Na^+} + \Gamma_{R^-}dlna_{R^-} + \Gamma_{H^+}dlna_{H^+} + \Gamma_{OH^-}dlna_{OH^-} \tag{3-16}$$

根据电中性原则

$$\Gamma_{Na^+} + \Gamma_{H^+} = \Gamma_{R^-} + \Gamma_{OH^-} \tag{3-17}$$

一般情况下，由于水的电离很小，$a_{Na^+} \gg a_{H^+}$，故 $\Gamma_{Na^+} = \Gamma_{R^-}$

$$-d\gamma/RT = 2\Gamma_{R^-}d\ln a_{R^-} = 2\Gamma_{Na^+}d\ln a_{Na^+} \tag{3-18}$$

若在溶液中加入过量的既有共同反离子又有带有缓冲作用的无机盐，例如在离子型表面活性剂十二烷基硫酸钠中加入氯化钠并使其浓度远远大于表面活性剂的浓度而且维持氯化钠的浓度恒定，此时离子强度近于恒定，则式（3-18）变为：

$$-d\gamma/RT = \Gamma_{Na^+}d\ln a_{Na^+} + \Gamma_{R^-}d\ln a_{R^-} + \Gamma_{Cl^-}d\ln a_{Cl^-} \tag{3-19}$$

由于[NaCl]$\gg$[NaR]，所以[Na$^+$]可视为恒定，$\Gamma_{Na^+}d\ln a_{Na^+}=0$，$\Gamma_{Cl^-}d\ln a_{Cl^-}=0$

上式变为

$$-d\gamma/RT = \Gamma_{R^-}d\ln a_{R^-} \tag{3-20}$$

在没有其他电解质存在下，一般离子型表面活性剂在稀溶液中，Gibbs 公式采取下列形式：

$$d\gamma/xRT = \Gamma_2^{(1)}d\ln a_2 \tag{3-21}$$

式中，x 为每个表面活性剂分子完全解离时的质点数。

3.2.2 表面活性剂在溶液表面上的吸附等温线及标准吸附自由能的计算

测定恒温时不同浓度溶液的表面张力，应用 Gibbs 公式求得吸附量 Γ，作 Γ-C 曲线，即得吸附等温线。图 3-4 是 SDS 的表面吸附等温线。

表面活性剂溶液表面吸附等温线的特征是：低浓度时吸附量随浓度直线上升，然后上升速度逐步降低并趋向一极限值。此极限值通常称为极限吸附量或饱和吸附量。极限吸附量的大小和达到极限时表面活性剂在溶液中的浓度是度量表面活性剂吸附能力的重要参数。通常达到饱和吸附的浓度约为该表面活性剂溶液临界胶团浓度的 3/4[7]。因此属于 Langmuir 型等温线，数学表达式可以写为

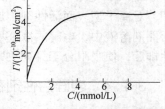

图 3-4 SDS 的表面吸附等温线 （0.1mol/LNaCl 溶液）[4]

$$\frac{C}{\Gamma} = \frac{1}{\Gamma_m k} + \frac{C}{\Gamma_m} \tag{3-22}$$

根据式（3-23），以 C/Γ 对 C 作图应得一直线，其斜率的倒数就是饱和吸附量 Γ_{max}。由直线的斜率/截距值可得吸附常数 k。k 可认为是吸附平衡常数，故与标准吸附自由能 $\Delta G^\ominus$ 有如下关系：

$$k = \exp\left(-\frac{\Delta G^\ominus}{RT}\right) \tag{3-23}$$

由此可得体系的吸附标准自由能。

3.2.3 影响表面吸附的物理化学因素

1. 表面活性剂浓度

溶液浓度从小变大时，表面活性剂分子在溶液表面上从基本上是无一定方向的平躺的状态，逐步过渡到基本是直立的定向排列的状态[8,9]。

2. 表面活性剂分子亲水基

亲水基小者，分子横截面积小，饱和吸附量大。例如，聚氧乙烯类非离子型表面活性剂的饱和吸附量通常随极性基聚合度增加而变小[10]；溴化十四烷基三甲铵的饱和吸附量明显大于溴化十四烷基三丙铵，这是亲水基变大使分子面积变大的结果[11]。

非离子型表面活性剂的饱和吸附量大于离子型的，这是因为吸附的表面活性离子间存在

的库仑斥力，使其吸附层较为疏松。

聚氧乙烯型非离子型表面活性剂，其聚氧乙烯链越长，表面吸附量越小，最大吸附时的表面分子面积越大。这表示聚氧乙烯链不是完全伸直或完全卷曲的定向排列，而是杂乱的、各种不同定向分布的卷曲构型。

3. 疏水基

与亲水基大小的影响相似，疏水基小者，分子横截面积小，饱和吸附量大。如具有分支的疏水基的表面活性剂，饱和吸附量一般小于同类型的直链疏水基的表面活性剂[12]。碳氟链为疏水基的常小于相应的碳氢链表面活性剂，都是疏水基大小控制饱和吸附量的情况。

4. 同系物

同系物的饱和吸附量差别不太大。一般的规律是随碳链增长饱和吸附量有所增加，但疏水链过长往往得到相反的效果。

5. 温度

饱和吸附量随温度升高而减少。但对非离子型表面活性剂，在低浓度时其吸附量往往随温度上升而增加。这可认为是吸附效率提高的结果。

6. 无机电解质

对离子型表面活性剂，加入无机电解质对吸附有明显的增强作用。这是因为离子型表面活性剂溶液中，电解质浓度增加会导致更多的反离子进入吸附层而削弱表面活性离子间的电性排斥，使吸附分子排列更紧密。

3.2.4 表面活性剂在溶液表面的吸附状态

由于表面活性剂分子结构具有两亲性，有自溶液中逃离的趋势，这就决定了它容易富集子界面上并且是定向排列。从 $\Gamma-C$ 曲线上可以求出不同浓度下的吸附量。从吸附量可以计算出表面上每个表面活性剂分子所占的平均面积，将此面积同来自表面活性剂结构计算出来的分子大小相比，可以了解表面活性剂在吸附层中的排列情况，紧密程度和定向情形。界面上每个分子所占的平均面积 A（以 $Å^2$ 为单位，$1Å = 0.1nm$），可用下式计算。

$$A = 1/N_0 \Gamma_2^{(1)}$$

（3-24）

现在以十二烷基磺酸钠溶液为例（表 3-2）：十二烷基磺酸钠分子在溶液表面所占的面积与此有统一规律。当吸附量达到饱和时，分子在溶液表面所占的面积基本恒定。

表 3-2　十二烷基磺酸钠的表面吸附分子面积（25℃）[8]

浓度/（mol/L）	分子面积/$Å^2$	浓度/（mol/L）	分子面积/$Å^2$
5.0×10^{-6}	475	2.0×10^{-4}	45
1.26×10^{-5}	175	4.0×10^{-4}	39
3.2×10^{-5}	100	6.0×10^{-4}	36
5.0×10^{-5}	72	8.0×10^{-4}	36
8.0×10^{-5}	58		

$C_{12}H_{25}SO_4^-$ 的分子形状是一个棒状（图 3-5），其长度为 21 Å，宽度约为 5 Å，因此分子平躺在表面上所占面积为 $100Å^2$，直立时所占面积为 $0.27Å^2$。同表 3-2 所列的浓度相比可以看出浓度>3.2×10^{-5} 时，$C_{12}H_{25}SO_4^-$ 已经不可能随意平躺了。而在浓度接近 6.0×10^{-4} 时，表面上的吸附分子成为紧密的定向排列。

在中等浓度时时，$C_{12}H_{25}SO_4^-$ 在溶液表面的取向有较大的随意性，即有可能同时存在平躺、斜立、直立三种情况，图 3-6 表示表面活性剂分子在不同浓度下在表面取向的可能性。

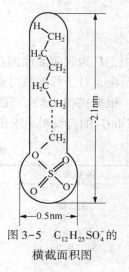

图 3-5 $C_{12}H_{25}SO_4^-$ 的横截面积图

实际上，是亲水基之间的排斥作用使吸附分子保持在一定的面积，从而形成了饱和吸附量。除了极性基团固有的空间尺寸外，它们之间的排斥力的性质和强度也影响其独占面积的大小，因而也影响其极限吸附量[9]。一般说来，离子表面活性剂的极性基以电性排斥力排斥、非离子表面活性剂分子不存在电性排斥力，而主要是水化排斥力。所谓水化排斥力是指两性极性基的水化层靠近一定程度产生的空间排斥作用。后者发生作用的距离一般小于库仑力。因此，具有同样疏水基和差不多大小的亲水基的非离子表面活性剂的极限吸附量显著大于离子表面活性剂。

(a) 浓度很稀　　　　　(b) 中等浓度　　　　　(c) 吸附近于饱和

图 3-6 吸附分子在表面上的一些状态[1]

3.3　表面活性剂在液-液界面上的吸附

在日常生活和工业中常常碰到各种有关两种液体相接触形成液-液界面，例如原油乳化和破乳，食品、化妆品及药品乳剂的制备，萃取或液膜分离，一种液体在另一种液体上的铺展。表面活性剂分子具有两亲性，在液-液两相体系中，当表面活性剂吸附于界面上并定向排列，亲油基可以插入油中、亲水基留在水中时分子势能最低。像在溶液表面一样，表面活性剂也在使界面张力降低的同时在液-液界面上吸附。液-液界面的吸附量通常是测定静界面张力-浓度曲线，用 Gibbs 吸附公式计算求得。应用 Gibbs 吸附公式自界面张力曲线得到界面吸附量是研究液-液界面吸附的通用方法[10]。

3.3.1　液-液界面张力

当两种不相混溶的液体接触时即形成界面。界面上的分子受到来自本相中和另一相中分子的引力作用，因而产生力的不平衡并从而决定液-液界面易于存在的方式(如铺展、黏附或一相分散成小液珠)。液-液界面张力的大小一般总是介于形成界面的二纯液体表面张力之间。表 3-3 中列出一些有机液体与水界面张力之实验值。

3.3.2　Cibbs 吸附公式在液-液界面上的应用

在液-液界面上吸附的表面活性剂分子总是将其疏水基插入极性的一相，亲水基留在极性大的一相中。液-液界面吸附体系的共同特点是至少存在三个组分，即两个液相成分外加至少一种溶质。吸附量与界面张力的关系服从 Gibbs 吸附公式。

$$\Gamma_i = -\frac{\alpha}{RT}\left(\frac{\partial \gamma_i}{\partial \alpha}\right)_T = -\frac{1}{RT}\left(\frac{\partial \gamma_i}{\partial \ln \alpha}\right)_T \qquad (3-25)$$

式中，Γ 为表面活性剂在界面上的吸附量，或称表面浓度；γ_i 为界面张力；α 为表面活性剂的活度，对于稀溶液可近似认为浓度 C。

根据式(3-25)，只要测出界面张力 γ_i 随表面活性剂浓度 C 的变化关系，即可由 γ_i-$\ln\alpha$（或 $\ln C$）的直线斜率求出吸附量 Γ。

表 3-3   一些有机液体与水界面的界面张力(20℃)[11]　　　　　　mN/m

有机液体	界面张力	有机液体	界面张力
汞	375.0	氯仿	32.80
正己烷	51.10	硝基苯	25.66
正辛烷	50.81	己酸乙酯	19.80
二硫化碳	48.36	油酸	15.59
2，5-二甲基己烷	46.80	乙醚	10.70
四氯化碳	45.0	硝基甲烷	9.66
溴苯	39.82	正辛醇	8.52
四溴乙烷	38.82	正辛酸	8.22
甲苯	36.10	庚酸	7.0
苯	35.0	正丁醇	1.8

3.3.3　吸附等温线

液-液界面吸附等温线的形式也与溶-液表面上的相似，呈 Langmuir 型，也可以用同样的吸附等温线公式来描述[11]。图 3-7 表示出辛基硫酸钠在气-液界面和液-液界面的吸附等温线，从中可清楚看出这些特点。

由于界面吸附的极限吸附量比溶液表面上的小，相应的界面吸附分子的极限占有面积 A_m 就比在溶液表面上的大。这一结果说明在液-液界面上即使是在极限吸附时表面活性剂分子也不可能是垂直定向紧密排列的，而是采取某种倾斜方式，在极特殊的条件下甚至可能以部分链节平躺方式吸附。于是，油-水界面吸附层含有许多油相分子表面活性剂疏水链之间，使吸附的表面活性剂分子平均占有面积变大，吸附分子间的凝聚力减弱。也由于这个原因，在低浓度时液-液界面上的吸附量随浓度上升较快。

由此可见，油-水界面表面活性剂吸附层的结构应如图 3-8 所示。吸附层由疏水基在油相、亲水基在水相，直立定向的表面活性剂分子和油分子、水分子组成。吸附的表面活性剂分子疏水基插入油分子，它的亲水基则存在于水环境中。

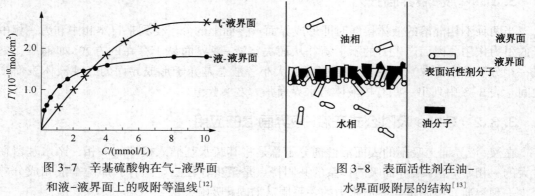

图 3-7　辛基硫酸钠在气-液界面　　　　　图 3-8　表面活性剂在油-
　　　和液-液界面上的吸附等温线[12]　　　　　水界面吸附层的结构[13]

这是由于表面活性剂的亲油基和油相分子间的相互作用与亲油基之间的相互作用力非常相似。因此，许多油相分子插在表面活性剂的亲油基之间，从而使活性剂分子平均占有面积变大，吸附分子间的凝聚力减弱，这也是为什么低浓度时，吸附量随浓度上升速度较快的原因。

液-液界面的吸附层可以看成是由亲水层和憎水层组成，其中亲水层由水和亲水基组成，憎水层由憎水基和油相的憎水链组成，憎水链间由于色散力的存在，使得在一定范围内体系能量随分子间距减少而降低。同时，亲水基对水有强烈的亲和力，它力图与较多的水发生水合作用而使体系能量降低，这两方面作用的结果使体系能量降低而使界面稳定。

这时，亲水层和憎水层间的距离基本保持不变，各自占有面积亦有定值。当憎水基截面积和亲水基截面积之比（即几何参数）大于 1 时，液-液界面吸附层将向水相弯曲，反之，将向油相弯曲。

3.3.4 表面活性剂溶液的界面张力及超低界面张力

1. 单一表面活性剂体系的界面张力

表面活性剂也可降低两互不混溶的液体体系（如油-水体系）的界面张力。界面张力对表面活性剂溶液浓度对数曲线的形式与溶液表面上的相同。界面张力曲线的转折点的浓度也是表面活性剂的临界胶团浓度，但从液液界面张力曲线确定的临界胶团浓度值，可能与其他方法（如表面张力法）得到的有所不同，这是因为临界胶团浓度受第二液相的影响。图 3-9 是一些典型体系的界面张力曲线。

表面活性剂降低界面张力的能力和效率与第二液相的性质有关。若第二液相是饱和烃，表面活性剂降低液-液界面张力的能力和效率皆比在气-液界面时增加。如 25℃ 时，辛基硫酸钠在空气-水界面的 γ_{emc} 为 39mN/m；在庚烷-水界面上的 γ_{emc} 为 33mN/m；。如果第二液相是短链不饱和烃或芳烃，则得相反结果，表面活性剂降低液-液界面张力的能力和效率皆比在气-液界面时低。例如，25℃时，十二烷基硫酸钠在空气-水界面的 γ_{emc} 为 40mN/m，在庚烷-水界面的 γ_{emc} 为 29mN/m，而在苯-水界面的 γ_{emc} 只有 43mN/m。

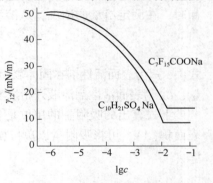

图 3-9　界面张力曲线[11]

2. 超低界面张力

通常，把数值在 $10^{-1} \sim 10^{-3}$ mN/m 的界面张力叫做低界面张力，而达到 10^{-3} mN/m 以下的界面张力叫做超低界面张力。已知最低的液-液界面张力可低达 10^{-6} mN/m。低界面张力现象首先为已故表面化学家 HarKins 所报道。1926 年，HarKins 和 Zollman 在研究油酸钠降低苯-水体系界面张力时发现，往体系中加入 NaOH 和 NaCl 可使界面张力进一步降低，如往体系中各加入 $0.1mol/dm^3$ NaOH 和 NaCl，则苯/水界面张力从 35.0mN/m 降至 0.04mN/m，降低幅度高达三个数量级，但当时由于测定方法限制及生产实际上尚无迫切要求，因此，该发现并未受到足够重视，直到 20 世纪 30 年代，Vonnegat 首先应用旋转滴法成功地测得了低界面张力。超低界面张力现象最主要的应用领域是增加原油采收率和形成微乳状液。界面张力降低到 10^{-2} mN/m，残余油可减少一半；界面张力降低到 10^{-4} mN/m，地层油可以采出 100%[14]。

3.4 表面活性剂在固-液界面上的吸附

表面活性剂在固-液界面上吸附的应用十分广泛，如纺织、印染、食品、皮革、涂料、造纸、农药、医药、石油、采矿、金属加工、感光材料、肥料、饲料、环境等工业部门及日常生活中都有重要应用。

在这些实际应用中，主要是利用表面活性剂分子的两亲性特点，在固-液界面形成有一定取向和结构的吸附层，以改变固体表面的润湿性质、分散性质等。在不同的应用领域表面活性剂以各种助剂名称表示，如润湿剂、渗透剂、匀染剂、分散剂、絮凝剂、抗静电剂、洗涤剂、润滑剂、助洗剂、促凝剂、减水剂等，可以说常用的工业助剂相当大部分属表面活性剂。了解表面活性剂在固-液界面吸附性质、影响吸附的多种因素和吸附层的结构特点，有助于开阔利用这些理论和知识解决实际问题的思路。

在研究表面活性剂在固-液界面吸附时通常把表面活性剂叫吸附物，固体叫做吸附剂，常制成高比表面的多孔固体。吸附量解释为单位量吸附剂吸附吸附物的量。通常，吸附物的量以 g 或 mol 为单位，吸附剂的量以 g 或 m² 表面积来表示。

与溶液表面吸附不同，表面活性剂在固液界面的吸附量是非常容易直接测定的。常用的方法是将一定量的固体，与一定量的、已知浓度的表面活性剂溶液一同振摇，待达到吸附平衡时，在测定溶液的浓度，从溶液浓度的改变可算出每克固体所吸附的表面活性剂。

$$n_2' = \frac{\Delta n_2}{m} = \frac{V(C_0 - C)}{m} \tag{3-26}$$

式中，n_2' 为表面活性剂在固体表面吸附量；Δn_2 为固体吸附剂质量的变化；m 为固体吸附剂质量；C_0 为表面活性剂溶液开始浓度；C 为表面活性剂溶液浓度；V 为表面活性剂溶液体积。

上式算出的吸附量的单位是 mol/g。如果知道吸附剂的比表面积，即每克吸附剂拥有的表面积(A)，可将吸附量以单位面积上吸附的物质来表示：

$$\Gamma = \frac{V(C_0 - C)}{mA} \tag{3-27}$$

3.4.1 固体表面的特点

1. 固体的表面能

液体的表面张力和表面(过剩)自由能是从力学和热力学角度出发对同一种表面现象的两种说法，应用相应单位时它们在数值上也是相等的。固体与液体不同，虽仍可定义形成单位固体新表面外力做的可逆功为固体的表面自由能(简称表面能)，但不可笼统地将固体表面能与表面张力等同起来。其原因如下：①固体可能存在各向异性，形成不同单位晶面(或解离面)做的功可不相等。②固体原子的流动性极小，形成新固体表面时表面上的原子仍处于原体相中的位置，这是热力学不平衡态，表面原子重排至平衡态需要很长时间。这就是说，形成稳定的平衡态固体表面与破裂固体原子间的键不是同时发生的。③固体表面区域内，在不改变原子数目的条件下，通过压缩和伸长原子间距离可以改变固体表面积的大小。显然，此时表面能不是将内部原子拉到表面做的可逆功。④固体表面的不规则性、不完整性和不均匀性使得在不同区域、不同位置的表面原子微环境有差异，受到周围原子的作用力也不同，故使表面能不同(图3-10)。

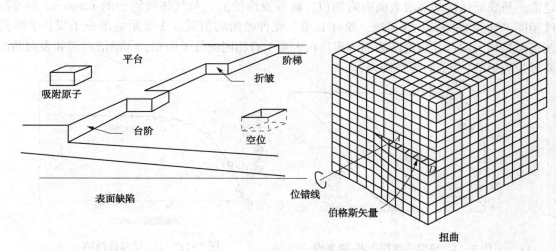

图 3-10 固体表面

由于上述原因，在论及固体表面性质时多用表面能的提法，即使仍使用固体表面张力这一术语，但其是表面能的含义。

2. 低表面能固体和高表面能固体

常见有机液体的表面张力和有机固体的表面能都在 50mN/m 以下，人为界定表面能小于 100mJ/m^2 的固体称为低表面能固体，聚合物和固态有机物即是。无机固体和金属的表面能多大于 100 mJ/m^2，称为高表面能固体。固体的表面能也有趋于减小的倾向，故高表面能固体更易于被外界物质污染而降低表面能。表 3-4 中列出几种固体表面能的实验测定结果。

表 3-4　几种固体的表面能[8]

固体	表面能/(mJ/m^2)	固体	表面能/(mJ/m^2)
聚六氟丙烯	18	聚对苯二甲酸乙酯	43
聚四氟乙烯	19.5	石英	325
石蜡	25.5	氧化锡	440
聚乙烯	35.5	铂	1840

3.4.2　吸附等温线种类

在一定温度下，吸附量与溶液浓度之间的平衡关系曲线叫做吸附等温线。由吸附等温线可以了解固体表面吸附表面活性剂的程度，同时，也可通过吸附等温线了解吸附量与表面活性剂溶液浓度之间的关系，进而了解表面活性剂的吸附效率和所能达到的最大吸附量，为研究表面活性剂分子在固-液界面上所处的状态提供线索，以便进一步研究表面活性剂如何改变固体表面的性质。对于表面活性剂在固-液界面的吸附来说，只有三种：L 型、S 型、LS 型（图 3-10）。实际实验得到的吸附等温线形态虽然很多，但都是这三种的变性或复合的结果。

一般，当表面活性剂与固体表面作用强烈时常出现 L 型和 LS 型等温线，如离子型表面活性剂在与其带电相反的固体表面上吸附，非离子型表面活性剂在某些非极性低能固体表面上吸附等。S 型表明，表面活性剂与固体表面的作用较弱，在低浓度时难以有明显的吸附。无论那类等温线，在吸附量急剧上升区域的浓度都接近或略低于表面活性剂 cmc 值。

1. 第一类曲线 L

由图 3-12 看出，在溶液浓度较稀时，吸附量上升很快，到一定浓度后，吸附量趋于一定值。与表面活性剂溶液表面吸附相似，此等温线的形式与气体吸附中的 Langmuir 型等温线相同，称为 Langmuir 等温线，简称 L 型。此种吸附的前提：①吸附是单分子层；②吸附剂表面是均匀的；③溶液的溶剂与溶质在表面上有相同的分子面积；④溶液内部和表面的性质皆为理想的(分子间无作用力)。

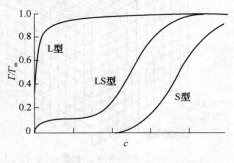

图 3-11　表面活性剂在固-液界面
吸附等温线的类型[8]

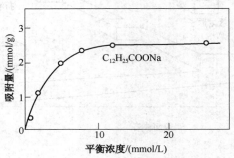

图 3-12　十二烷基硫酸钠
在 $BaSO_4$ 上的吸附[15]

在实际体系中不具备这些条件，但许多表面活性剂在非极性的低能固体表面上的吸附等温线呈 L 型。这可能是由于实际体系非常复杂，某些作用相互抵消而出现了表观上的理想吸附。属于 L 型等温线的例子很多，如：非离子型表面活性剂 $C_9H_{19}-C_6H_4O(C_2H_4)_nH$ 在 $CaCO_3$ 上的吸附以及十六烷基三甲基溴化铵在炭黑上的吸附。

2. 第二类曲线 LS

吸附剂表面的不均匀性导致等温吸附线的形状与气体多层吸附相似。

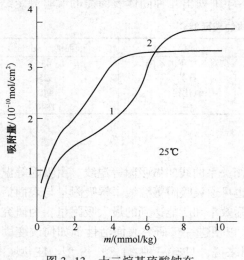

图 3-13　十二烷基硫酸钠在
石墨化炭黑上的吸附[16]
1—$C_{12}H_{25}SO_4Na$；2—$C_{12}H_{25}OC_2H_4SO_4Na$

由图 3-13 看出，这类吸附曲线出现两次台阶型，类似于 BET 吸附等温曲线，十二烷基氯化铵在硅胶上的吸附属于这种吸附形式，习惯上称 LS 吸附等温线。这类吸附等温线的特点是：表面活性剂通过静电作用吸附于固体表面上；表面电荷完全中和，等温线上出现第一个平台；随着浓度加大，由于碳氢键之间的憎水相互作用形成表面胶束，使吸附量加大，此时表面电荷反号；当浓度大于 cmc 时，等温线出现第二平台，表明形成饱和吸附。

3. 第三类曲线

第三类曲线通常存在于长链表面活性剂分子间的作用，吸附等温曲线的斜率变得更陡，等温曲线呈 S 形。

由图 3-14 看出，这类吸附特点是：在低浓度下等温线是凹的，吸附量很小；当浓度增至一定值后，吸附量急剧上升，然后减缓，最后出现平台，吸附量不再随浓度而变化，整个曲线形如 S，故称 S 型等温曲线。属于这类吸附等温线的还有癸基甲基亚砜($C_{10}H_{21}SOCH_3$)等非离子型表面活性剂在极性吸附剂硅胶上的吸附。

此等温线可以分为四个阶段：少数表面活性剂分子的亲水基在固体表面上吸附，吸附力较弱；当浓度增加至一定值（cmc）后，因表面活性剂覆盖度增加、相邻分子的憎水基之间的侧面相互作用增强，导致吸附量迅速增加，形成表面胶束；当浓度大于 cmc 以后，吸附量的增加逐渐减缓，这可能由于部分小胶束被吸附所致（如聚氧乙烯型非离子型表面活性剂实际上是乙氧链长不同的混合物）；等温线出现平台，达到饱和吸附，此时表面上所有的吸附位皆被亲水基伸入水中的表面胶束所占据。

但是实际上经常遇到不少其他形状的吸附等温线，这类等温线比较复杂，有时显示多阶式或多有极大值的形式。

由图 3-15~图 3-17 看出，图 3-15 和图 3-17 表面活性剂在固体表面上的吸附显示出多阶式等温线，图 3-16 表面活性剂在固体表面上的吸附，呈多阶形且有极大值。关于极大值的出现的原因，一般认为由于胶团的形成，使表面活性剂的有效浓度相对减少，因而吸附量减少。因为在吸附量开始下降时所对应的浓度正好在 cmc 附近。多阶式吸附等温线则常归结为吸附剂表面的不均匀和表面活性剂不纯的结果。

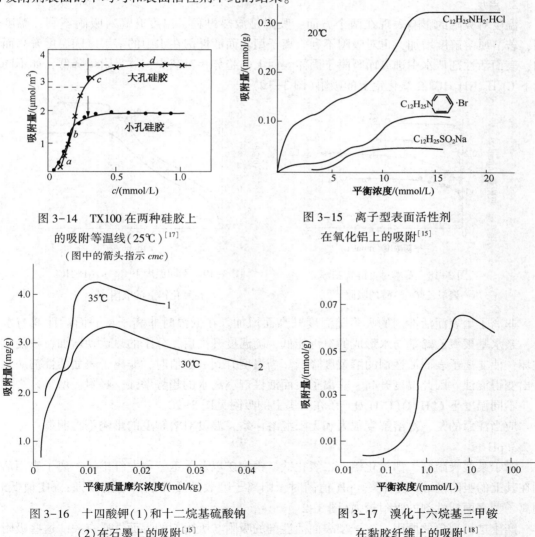

图 3-14　TX100 在两种硅胶上的吸附等温线（25℃）[17]

（图中的箭头指示 cmc）

图 3-15　离子型表面活性剂在氧化铝上的吸附[15]

图 3-16　十四酸钾（1）和十二烷基硫酸钠（2）在石墨上的吸附[15]

图 3-17　溴化十六烷基三甲铵在黏胶纤维上的吸附[18]

3.4.3 表面活性剂在固体上吸附的影响因素

固-液界面的吸附作用比固-气界面吸附复杂，表面活性剂在固-液界面上的吸附，和各种固体从溶液中的吸附作用一样，是溶质、溶剂和吸附剂三者相互作用的结果。凡能影响溶质在溶剂中的溶解度和溶质与固体表面的相互作用的因素，都能影响表面活性剂在固-液界面的吸附作用，例如：吸附质分子与吸附剂表面的作用；溶剂分子与吸附剂表面间的作用；在表面相(吸附相)和体相溶液中溶质和溶剂分子相互间及它们各自相互间的作用；外界条件(温度等)对上述各作用的影响。

1. 表面活性剂疏水基链长

疏水基链长越长者越易吸附，这个规律适合于各种表面活性剂，其同系物在固体表面上的吸附总是符合疏水链长越长者越易被吸附的规律，对于不同性质的吸附剂也都符合此规律。如，石墨对直链烷基醇聚氧乙烯(6)醚的吸附(图3-18)。

2. 温度

温度对吸附的影响表现在两个方面：吸附是放热过程，温度升高对吸附不利；温度升高，若溶质溶解度增加，也对吸附不利。离子型表面活性剂在水中的溶解度随温度升高而增加，表面活性剂从水中逃离而吸附于固体表面上的趋势相对减少，故吸附量降低，如不同温度下 $C_{12}H_{25}NH_2HCl$ 在氧化铝上的吸附(图3-19)。

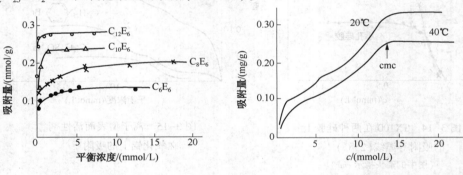

图3-18 石墨对直链烷基醇
聚氧乙烯(6)醚的吸附[19]

图3-19 不同温度下 $C_{12}H_{25}NH_2HCl$
在氧化铝上的吸附[20]

非离子型表面活性剂的吸附随温度升高而增加。在低温时非离子型表面活性剂与水混溶，亲水基聚氧乙烯基与水形成的氢键能低，随温度升高后，分子的热运动增加，致使氢键破坏，使非离子表面活性剂的溶解度降低。当温度升到一定值时，非离子表面活性剂从水中析出变得混浊。因此温度升高，非离子表面活性剂逃离水的趋势增强，吸附量增大。

不同温度下 $C_8H_{17}O(C_2H_4O)_nH$ 在石墨上的吸附见图3-20。

应当注意的是，对溶解度很大和无限混溶体系，温度对溶解度的影响不再明显。

3. pH 值

对于某些吸附剂，如氧化铝、二氧化钛、铁钛矿以及羊毛、尼龙纤维等，离子表面活性剂在其上的吸附同 pH 值有关。pH 值高时，阳离子型表面活性剂的吸附较强；pH 值低时，阴离子型表面活性剂的吸附较强(图3-21)。

产生这种现象的原因：离子型表面活性剂的吸附与吸附剂的界面性质有关。这些吸附剂在碱性溶液中(pH 值高时)，表面带负电，易吸附阳离子型表面活性剂；当 pH 值低时，吸附剂表面带正电，易吸附阴离子型表面活性剂。

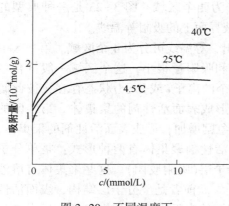

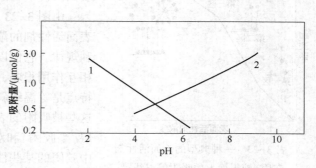

图 3-20　不同温度下
$C_8H_{17}O(C_2H_4O)_6H$ 在石墨上的吸附[21]

图 3-21　离子型表面活性剂
在钛铁矿粉上的吸附与 pH 值关系[19]
1—$C_{12}H_{25}SO_4Na$；2—$C_{12}H_{25}NH_2HCl$

　　非离子型表面活性剂在溶液中不解离，以分子或胶束状态存在，吸附剂界面电性对非离子型表面活性剂的吸附没有明显影响。

　　4. 表面活性剂类型

　　离子型表面化学剂的亲水基带有电荷，易在带相反电荷的吸附剂上吸附。一般吸附剂在中性的水环境中表面大多数带有负电，因而较易吸附阳离子型表面活性剂，不易吸附阴离子型表面活性剂。例如，中性溶液中硅胶对十二烷基三甲铵和十二烷基吡啶都有很好的吸附能力[22,23]，而对十二烷基硫酸钠没有可感知的吸附[24]。氧化铝表面带正电，易吸附阴离子型表面活性剂。

　　表面活性剂与固体表面带有同样电荷时也可以发生吸附，因为除了静电力以外，还有 van der Waals 力和疏水作用，如果它们能够克服静电排斥，也可以使表面活性剂在固体表面发生吸附。例如烷基磺酸钠在氧化铝上的吸附。

　　对于非离子型表面活性剂的吸附，其亲油基相同时，聚氧乙烯链越长吸附越少。这是因为亲水基增长，增加了它在水中的溶解度，减少了逃离水的趋势，故吸附量减少。一般的非离子型表面活性剂，聚氧乙烯链比较短时，比阴离子型表面活性剂的吸附量大。如图 3-22 所示。

　　5. 吸附剂表面性质

　　吸附剂表面性质不同，其吸附性能不同。吸附剂分为三类：第一类，有强烈带电吸附位的吸附剂，如硅酸盐、氧化铝、二氧化硅、硅胶、羊毛、聚酰胺（一定 pH 值时），以及不溶于水的无机盐晶体（$BaSO_4$，$CaCO_3$）、离子交换树脂等。第二类，没有强烈带电吸附位但具有极性的极性吸附剂，如中性溶液中的棉花、聚酯、聚酰胺等。第三类非极性吸附剂，典型的是石蜡、聚四氟乙烯、聚乙烯、聚丙烯、活性炭等。

　　在第一类吸附剂上的吸附是一复杂过程，表面活

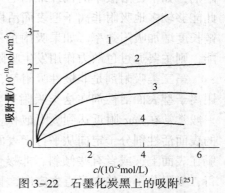

图 3-22　石墨化炭黑上的吸附[25]
1—$C_{12}H_{25}O(C_2H_4O)_6H$；
2—$C_{12}H_{25}O(C_2H_4O)_8H$；
3—$C_{12}H_{25}O(C_2H_4O)_{12}H$；
4—$C_{12}H_{25}SO_4Na$

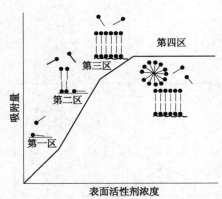

表 3-23　一种典型的表面活性剂
在固-液界面上的吸附等温线[26]

性剂可通过离子交换、离子对及憎水链形成吸附。如图 3-23 所示，可以分为四个区域。图 3-23 是一种典型的表面活性剂在固-液界面上的吸附等温线。

由图 3-23 看出，等温线可分为 4 个区域。第一区中表面活性剂的浓度和吸附量很小，这个区域一般符合亨利规律，它们以单个的离子（或分子）状态存在，彼此间相互作用很弱，不形成表面活性剂的聚集体。第二区的特点是等温线斜率急剧增加，形成表面活性剂的聚集体，这些被吸附的表面活性剂聚集体有两种形式：是单分子层（半胶团）和双分子层（吸附胶团）。这些聚集体有溶液中胶团的某些性质[27]。前者是单分子层结构，表面活性剂的"头"吸附在固体的表面，而"尾"在液相；后者被认为是双分子结构，它的下层表面活性剂的"头"吸附在基质的表面，而上层表面活性剂的"头"与液面接触。第一区和第二区的转折点代表着第一个被吸附的表面活性剂聚集体的形成，叫做 critical admicelle concentration 即 CAC 或者 hemimicelle concentration，HMC。

有些人认为有第三区存在，曲线的斜率减小，这被认为在此区域内等温线斜率的变化是由于在空白表面上的竞争吸附或是吸附单层向吸附双层的转变[28]。近来一些研究表明，整个二和三区内的聚集体均有胶团的性质[29]。三区向四区的转变发生在 cmc 附近。四区称为平台区，在此区域内吸附量接近于一恒定值。

在一定条件下，非离子型表面活性剂在固体表面的吸附常常是以聚集体的形式吸附在带电的表面，并形成吸附双分子层。双分子层两面是亲水基，中间被一个疏水区域隔开[30]，这种吸附的发生与氢键或偶极力有关。应用中子散射和荧光探针技术研究的成果也证实：在覆盖度足够大时，吸附胶团确为双分子层结构[31]。

第二类吸附剂是极性吸附剂，在这类吸附剂上的吸附，主要靠色散力和分子间形成氢键。要形成氢键，吸附剂和被吸附物必须具有形成氢键的基团。对于有—OH 或—NH 的吸附剂，如中性溶液中的棉纤维和尼龙纤维能够与聚氧乙烯非离子型表面活性剂形成氢键，因此能够较多地吸附非离子型表面活性剂，增加聚氧乙烯基团数目时吸附会有所降低，增加碳链长度增加吸附效率。如果吸附剂不能提供与吸附物形成氢键的氢原子时如聚丙烯腈或聚酯，则主要通过色散力作用发生吸附，这时的吸附性质与在非极性表面上的相似。

第三类吸附剂是非极性吸附剂，主要靠色散力的作用发生吸附。阳离子型表面活性剂和阴离子型表面活性剂在这类吸附剂上的吸附有相似的等温线，常是 L 型（有时出现台阶），一般常常在 cmc 附近达到吸附饱和。吸附等温线中有台阶出现（如图 3-24）。可能由于吸附的表面活性剂分子定向从平行于表面转为垂直于表面。一般认为在吸附开始时，吸附分子平躺在表面上，或者有些倾斜，非极性碳氢链接近表面而极性头朝向水中；随着吸附继续进行，吸附分子更趋向于直立定向，直到饱和吸附，表面活性剂极性基团完全朝向水中。表面活性剂在液-固界面吸附过程中，从平行于表面转为垂直于表面的定向排列的变化，可能使吸附等温线出现"台阶"。

此外，吸附剂的孔结构也影响吸附能力。由于表面活性剂分子或离子通常至少带有一个由八个碳原子构成骨架的疏水基和一个大小不等的亲水基，体积比较大，具有中等以下孔结构的吸附剂具有相当部分内表面对表面活性剂来说是无效的。已有实验证明吸附剂的极限吸附量是受孔体积、比表面积限制的结果。

6. 电解质的影响

溶液中加入中性电解质，使离子型表面活性剂在固体表面的吸附更易进行，最大吸附量也有所增加，如图 3-25 所示。其原因是由于电解质浓度的增加，使表面双电层压缩，被吸附的表面活性离子的相互斥力减弱，从而容易吸附更多的表面活性离子，其表面排列更加紧密所致。

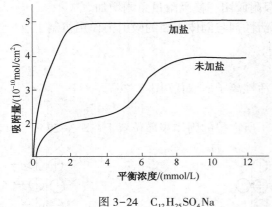

图 3-24 $C_{12}H_{25}SO_4Na$
在石墨化炭黑上的吸附(25℃水溶液)[32]

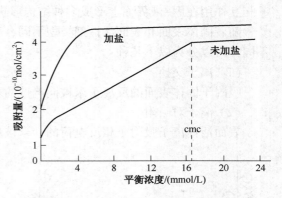

图 3-25   加盐对 $C_{12}H_{25}N(CH_3)_3Br$
在石墨化炭黑上吸附的影响(25℃，水溶液)[32]

在阴离子型表面活性剂水溶液中加入少量阳离子型表面活性剂将使阴离子型表面活性剂的吸附量明显增加[33]。

总之，影响表面活性剂在固-液界面吸附的因素主要可以概括为两个方面：一是固体的界面性质，如疏水亲水性、离子性质、表面修饰、曲率半径等；二是溶液的性质，如溶液的极性、pH 值、表面活性剂的类型与结构、固体表面的性质是影响表面活性剂在固体界面吸附的最基本的内容，表面活性剂在极性的固-液界面会发生单分子或双分子层吸附。当浓度达到 cmc 或 HMC 时，吸附量剧增，表面活性剂的结构影响了它在界面的饱和吸附量和吸附强度。对于表面活性剂的混合体系，在不同的情况下，它们的吸附发生协同或竞争作用，固体表面的电荷密度越高吸附量越大。

3.4.4 吸附机理

只有表面活性剂分子或离子与固体表面之间存在吸引作用才能使它们从溶液内部迁移到固体表面形成吸附。表面活性剂分子或离子在固体表面发生吸附的主要作用力如下：

1. 静电的作用

在水中固体表面可因多种原因而带有某种电荷。离子型表面活性剂在水溶液中解离后，活性大离子可吸附在带反号电荷的固体表面上。显然，带正电的固体表面易吸附带负电的表面活性剂阴离子，带负电的固体表面易吸附表面活性剂阳离子。

2. 色散力的作用

固体表面与表面活性剂分子或表面活性剂离子的非电离部分间存在色散力作用，从而导致吸附。因色散力而引起的吸附量与表面活性剂的分子大小有关相对分子质量越大，吸附量越大。

3. 氢键和 π 电子的极化作用

固体表面的某些基团有时可与表面活性剂中的一些原子形成氢键而使其吸附。如硅胶表面的羟基可与聚氧乙烯醚类的非离子型表面活性剂分子中的氧原子形成氢键。含有苯环的表面活性剂分子，因苯核的富电子性可在带正电的固体表面上吸附，有时也可能与表面某些基团形成氢键。

4. 疏水基的相互作用

在低浓度时已被吸附了的表面活性剂分子的疏水基与在液相中的表面活性剂分子的疏水基相互作用在固-液界面上形成多种结构形式的吸附胶团，使吸附量急剧增加。

随着固体表面和表面活性剂类型不同，表面活性剂与固体表面的吸引力作用机制也有所不同，可以分为以下几种：

（1）离子交换

吸附于固体表面的反离子未被同电性的表面活性离子所取代（图 3-26）。

（2）离子对吸附

表面活性离子吸附于相反电荷的、未被反离子所占据的固体表面位置上（图 3-27）。

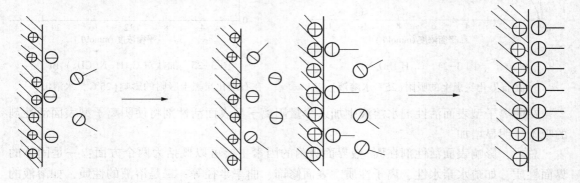

图 3-26　离子交换吸附　　　　　　　　图 3-27　离子对交换吸附

（3）氢键形成吸附

表面活性剂分子或离子与固体表面极性基团形成氢键而吸附（图 3-28）。

（4）π 电子极化吸附

吸附分子中含有富电子的芳香核时，与吸附剂表面的强正电性位置相互作用而发生的吸附，导致表面活性剂也倾向于平躺在固体表面，因此，吸附层比较薄（图 3-29）。

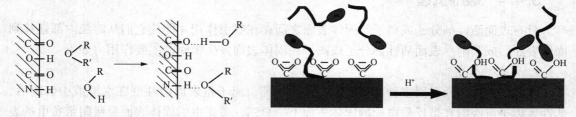

图 3-28　氢键形成吸附　　　　　　　图 3-29　π 电子极化吸附示意图

（5）Ionon 引力（色散力）吸附

这种吸附一般总是随吸附物分子大小而增减，而且在任何场合发生，即在所有的吸附类型中都存在色散力吸附，它可作为其他吸附的补充（图 3-30）。

（6）憎水作用吸附

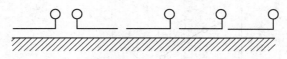

图 3-30　非极性固体表面色散力引起的吸附

表面活性剂亲油基在水介质中易于相互连接形成憎水链，当逃逸水的趋势达到一定程度时，有可能与已吸附于固体表面的其他表面活性剂分子聚集而吸附，即以聚集状态吸附于表面(图 3-31)。

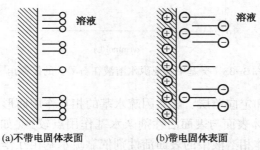

(a)不带电固体表面　　　　(b)带电固体表面

图 3-31　固体表面疏水作用引起的吸附示意图

3.4.5　表面活性剂的吸附对固体表面的影响

由于吸附了表面活性剂，固体表面最外层的化学组成发生了变化。固体表面的性质包括润湿性质取决于构成其最外层的原子和原子团。因此，固体的润湿性必然随表面活性剂的吸附而改变，表现为接触角的变化。

固体自水溶液中吸附表面活性剂对其润湿性质的影响取决于表面活性剂的浓度和吸附层中表面活性剂分子或离子的定向状态。一般来说，吸附层对固体表面润湿性质的改变有两种情况。

1. 表面活性剂疏水基直接吸附于固体表面

表面活性剂疏水基直接吸附于固体表面，如在不带电的非极性固体表面上的吸附，随着表面活性剂浓度增加，其分子先以平躺，后亲水基朝向水相，最后形成亲水基指向水相的垂直定向排列(图 3-32)。

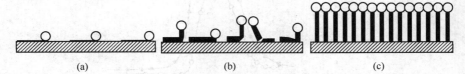

(a)　　　　　　　　(b)　　　　　　　　(c)

图 3-32　表面活性剂疏水基直接吸附于固体上的吸附图像随浓度增加而变化的示意

发生这种情况时，水在固体上的接触角由大变小，表面性质由疏水变为亲水，这时固体对水溶液的接触角显著下降，润湿性得到改善。例如癸基甲基亚砜水溶液在石墨上的接触角随表面活性剂浓度的变化情况见图 3-33。水对石墨的接触角 86°，随着溶液浓度增加，接触角逐步降低，临界浓度使接触角低达 22°。

2. 表面活性剂亲水基直接吸附在固体表面上

表面活性剂亲水基以电性或其他极性作用力直接吸附在固体表面上，随着表面活性剂浓

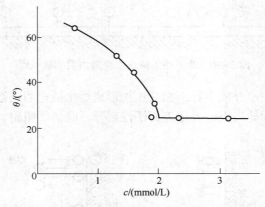

图 3-33 癸基甲基亚砜水溶液在石墨上的接触角[34]

度的增加，可以形成饱和定向单层，随后因疏水基的相互作用而形成亲水基向外的双层结构[图 3-34(a)]。如果固体表面与表面活性剂亲水基作用点较少(如表面电荷密度小)，已吸附的若干表面活性剂和体相溶液中的表面活性剂依靠疏水基相互作用而形成大部分亲水基朝向水相的类单层[图 3-34(b)]。在表面活性剂吸附过程中随吸附量增加(即随浓度的增加)固体表面润湿性质将发生变化。

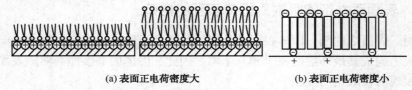

(a) 表面正电荷密度大　　　　　　**(b) 表面正电荷密度小**

图 3-34 阴离子表面活性剂在带正电固体表面上吸附示意图

图 3-35 是辛基酚聚氧乙烯醚(TX-305)水溶液对石英接触角随溶液浓度的变化情况。

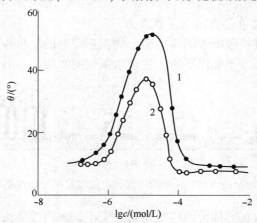

图 3-35 辛基酚聚氧乙烯醚(TX-305)水溶液对石英的接触角[35]
1—在空气中；2—在环己烷

由图 3-35 看出，这个体系接触角的最高点为 39°，达到极限吸附量后，接触角也趋于极限的低值，8°。

3.4.6 表面活性剂在固-液界面吸附的应用

利用表面活性剂在固体表面上的吸附即可改善润湿性。例如：在世界上处理物质最多的工业选矿中，不论泡沫选矿或是乳液选矿，矿物表面的润湿性都是关键问题。应用表面活性剂对矿物表面的润湿性进行调节，对于成功地选取有用的矿物具有十分重要的意义。能降低高能表面润湿性的表面活性物质很多，常见的有：氟表面活性剂，有机硅化合物、高级脂肪酸、重金属皂类及有机铵盐等，其中硅和氟表面活性剂效果最好。

同样，表面活性剂在固体表面吸附也可使低能表面变为高能表面。例如，将聚乙烯、聚四氟乙烯、石蜡等低能表面浸在氢氧化铁等金属氢氧化物的水溶液中，经过一定时间后，水合金属氢氧化物在低能表面上发生相当牢固的黏附。干燥后，可提高固体表面能，使润湿性能也发生了改变。

1. 改变固体质点在液体中的分散性质

在许多生产工艺中，需要将固体微粒均匀且稳定地分散于液相介质中，例如，油漆、药物、染料、化妆品的制备。近年来，在油田开发过程中使用固体微粒均匀地分散在水介质中显得尤为重要，甚至可以认为是能否工艺成功的关键所在。而在另一些工艺中则恰恰相反，需要使均匀稳定的分散体系迅速破坏，使固体粒子尽快地沉降、聚集。如湿法冶金、污水处理、原水澄清等。无论是固体粒子的分散还是絮凝或聚集，都是现代工业中必不可少的有效手段。而这种手段往往是通过添加表面活性剂来实现的。因而，深入了解表面活性剂对固体在液相介质中分散与凝聚作用的影响，对于有效地控制分散体系的稳定性具有重要意义。

表面活性剂对固体在液体中的分散作用与它在固体表面的吸附有密切关系。如 $C_{12}H_{25}SO_4Na$、$C_{12}H_{25}NH_2 \cdot HCl$ 等分散剂，分散炭黑时发现，如果分散剂浓度较小，悬浮体的稳定性较差；当浓度达到一定值时（10～15mmol/L 以上），则可得到稳定的悬浮体。达到最大稳定度时的浓度与表面活性剂在炭黑上最大吸附时的浓度相对应（如图3-36）。

炭黑是一种非极性吸附剂，表面活性剂在上面吸附时，一般以亲油基靠近固体表面，极性基朝向水中，随着吸附的进行，原来的非极性表面逐渐变成亲水极性表面，炭黑质点就容易分散于水中。非离子表面活性剂在固体表面的吸附亦如此，当表面活性剂浓度达到临界胶团浓度以后，吸附量达到最大值，同时固体粉末的分散性增大，分散的稳定性增大。

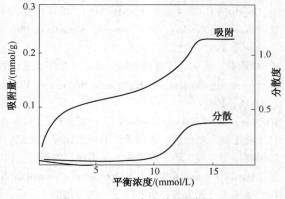

图3-36　十二胺盐酸盐-炭黑-水体系的吸附与分散曲线[35]

2. 表面活性剂的吸附可以增加溶胶分散体的稳定性，起保护胶体的作用

例如在 AgI 溶胶体系中，加入少量的 Na_2SO_4，会使体系的分散度突然减少，溶胶发生聚沉而产生絮凝现象。当 AgI 溶胶体系中加入非离子型表面活性剂 $C_{12}H_{25}O(C_2H_4O)_6H$ 后，即使加入较大量的 Na_2SO_4，AgI 溶胶也不发生絮凝现象[图3-37]。而且 $C_{12}E_6$ 的加入量愈大，碘化银质点吸附的 $C_{12}E_6$ 分子愈多，胶体颗粒愈易分散，胶体的稳定性愈高，如图3-37所示。吸附层实际上起了保护层的作用。

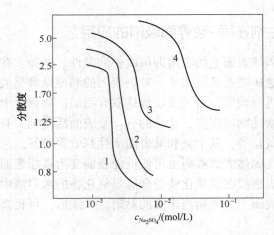

图 3-37　$C_{12}H_{25}O(C_2H_4)_6H$ 随 AgI 溶胶稳定性的影响[14]

$C_{12}H_{25}O(C_2H_4)_6H$ 的浓度：1—0；2—10^{-6} mol/L；3—10^{-5} mol/L；4—10^{-4} mol/L

参 考 文 献

1　赵国玺，朱步瑶. 表面活性剂作用原理. 北京：中国轻工业出版社，2003

2　McBain J W，Humphreys C W. J Phs Chem，1932，36：300

3　Tajimak，Muramatsu M，Sasaki T，Bull Chem Soc Japan，1970，43：1991

4　Tajimak，Bull Chem Soc 1970，43，3036，

5　Wison A，Epatein M B，J Colloid Sci，1957，12：345

6　Cockbain E G，Traans. Faraday SOC，1954，50：748

7　Lucassen-Reyders，E H. Anionic Surfactants Physical Chemistry of Surfactant Actions，Marcel Dekker New York，1981

8　徐燕莉. 表面活性剂的功能. 北京：化学工业出版社，2000

9　Lucassen-Reyders，E H. Anionic Surfactants Physical Chemistry of Surfactant Actions，Marcel Dekker New York，1981

10　Langmuir I. J Amer Chem Soc，1917，39：1848；

11　肖建新，赵振国. 表面活性剂应用原理. 北京：化学工业出版社，2002

12　赵国玺，程玉珍，欧进国，田丙申，黄智民. 化学学报，1980，38：409

13　Davies J T and Rideal E K. Interfacial Phenomena. New York：Academic Press，1963

14　顾惕人，朱步瑶，李外郎等. 表面化学. 北京：科学出版社，1999

15　Tamamushi B. Colloidal Surfactants. New York：Acad Press，1963

16　Lange H . Tehside，1975，12：27

17　Williams E F，Woodberry N T，Dixon J K. J Colloid Sci，1957，12：452

18　White J H. Cationic Surfactants. Jungermann R，ed. New York：Marcel Dekker，1970

19　Ginn M E. Cationic Surfactants. NEW York：Marcel Dekker，1967

20　Ottewill R H. Nonionic Surfactant. New York：Marcel Dekker，1967

21　Lange H . Tehside，1975，12：27

22　Gao Y，Du J，Gu T. J Chem Soc Faraday Trans1，1987，83：2671；

23　Huang Z，Gu T. Colloid &Surfaces，1987，28：159

24　Gao Y，Yue C，Lu S，Gu W，Gu T. J Colloid Interface Sci，1984，100：581

25　顾惕人，朱步瑶，李外郎，马季铭，戴乐蓉，程虎民. 表面化学. 北京：科学出版社，1994

26 Scatneborn J F, Schechter R S, Wade W H . J Colloid Interface Sci, 1982, 85: 463

27 Haver J H, Harwell J H. Am Chem Soc, 1995: 48

28 Levitz P, Van D H. J Phys Chem, 1986, 90: 1302

29 Kung K S, Hayer K P, Hayer K F. Langmuir, 1993, 9: 263

30 Rutland M W, Senden T J. Langmuir, 1993, 9: 412

31 McDermott D C, McCarney J, Thomas R K. J Colloid Inter face Sci: 1994, 162: 304

32 Roson M I. Surfactants and Interfacial Phenonena. New York: John Wiley&Sons, 1989

33 Schwuger M J. Kolloid-Z Z Polymere, 1971, 243: 129

34 朱步瑶，赵小麟，物化学报, 1990, 1: 33

35 Tamamushi B, Shinoda K. Colloid Surfactants. New York: Acad Press, 1963

第4章　表面活性剂溶液体相性质

4.1　表面活性剂水溶液物理化学性质变化规律

表面活性剂溶液的表面张力随浓度增加而急剧下降，待浓度大到一定值后，表面张力几乎不再改变，也就是说表面活性剂溶液的表面张力与浓度的关系曲线中有一突变点。不仅表面张力的变化有此特征，其他的物理化学性质，如洗涤作用、渗透压、当量电导等均有相同的变化规律。这些性质的突变点总是发生在某一特定的浓度范围内，即临界浓度。图4-1是十二烷基硫酸钠水溶液的物理化学性质与浓度的关系图。

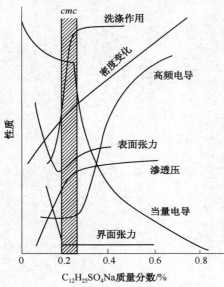

图4-1　十二烷基硫酸钠水溶液的物理化学性质与浓度的关系[1]

由图4-1所示，$C_{12}H_{25}SO_4Na$ 水溶液的所有物理化学性质随浓度变化曲线都在一很窄的浓度范围内存在一转折点。这说明表面活性剂溶液的各种表面性质必然与溶液内部的性质有关，这就需要对其表面活性剂在溶液中的状态进行研究。

4.2　表面活性剂在溶液中的胶团化作用

1925年 McBain 提出胶团理论，直到1988年，美国密歇根大学的科学家在 Langmuir 上发表了表面活性剂水溶液中胶团的电子显微镜照片，证实胶团的存在，它同时也说明，根据大量宏观性质对体系的微观结构可以作出合理的推断。

单个的表面活性剂分子溶于水后完全被水分子包围，其亲水基受到水的吸引，亲油基受到水的排斥而有逃离水的趋势，这意味着表面活性剂分子占据溶液表面——在表面上吸附。当表面吸附饱和后，如果表面活性剂浓度继续增加，则溶液内部的表面活性分子则采取另一种逃离方式，以使体系的能量达到最低，此时分子中的亲油基通过分子间的吸引力相互缔合在一起，而亲水基朝向水中的胶态聚集物，即形成胶团(micelle)，又称胶束。形成胶团的过程称为胶团化作用。胶团的形成导致溶液性质发生突变，突变时的浓度，亦即形成胶团时的浓度，称为临界胶团浓度(critical micelle concertration)。在胶团的离合、聚散的重复过程中，胶团和单分子状的表面活性剂分子处于动态平衡状态[2-4]。图4-2为表面活性剂随其水溶液的浓度变化在溶液中生成胶团的过程。

表面活性剂的水溶液在浓度达到 cmc 时，表面活性剂会随其浓度的增加形成胶团，这不仅能解释 $\gamma-\lg c$ 曲线上的转折点，而且还可以用于解释其他物理化学性质的非理想性，如烷基磺酸钠电导率与溶解度的关系曲线发生偏折的原因。对于离子型表面活性剂，表面活性离

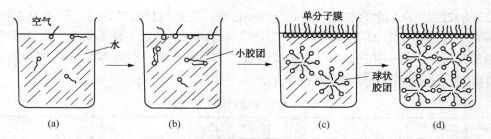

图 4-2　表面活性剂溶液的胶团化过程

(a)极稀溶液；(b)稀溶液；(c)临界胶团浓度的溶液；(d)大于临界胶团浓度的溶液

子形成的胶团带有很高的电荷，由于静电引力的结果，在胶团周围就会吸引一些反离子，这就相当于有一部分正、负电荷互相抵消了。形成高电荷胶团后，反离子形成的离子雾的阻滞力大大增加。由于这两个原因，使得溶液的当量电导在 cmc 之后随浓度的增加迅速下降。渗透压的问题也是由于表面活性剂溶液的浓度超过 cmc 后形成胶团而导致质点数下降而使渗透压呈现非理想性。

表面活性剂的溶液，在浓度大至某一数值时，溶液的各种宏观性质就发生突变。从微观角度考察，这时活性剂分子开始发生缔合，形成胶粒大小的聚集体。多层次、多种类的分子聚集体具有不同于一般表面活性剂分子的物理化学性质，表现出多种多样的应用功能，是构成生命物质和非生命物质世界的一个不可缺少的结构层次。在生命科学、材料科学及其他高新技术中起着十分重要的作用，成为化学、物理学、生物学及材料科学共同关注的新兴研究领域。

4.2.1　胶团形成的机理

表面活性剂分子在其水溶液中形成胶团是自发过程，主要由以下两种因素引起：

1. 能量因素

表面活性剂的碳氢链由于其具有疏水性，与水分子间的亲和力弱，因此表面活性剂的疏水碳氢链与水的界面能较高。如表 4-1 所示疏水碳氢链与水之间的界面能随疏水基链长的增加而增加的趋势。

表 4-1　20℃时一些正构烷烃与水的界面张力 $\gamma_{W/H}$ 的实验值[5]

烃类	$\gamma_{W/H}$/(mN/m)	烃类	$\gamma_{W/H}$/(mN/m)
正庚烷	50.2	正癸烷	51.2
正辛烷	50.8	正十四烷	52.2

为了降低这种高界面能，疏水碳氢链往往呈卷曲状态。如以 $C_{12}H_{25}$—作为疏水基的表面活性剂在其水溶液中的长度约有 70% 是以卷曲状态存在的。正是由于表面活性剂分子结构的两亲性使疏水的碳氢链具有从水中逃逸的这种趋势，使表面活性剂在其溶液浓度低于 cmc 时，以单分子状态吸附于溶液表面，使界面自由能减少。当溶液的浓度达到 cmc 时，由于表面活性剂在溶液表面的吸附达到饱和状态，而溶液内部的表面活性剂为了减少界面自由能，从水中逃逸的途径只能是形成缔合物——胶团。

2. 熵驱动机理

从表面上看，胶团的形成是表面活性剂离子或分子从单个无序状态向一定规则的有序状态变迁的过程，从熵的角度来看是一个熵减过程，这是与自发进行的过程相矛盾的现象。但事实上，自由能变化 $\Delta G_m^{\ominus}$ 为负值。使 $\Delta G_m^{\ominus}$ 变负有两种可能：一种是胶束生成焓 $\Delta H_m^{\ominus}$ 为负值时可使其变负；另一种主要是胶束生成熵 $\Delta S_m^{\ominus}$ 为大的正值，此时即使 $\Delta H_m^{\ominus}$ 为小的正值也会使 $\Delta G_m^{\ominus}$ 变为负值。表 4-2 是胶团生成的热力学参数。

表 4-2　胶团生成的热力学参数[5]

表面活性剂	$\Delta G_m^{\ominus}/(J/mol)$	$\Delta H_m^{\ominus}/(J/mol)$	$T\Delta S/(J/mol)$	$\Delta S_m^{\ominus}/(J/mol)$
$C_7H_{15}COOK$	-12.12	13.79	25.92	87.78
$C_8H_{17}COONa$	-15.05	6.27	21.32	71.06
$C_{10}H_{21}SO_4Na$	-18.81	4.18	22.09	75.24
$C_{12}H_{25}SO_4Na$	-21.74	-1.25	20.48	66.88
$(DC_{12}AOH)^+Cl^-$ 十二烷基二甲基氯化胺盐酸盐	-30.00	-1.25	-21.74	71.06

由表 4-2 所示，Gibbs 标准自由能 $\Delta G_m^{\ominus}$ 为负值，这说明胶团的形成是自发进行的。由于 $\Delta G_m^{\ominus} = \Delta H_m^{\ominus} - T\Delta S_m^{\ominus}$，从表 4-2 中可知 $\Delta H_m^{\ominus}$ (胶团的生成焓)的值较小甚至出现负值，因此 $\Delta G_m^{\ominus}$ 变为负值的重要因素是由于 $\Delta S_m^{\ominus}$ (胶团的生成熵)有较大的正值而引起的，即胶团形成的过程是一个熵增加过程，那么这个过程应该是伴随着趋向于无序状态。

为了解释表面活性剂的离子或分子形成胶团的过程导致无序状态的增加，引入了水结构的概念。认为液态水是由强的氢键生成的正四面体型的冰状分子和非结合的自由水分子所组成。而非极性的烃类分子溶解时，将助长这种水结构。于是当表面活性剂的离子(或分子)溶解在水中时，水分子就会在表面活性剂的疏水碳氢链的周围形成有序的冰样结构即所谓的"冰山"(iceberg)结构[5]。当表面活性剂离子(或分子)在形成胶团的过程中，这种"冰山"结构逐渐被破坏，回复成自由水分子使体系的无序状态增加，因此这个过程是一个熵增加过程。胶团的生成熵 $\Delta S_m^{\ominus}$ 之所以具有较大的正值，其原因如上所述。所以胶团的形成不能单纯地认为是由水分子与疏水碳氢链之间的相斥或疏水基之间的范德华力而引起的。

疏水效应和 $\Delta S_m^{\ominus}$ 有较大的正值，还有另外一种解释：在水溶液中，非极性基的分子内运动受到周围水分子网络的限制，而在缔合体内部则有较大的自由度。

4.2.2　胶团形成的理论处理

胶团溶液是热力学平衡的体系，可以应用热力学方法加以研究。对胶团溶液进行热力学研究的第一步是确定体系的热力学过程及其模型。胶团形成是若干个表面活性分子或离子结合成一个整体的过程。为此，已采用的热力学模型有两种，一为相分离模型[3]，一为质量作用模型[4,6,7]。

1. 相分离模型

把胶团化作用看成是相分离，临界胶束浓度为未聚体的表面活性剂的饱和浓度。相分离就在 cmc 时开始发生。表面活性剂浓度超过 cmc 以后，未缔合的表面活性剂浓度实际上是保持不变。根据这种观点，可以把 cmc 当作胶团的溶解度，以解释表面活性剂溶液的各种物理化学性质在 cmc 时发生突变的原因。实验依据：很多表面活性剂溶液的性质(电导性质、加溶作用以及表面张力等)在胶团形成时与形成新相类似，都随表面活性剂浓度的增加发生突变。虽然一般胶团的聚集数并不大，不能看作为一个宏观的相，但适当地把胶团看成微相或准相，把胶团与溶液间的平衡看作相平衡。

对于非离子型表面活性剂，在溶液中不解离，以分子或胶束状态存在，非离子型表面活性剂形成胶体，存在以下平衡：

$$nS \rightleftharpoons S_n \tag{4-1}$$

其中，S 和 S_n 分别代表表面活性剂单体和胶团，n 为胶团聚集数。由于胶团被看作单一成分的准相，故

$$\mu_m = \mu_m^{\ominus} \tag{4-2}$$

式中，μ_m 为表面活性剂在胶团中的化学势；$\mu_m^{\ominus}$ 为表面活性剂在胶团中的标准化学势。

表面活性剂在溶液中的化学势 μ_s 为：

$$\mu_s = \mu_s^{\ominus} + RT\ln a \tag{4-3}$$

式中，a 是与胶团成平衡的表面活性剂单体在溶液中的溶解度。

对于非离子表面活性剂，由于 cmc 很小，分子间的相互作用比较弱，活度系数通常接近1，可以用浓度代替活度，因此：

$$\mu_s = \mu_s^{\ominus} + RT\ln cmc \tag{4-4}$$

由于两相化学势相等，胶团形成标准自由能：

$$\Delta G_m^{\ominus} = RT\ln cmc (\text{非离子型表面活性剂}) \tag{4-5}$$

对于离子型表面活性剂，与胶团相成平衡是溶解中的表面活性剂正离子和负离子。这时，表面活性剂在溶液中的化学势为：

$$\mu_s = \mu_{s+}^{\ominus} + RT\ln a + \mu_{s-}^{\ominus} + RT\ln a$$
$$= \mu_{s+}^{\ominus} + \mu_{s-}^{\ominus} + RT\ln a_+ a_- \tag{4-6}$$

由于 $a_+ = f_+ x_+$，$a_- = f_- x_-$，其中 x_+ 和 x_- 分别是表面活性剂正、负离子在溶液中的摩尔分数；f_+ 和 f_- 分别是正、负离子的活度系数。$f_+ f_- = f_\pm^2$，$f_\pm$ 为离子平均活度系数。对于 1-1 型离子表面活性剂，$x_+ = x_- = cmc$。带入式（4-6），得

$$\Delta G_m^{\ominus} = 2RT\ln cmc (\text{离子型表面活性剂}) \tag{4-7}$$

这一理论假设在超过 cmc 的浓度区，活性剂的有效量、表面张力是一定的，但实际上，此时活性剂的有效量、表面张力都不是一定的，因此相分离理论也是不完善的。

2. 质量作用模型

胶团形成的相分离模型虽有简明的优点，却过于简化，因而作为理论，其概括和预示的能力受到限制。例如离子型胶团的反离子结合度问题便无从研究。

质量作用模型是把胶团形成看做一种广义的化学反应——缔合。对于不同的体系，可以写出相应的反应式。

对于非离子型表面活性剂的胶团的形成有以下关系。

$$nR \rightarrow R_n \tag{4-8}$$

式中，n 为非离子型表面活性剂的数目；R 为非离子型表面活性剂；R_n 为缔合度为 n 的非离子型表面活性剂胶团。

式（4-8）的平衡常数为：

$$K_{\text{非离子型胶团}} = \frac{[R_n]}{[R]^n} \tag{4-9}$$

根据化学热力学的基本原理，平衡常数 K 与过程标准 Gibbs 自由能变量有以下关系：

$$\Delta G^{\ominus} = -\frac{1}{n}RT\ln K = RT\ln a_{s} - \frac{1}{n}\ln a_{m} \qquad (4-10)$$

由于表面活性剂体系中浓度不大，可以用浓度代替。在 cmc 以上，浓度保持为 cmc，聚集体浓度是一个非常小的值，同时，聚集数是一个远远大于 1 的值(一般在 50 以上)，所以右边第二项接近零，可以忽略。

$$\Delta G_{m}^{\ominus} = RT\ln cmc(非离子型表面活性剂) \qquad (4-11)$$

由此可见对于非离子表面活性剂，两种热力学模型得出同样的结果。

对于离子型表面活性剂的胶团的形成有如下的关系：

$$nS^{+(-)} + mB^{-(+)} \longrightarrow \left[S_{n}B_{m}\right]^{(n-m)+(-)} \qquad (4-12)$$

$$K = \frac{\left[S_{n}B_{m}\right]^{(n-m)+(-)}}{\left[S^{+(-)}\right]^{n}\left[B^{-(+)}\right]^{m}} \qquad (4-13)$$

由此得到胶团形成标准自由能变量为：

$$\Delta G^{\ominus} = RT\left(\ln a_{s} + \frac{m}{n}\ln a_{i} - \frac{1}{n}\ln a_{m}\right) \qquad (4-14)$$

式中，a_{s} 为表面活性离子活度；a_{i} 为反离子活度；a_{m} 为胶团的活度。

同样，上式右方最后一项可以忽略，$a_{s} = cmc$，于是得到

$$\Delta G^{\ominus} = RT\ln cmc + \frac{m}{n}\ln a_{i} \qquad (4-15)$$

对于 1—1 离子表面活性剂，如果，反离子全部结合到胶团上，则 $m=n$，此时右方变为 $2RT\ln cmc$，与相分离模型所得结果相同。

质量作用模型和相分离模型得出同样的结果，即表面活性剂胶团形成标准自由能变化也可用式 4—15，根据此模型可将胶团的形成看成一种缔合过程，在 cmc 浓度范围内，表面活性剂在溶液中的单个表面活性剂分子(或离子)与胶团处于缔合–解离这一动态平衡之中，把质量定律用到此平衡中。

4.3 胶团的结构与形状和大小

虽然人们已经证实胶团的存在，但是关于胶团结构和形状的研究还不十分的清楚，需要人们在这方面投入更多的关注。

4.3.1 胶团的结构

表面活性剂在溶液中达到一定浓度 cmc 后缔合成胶团，胶团与分子或离子处于平衡状态，胶团中的分子或离子以半衰期 10^{-2} s 的速度不断地反复地离散、聚集，与单体保持平衡。

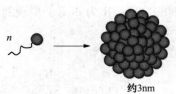

约3nm

1. 离子型表面活性剂胶团的结构

离子型表面活性剂胶团的结构以球形胶团为例如图4-3所示。离子型表面活性剂胶团的外层包括由表面活性离子的带电基、电性结合的反离子和水化水组成的固定层，以及由反离子在溶剂中扩散分布形成的扩散层。

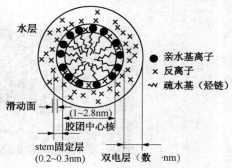

（1）胶团的内核

离子表面活性剂胶团具有一个由疏水的碳氢链构成的类似于液态烃的内核，约1~2.8nm[8]。

（2）胶团的外壳

胶团的外壳是指胶团与单体水溶液之间的一层区域。对离子型表面活性剂胶团而言，此外壳由胶团双电层的最内层stern层（或固定吸附层）组成，约0.2~

图4-3　离子型表面活性剂胶团结构

0.3nm，在胶团外壳中不仅有表面活性剂的离子头及固定的一部分反离子，而且由于离子的水化，胶团外壳还包括水化层胶团的外壳并非一个光滑的面，而是一个"粗糙"不平的面。由于结合的反离子数量一般小于缔合的表面活性剂离子的数量，因此，胶团是带电的。

（3）扩散双电层—Gouy-Chapman扩散双层

离子型表面活性剂胶团为保持其电中性，在胶团外壳的外部还存在一层由反离子组成的扩散双电层。

2. 非离子型表面活性剂胶团结构

非离子型表面活性剂胶团的结构如图4-4所示。

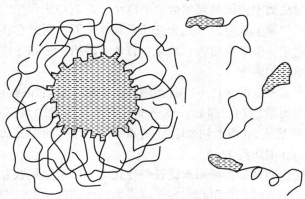

图4-4　非离子型表面活性剂胶团模型

非离子型表面活性剂胶团由胶团内核和胶团的外壳两部分组成。

（1）胶团内核

胶团内核由碳氢链组成类似液态烃的内核。

（2）胶团的外壳

胶团的外壳由柔顺的聚氧乙烯链及与醚键原子相结合的水构成，无双电层结构。

3. 反胶团结构

在非水介质中，表面活性剂的亲水和疏水部分与水溶液中的内核和外壳相反。

正常胶团与反胶团结构见图4-5。

极性头 —— 非极性尾

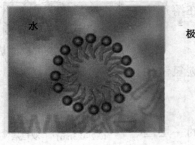
水

(a) 正常胶团

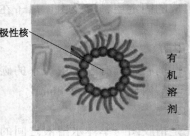
极性核
有机溶剂

(b) 反胶团

图 4-5　正常胶团与反胶团结构

4.3.2　胶团的大小和形状

表面活性剂胶团的大小和形状影响着性能与应用，特别是在纳米粉体的合成中，往往胶团的大小和形状决定了纳米颗粒的粒度大小、粒度分布和形状，因此，了解和掌握表面活性剂胶团大小和形状的影响因素，有利于纳米技术在表面活性剂的应用中更好地调控它们。

1. 胶团的大小

胶团的大小可以用缔合成一个胶团粒子的表面活性分子或离子的平均数目，即聚集数 n 来衡量。通常用光散射法测定胶团的聚集数。扩散法、超离心法和黏度法等也可以测定胶团的聚集数。不同的胶团的聚集数可以从几十到几千甚至上万。研究它在水溶液中的有关影响因素具有重要的实际意义，聚集数越大，乳化、分散、增溶、洗涤等作用效果越好。

（1）表面活性剂结构的影响

在表面活性剂亲水基不变的条件下，其亲油基团碳原子数增加时，胶团聚集数就相应增加，特别是非离子型表面活性剂。例如：离子型的烷基硫酸钠的烷基从 8 个碳原子增加到 12 碳原子时，胶团聚集数从 20 增加到 80；而烷基聚氧乙烯醚的烷基从 10 增加到 14 个碳原子，胶团聚集数则从 260 增加到 7500。

非离子型表面活性剂的聚氧乙烯亲水链长的变化也会影响聚集数 n 的变化。若聚氧乙烯链长增加，而碳氢链长不变时，会引起非离子型表面活性剂的亲水性增强而导致表面活性剂的胶团聚集数减小，因为胶团是靠表面活性分子憎水基的相互吸引缔合而形成的。

（2）无机盐的影响

加入无机盐使离子型表面活性剂胶团聚集数上升。这是因为，电解质的加入使聚集体的扩散双电层压缩，减少了表面活性剂离子头间的排斥作用，从而使得更多的表面活性离子进入胶团中而体系的自由能却不致增加，使表面活性剂容易聚集成较大的胶团。

加入无机盐对非离子型表面活性剂胶团聚集数影响不大，而且往往既可能增加聚集数，又可能减少聚集数，影响的机理尚不清楚。

（3）有机物的影响

若在溶液中加入极性或非极性有机物，则在表面活性剂溶液浓度大于其临界浓度时会发生加溶作用。加溶作用一般会使胶团胀大，从而胶团的聚集数增加，直至有机物的极限到达为至。例如在 30℃，$C_{10}H_{21}O(C_2H_4O)_8CH_3$ 的聚集数为 83，在溶液中加入 2.3%，4.9%，8.5%，16.6% 的正癸烷，聚集数分别为 90，105，109，351[3]。

（4）温度的影响

温度升高对离子型表面活性剂胶团聚集数影响不大，往往使之略为降低。例如，在 0.1mol/L NaCl 溶液中的 $C_{12}H_{25}SO_4Na$，其胶团聚集数在 30℃ 的 88 减小至 69.5℃ 的 68[3]。

对于非离子型表面活性剂，温度升高总使胶团聚集数明显增加，特别是接近表面活性剂溶液的浊点时。例如，$C_{12}H_{25}(C_2H_4O)_6H$ 溶液的聚集数，15℃ 为 140，温度升高到 45℃，聚集数剧增，高达 4000[9]。

对于离子型表面活性剂溶液，若浓度超过临界胶束浓度，则形成大型胶束，其聚集数可由几十到数千，胶束的相对分子质量可由几千到数十万。表 4-3 列出了一些离子型表面活性剂在水溶液中的胶束大小。

表 4-3　离子型表面活性剂在水溶液中的胶束大小[10]

表面活性剂	介质	胶束相对分子质量	聚集数	测定方法
R_8SO_4Na	H_2O	4600	20	光散射
$R_{10}SO_4Na$	H_2O	13000	50	光散射
$R_{12}SO_4Na$	H_2O	17800	62	光散射
$R_{12}SO_4Na$	0.02mol/L，NaCl	19000	66	光散射
$R_{12}SO_4Na$	0.02mol/L，NaCl	29500	101	光散射
$R_{12}SO_4Na$	H_2O	23200	80	电泳淌度
$R_{10}N(CH_3)_3Br$	H_2O	10200	36.4	光散射
$R_{12}N(CH_3)_3Br$	H_2O	15400	50	光散射
$R_{12}NH_3Cl$	H_2O	12300	55.5	光散射
$R_{12}NH_3Cl$	0.0157mol/L，NaCl	20500	92	光散射
R_9COONa	0.013mol/L，NaBr	740	38	光散射
$R_{11}COOK$	H_2O	11900	50	光散射
$R_{11}COOK$	1.6mol/L，KBr	(90000)	360	扩散—黏度
	0.1mol/L，K_2CO_3	27000	110	扩散—黏度
$R_{11}COONa$	0.013mol/L，KBr	12400	56	光散射
$R_{13}COONa$	0.013mol/L，KBr	47300	170	光散射
二丁基苯磺酸钠	H_2O	66600	170	光散射

2. 胶团的形状

胶团的形状受表面活性剂的分子结构、浓度、温度及添加剂等多种物理化学因素的影响。呈现球状、椭球状、扁球状、棒状、层状等不同形状（图 4-6）。

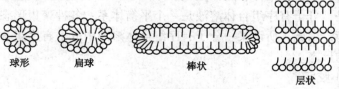

球形　　扁球　　　　棒状　　　　　层状

图 4-6　常见胶团的形状

表面活性剂为什么会形成不同形状的胶团？这是由其分子的排列几何决定的。由于表面活性剂一般都是由亲水基和疏水基组成，在形成胶团时总是头靠头、尾靠尾地定向排列。随着亲水部分和疏水部分所占面积相对大小的不同，表面活性剂分子可以看作由柱状到正、反锥形的各种几何形状。当具有不同形状的表面活性剂作定向排列形成胶团时，将得到不同形状的胶团。

为表征表面活性剂分子几何特性，Isrealachvil 定义几何排列参数[11]

$$R = \frac{V}{a_0 l_c} \tag{4-16}$$

式中，V 为表面活性剂分子疏水部分体积；l_c 为疏水基碳氢链长度，最大值不超过碳链伸展长度；a_0 为亲水基头面积。

R 值与表面活性剂分子形状及聚集体形状的关系见表 4-4。

$R \leqslant 1/3$ 时，体系形成球形胶团；

$1/3 \leqslant R \leqslant 1/2$，形成不对称的胶团，包括椭球、扁球直到棒状；

$1/2 \leqslant R \leqslant 1$，体系形成具有不同程度弯曲的双分子层，如囊泡和层状胶团；

$R > 1$，胶团将反过来以疏水基包裹亲水基，如微乳，反胶团等。

表 4-4　R 值与表面活性剂分子形状及聚集体形状的关系[5]

R 值（$V/l_c a_0$）	表面活性剂分子形状	表面活性剂聚集体形状
$< \dfrac{1}{3}$	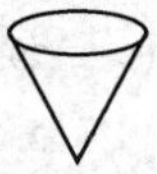	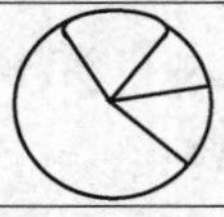
$\dfrac{1}{3} \sim \dfrac{1}{2}$		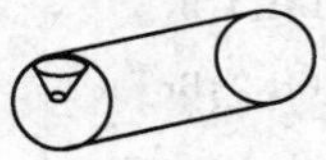
$\dfrac{1}{2} \sim 1$		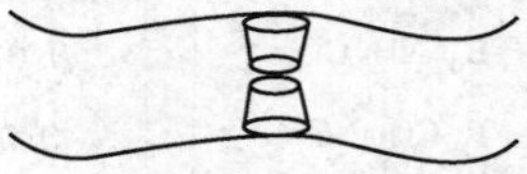
1	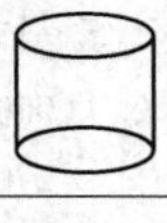	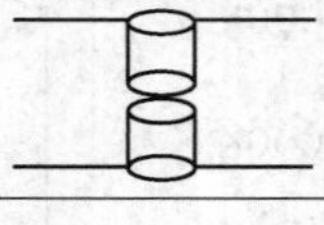
>1		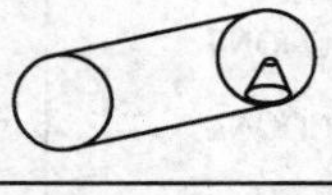

由上述关系可以得出一些有用的规律：①具有较小头基的分子，例如带有两个疏水链的表面活性剂，易于形成反胶团或层状胶团；②具有单链疏水基和较大头基的分子或离子易于形成球形胶团；③具有单链疏水基和较小头基的分子或离子形成反胶团；④加电解质于离子型表面活性剂水溶液中将促使棒状胶团生成。

应当强调的是，分子有序组合体溶液是一个平衡体系；各种聚集形态之间及它们与单体之间存在动态平衡。因此，所谓某一分子有序组合体溶液中分子有序组合体的形态只能是它的主要形态或平均形态。

（1）McBain 小胶团

McBain 提出，在浓度小于 cmc 时，表面活性剂分子或离子就已可能缔合成小胶团，如

图 4-7 所示。

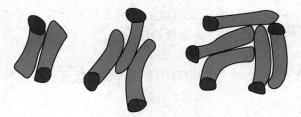

图 4-7　在 *cmc* 以下时可能形成的 McBein 小胶团

（2）Hartly 的球形胶团

Hartly 最先提出胶团是球状，大小一定，而且只有一种形状和类型[8]。用光散射法对胶团进行研究也证实在 *cmc* 以上的一段浓度范围内，胶团是对称的（即球状），而且缔合度不变。例如对 $C_{12}H_{25}SO_4Na$ 水溶液的研究表明，在 *cmc* 时，胶团聚集数为 73，并且在浓度增加以后，聚集数仍保持不变[12]。一般认为，在浓度不很大，超过 *cmc* 不多时，而且没有其他添加剂及加溶物的溶液中胶团大多呈球状，其聚集数 n 为 30~40。然而在有些情形中胶团形状是不对称的，胶团呈扁圆状或盘状。图 4-8 为 Hartley 提出的球状胶团模型，带电的极性基就处在胶团外壳与水直接接触。

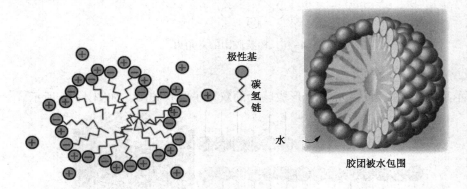

图 4-8　Hartley 的球形胶团

（3）Debye 的棒状胶团

当表面活性剂在溶液中的浓度很高，约为 *cmc* 的 10 倍或更高时，难于形成球状胶团。因为即使极性基全部处于胶团外壳也无法将胶团全部覆盖，仍有相当一部分碳氢链处于外壳上，此时的胶团能量大，不稳定。因此 Debye 根据光散射试验结果，提出了棒状胶团模型（图 4-9）[13]。

这种形状的胶团末端近似于 Hartley 的球体，中部是分子按辐射状定向排列的圆盘。这种模型使大量的表面活性剂的碳氢链与水接触面积减小，有更高的热力学稳定性。表面活性剂的亲水基构成棒状胶团

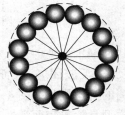

图 4-9　Debye 的腊肠式胶团

的外壳，而疏水的碳氢链构成内核。在有些表面活性剂溶液中这种棒状胶团还具有一定程度的柔顺性，就像蚯蚓一样地运动[14]。水溶液中若有无机盐存在，即使表面活性剂的浓度不大，胶团的形状也总是不对称的非球状而常是棒状的。

（4）棒状胶团的六角束

随着表面活性浓度继续增加，棒状胶团还可以聚集成束，形成棒状胶团的六角束如图4-10所示。

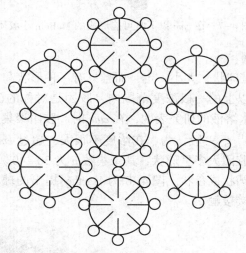

图4-10　棒状胶团的六角束

（5）双分子层（层状）胶团

当表面活性剂的浓度更大时就会形成巨大的双分子层状胶团，如图4-11所示。

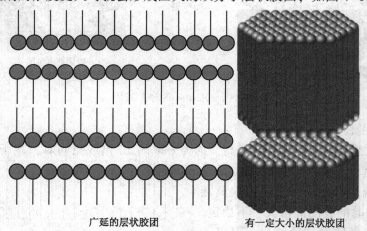

广延的层状胶团　　　　　　　　有一定大小的层状胶团

图4-11　双分子层状胶团模型

若在表面活性剂水溶液中加入适量的油（非极性液体），则可能形成微乳液，它是与上述胶团结构相反的"反胶团"。表面活性剂进一步增浓时可得到光学各向异性的液晶状态，烃链存在长距离的有规排列。图4-12给出了一般胶团形状随溶液浓度变化的情况。

以上几个模型是随着表面活性剂浓度的逐渐增大而建立的不同模型，纳米技术中利用湿法合成和制备纳米材料，也是根据表面活性剂分子形成胶团的不同状态来控制纳米材料粒

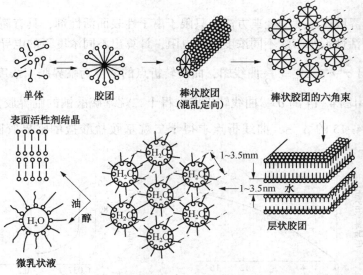

图 4-12　表面活性剂溶液中的结构变化[15]

度、形态、结构的。

4.4　临界胶束浓度

cmc 愈小，表面活性剂在溶液中形成胶束所需的浓度愈低，达到在表面的饱和吸附的浓度愈低，使溶液的表面张力降至最低值所需的浓度愈低，也就是说表面活性愈高。cmc 还是表面活性剂物化性质发生显著变化的一个"分水岭"。因此，cmc 可以作为表面活性剂表面活性的一种度量，是表征表面活性剂性质不可缺少的数据。

4.4.1　临界胶束浓度的测定方法

表面活性剂水溶液的物理化学性质随浓度变化，有一个突变点，各种性质的突变皆发生在一个狭小的浓度范围内，借此突变即可测定出 cmc。

1. 表面张力法

表面活性剂水溶液的表面张力-浓度对数曲线上在 cmc 处存在一转折点，因此利用 γ-$\lg c$ 曲线来确定 cmc 是一个很方便的方法。测定不同浓度下棕榈酸钠水溶液的表面张力然后作 γ-$\lg c$ 曲线，如图 4-13 所示，曲线转折点的浓度即为临界胶团浓度，可以同时求出表面吸附等温线。

此法的优点是简单方便，对各种不同类型的表面活性剂均适用，此法灵敏度不受表面活性剂种类、活性高低、无机盐和浓度高低等因素的干扰。而这些因素对其他一些方法的适用性有影响。缺点是极性有机物微量杂质往往会使 γ-$\lg c$ 曲线最低值不清晰，不易确定转折点，所以必须对表面活性剂进行提纯后再进行测定。

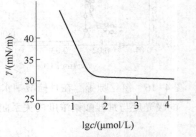

图 4-13　棕榈酸钠水溶液的表面张力与浓度对数的关系曲线[16]

2. 电导法

这是测定临界胶团浓度的经典方法，只限于离子性表面活性剂，具有简便的优点。首先测定离子型表面活性剂水溶液不同浓度时的电阻，计算出不同浓度下的电导率(σ)或摩尔电导率($\varLambda_m$)后作出 $\sigma-c$ 或 $\varLambda_m-c\frac{1}{2}$ 曲线图，曲线转折点的浓度为临界胶束浓度，如图 4-14 和图 4-15 所示。由图 4-14 的 $\sigma-c$ 曲线转折点求得十二烷基硫酸钠的临界胶团浓度（30℃）为 8mmol/L。由图 4-15 的 $\varLambda_m-c^{\frac{1}{2}}$ 曲线折点求得十二烷基胺盐酸盐的临界胶团浓度（30℃）为 14mmol/L。

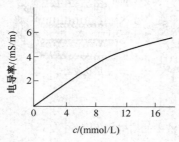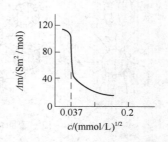

图 4-14　十二烷基硫酸钠水溶液
的电导率（30℃）[16]

图 4-15　十二烷基胺盐酸盐水溶液
的摩尔电导率（30℃）[16]

此法对测定离子型表面活性剂的临界胶团浓度不仅方便且准确度高，灵敏度好。但对于 *cmc* 较大的表面活性剂灵敏度较差。另外，易受溶液中盐类的影响，过量的无机盐会明显降低测定的灵敏度。

3. 染料法

利用某些染料在水中和胶团中的颜色有明显差别的性质，可采用滴定方法或使用光度计进行测定，简便易行。图 4-16 为氯化哃哪醇在月桂酸钠水溶液中的吸光度 λ 与浓度 c 的关系曲线，从 $\lambda-c$ 吸收曲线上找到突变点可得到其月桂酸钠的临界胶束浓度为 0.023mol/L。

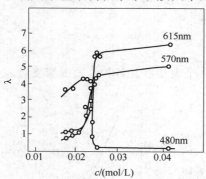

图 4-16　氯化哃哪醇在月桂酸钠水溶液中
的吸光度与月桂酸钠浓度的关系曲线[16]

阴离子型表面活性剂常用的染料有哃哪氰醇、碱性蕊香红 G；阳离子型表面活性剂用的染料有曙红、荧光黄，非离子型表面活性剂常用的染料有哃哪氰醇氯化物、四碘萤光素、碘及苯并红紫 4B 等。

染料法的一个缺点是，染料的加入对临界胶团浓度较小的表面活性剂有较大影响，而对临界胶团浓度较大的表面活性剂影响较小。对于表面活性剂溶液中含盐或醇较多者此法不适合，*cmc* 不易确定。

4. 光散射法

光散射法是基于表面活性剂在其水溶液中的浓度大于临界胶团浓度后会形成胶团，胶团是几十个或更多的表面活性剂分子或离子的缔合物，对光有较强的散射作用。从光散射-浓度曲线的转折点可测出临界胶束浓度（图 4-17），还可以测定胶团的聚集数，胶团的形状与大小，以及胶团上的电荷量。它要求溶液非常干净，任何尘埃质点都会带来显著影响。

不同的性质随浓度的变化有不同的灵敏度，测定的条件和环境液各不相同，所以利用不同形质的突变而采用的各种方法测定出的 cmc 并不完全相同，各种方法也都有各自的局限性。测定 cmc 的方法很多，最常用的简单又比较准确的方法是表面张力法和电导法，表 4-5 给出了一些表面活性剂临界胶束浓度的测定方法及测定数据。

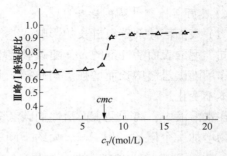

图 4-17 芘的荧光Ⅲ峰/Ⅰ峰与胶团的形成[17]

表 4-5 表面活性剂的 cmc 测定[18]

表面活性剂	测定方法	测定温度	cmc
$C_{15}H_{31}COONa$	电导法	52	0.0032
	电导法	25	0.0081
$C_{12}H_{25}OSO_3Na$	渗透压法	21	0.0070
	折射率	35	0.0010
	表面张力	20	0.0068
	黏度	20	0.009
$C_{12}H_{25}-C_6H_4-SO_3Na$	电导法	60	0.0012

4.4.2 临界胶束浓度与表面活性剂结构的关系

临界胶束浓度是衡量胶束形成之难易的量度。它们直接与表面活性剂的表面活性有关，研究在水溶液中的有关影响因素具有重要的实际意义。某些表面活性剂的临界胶束浓度见表 4-6。

表 4-6 某些表面活性剂的临界胶束浓度[10] mol/L

表面活性剂①	cmc	表面活性剂①	cmc
R_8SO_4Na	0.136	$R_{12}COOK$	0.0125
$R_{12}SO_4Na$	0.00865	$R_{12}SO_3Na$	0.010
$R_{14}SO_4Na$	0.0024	$R_{12}SO_4Na$	0.00865
$R_{16}SO_4Na$	0.00058	$R_{12}NH_3Cl$	0.014
$R_{18}SO_4Na$	0.000165	$R_{12}N(CH_3)_3Br$	0.016
$R_8O(CH_2CH_2O)_6H$	9.9×10^{-3}	$R_{12}O(CH_2CH_2O)_6H$	8.7×10^{-5}
$R_{10}O(CH_2CH_2O)_6H$	9×10^{-3}	$R_{12}O(CH_2CH_2O)_9H$	1×10^{-6}
$R_{12}O(CH_2CH_2O)_6H$	8.7×10^{-5}	$R_{12}O(CH_2CH_2O)_{12}H$	1.4×10^{-1}
$R_{14}O(CH_2CH_2O)_6H$	1×10^{-5}	$R_{16}SO_2Na$	5.8×10^{-1}
$R_{16}O(CH_2CH_2O)_6H$	1×10^{-6}	$R_{12}CH(SO_4Na)R_3$	1.72×10^{-3}
$C_8H_{17}CH_2COOK$	0.01	$R_{10}CH(SO_4Na)R_5$	2.35×10^{-3}
$C_8H_{17}CH(COOK)_2$	0.35	$R_8CH(SO_4Na)R_7$	4.25×10^{-2}
$C_{10}H_{21}CH_2COOK$	0.025		
$C_{10}H_{21}CH(COOK)_2$	0.13		

①表中 R 代表烷烃基，下注数字代表碳原子数。

1. 表面活性剂结构的影响

（1）表面活性剂碳氢链长的影响

同类型的表面活性剂的 cmc 随碳氢链增长而降低，这是因为表面活性剂分子或离子间的疏水作用随碳氢链增长而增强。当碳链长超过 18 个碳原子时，碳链长度继续增加，cmc 可能基本不变化。

在水溶液中，离子型表面活性剂碳氢链在 8~18 范围内，cmc 随碳数变化呈一定的规律：同系物增加一个碳原子时，cmc 大约下降一半。例如，40℃ 的 $C_{14}H_{29}SO_4Na$ 的 cmc 为 2.4×10^{-3} mol/L，而 $C_{15}H_{31}SO_4Na$ 的 cmc 为 1.2×10^{-3} mol/L[19]。对于非离子型表面活性剂，憎水链碳数增加时对 cmc 影响更大，一般每增加两个碳原子，cmc 约下降至十分之一。例如 $C_{10}H_{21}(C_2H_4O)_6OH$ 的 cmc 为 9×10^{-4} mol/L，而 $C_{12}H_{25}(C_2H_4O)_6OH$ 的 cmc 为 8.7×10^{-5} mol/L[52]。此种规律可用下面的经验公式表示[20]：

$$\lg cmc = A - Bm \tag{4-17}$$

式中，A、B 为经验常数，m 为碳原子救，

据式（4-17）得出一些表面活性剂的 A、B 值，不水解的、强电离的离子型表面活性剂 B 值为 0.3 左右，非离子型表面活性剂 B 值约为 0.5 左右；A 值与表面活性剂的极性有关，其数值无明显的规律。各种表面活性剂的 A、B 值见表 4-7。

表 4-7　各种表面活性剂的 A 和 B 值[21]

表面活性剂	A	B	表面活性剂	A	B
C_nCOONa	2.43	0.341	$C_n(C_2H_4O)_3H$	2.32	0.551
C_nCOOK	1.92	0.290	$C_n(C_3H_6O)_6H$	1.81	0.488
C_nSO_3Na	1.59	0.294	$C_nN(CH_3)_2O$	3.3	0.500
C_nSO_4Na	1.42	0.265	2-正烷基苯磺酸钠	—	0.292
$C_nN(CH_3)_3Br$	1.72	0.300			

（2）碳氢链分支的影响

在碳原子数相同的条件下，非极性基团为直链的 cmc 比碳链有分支结构的 cmc 小得多。非极性基团的碳链有分支结构会使烃链之间的相互作用力减弱，cmc 值升高，表面活性降低。憎水基烃链碳数相同时，其支化度越高，cmc 值越高，而完全直链的烃基则 cmc 值最低，表面活性最高。例如，二正丁基琥珀酸酯磺酸钠的 cmc 为 0.20mol/L，而 $C_{10}H_{21}SO_3Na$ 的 cmc 为 0.045mol/L[22]；$(C_8H_{17})_2N(CH_3)Cl$ 的 cmc 为 0.0266mol/L，而 $C_{16}H_{33}N(CH_3)_3Cl$ 的 cmc 为 0.0140mol/L[23]。

（3）极性基位置的影响

极性基团位置：亲油基烃链碳原子数目相同时，极性基靠近中间位置者 cmc 值愈大，表面活性愈低。

以碳原子数为 14 的烷基硫酸钠为例，硫酸基在第一个碳原子上者 cmc 为 0.00240mol/L，在第七个碳原子者的 cmc 为 0.00970mol/L，相差近 4 倍[24]。

（4）碳氢链中其他取代基的影响

在憎水链中除饱和碳氢链外还有其他基团时，必然影响表面活性剂的憎水性，从而影响其 cmc。例如，在憎水基中有苯基时，一个苯基大约相当于 3.5 个 CH_2 基，所以 $p-nC_8H_{17}C_6$

H_4SO_4Na 虽然有 14 个碳原子，但却只相当于有 11.5 个碳原子的烷基磺酸钠，其 cmc 为 $1.5×10^{-2}mol/L$。另外，与饱合化合物相比，碳氢链中有双键时，则有较高的 cmc，一个双键可使 cmc 增加 2~3 倍。在憎水基中引入其他极性基(如—O—、—COO—、—OH 等)亦使 cmc 增大。

（5）亲水基团的影响

在水溶液中，离子型表面活性剂的 cmc 远比非离子型表面活性剂大。当憎水基相同时，离子型表面活性剂的 cmc 大约为非离子型表面活性剂的 100 倍，两性离子型表面活性剂与同碳原子数的离子型表面活性剂相近。

离子型表面活性剂中亲水基团的变化对其 cmc 影响不大。非离子型表面活性剂中亲水基团的变化，即聚氧乙烯单元的数目变化对 cmc 影响亦不大。但氧乙烯单元数目的变化与 cmc 之间有一定的规律关系：

$$lgcmc = A' + B'n \tag{4-18}$$

式中，A'、B' 均为经验常数，与温度及憎水基有关；n 为聚氧乙烯链的聚合度。

2. 其他影响因素

（1）反离子的影响

反离子对离子型表面活性剂的 cmc 的影响是存在的，特别是高价反离子，如把一价反离子提高到二价，其 cmc 会降至四分之一。这是因为在水溶液中的离子型胶束周围是被反离子所包围的，因此，反离子起了束缚胶束的作用。反离子的束缚能力越强，越易形成胶束，cmc 越小。而反离子的束缚能力随其极化能力及价数增加而增大，随其水化半径的增加而减小。表 4-8 列出了各种不同反离子对 cmc 的影响。

表 4-8　不同反离子对 cmc 的影响[25]

表面活性剂	cmc/(mmol/L)	表面活性剂	cmc/(mmol/L)
$C_{11}H_{23}COONa$	26(25℃)	$C_{18}H_{32}N(CH_3)_3Cl$	0.34(25℃)
$C_{11}H_{23}COOK$	25.5(25℃)	$C_{18}H_{37}N(CH_3)_3Br$	0.31(25℃)
$C_{11}H_{23}COOC_5$	25(25℃)	$C_{18}H_{37}N(CH_3)_3NO_3$	0.23(25℃)
$C_{12}H_{23}NH_3Cl$	14(30℃)	$C_{18}H_{37}N(CH_3)_3OCOH$	0.44(25℃)
$C_{12}H_{25}NH_3Br$	12(30℃)	$C_{12}H_{25}SO_4Li$	8.8(25℃)
$C_{12}H_{25}NH_3OCOCH_3$	15.1(25℃)	$C_{12}H_{25}SO_4Nn$	8.1(25℃)
$C_{12}H_{25}NH_3NO_3$	11.5(25℃)	$C_{12}H_{25}SO_4K$	7.8(40℃)
$C_{12}H_{25}(NC_5H_5)Cl$	17.4(30℃)	$C_{12}H_{25}SO_4Cs$	6.9(40℃)
$C_{12}H_{25}(NC_5H_5)Br$	12.5(20℃)	$C_{12}H_{25}SO_4N(CH_3)_4$	5.55(25℃)
$C_{12}H_{25}(NC_5H_5)I$	4.5(30℃)	$C_{12}H_{25}SO_4N(C_2H_4OH)_3H$	4.0(33℃)

（2）温度

温度对离子型表面活性剂在水溶液中的 cmc 影响是复杂的，如图 4-18 所示。

由图 4-18 可见，先随温度增加而下降，因为表面活性剂拉分子动能随着温度增加而增加，在水溶液中增加了相互接触的机会而聚集为胶束，达到了最低值后，继续升高温度，cmc 值又上升，因为再升高温度使亲水基的水合作用下降，疏水基碳链之间的凝聚能力减弱，也使表面活性剂分子的缔合作用减弱，而且当温度超过某一定值时，已形成的带电大分子——胶束，因为动能增加可使其充分接触。但又因电荷相斥而使能量增加，所以不易形成胶束，使 cmc 上升。在此温度范围，每增加 1℃，cmc 约增加 1%~2%。对于烷基苯磺酸钠来说，烷基碳原子数越小，在大于某一温度时，升高温度对其 cmc 的升高之影响越大；对于非离子型表面活性剂，只有前一个因素，而无后一个因素，即在浊点温度下，cmc 均随温度之上升而下降，而且疏水基碳原子数越多，cmc 值下降越显著。

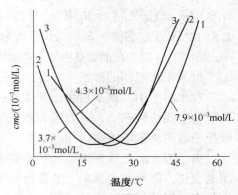

图 4-18　温度对十二烷基硅酸钠的 cmc 影响[21]

而非离子型表面活性剂的溶解度与离子型表面活性剂不同，随温度增加而下降，所以临界胶束浓度随温度的上升而降低。

（3）有机物的影响

有机物的影响比较复杂，很难找出规律，长链的极性有机物对表面活性剂的 cmc 影响很显著，例如，醇、酸、胺等化合物，随着碳氢链的增长，表面活性剂的 cmc 下降。在十四烷基羧酸钾溶液内，加入三种醇，醇的碳原子数越多，对 cmc 影响也显著。脂肪醇对 cmc 的影响的原因是醇的分子能穿入胶团形成混合胶团，减少表面活性剂离子间的排斥力，并且醇分子的加入会使体系的熵值增大，因此胶团容易形成和增大，使 cmc 降低。如甲醇、乙二醇等这类易溶于水的极性有机化合物引进少量分子因分配平衡而穿入胶团，所以对 cmc 影响不大，但若加量过大会产生水溶助长作用而使 cmc 增大。

（4）电解质

电解质对离子型表面活性剂溶液的表面张力和界面张力有很大的影响。通常由于添加无机电解质，使表面活性剂水溶液的临界胶束浓度降低，胶束量、聚集数有增大的倾向，而且随电解质浓度的增大而增加，这是因为电解质的加入使胶束的双电层压缩，减少了表面活性剂的离子头的相互排斥作用，从而使得更多的表面活性剂离子进入胶束中，而体系的自由能不致增加。加入无机盐对于非离子型表面活性剂影响不大。

4.5　表面活性剂的增溶作用

在室温下，苯在水中溶解度为 0.07g/100g，但在 10% 油酸钠溶液中的溶解度是 7g/100g，是水中的 100 倍。乙苯基本上不溶于水，但乙苯在 100mL0.3mol/L 十六酸钾中可溶解 3g 之多。对其他有机物的溶解也有类似现象。在水溶液中表面活性剂的存在能使难溶于水的有机物的表观溶解度高于纯水中的溶解度，此现象叫增溶作用（或加溶作用）（solubilization）[26]。增溶作用示意图见图 4-19。

在表面活性剂非水溶液中，反胶团也有增溶作用。被增溶物主要是水、水溶液以及不溶也非水溶液中的极性物质。增溶于反胶团中的水处于构成反胶团的极性内核中，其他的极性增溶物插入反胶团的定向排列的表面活性剂分子之间，形成栅栏结构。

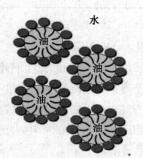

图 4-19　增溶作用示意图

4.5.1　增溶的特点

1. 表面活性剂的浓度高于 cmc

增溶作用只有表面活性剂浓度明显高于 cmc 时，才能表现出来。图 4-20 为增溶量对表面活性剂溶液浓度图。

由图 4-20 看出，在浓度小于 cmc 时，溶解度很低，并且溶解度不随表面活性剂浓度变化；浓度达到 cmc 以上，则溶解度大大增加，并且随表面活性剂浓度增加而增加。这说明增溶作用同表面活性剂在水溶液中产生胶团有密切关系。增溶是不溶于水的物质溶入表面活性剂胶团中的一种现象，增溶量增加将使胶团的体积增大。同样，胶团数目增加，也会使增溶量增加。因为在 cmc 以上，表面活性剂浓度愈高，生成的胶团数目愈多，能增溶于胶团的未溶物或不溶物也愈多，即增溶作用愈强。

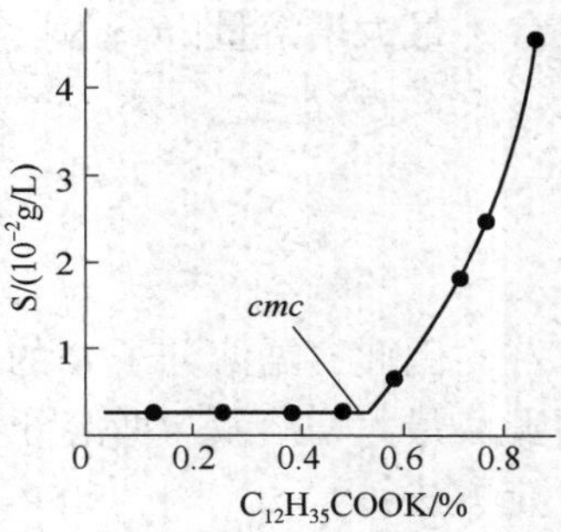

图 4-20　2-硝基二苯胺在月桂酸钾水溶液的溶解度[27]

2. 增溶作用不同于水溶助长作用

水溶助长作用是使用混合溶剂来增大溶解度。以苯为例，大量乙醇(或乙酸)的加入会使苯在水中的溶解度大大增加，这被称为水溶助长作用。其原因在于，相当大量的乙醇(或乙酸)的加入改变了溶剂的性质，而在增溶作用中，表面活性剂的用量很少，溶剂性质也无明显改变。

3. 增溶作用不同于乳化作用

增溶后不存在两相，溶液是透明的，是均相，是热力学的稳定体系。乳化作用是两种不相溶的液体，一种分散在另一种液体中的液-液分散体系，有巨大的相界面和界面自由能，属热力学上不稳定的多分散体系。

4. 增溶不同于一般的溶解

通常的溶解过程会使溶液的依数性，如冰点下降、渗透压等有很大的改变，但碳氢化物被增溶后，对依数性影响很小，这说明在增溶过程中溶质没有分离成分子或离子，而是一整个分子团分散在表面活性剂溶液中，因为只有这样质点的数目才不会增多。

5. 增溶作用是自发过程，被增溶物间的化学势增溶后降低，使体系更稳定

6. 增溶作用处于平衡态，可以用不同方式达到

在表面活性剂溶液内增溶某有机物的饱和溶液，可以由过饱溶液或由于逐渐溶解而达到饱和，这两种结果都一样。

4.5.2　增溶量的测定

增溶量通常用每摩尔表面活性剂可增溶被增溶物的量(g)表示。有时也用一定体积某浓度表面活性剂溶液增溶被增溶物的量表示。增溶量的测定方法因研究体系不同而不同。

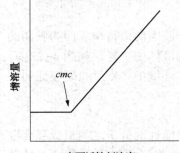

图 4-21　增溶量与表面活性剂浓度关系图

增溶量与表面活性剂浓度关系通常为一折线(图 4-21)。折点处表面活性剂的浓度为该表面活性剂的 cmc 值。因此有时可以利用这种关系测定表面活性剂的 cmc 值。

增溶量大于热力学决定的平衡量，测定最大增溶量时也有必要搞清体系是否已到达平衡。即要研究增溶的时间变化，待增溶量达到一定值时才是最大增溶量。在水溶液中，以分子分散状溶解的分子对胶束的增溶非常迅速(例如苯分子在十二醇硫酸钠胶束中的平均寿命在 10^{-4} s 以下[28])，因此，增溶物溶解成分子分散状的速度是增溶速度的决定因素。因实验方法不同，到达平衡的时间，快则数十分钟，慢的需要几个月。

最大增溶量$[R_i]$为

$$[R_i] = [R] + \sum_{i=1}^{n} i[MR_i]$$

$$= [R][1 + \{\sum_{i=1}^{n} (\prod_{j=1}^{i} K_j)[R]^{i-1}\}[M]] \tag{4-19}$$

因此，增溶分子 R 的单体浓度$[R]$最大时，即达到 R 的饱和浓度时，增溶量最大。为此，最大增溶量与增溶分子的溶解度，其测定原理相同。增溶样必须保持恒温，下面介绍测定方法：

1. 增加增溶物质的量

与通常的溶解度测定相同，一面保持一定的表面活性剂浓度，一面增加增溶物质的量，开始时都被增溶，但当超过最大增量时，增溶物质开始成为第二相。若以增溶物浓度为横坐标，溶液的光散射强度为纵坐标作图，以光散射强度开始增强时的增溶量为最大增溶量。当最大增溶量一过，溶液的各向同性条件开始消失，因此，也可有效地利用偏振光做测定。

2. 共存增溶物的方法

本法是使超过最大增溶量的增溶物和表面活性剂溶液共存的方法。多余的增溶物必须从表面活性剂溶液中分离。可采用超速离心机、过滤器过滤等方法。但操作温度难以控制，无法在一定温度下进行测定。解决这个困难的另一方法是适用微过滤器。用微过滤膜将 2 个池隔开，其中一池加有增溶物，两池中均加入表面活性剂溶液，在恒温槽中振荡。待增溶到达平衡，从未加增溶物的池中取样，测定增溶量。此法既可解决微结晶的混入，又解决了温度控制问题，但须注意通过过滤器的不纯物。

3. 滴定法

开始，增溶物被完全增溶在浓的表面活性剂溶液中，其后，体系逐渐加水稀释，但表面活性剂浓度下降到相当于最大增溶量的浓度以下，剩余的增溶物开始析出，体系产生混浊。此时表面活性剂浓度的最大增量可从投入的增溶物求出。此法大大缩短到达增溶平衡的时间，简便易行。

4.5.3 增溶的方式

自 20 世纪 50 年代起，通过 X 射线衍射、紫外、核磁等方面的研究，对于增溶过程中胶团大小的变化以及被增溶物环境的变化等方面对增溶方式有了进一步认识。增溶物与胶团的关系大致有如下看法：被增溶物种类不同，进入胶团的方法不同，增溶能力也不同。被增溶物与胶团的相互作用方式即增溶作用可能有以下四种：

1. 增溶于胶团内核

饱和脂肪烃、环烷烃及其他不易极化的有机物一般被增溶于胶团的内核中。因为胶团的内核液态烃的性质，此种增溶作用就像溶于非极性烃类化合物的液体中一样。如图 4-22(a)所示，增溶后的紫外光谱或核磁共振谱表明被增溶物处于非极性环境中。X 射线研究证明在增溶后胶团变大。

2. 增溶于胶团的定向表面活性剂分子之间，形成栅栏结构

长链的醇、胺、脂肪酸等极性的难溶有机物穿入胶团的表面活性剂分子之间形成混合胶团，增溶于胶团栅栏之间。非极性碳氢链插入胶团内部，而极性头混合于表面活性剂极性基之间，通过氢键或偶极分子相互作用而联系起来。若极性有机物的非极性碳氢链较长，极性分子伸入胶团内核的程度增加，甚至极性基也将被拉入内核，如图 4-22(b)所示。

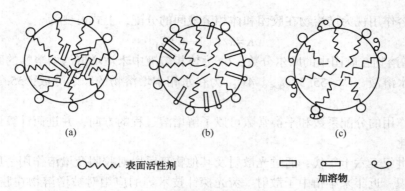

图 4-22　离子型表面活性剂的三种增溶方式

3. 增溶于胶团表面，即胶团-溶剂交界处(胶团的外壳)

一些高分子物质、甘油、蔗糖、某些染料以及既不溶于水也不溶于油的小分子极性化合物如苯二甲酸二甲酯等吸着于胶团表面的亲水部分，如图 4-22(c)所示。

4. 增溶于聚氧乙烯链之间

以聚氧乙烯醚作为亲水基的非离子型表面活性剂胶团的增溶方式，被增溶物质一般在胶团表面定向排列的聚氧乙烯链中增溶，如图 4-23 所示。因为聚氧乙烯链的体积比较大，所以它的增溶量比离子型表面活性剂大得多，并随温度上升增溶量而增加。

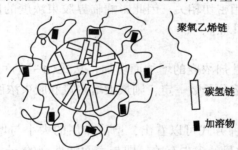

图 4-23　聚氧乙烯型非离子型表面活性剂一种可能的增溶方式

以上四种增溶方式其增溶量：4>2>1>3

对于易极化的碳氢化合物，如短链的芳香烃类(苯乙烯等)，开始增溶是可能吸着于胶团-水界面处(按 3)；增溶量增多后可能插入表面活性剂分子栅栏中(2)甚至可能进入胶团内核(1)。所以某一种物质的增溶方式不一定是唯一的。

4.5.4　增溶作用的平衡常数

增溶分配系数的一种最简表示方法是将胶团视为假相，被增溶物在胶团中的溶解度与其在胶团外溶剂中的溶解度之比定义为增溶分配系数 P[28]：

$$P = x_{胶团} / x_{体相} \qquad (4-20)$$

式中，$x_{胶团}$ 和 $x_{体相}$ 分别为增溶物在胶团中和体相中的浓度(可选用任一浓度单位)。

若将增溶作用看做是增溶物进入胶团而被结合的过程：

表面活性剂(胶团)+增溶物(水溶液) $\Longleftrightarrow$ 表面活性剂-增溶物(胶团)　(4-21a)

根据质量作用定律，此过程的平衡常数 K 为

$$K = [胶团中的增溶物] / ([胶团中的表面活性剂][体相溶液中的增溶物]) \qquad (4-21b)$$

若将增溶作用视为增溶物在胶团和体相溶液间的分配，上式可变为

$$K=x/[(1-x)C_0] \tag{4-22}$$

式中，x 为增溶物在胶团中的摩尔分数；C_0 为体相溶液中未被增溶的增溶物的摩尔浓度。

对于稀水溶液，$C_0=55.34x_{体相}$。$4x_{体相}$为在水相中增溶物的摩尔分数，55.34 为 1L 水的摩尔数。

由增溶作用的分配系数和平衡常数可以了解增溶过程的方向，并进而计算该过程标准热力学参数变化。

在二十世纪五六十年代，通过光散射及其他物理手段对胶团及增溶作用一般分子图像有了初步的认识。近年来小角中子散射、荧光探针技术等的应用对被增溶物在胶团中的位置，因增溶作用而引起的胶团结构和大小的变化以及增溶作用发生时体系物理和化学性质的变化有了更深入的了解。

尽管随着科学技术的发展，测试手段更为先进和精确，但应当知道，增溶物在胶团中的增溶位置受到多种因素的影响可以有所变化。此外，增溶体系是动态平衡体系，即原始胶团和指定分子的增溶位置随着时间变化而变化，增溶物在胶团中的平均存在时间仅约为 $10^{-6}\sim 10^{-10}$ s。因此，所谓增溶位置只是优选位置，并不能说增溶物就不存在于其他位置。

4.5.5　增溶作用的影响因素

增溶作用与胶团化作用密切相关，因此影响临界胶束浓度的诸因素必然影响增溶作用。增溶作用主要影响有以下几点。

1. 表面活性剂的浓度

最大增溶量随表面活性剂浓度的增加而增加，从式(4-19)可知，$[M]$ 增大，最大增溶量增大。若每个胶束的增溶分子数一定，则最大增溶量和胶束浓度均直线增加。

2. 表面活性剂的结构

从上述增溶作用的几种方式可以看出，增溶作用的大小与增溶物及加溶剂(表面活性剂)的结构有关，与胶团数目的多少有关，即与表面活性剂的 cmc 有关，所以影响表面活性剂的 cmc 的各种因素，必然也影响加溶作用。

（1）亲油基

在表面活性剂同系物溶液中，形成的胶团大小随碳原子的增加而增加，即亲油基的碳原子数增加，临界胶束浓度减小，越易形成胶团且胶团的聚集数随碳原子增加而增加，增溶作用也随着加强，有利于非极性的烃类和极性极弱的苯、乙苯在胶团内核的增溶。例如乙苯在25℃时在甲皂水溶液增溶情况(表4-9)。

表面活性剂碳氢链的不饱和性和构型对增溶作用也有一定的影响。表面活性剂的疏水基中存在不饱和的双键时，增溶能力下降。例如，50℃下油酸钾和硬脂酸钾的浓度为250mmol/L，对二甲氨基偶氮苯的增溶量分别为 136 mg 和 193mg。

表面活性剂的碳氢链具有分支时，由于 cmc 值较高且聚集数较小因而增溶作用差。

（2）亲水基

表面活性剂亲水基结构对增溶作用具有明显的影响，通常非离子型表面活性剂的增溶能力强。具有相同亲油基的各类表面活性剂对烃类及极性有机物的增溶能力如下：非离子型表面活性剂>阳离子型表面活性剂>阴离子型表面活性剂。其原因是非离子型表面活性剂比相应的离子型表面活性剂具有更低的 cmc 和更大的胶团聚集数。阳离子型表面活性剂之所以比阴离子型

表面活性剂的增溶能力大，可能由于在胶团中表面活性剂堆积较松的缘故[30]。非离子型表面活性剂对脂肪烃的加溶量随亲油基的链长增加而增加，但随聚氧乙烯链增加而减少[31]。

表 4-9　乙苯在 25℃时在甲皂水溶液中增溶情况[29]

钾皂溶液/(mol/L)		增溶物/钾皂	钾皂溶液/(mol/L)		增溶物/钾皂
$C_7H_{15}COOK$	0.30	0.004	$C_{11}H_{23}COOK$	0.02	0.318
	0.48	0.025		0.50	0.424
	0.66	0.048		0.60	0.452
	0.83	0.080		0.96	0.569
$C_8H_{17}COOK$	0.10	0.014	$C_{13}H_{27}COOK$	0.24	0.782
	0.23	0.116		0.50	0.855
	0.44	0.154	$C_{15}H_{31}COOK$	0.07	1.06
	0.50	0.174		0.15	1.14
	0.70	0.202		0.23	1.32
$C_{11}H_{23}COOK$	0.042	0.166		0.29	1.47

3. 被增溶物的结构

脂肪烃、烷基芳烃增溶量随增溶物碳数的增加而减少，随增溶物不饱和程度及环化程度增加而增加。对于多环芳烃的增溶量随分子大小的增加而减小。分支化合物与直链化合物的增溶程度相差不大。表 4-10 是一些被增溶物碳氢链长、不饱和度、环化对增溶量的影响。

表 4-10　被增溶物碳氢链长、不饱和度、环化对增溶量的影响[6]

被增溶物		增溶量/mol	每个胶团 (150 个分子)中增溶的分子个数
碳数	名称		
C_5	正戊烷	0.247	59
C_6	正己烷	0.179	42
	己三烯	0.425	99
	环己烯	0.430	102
	苯	0.533	125
C_7	正庚烷	0.125	30
	甲苯	0.403	96
C_8	正辛烷	0.105	24
	乙苯	0.290	66
	苯乙烯	0.322	78
C_9	正壬烷	0.082	20
	正丙苯	0.209	50
C_{10}	正丁苯	0.147	35
多环	奈	0.042	10
	菲	0.0085	2.0
	芴	0.0056	1.3
	蒽	0.00108	0.26

4. 加溶物的极性

烷烃的一个 H 原子被极性基(如—OH，—NH₂)取代成极性有机物时，其被增溶量大大增加。如正庚烷和正庚醇在十四酸钾水溶液中的增溶，当十四酸钾水溶液的浓度为 0.2mol/L 时，正庚醇的增溶量约为正庚醇的 2.5 倍，十四酸钾的浓度为 0.4mol/L，正庚醇的增溶量约为 2.2 倍。

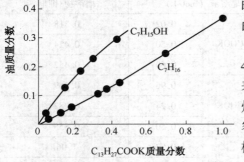

图 4-24 正庚烷及正庚醇
在十四酸钾中的增溶[27]

正庚烷及正庚醇在十四酸钾中的增溶情况见图 4-24。正庚醇增溶量比正庚烷明显提高，这是因为当表面活性剂溶液浓度不很大时，胶团基本是球形的，烃类按方式 1 增溶于胶团内部，烃链深入胶团内部不容易。而靠近胶团-水界面的极性部分按方式 2 形成栅栏结构比较容易进入，且增溶量大。

5. 有机添加物

(1) 非极性有机化合物

非极性有机化合物增溶于表面活性剂溶液会使胶团胀大，使胶团结构疏松，有利于极性有机物插入胶团的栅栏中，使极性有机物的增溶量增加。

表面活性胶团在增溶了一种非极性有机物后，后增溶的非极性有机物的增溶量减少。

(2) 极性有机化合物

当溶液中增溶于极性有机物后，胶团体积增大，同样会使非极性有机物的增溶量增加。一般以碳原子在 12 以下的脂肪醇有较好效果。一些多元醇(如果糖、木糖、山梨醇等)也有类似效果。

表面活性胶团在增溶了一种极性有机物后，会使胶团栅栏处可增溶的空位减少，而使后增溶的极性有机物的增溶量减少。

一些短链醇不仅不能与表面活性剂形成混合胶束，还可能破坏胶束的形成，如 C₁ ~ C₆ 的醇等。极性有机物(如尿素、N-甲基乙酰胺、乙二醇等)均升高表面活性剂的临界胶束浓度。

(3) 水溶性高分子

水溶性高分子吸附表面活性剂，减少溶液中游离表面活性剂分子数量，临界胶束浓度升高，水溶性高分子与表面活性剂形成不溶性复合物；但在含有高分子的溶液中，一旦有胶束形成，其增溶效果却显著增加。

6. 电解质

面活性剂溶液中加入电解质，则反离子会产生一定的影响：一方面，反离子结合率越高和浓度越高，使 *cmc* 明显降低，并使聚集数增加，胶团体积增大，胶团液态烃的内核增大，有利于非极性的烃类增溶于内核中；另一方面，盐离子有压缩胶团表面双电层的作用，使胶团"栅栏"分子间的静电斥力减弱，从而使栅栏排列更紧密，减少了极性有机物的可能位置，增加了增溶物进入栅栏间的困难程度，结果使极性有机物的增溶量降低。

对于弱极性有机物(长链)，增溶于胶团内核，因此电解质加入会使其增溶量增加(如正二十二醇)。往非离子型表面活性剂中加入中性电解质，能增加烃类的增溶量，这主要是因为加入电解质后胶团的聚集数增加。

7. 温度

温度对增溶作用的影响有两个方面：一是温度变化可导致胶团本身性质发生变化；二是温度变化可引起被增活物在胶团中的溶解情况发生变化。

离子型表面活性剂：升温能增加极性与非极性物在离子型表面活性剂中的增溶量，温度对胶团大小影响不大，主要是影响被增溶物在胶团中的溶解度，这是由于温度升高后分子热运动使胶团发生增溶的空间加大。

聚氧乙烯非离子型表面活性剂：升温的影响与被增溶物性质有关。若被增溶物为非极性的烃类、氯代烷烃、油溶性染料，随着温度升高，聚氧乙烯水化作用减小，胶团较易形成，cmc 减小，胶团的聚集数增加，特别是在表面活性剂的浊点时，胶团聚集数剧增，使增溶程度有很大的提高。但对于极性有机物的增溶量随温度上升在浊点前出现最大值，温度再升高，极性有机物的增溶量降低。这是因为继续升高温度，引起聚氧乙烯链的进一步脱水，聚氧乙烯链卷曲的更紧，减少了极性有机物的增溶空间所致。特别对于短链极性有机物，其增溶量的降低更为明显。

8. 混合表面活性剂

以等物质的量混合的两种同电性的离子型表面活性剂的混合液，其增溶能力处于该两种表面活性剂各自溶液的增溶能力之间。阴离子型表面活性剂和阳离子型表面活性剂的混合液的增溶能力较两者任一种均大得多。

4.5.6 增溶作用的应用

在增溶作用机理了解清楚之前，增溶作用早在实际中得到应用，甚至在前一个世纪，人们就利用肥皂配制酚–油混和的消毒药水。近年来利用表面活性剂"胶团溶液"提高原油采收率的研究工作不断发展。

1. 乳液聚合[32~35]

一百年前就有关于烯烃聚合及二烯的乳液聚合的报道。但当时所用的乳化剂不是表面活性剂，聚合效率非常低，只是在 1930 年前后应用了表面活性剂作为乳化剂以后才使乳液聚合成为重要的聚合方法。

乳液聚合是将单体分散在水中形成水包油型乳状液，在催化剂的作用下进行的聚合反应。若单体直接聚合，因聚合过程中放热和黏度的大大增加而使操作温度不易控制，易于产生副产物。若采用乳液聚合，将使单体大部分形成分散的单体液滴，一部分增溶于表面活性剂的胶团中，极少部分溶于水中。溶于水中的催化剂在水相中引发反应，引发产生的单体自由基主要进入胶团，聚合反应即在胶团中进行，而分散的单体液滴则作为提供原料单体的仓库。当聚合反应逐渐完成时，分散的液滴逐渐消耗掉，胶团中的单体因逐渐聚合成所需的高聚物而使胶团逐渐长大，形成所谓的高聚物胶团。此反应体系经酸或盐处理，可以分离出高聚物。乳液聚合示意图见图 4-25。

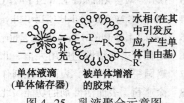

图 4-25 乳液聚合示意图

○—表面活性剂分子；

〜—单体分子；

P—聚合物分子；R·—单体自由基

2. 采油

在采油工业中，利用增溶作用提高采收率，即所谓胶束驱油工艺。首先配制含有水、表面活性剂和油组成的胶束溶液，它能润湿岩层，溶解大量原油，故在岩层间推进时能有效地洗下附于岩层上的原油，从而大大提高原油的采收率[36~38]。

表面活性剂的增溶作用，也应用于石油开采的"驱油"工艺。这是因为由表面活性剂、水、助剂以及油配制成的胶束溶液，在岩层中推进时可把砂石上附着的原油冲洗、驱替下来，并增溶于表面活性剂的胶束之中。虽然"驱油"工艺可以提高采油率，但是由于驱油胶束的制备需要大量的表面活性剂，而且表面活性剂吸附在岩层中，损失较多，因而代价较高，使得该工艺受到限制。而从另一方面看，随着石油资源及其他能源的缺乏，提高采油率的问题将愈来愈加突出，因此，进一步研究高效的表面活性剂，完善"驱油"工艺，具有十分重要的意义。

3. 洗涤

在洗涤过程中"增溶"起着去除油垢的重要作用。在"干洗"过程中，表面活性剂在非水溶剂中形成"逆胶团"，对污物起了加溶作用，从而更有效地发挥了洗涤作用。在一般"水洗"过程中，则加溶作用可能不是主要的。这是因为在洗涤液中，表面活性剂浓度不大，往往达不到临界胶团浓度，胶团尚未形成也就不可能发生增溶。然而在一般人工手洗过程中，常常把洗剂(特别是使用肥皂时)直接涂布在沾污衣物上揉搓，此时表面活性剂的局部浓度很大，大量胶团形成，油污在洗涤过程中的加溶就起了相当重要的作用。

在生理过程中，增溶作用更具有重要的意义。例如，血蛋白以及胆酸盐在生理过程中是不溶物的携带者；表面活性剂可以携带加溶物通过孔性很小的膜；再如，小肠不能直接吸收脂肪，但却通过胆汁对脂肪的增溶而将其吸收。

参 考 文 献

1 Preston W C. J Phys Chem, 1948, 52：84

2 Yasunaga T, Takeda K and Harada S. ibid, 1973, 42：457

3 Shinoda K. Colloid Surfactants. Academic Press, New York：1963

4 Fendler J H, Frendler E J. Catalysis in Micellar and Macromolecular Systems. New York：Academic Press, 1975

5 肖建新，赵振国. 表面活性剂应用原理. 北京：化学工业出版社, 2002

6 赵国玺. 表面活性剂物理化学. 北京：北京大学出版社, 1984

7 Clint J B. Surfactant Aggregation. London：Blackie, 1992,

8 Hartley G S. Aqueous Solution of Paraffin-chain Salts. Hermann, Paris, 1936

9 Balmbra P R, Clunie J S, Corkill J M, Goodman J F. Trans Faraday Soc, 1964, 60：979

10 郑树亮，黑恩成. 应用胶体化学. 上海：华东理工大学出版社, 1996

11 Isrealachvil J N, Mitechell D J, Ninhem B W. J Chem Soc Faraday Trans I, 1976, 72：1525

12 Mysels K J, Princen L H. J Phys Chem, 1959, 63：1696

13 Debye W, Anacker E W. J Phys Coll Chem, 1951, 55：644

14 Mazer E W, Benedek G B. J Phys Chem, 1976, 80：1075

15 Kurz J L. J Bhys Chem 1962, 66：2239

16 刘程. 表面活性剂应用大全. 北京：北京工业大学出版社, 1992

17 赵国玺，朱步瑶. 表面活性剂作用原理. 北京：中国轻工业出版社, 2003

18 徐燕莉. 表面活性剂的功能. 北京：化学工业出版社, 2000

19 Götte E, Schwuger M J. Tenside, 1969, 6：131

20 Moroi Y, Nishiikido N and Matuura R. J Colloid Interface Sci, 1975, 50：344

21 林巧云，葛虹. 表面活性剂化学与应用. 北京：中国石化出版社, 1992

22 Ralston A W, Eggenberger D N, DuBrow P L. J Am Chem Soc, 1948, 70：977

23 Shinoda K. J Colloid Surfactants. New York：Acad Press，1963

24 Evans H C. J Chem Soc，1956：579

25 刘程，米裕民．表面活性剂性质理论与应用．北京：北京工业大学出版社，2003

26 Christain S D，Scamehorn J F. Solution in Surfactant Aggregates. New York：Marcel Dekker，1995

27 Harkings W D. Physical Chemistry of Surface Film. New York：Reinhold，1952

28 Nakagawa T and Tori K. Kolloid-Z，1964194：143

29 Klevens H B. Chem Revs，1950，47：1

30 Schott J. J Phys Chem，1967，71：3611

31 Saito H，Shinoda K. J Colloid Interface Sci，1967，24：10

32 Frechet J M J，Gitsov I，Aoshima S，Ledue M R，Grubbs R B. Science，1995，269（25）：1080～1083

33 Isaure F，Comack F A G，Graham S，Sherringlon D C，Armes S P，Butun V. Commum，2004，9：1138～1139

34 郑逸良，薛小强，黄文艳等．高分子学报，2012，4：398～403

35 孙佳悦，黄文艳，薛小强等．高分子学报，2012，7：749～753

36 范海明，张宏涛，郁登朗等．中国石油大学学报，2014，38（2）：159～164

37 CHEN Hong，HANLi-juan，LUO Ping-ya. Journal of ColloidandInterface Science，2005，285：872～874

38 Forsters，Wenze，Lindnerp. PhysRev Lett，2005，94：017803

第5章　润湿作用

润湿(wetting)是一种常见的现象，润湿是人类生活及生产中的一个重要过程。没有润湿过程，动植物的生命活动就无法进行(如果水对土壤及动植物机体不润湿)。同时，润湿作用是许多生产过程的基础。例如，机械润滑、黏附、注水采油、洗涤、印染、焊接、固液悬浮体的分离等均与润湿作用有密切关系。

润湿是指从固体表面或固-液界面上的一种流体被另一种液体置换的过程。因此，润湿作用必然涉及三相，而至少其中两相为流体。可以是一种气体和两种不相混溶的液体；或者一种固体和两种不相混溶的液体；或者是固、液、气三相，甚至可以是三种不相混溶的液体构成的三相。然而，我们通常研究得最多的润湿现象是气体被液体从气-固或气-液的界面上取代的过程。例如注水采油中，用水取代砂粒表面的油。能有效改善液体在固体表面润湿性质的外加助剂称为润湿剂(wetting agent)。

在生活和生产中有时也要求反润湿，即阻止水或水溶液取代固体表面上的空气。如矿物浮选时就经常要求有用矿物不为水所润湿；防雨布、防水涂层要求形成不润湿的表面。

在改变液体对固体表面的润湿性质，以适合人们的需要方面，作为润湿剂的表面活性剂起着重要作用。这主要是表面活性剂在固体的表面或固-液界面吸附所致。润湿现象是固体表面结构与表面性质以及固-液两相分子间的相互作用等微观特性的宏观表现。通过润湿现象的研究，可以提供固体表面性质，固-液两相分子的相互作用等方面的信息。所以对润湿作用的研究，不仅有应用价值，而且有理论价值。

5.1　接触角与杨氏方程

5.1.1　接触角

将液体滴在固体表面上，此液体在固体表面可铺展形成一薄层或以一小液滴的形式停留于固体表面。我们称前者为完全润湿，后者为不完全润湿或部分润湿。图 5-1 为液滴在固体表面的剖面图。若在固、液、气三相交界处，作气-液界面的切线，自此切线经过液体内部到达固-液交界线之间的夹角，被称之为接触角(contact angle)，以 θ 表示之。

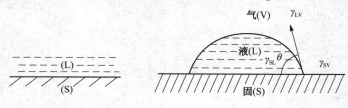

完全润湿　　　　　　　　　　　不完全润湿形成接触角θ

图 5-1　在固体(S)、流动相(L)和不相混溶相(V)间三相平衡

也可以将液体对固体的接触角看作是液体和空气对固体表面的竞争结果。

图 5-2 中 θ 和 θ' 分别表示液体对固体的接触角和气体对固体的接触角。图 5-2 所示的 $\theta<90°$ 固体是亲液固体。反之，$\theta>90°$，固体是疏液的。无论是何种情况，$\theta+\theta'$ 皆应为 $180°$。由此可见，气体对固体的润湿性与液体对固体的润湿性恰好相反。固体越是疏液，就越易为气体润湿，越易附着在气泡上；若固体是粉末，这时就易于随气泡一起上浮至液面。反之，固

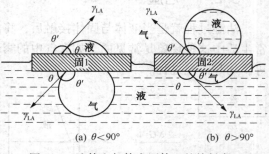

图 5-2　液体和气体在固体上的接触角

体越是亲液，就越易为液体润湿，越难附着在气泡上。泡沫选矿利用的就是气体（或液体）对固体的这种润湿性的差异，而将有用的矿苗与无用的矿渣分开的。

利用接触角作为液体对固体润湿程度的判据，往往将 $\theta=90°$ 作为标准，把 $\theta<90°$ 称为润湿，而把 $\theta>90°$ 称作不润湿。$\theta=0°$ 为完全润湿，$\theta=180°$ 为完全不润湿，这种分法不一定合适，把 $\theta<90°$ 称为润湿性好，把 $\theta>90°$ 称为润湿差较为合适。$\theta=180°$ 这种情况实际上不存在。总之利用接触角的大小来判断液体对固体的润湿性具有简明、方便、直观的优点，但不能反映润湿过程的能量变化。

5.1.2　杨氏方程

1805 年 Young[1] 首先提出：可将接触角的问题当作平面固体上的液滴在三个界面张力下的平衡来处理，若固体的表面是理想光滑、均匀、平坦且无形变，则可达稳定平衡；在这种情况下产生的接触角就是平衡接触角 θ。

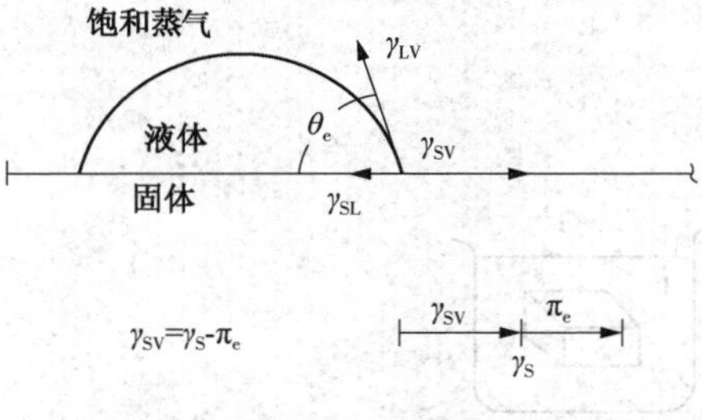

如图 5-3 所示，固体表面上的液滴的平衡接触角 θ 与各种界面张力的关系为：

$$\gamma_{LV}\cos\theta = \gamma_{SV} - \gamma_{SL} \qquad (5-1)$$

式中，γ_{LV} 为与其饱和蒸气平衡的液体的表面张力；γ_{SV} 为与该液体的饱和蒸气平衡的固体的表面张力；γ_{SL} 为固-液之间的界面张力。

γ_{LV} 的作用是力图使液体表面积尽量缩小，γ_{SV} 的作用是力图缩小固体的表面积，γ_{SL} 的作用是力图使固-液界面间的面积缩小。这就是著名的杨氏方程。

图 5-3　在光滑、均匀、平坦、坚硬的固体表面上的平衡接触角

由于 γ_{SV} 和 γ_{SL} 至今尚无法准确测定，Young 方程也就缺乏实验证明，许多人认为 Young 方程是不证自明的基本关系式，并且在一定条件可根据接触角的测量推算固体表面能。

5.2　润湿类型

1930 年，Osterhof 和 Bartell 最早把润湿分为沾湿（adhesional wetting）、浸湿（immersional wetting）和铺展（spreading wetting）三种过程[2-4]。当液体与固体接触，润湿过程发生时，体系的自由能总是降低的，因此我们可以用自由能降低值来表示润湿的程度。

5.2.1 沾湿

沾湿过程就是当液体与固体接触后，将液-气和固-气界面变为固-液界面的过程。在日常生活中这种现象是常见的。如大气中的露珠附着在植物的叶子上，雨滴黏附在塑料雨衣上等，均是沾湿过程。

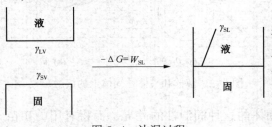

图5-4 沾湿过程

设有单位面积的固体及液体（图5-4），未接触前，表面自由能是 $\gamma_{LV}+\gamma_{SV}$，接触后形成了单位面积的固-液界面，其界面自由能是 γ_{SL}，故体系的自由能降低了。

$$-\Delta G=\gamma_{SV}+\gamma_{LV}-\gamma_{SL}=W_a \tag{5-2}$$

式中，W_a 为黏附功。

W_a 是黏附过程中，体系对外所能做的最大功，也就是将固-液接触处拉开，外界所需要做的最少功[3]。它可以用来衡量液体与固体结合的牢固程度。W_a 越大液体和固体结合得越牢。也可用来表征两相分子间相互作用力的大小。

若将图5-4所示过程中的固体，换成一个具有同样表面积的液体液柱，在两个液柱的接触过程中，体系的自由能降低值为：

$$-\Delta G=\gamma_{LV}+\gamma_{LV}-0=2\gamma_{LV}=W_C \tag{5-3}$$

式中，W_C 为内聚功。

W_C 代表液体自身结合的牢固程度，是液体分子间相互作用力大小的表征。根据热力学第二定律，在恒温、恒压条件下，沾湿自发的条件是：$W_a>0$

5.2.2 浸湿

浸湿是指固体浸入液体中的过程（图5-5）。

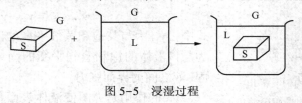

图5-5 浸湿过程

其实质是固-气界面被固-液界面所代替。若浸湿面积为单位表面时，这一过程自由能降低值为

$$-\Delta G=\gamma_{SV}-\gamma_{SL}=W_i=A \tag{5-4}$$

式中，W_i 为浸湿功。

W_i 反映了液体在固体表面上取代气体的能力，在铺展作用中，W_i 是对抗液体收缩的能力，即对抗液体表面张力而产生的铺展的能力，所以又称为黏附张力 A[3]。$W_i>0$，是在恒温恒压下，浸湿自动发生的条件。

将杨氏方程代入式(5-4)得到：

$$A=\gamma_{LV}\cos\theta \tag{5-5}$$

当 $0<\theta<90°$ 时 $A>0$，浸湿过程可自发进行。

1. 硬固体表面的浸湿[4]

硬固体表面即为非孔性固体的表面，硬固体表面的润湿有两种情况：完全润湿和部分润湿。

（1）硬固体表面的完全浸湿

其实质是固-气界面完全被固-液界面所代替，而液体表面在浸湿过程中无变化，如图5-6(a)所示。

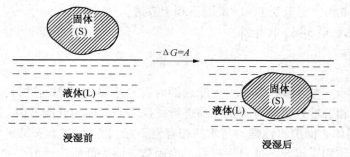

(a)完全浸湿

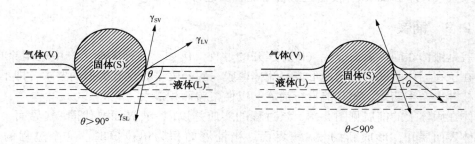

(b)部分浸湿

图5-6　硬固体表面的浸湿

（2）硬固体的部分浸湿

硬固体的部分浸湿，其实质是体系的固-气界面被固-液界面部分取代的过程，见图5-6(b)。

2. 多孔固体表面的浸湿-渗透

孔性固体的表面，它的浸湿过程常称之为渗透过程（图5-7），可与毛细现象联系在一起。

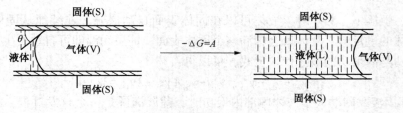

图5-7　渗透过程

渗透过程发生的驱动力是液体表面弯月面产生的附加压力。附加压力为

$$\Delta p = \frac{2\gamma_{LV}\cos\theta}{r} \tag{5-6}$$

由式(5-6)，当 $0 \leqslant \theta < 90°$ 时 $\Delta p > 0$，即渗透过程可自发进行且进行的程度取决于液体的表面张力 γ_{LV}、液体与固体间的接触角 θ 和孔半径 r 的大小。由式(5-6)从表面看起来 γ_{LV} 越大，θ 越小，孔半径越小，此过程就越易进行。但事实上并非如此，γ_{LV} 和 θ 是一对矛盾的两个方面，它们受杨氏方程 $\gamma_{LV}\cos\theta = \gamma_{SV} - \gamma_{SL}$ 的制约。往往 γ_{LV} 小 θ 就小，γ_{LV} 大 θ 也大，γ_{LV} 大到一定程度 θ 可由 $\theta < 90°$ 变至 $\theta > 90°$，反而不利于渗透。

将杨氏方程代入式(5-6)中得到

$$\Delta p = \frac{\gamma_{SV} - \gamma_{SL}}{r} \tag{5-7}$$

如式(5-8)所示，当固体的表面为高能表面时有利于渗透过程的进行，另一方面当 γ_{SL} 值小即液体与固体相容性好渗透过程也容易进行。反之当固体为低能表面，液体为水时，则 γ_{SL} 必然大，因为固体表面疏水性强，与水的相容性不好，所以 γ_{SL} 大，结果可使 Δp 为负值，对渗透过程起阻碍作用，因此不能自发进行。当固体表面为低能表面时，水在其上的 $\theta > 90°$ 也会导致式(5-6)中 $\Delta p < 0$，使渗透过程不能自发进行。

5.2.3 铺展

铺展是液体在固体表面取代气体并展开的过程。例如，多种工业生产中应用涂布工艺。其目的在于在固体基底上均匀地形成一流体薄膜。农药喷雾时也有类似的要求，即不仅附着于植物枝叶上产生药效，而且能自行铺展，以便覆盖面积最大。

液体在固体上的铺展见图5-8。该过程的实质是以固-液界面取代固-气界面，与此同时，液体表面展开，形成新的气-液界面。当铺展面积为单位值时，这个过程的能量变化为：

$$-\Delta G = \gamma_{SV} - \gamma_{SL} - \gamma_{LV} = S \tag{5-8}$$

式中，S 称为铺展系数。

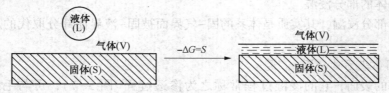

图5-8 液体在固体上的铺展

在恒温、恒压下，$S > 0$ 时，液体可以在固体表面自动展开，连续地从固体表面取代气体，只要液体的量足够，液体就会铺满整个固体表面，铺展润湿即可自动发生。

将黏附功与内聚功的概念代入上式，可以得：

$$S = \gamma_{SV} - \gamma_{SL} - \gamma_{LV} = \gamma_{SW} - \gamma_{SL} + \gamma_{LV} - 2\gamma_{LV} = W_a - W_c \tag{5-9}$$

$S > 0$，即固液黏附功大于液体内部内聚功时，铺展润湿是一个自发过程，液体可以自行铺展于固体表面。

同样可以应用黏附张力的概念：

$$S = \gamma_{SV} - \gamma_{SL} - \gamma_{LV} = A - \gamma_{LV} \tag{5-10}$$

$S > 0$，$A > \gamma_{LV}$，即固液黏附张力大于液体表面张力即可发生铺展过程。

综上所述：

① 不论何种润湿，均是界面现象，液体将气体从固体表面排挤开，使原来的固-气或液-气界面消失，而代之以固-液界面，其过程的实质都是界面性质及界面能的变化。

② 三种润湿过程自发的条件：

沾湿：
$$W_a = \gamma_{SV} + \gamma_{LV} - \gamma_{SL} = \gamma_{LV}(\cos\theta+1) > 0, \ \theta \leqslant 180° \tag{5-11}$$

浸湿：
$$W_i = \gamma_{SV} - \gamma_{SL} = \gamma_{LV}\cos\theta > 0, \ \theta \leqslant 90° \tag{5-12}$$

铺展：
$$S = \gamma_{SV} - \gamma_{SL} - \gamma_{LV} = \gamma_{LV}(\cos\theta-1), \ \theta \leqslant 0° \tag{5-13}$$

对于同一体系，$W_a > W_i > S$。显然 $S \geqslant 0$，则 $W_a > W_i > 0$，即铺展的标准是润湿的最高标准，能铺展则必能沾湿、浸湿。因而常以铺展系数为体系润湿的指标。

原则上说，测定了液面表面张力和接触角，就可以得到黏附功 W_a、浸湿功 W_i 和铺张系数 S 的值。由此可知，各种润湿发生条件与液体在固体表面的接触角大小有关，接触角愈小，润湿性越好；反之，润湿性越差。因此，接触角的大小可以作为润湿过程的判断。

5.3 固体表面的润湿性

固体的表面能有自动减小的倾向。由于在常温常压下固体表面原子的流动性极小，它不能像液体那样依靠缩小表面积以减小表面能。固体表面能的降低可以通过吸附作用实现，适宜表面张力的液体在固体表面的润湿作用也可使体系的自由能降低。

5.3.1 低能表面的润湿性质

随着高聚物的广泛应用，低能表面的润湿问题的重要性越来越为各方面所认识。例如，高聚物复合材料是材料科学发展的一个重要领域。此类材料成败的关键之一是不同材质间的结合强度，这就离不开润湿性问题。再如，形形色色的高分子化合物制成的生产和生活用品的清洗问题也离不开润湿作用。因此，低能固体表面润湿性研究为各方所关注，取得了一系列进展。

Fox 和 Zisman 等人[5~7]发现，同系物液体在同一固体表面上的接触角随液体表面张力的降低而变小，用 $\cos\theta$ 对液体表面张力作图，可得一直线[图 5-9（a）]。将此直线延长至 $\cos\theta=1$ 处所对应的表面张力值，叫作此固体的润湿临界表面张力，以 γ_c 表示。如果用非同系物液体，以 $\cos\theta$ 和 γ_{LV} 作图时通常也呈一直线或一条狭窄带[图 5-9（b）]，将此直线或窄带延至 $\cos\theta=1$ 处，得到对应的表面张力，取其下限 γ_c 为润湿临界表面张力。

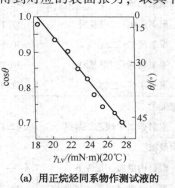

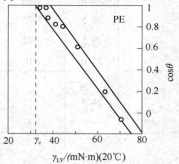

(a) 用正烷烃同系物作测试液的
聚四氟乙烯(PTFE)的Zisman图

(b) 用非同系物作测试液的聚乙烯
(PE)的Zisman图

图 5-9 Zisman 图与 γ_c[8]

γ_c是固体润湿性质的一个经验参数。它的意义是，该液体同系物中，凡表面张力大于γ_c者皆不能在固体表面自行铺展，凡表面张力小于γ_c者才能在固体表面自行铺展。γ_c愈低，能在此固体表面上铺展的液体愈少，其润湿性愈差。

固体的临界表面张力也可以从另一个角度来定义，即看成是当液体在固体的表面上的接触角趋近于零时，此液体的表面张力γ_{LV}即为此固体的临界表面张力γ_c。因此γ_c可用下式来表示

$$\gamma_c = \lim_{\theta \to 0} \gamma_{LV} \cos\theta \qquad (5-14)$$

由杨氏方程$\gamma_{LV}\cos\theta = \gamma_{SV} - \gamma_{SL}$，$\gamma_{SV}$可用下式表示：

$$\gamma_{SV} = \gamma_S - \pi_e \qquad (5-15)$$

式中，π_e为液体蒸气在基质上的平衡铺展压。

因此杨氏方程变为

$$\gamma_{LV}\cos\theta = \gamma_S - \pi_e - \gamma_{SL} \qquad (5-16)$$

将式(5-16)带入式(5-14)得

$$\gamma_c = \lim_{\theta \to 0}\cos\theta = \gamma_S - \gamma_{SL} - \pi_e \qquad (5-17)$$

式(5-17)意味着γ_c比γ_S小$(\gamma_{SL} + \pi_e)$。而γ_{SL}和π_e的值又受测试液的影响。因此γ_c随所选用的测试液不同而变化。在使用时必须注意。表5-1给出了不同低能表面的表面张力和临界表面张力。

表 5-1　表面张力和临界表面张力(20℃)对照表[4]

聚 合 物	表面张力 $\gamma/$ (mN·m)	临界表面张力 $\gamma_e/$ (mN·m)	聚 合 物	表面张力 $\gamma/$ (mN·m)	临界表面张力 $\gamma_e/$ (mN·m)
碳氢高聚物			丙烯酸类高聚物		
聚乙烯	35.7	31	聚丙烯酸乙基己基酯	30.2	31
聚丙烯	30.1	32	甲基丙烯酸聚合物		
含卤碳氢高聚物			聚甲基丙烯酸甲酯	41.1	39
聚氯乙烯	42.9	39	聚甲基丙烯酸乙酯	35.9	31.5
聚二氯乙烯	45.2	40	聚甲基丙烯酸十二烷基酯	32.8	21.3
聚三氯乙烯	53		聚甲基丙烯酸十八烷基酯	36.3	20.8
聚四氯乙烯	55		聚醚类		
聚氟乙烯	37.5	28	聚氧乙烯-二醇	42.9	43
聚二氟乙烯	36.5	25	聚氧乙烯-二甲基醚	37.1	—
聚三氟乙烯	29.5	22	聚氧丙烯-二醇	30.9	32
聚四氟乙烯	22.6	18	聚氧丙烯-二甲基醚	30.2	—
乙烯类高聚物			聚氧丁烯-二醇	31.9	
聚醋酸乙烯	36.5	33	聚酯类		
聚乙烯醇	—	37	聚对苯二甲酸乙二醇酯	42.1	43
丙烯酸类高聚物			聚酰胺		
聚丙烯酸甲酯	40.1	35	聚己内酰胺，尼龙6	—	42
聚丙烯酸乙酯	37.0	33	聚己二酰己二胺，尼龙66	44.7	46
聚丙烯酸丁酯	33.7	31	聚庚二酰己二胺，尼龙77	—	43

由表 5-2 所给出的润湿临界表面张力数据可以看出以下一些规律：

① 高分子固体的润湿性质与其分子的元素组成有关。在其引入氟原子时会使 γ_c 变小，而引入其他杂质原子时 γ_c 升高，杂原子使其润湿能力增加的顺序如下：F<H<Cl<Br<I<O<N。同一原子取代越多则效果愈明显。

② 有机物质中含有极性基团时 γ_c 升高。

③ 附有表面活性物质的单分子层的玻璃或金属显示了低能表面的性质，这说明决定固体润湿性质的是表面原子或原子团的性质及排列情况，与内部结构无关。

5.3.2 高能表面上的自憎现象

通常一般液体可在高能表面上铺展，如将水、煤油等液体滴在纯净的玻璃或金属表面上，情况确实即如此。但也有一些有机液体，表面张力虽然不高，但在玻璃或金属等高能表面上却不能铺展。如一些多碳的醇、酸在钢、石英等固体表面上有一定的接触角，却不能铺展。

由表 5-2 看出，极性液体在高能固体表面上有一定的接触角，出现这种情况的原因是有些有机分子在高能表面上发生吸附，形成碳氢基朝向空气的定向排列吸附使液膜原来的高能表面变成了低能表面，润湿临界表面张力 γ_c 低于液体本身的表面张力，不能在它自身的吸附膜上铺展，这种现象称为自憎。自憎现象也有实用价值。一些精密机械使用具有自憎现象的润滑油于轴承部位，可以防止油在金属部件上铺展形成油污而影响机械的精密度。这再一次说明，固体的润湿性质取决于构成表面最外层的原子团的性质和排列情况。各种固体表面的组成可以分为几大类，它们的润湿性按下面次序增强：

碳氟比合物<碳氢化合物<含其他杂原子的有机物<金属等无机物。

表 5-2　一些自憎液体在高能表面上的接触角（20℃）[9]

液体	γ_{LV}(mN/m)	θ/(°)			
		不锈钢	铂	石英	α-Al$_2$O$_3$
1-辛醇	27.8	35	42	42	43
2-辛醇	26.7	14	29	30	26
2-乙基-1-己醇	26.7	≪5	20	26	19
正辛酸	29.2	34	42	32	43
2-乙基己烷	27.8	≪5	11	7	12
磷酸三邻甲酚酯	40.9	–	7	14	18
磷酸三邻氯苯酯	45.8		7	19	21

5.3.3 润湿热

液体和固体接触时能否润湿，这由润湿角 θ 的大小来决定。粉末固体虽可压片后测定与液体的润湿角，但压缩程度及表面粗糙度不同会直接影响 θ 测定结果的准确性。用动态法虽然可以求得粉末的润湿角，但误差相当大而且求得的是相对值。

固体和液体接触时，特别是粉末固体，实际上可看作气-界面转变为液-固界面的过程，而液体表面并没有变化。因此这个过程也可以称为浸润过程（immersion），故润湿热

[heat of wetting]实际上是浸润热[10]。与前述讨论相似,在恒温恒压下,若浸润面积为一个单位面积,则此过程中体系表面自由焓的变化为

$$\Delta G = \gamma_{SL} - \gamma_{SV} = \gamma_{LV}\cos\theta = W_i \tag{5-18}$$

式中,W_i为浸湿功。

W_i的大小可以作为液体在固体表面上取代气体能力的量度。显然,$W_i > 0$是液体浸润固体的条件。另一方面,当液体浸湿固体时,由于固-液分子间的相互作用必然要释放出热量,此热量称为润湿热(或浸湿热),它来源于表面自由焓的减少。

浸湿功W_i的变化与润湿热Q_i之间在热力学上有如下的关系式:

$$Q_i = A - T\left(\frac{\partial A}{\partial T}\right)_P \tag{5-19}$$

既然润湿热能反映固-液分子间相互作用的强弱,因此极性固体(如硅胶、一氧化钛等)在极性液体中的润湿热较大,在非极性液体中的润湿热较小。而非极性固体(如石墨、高温热处理的炭或聚四氟乙烯等)的润湿热一般总是很小的。例如硅胶在水中的润湿热为117.15J/g,但随着表面憎水化程度的增加,润湿热显著减小。固体润湿热的大小还与固体的粒子大小和比表面积有关,所以润湿热的单位也可用单位面积所释放的热量表示。

5.3.4 影响润湿作用的因素

影响润湿作用的因素很多,主要影响因素:固体表面性质和粗糙度,体系 pH 和温度,表面活性剂的种类、结构和浓度等,这里主要讨论温度和表面活性剂的影响,其他在后面内容中会涉及。

1. 温度

一般来说,提高温度有利于提高润湿性能。但温度升高时,短链表面活性剂的润湿性能不如长链的好。这可能是因为温度升高,长链表面活性剂的溶解度增加,使其表面活性得以较好发挥的缘故。而低温时,长链的不如短链的好。

对于聚环氧乙烷类非离子型表面活性剂,温度接近浊点时,润湿性能最佳。例如,0.1%壬基酚聚环氧乙烷醚(15)溶液.25℃时对某物的润湿时间为50s,而70℃时仅17s[11]。

2. 浓度

一般在低于表面活性剂的 cmc 情况下,润湿时间的对数与浓度的对数呈线性关系。浓度提高,润湿性能好,这是由于在低于 cmc 时,表面活性剂单分子定向吸附在界面上,要使界面达饱和吸附,增加润湿性能。当浓度高于 cmc 时,不再呈线性关系。这是因为此时在溶液内部形成了胶束,胶束形成以后影响上述过程的进行,且随着浓度的增加胶束解离为单分子的速度减缓。所以阻碍形成胶束的带支链的或亲水基在链中间的表面活性剂,就能增加单分子状态吸附到界面上去,以增进润湿性能。作为润湿剂使用的表面活性剂浓度不宜过高,一般略高于 cmc 即可。

3. 分子结构

(1) 疏水基

对直链烷基表面活性来说,如果亲水基在链的末端,直链碳原子数在 8~12 时表现出最佳的润湿性能,碳原子数为 12~16 时具有较好的胶体性能,而润湿性能下降。对于相同亲水基的表面活性剂,随碳链增长,它的 HLB 值下降,HLB 值在 7~15 范围内其润湿性能最好。如果下降到<7 时,适合 W/O 乳化作用。例如,烷基硫酸酯 $ROSO_3Na$ 在碳链为 $C_{12} \sim C_{14}$

时润湿性能最好，碳原子数的增加或减少，润湿性能均下降。烷基硫酸酯钠盐水溶液的润湿时间见表5-3。

表 5-3　烷基硫酸酯钠盐水溶液(0.1%)的润湿时间(25℃)[12]

表面活性剂	润湿时间/s	表面活性剂	润湿时间/s
$n-C_{12}H_{25}OSO_3Na$	7.5	$n-C_{16}H_{34}OSO_3Na$	59
$n-C_{14}H_{29}OSO_3Na$	12	$n-C_{18}H_{38}OSO_3Na$	280

直链烷基苯磺酸钠，纯品以 C_{10} 的润湿能力最强。但因烷基苯磺酸钠难以得到纯品，因此实际上碳原子数在 9~16 也是较好的润湿剂，不过浓度需大于 0.001mol/L。

带有支链的烷基苯磺酸钠的润湿能力较直链烷基苯磺酸钠为佳，其中以 2-丁基辛基最为有效。苯环位于烷基链的中央者，润湿能力最佳，如拉开粉(二丁基钠磺酸钠)。

磷酸酯盐中以烷基为双辛基的润湿性能最好。

（2）亲水基

一般情况下，亲水基在分子中间者的润湿性能比在末端的好。例如，有名的润湿渗透剂琥珀酸二异辛基酯磺酸钠的结构式为：

$$C_4H_9—\underset{\underset{C_2H_5}{|}}{CH}—CH_2OCOCH_2\underset{\underset{SO_3Na}{|}}{CH}COOCH_2—\underset{\underset{C_2H_6}{|}}{CH}—C_4H$$

具有良好的润湿渗透性能。又如，十五烷基硫酸钠的几个异构体中，以—OSO_3—位于正中间(第八位碳原子上)的润湿能力最强，随—OSO_3—基向端位移动，润湿能力逐渐减弱。对于对称的烷基硫酸钠，即不同长度碳链而亲水基在碳链中间的化合物，它们之间的润湿能力差别不大，在浓度增加至 0.015mol/L，其润湿能力几乎相同[8]。

对于聚环氧乙烷类非离子型表面活性剂，当 R 为 $C_7~C_{10}$ 时，润湿性能最好。环氧乙烷(EO)数不同，润湿性能也有变化。以碳链为 C_8、C_9 的为例，当 EO 数为 10~12 时，润湿性能最好；EO>12 时，润湿性能急剧变坏；EO 较低时，润湿性能也差。

对于聚氧乙烯类非离子型表面活性剂 R—⟨苯环⟩—$O(CH_2CH_2O)_5H$，R 一般以 $C_7~C_{11}$ 的润湿性最好，C_{12} 以上润湿性下降。以 C_8 及 C_9 为例，EO 数不断变化，润湿性不断变化。EO=10~12 时，润湿性最好；EO>12 时，润湿性急剧下降；EO 数较低时，润湿性也差。脂肪醇的聚氧乙烯加成物的 EO 数与润湿性关系也有类似的现象。

在聚丙二醇的环氧乙烷加成物中，当环氧乙烷含量为 40%~50% 时，不论相对分子质量多大，都是这个相对分子质量级别中润湿性能最好的。而当聚丙二醇的相对分子质量约为 1600 时，润湿性能最好。

综上所述，表面活性剂对润湿性的影响可以归纳为如下几点：

① 各类表面活性剂的同系物中，润湿性随碳链增加而增加都有一个最高值。

② 具有支链烷基的较直链烷基的润湿性好。

③ 离子型表面活性剂中亲水基在分子链中央者，润湿性最高，越向分子链末端靠近，其润湿性越差。

④ 引入第二个亲水基后，润湿性将降低，酯化或酰胺化后将获改善。

⑤ 非离子型聚氧乙烯类表面活性剂中，润湿性也随氧乙烯数的增加而增加，但也有一个极限值。

⑥ 亲水基和疏水基在分子中的平衡值 HLB 值与润湿性有着密切关系，HLB 值低适用于乳化剂，而 HLB 值高则适用于洗涤剂。

5.4 表面活性剂的润湿作用

应用表面活性剂是改变体系润湿性质以满足实际需要的主要方法，这种作用是通过表面活性剂在界面上的吸附作用而实现。由于表面活性剂吸附作用可能同时发生在气-液和固-液两个界面上，而这两种吸附作用对润湿性所产生的效果并不一定相同，有的甚至相反。因此，掌握表面活性剂影响润湿性的原理和规律，正确使用表面活性剂，对于解决润湿性的问题是至关重要的。

5.4.1 表面活性剂在固体表面的吸附，改变固体表面的润湿性质

表面活性剂的双亲分子吸附在固体表面，形成定向排列的吸附层，降低界面能这一方法经常应用于高能表面，以达到防水、抗黏等目的。把固体浸入表面活性剂溶液，随溶液浓度

图 5-10　表面活性剂分子在高能表面的吸附

增加到接近 cmc 时，表面活性剂在固体表面上吸附，这时表面活性剂的极性基团朝向固体，非极性基团朝向气相（图 5-10 所示），带有吸附层的固体表面裸露的是碳氢基团，固体表面由原来的高能表面变成低能表面[13]。这种表面活性剂的吸附，可以是物理吸附也可以是化学吸附。能降低高能表面润湿性的表面活性物很多，常见的有重金属皂类、高级脂肪酸、有机胺盐、有机硅化合物、氟表面活性剂等。其中硅化合物和氟化合物效果更好，是良好的防水、抗黏材料，全氟材料更有防油的效果。

表面活性物在固体表面上的吸附主要发生在高能表面，这从能量的观点来看是显而易见的。一般表面活性剂在低能表面上没有明显的吸附作用。但氟表面活性剂可以吸附于聚乙烯等低能表面上，使其临界表面张力降得更低，同样符合能量降低原则，因此表面活性剂在高能表面吸附是变高能表面为低能表面的有效方法。

表面活性剂在固体表面吸附可使高能表面变成低能表面，同样，也可使低能表面变为高能表面。这种吸附作用大都是靠 van der Waals 力起作用的物理吸附，不太牢固。例如，将聚乙烯、聚四氟乙烯、石蜡等典型的低表面能固体浸入在氢氧化铁或氢氧化锡等金属氢氧化物溶胶中，经过一段时间，水合金属氧化物在低能表面上能发生相当牢固的黏附，干燥后可使表面润湿性发生永久性的改变，原来疏水的固体变成了亲水的。例如，最不容易被润湿的聚四氟乙烯固体在三价铁浓度为 $3.7 \times 10^{-2} mol/L$ 的铁溶胶中浸泡 16min，干燥后，对水的前进角由 105°变为 54°，后退角由 101°变为 0°。

5.4.2 提高液体的润湿能力

在水与低能固体表面组成的体系中，由于水的表面张力比固体的润湿临界表面张力高，不能铺展。为改善体系的润湿性质，常在水中加入一些表面活性剂——润湿剂，使水能很好地润湿固体表面。润湿效率的高低常以其在选作标准的低能表面上，发生铺展所需的最低浓度来衡量。其实质是降低液体的表面张力，以小于固体表面的临界表面张力 γ_c，即使之发生铺展所需的表面活性剂的最低浓度，所需浓度愈低，降低水表面张力的能力愈强，润湿作

用也愈强。

但应注意并不是所有能降低表面张力的表面活性剂都能提高固体表面的润湿性质。凡具有高能表面的固体，在水溶液中都带有负电荷，非常容易吸附与其他电性相反的表面活性离子。当水溶液中有阳离子型表面活性剂时，正的表面活性离子很容易通过离子交换吸附或离子对吸附，牢固地吸附于固体表面，形成亲水基向内、亲油基向外的吸附层，高能表面变成了低能表面，反而不易被水润湿，润湿性变差。因此阳离子型表面活性剂很少作为或实际上不能作为润湿剂使用。基于同样的原因，阳离子型表面活性剂也不适于作洗涤剂的组分。而阴离子型表面活性剂则适合作润湿剂，例如，二丁基萘磺酸钠(俗名拉开粉)就是一种良好的润湿剂，肥皂和合成洗涤剂以及某些非离子型表面活性剂等也是良好的润湿剂。

5.5 润湿剂

表面活性剂在疏水表面润湿性能的好坏取决于在流动条件下有效地降低表面张力，当润湿液在物体上扩展时，表面活性剂分子必须迅速扩散到液-固界面上，使界面张力快速降低，以达到迅速润湿的目的。为满足上述条件，所以润湿剂应具有下面结构特点：①亲油基链不宜太长，且带有支链；②亲水链在亲油链的中间；③亲油基链上最好带有多个亲水基；④亲水基与溶剂的作用不宜太强。如图5-11(b)所示，Surfynol104 和 AOT 是典型的润湿剂，或者是碳氢链为较短的直链，亲水基位于末端，如图5-11(a)所示。由于润湿取决于在动态条件下表面张力降低的能力，因此润湿剂不仅应具有良好的表面活性，而且既要能降低表面张力又要扩散性好，能很快吸附在新的表面上。

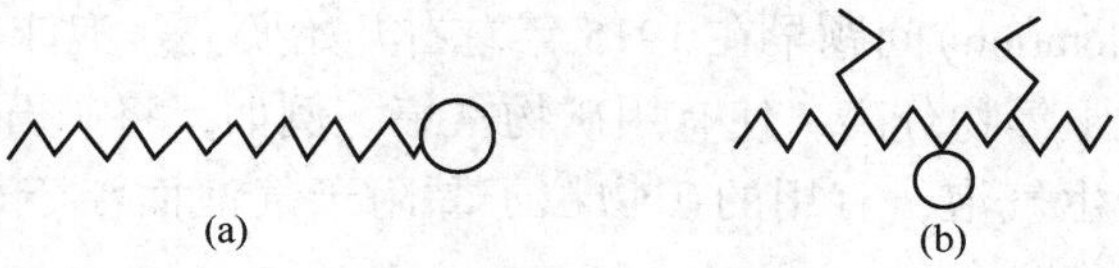

图 5-11　润湿剂的分子结构
(a)疏水链较短，亲水基在末端；(b)疏水链带有支链，亲水基在中部

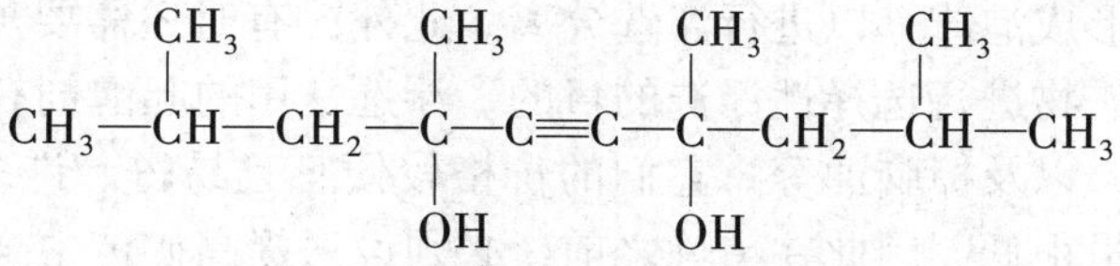

Surfynol 104
二羟基四甲基癸炔

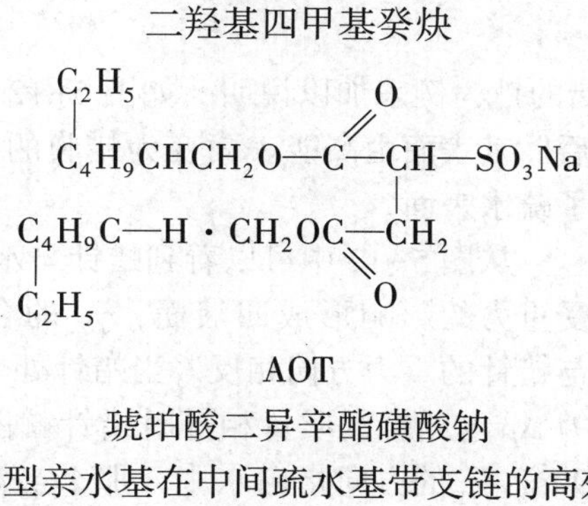

AOT
琥珀酸二异辛酯磺酸钠

Surfynol104 和 AOT 是典型亲水基在中间疏水基带支链的高效润湿剂。

润湿剂有阴离子型和非离子型，阳离子型的表面活性剂一般不用作润湿剂。

常用的阴离子型有：烷基硫酸盐（ROSO$_3$M，R 为烷基，M 为金属离子，例如十二烷硫酸钠），烷基（或烯烃基）磺酸盐，烷基苯磺酸盐（如十二烷基苯磺酸钠），二烷基琥珀酸酯碘酸盐（最常用的为琥珀酸二异辛酯磺酸钠，商品名为 AOT），烷基酚聚氧乙（丙）烯醚琥珀酸半酯磺酸盐，烷基萘磺酸盐（如二丁基萘磺酸钠，商品名为拉开粉），脂肪酸或脂肪酸酯硫酸盐（如硫酸化蓖麻油，商品名为土耳其红油），羧酸皂，磷酸酯等。

含聚氧乙烯链节的脂肪醇、硫醇、烷基酚等类型的非离子型表面活性剂当所含氧乙烯数目适当时均可做润湿剂。当有效碳氢链链长为 10~11 个碳原子时含 6~8 个氧乙烯基团为最好的润湿剂[如润湿（渗透）剂 JFC 的通式为 RO-(CH$_2$CH$_2$O)$_n$H，R 为 C8~10 烷基，n=6~8，具有耐酸、耐碱、耐硬水性及稳定性好，能与其他类型表面活性剂混用等优点]。壬基（或辛基）酚聚氧乙烯醚的氧乙烯基团数目为 3 ~ 4 时润湿性能最好。此外，聚氧乙烯聚氧丙烯嵌段共聚物、山梨糖醇（聚氧乙烯）脂肪酸酯、聚氧乙烯脂肪酸酯、聚乙烯吡咯烷酮等当结构适当时也可用做润湿剂。

以上讨论的都是以水为溶剂的润湿剂。在有机溶剂介质中润湿剂多用高分子类表面活性剂。

5.6 润湿剂的应用

5.6.1 矿物的泡沫浮选

矿物的泡沫浮选（flotation）问题早在 1915 年左右开始研究。泡沫浮选是利用泡沫将矿石中有用成分与泥砂、黏土等物分离，使有用矿物富集。例如，将矿石粉碎成细粉末，加水搅拌并吹入空气，于是产生气泡，有用的矿物粒子黏附于气泡而浮于矿浆表面，可以收集起来，其他成分则沉于底部舍弃。

大多数天然矿物表面是亲水的，易被水润湿，必须加入某种试剂使其表面疏水，才能使矿物细粒附着于空气泡沫上漂浮，这种试剂称为捕集剂。除了捕集剂，浮选还要使用起泡剂，其作用是使矿浆形成泡沫，以进行浮选分离。此外，有时还需要加入 pH 调节剂、抑制剂等，以达到对混合矿物进行选择性浮选的目的。浮选常用的起泡剂有松油、萜品醇等中等相对分子质量的醇类，以及樟脑油等。它们的价格较便宜且易得。许多重要的金属，如铜、钼等，在粗矿中的含量很低。因此在冶炼之前，必须设法提高矿苗中金属的含量，使这种矿有开采的经济价值。为达到此目的，浮选是最重要的手段之一[4,8]。

1. 固体颗粒浮游的条件

以浮游在水面上的涂了蜡的针为例来加以说明，如图 5-12 所示针的表面被涂上一层蜡后，其表面由高能表面变为蜡膜的低能表面即由亲水表面变成了疏水表面。

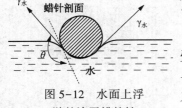

图 5-12　水面上浮游的涂了蜡的针

从图 5-12 中可以看到蜡针与水之间的接触角 θ>90°，液面受重力的影响形成凹液面，$\gamma_水$ 的合力产生的 Δp 的方向向上，与蜡针的重力方向相反。当蜡针处于：排开水的浮力和 $\gamma_水$ 的合力 Δp 与蜡针的质量相等时蜡针就能浮游在水面上。反之若 θ<90°，$\gamma_水$ 的方向指向水中，那么当浮力小于 $\gamma_水$ 的合力 Δp 与蜡

针的质量时，蜡针就会沉入水中。将洗衣粉加入水中就会使小蜡针沉入水中。因此固体颗粒能否浮游在液面，主要取决于接触角的大小。接触角的大小可通过加入表面活性剂来改变，因此可以控制固体颗粒浮游的条件。

2. 浮选剂

矿物浮选是借气泡浮力来浮游矿石的一种物质分离和选矿物技术，常称为固-固分离浮。它使用的浮选剂是由捕集剂、起泡剂、调节剂三类化学药剂按需要适当地配制的。其中的主成分必有捕集剂和起泡剂。

（1）捕集剂

捕集剂吸附到矿物表面，将亲水的矿物表面变为疏水的表面，以利于矿物易黏附于气泡上，就能使矿物粒子浮到液面上来。但浮选要能够对原矿石有分离作用，这就要求捕集剂必须有选择性地吸附，同时被吸附的捕集剂必须使质点表面憎水，以便空气气泡附着于矿物粒子上。因此，矿物的种类不同，所用的捕集剂也不一样。黄药是目前应用最广泛的硫化矿捕集剂，其通式为

$$R-O-\overset{\overset{S}{\|}}{C}-S-Me$$

R一般为乙基、丁基、异丙基、异丁甚、戊基、己基等；Me 为钠或钾，也有制成铵盐的。

其他常用的硫化矿捕集剂还有二烃基二硫代磷酸盐、烃基硫脲和烃基异硫脲等。

$$\begin{matrix} R-O \\ R-O \end{matrix} \overset{}{\underset{S}{P}}-S-Me$$

（二烃基二硫代磷酸盐）

目前金属化合物矿石用的捕集剂分阴离子捕集剂和阳离子捕集剂。阴离子捕集剂又分为硫氢化合物和氧氢化合物。硫氢化合物有黄原酸盐（二硫代碳酸盐，$R-O-\overset{\overset{}{C}}{\underset{\|}{S}}-M$）、

二硫代氨基甲酸盐 $R-\overset{}{\underset{R'}{N}}-\overset{}{\underset{S}{C}}-S-M$ 、二硫代磷酸盐$[(RO)_2PSSMe]$、巯基苯并噻唑

$C_6H_4\overset{N}{\underset{S}{\diagup\!\!\diagup}}C-S-M$ ，氧氢化合物有羧酸盐、烃基硫酸盐和烃基磺酸盐等。阳离子捕集剂

主要是胺类。硫氢化合物捕集剂适用于金属硫化矿的浮选，主要使用黄原酸盐和二烃基二硫代磷酸盐。硫氢化合物以外的捕集剂适用于氧化矿物、碳酸盐矿物的浮选，通常使用碳氢链长的捕集剂。主要捕集剂举例见表5-4。

（2）起泡剂

起泡剂是浮游选矿过程中必不可少的药剂，为了使有用矿物有效地富集在空气与水的界面上，必须利用起泡剂造成大量的界面，产生大量泡沫。在浮选时加入起泡剂，还能够防止气泡的并聚，也能延长气泡在矿浆表面存在的时间。

主要的起泡剂有：松油、粗甲氧基甲基苯酚、异丁基甲氧苄醇、聚乙二醇类、三乙氧基

丁烷、烷基苯磺酸钠、二聚乙二醇甲基叔丁基醚及三聚丙二醇甲醚等。

表 5-4 主要捕集剂举例[4]

名　　称	结　　构	名　　称	结　　构
阴离子捕集剂		2. 含氧化合物	
1. 含硫化合物		(1) 羧酸盐	$R—\overset{\displaystyle O}{\overset{\|}{C}}—O—M$
(1) 二硫代碳酸盐(黄原酸盐)	$RO—\overset{\|\|}{\underset{S}{C}}—S—M$①		
(2) 二硫代氨基甲酸盐	$R—\overset{R}{\underset{R'}{N}}—\overset{\|\|}{\underset{S}{C}}—S—M$	(2) 烷基硫酸盐	$R—O—\overset{\displaystyle O}{\underset{\displaystyle O}{\overset{\|}{\underset{\|}{S}}}}—OM$
(3) 二硫代磷酸盐	$\overset{R—O}{\underset{R—O}{}}P\overset{\|\|}{\underset{S}{}}—S—M$	(3) 烷基磺酸盐	$R—\overset{\displaystyle O}{\underset{\displaystyle O}{\overset{\|}{\underset{\|}{S}}}}—OM$
(4) 硫基苯并噻唑	$C_6H_4\overset{N}{\underset{S}{}}C—S—M$	阳离子捕集剂胺类	$R—\overset{H}{\underset{H}{N}}$

　　① M 表示 H、Na 或 K。

（3）调整剂

　　它是能够影响捕集剂吸附效果的化合物。调节剂像催化剂那样起的作用可正可负。使捕集剂的吸附增强时，调节剂叫活化剂。当其效应为负时叫抑止剂。调整剂常常是一些控制 pH 和能螯合多价金属阳离子的化合物，否则的话这些金属阳离子要与矿物颗粒表面争夺表面活性捕集剂。pH 不仅影响捕集剂的有效性，而且还影响到矿物颗粒的荷电性。氨水、石灰、CN^- 及 HS^- 离子也通常用作调节剂。

3. 矿物泡沫浮选的原理

　　矿物浮选是借气泡浮力来浮游矿石实现矿石和脉石的分离方法。它涉及到气、液、固三相，泡沫浮选可用图 5-13 来描述。

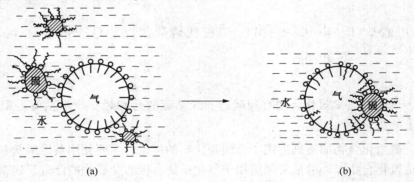

(a)　　　　　　　　　　(b)

图 5-13　矿物浮选过程示意图
○——发泡剂；〜〜——捕集剂

　　粉碎好的矿粉倒入水中，加入所需捕集剂，捕集剂以亲水基吸附于矿粉晶体表面晶格缺陷处或带有相反电荷处作定向排列，疏水基进入水相，矿粉亲水的高能表面被疏水的碳氢链形成的低能表面所替代，如图 5-12(a)所示，接触角 θ 会变大，矿粉有力图从水中逃逸出去的趋势。另一方面当水中加入发泡剂，在通空气时，就会产生气泡，发泡剂的两亲分子就会在气–液界面作定向排列，将疏水基伸向气泡内而亲水的极性头留在水中。在气–液界面形成的这种单分子膜使气泡稳定，如图5–13（a）所示。吸附了捕集剂的矿粉由于表面的疏水性，于是就会向气–液界面迁移，与气泡发生"锁合"效应，即矿粉表面的捕集剂会以疏水的碳氢链插入气泡内，同时起泡剂也可以吸附在固–液界面上进入捕集剂形成的膜内。也就是说在锁合过程中，由起泡剂吸在气–液界面上形成的单分子膜和捕集剂吸附在固–液界面上的单分子膜可以互相穿透形成的固–液–气三相的稳定接触将矿粉黏附在气泡上，如图5–13（b）所示。这样在浮选过程中气泡就可以依靠浮力把矿粉带到水面上，达到选矿的目的。

捕集剂黏附于矿石表面的机理大致有两类：一类是矿石颗粒表面和捕集剂离子间有某种键合作用。例如，浮选硫化矿石所用的黄原酸盐和浮选钙盐矿石或赤铁矿石等所用的油酸；另一类是捕集剂离子与矿石颗粒表面具有相反电荷时，依靠静电的相互作用而使捕集剂吸附在矿石表面上。例如，浮选氧化矿和硅酸盐矿所用的胺类或烷基硫酸盐等。

pH值对后一类捕集剂有明显的影响，它决定矿石表面电势的离子是H^+还是OH^-（即它会影响矿石表面所带电荷符号），同时也会影响捕集剂的离解度等。所以，在浮选氧化物矿石时，常需添加pH调整剂。这些矿石通常都分别有一特征等电点的pH值。当溶液的pH低于某矿石等电点pH时，该矿石所带的表面电荷为正，而高于等电点的pH时，则矿石带负电荷。刚玉（Al_2O_3）的等电点为9.4就是其中一例。在小于9.4的pH范围内，刚玉需用阴离子捕集剂十二烷基硫酸钠（SDS）进行浮选；如果在大于9.4的pH范围内，则不能用SDS浮选，只能采用阳离子捕集剂。由此说明pH调整剂本身可作为前者（pH<9.4）对于SDS是作为刚玉的表面活化剂而促进捕集剂的作用，或作为后者（pH>9.4）对于SDS是作为刚玉表面的抑制剂而阻碍捕集剂的作用。

除了pH调整剂在一定条件下可以作为浮选的抑制剂或活化剂之外，有时为了扩大不同种类矿石颗粒的浮游性差别以致分离混杂的矿石，常另添加一些药剂。例如，当不希望刚玉于pH<9.4范围内，在采用阴离子捕集剂（如SDS）捕集其他矿石时一起产生浮游，可以在其中添加Na_2SO_4，它能抑制刚玉的浮游，此时Na_2SO_4是抑制剂。倘若需用阳离子捕集剂十二烷基胺盐酸盐在酸性范围内浮游时，也可添加Na_2SO_4它能使刚玉在此溶液中具有浮游性，由此可知，Na_2SO_4在此条件下对刚玉起了表面活化剂的作用。这种现象的产生，大概是由于SO_4^{2-}在刚玉表面上具有特异的吸附性能（即使刚玉表面的电势从正变为负）。同理，在酸性溶液中添加SO_4^{2-}，或PO_4^-，可使TiO_2、$FeTiO_2$或$ZrSiO_4$等矿石表面活化而由胺类浮选，但对Fe_3O_4和石英等却不行。因此，就有可能对难以浮选分离的矿物进行分离。对于ZnS矿石的浮选，在pH=6.0的条件下，$CuSO_4$是表面活化剂，而氰化钠是抑制剂。

浮选矿物务必在浮选器中产生大量气泡，因此浮游液中需添加起泡剂。一般采用$C_{6\sim10}$左右的表面活性剂（例如含萜品醇$C_{10}H_{17}OH$的松油或含樟树脑$CH_3C_6H_9CC_2H_6$的樟脑油），它能使浮选器中产生的大量气泡稳定地存在而增加气–液表面，从而达到尽可能多地浮游欲浮选的矿石，且又可使离开浮选器的泡沫迅速地消失以免矿石流走。

5.6.2　织物防水防油

纺织品的使用范围越来越广阔，日常生活和工业用纺织品的要求也越来越高，经过特殊整理加工以后可具有防水、防油、易去污等性能。防水整理可分为不透气和透气两种，不透气的也称为涂层整理，它是在织物表面涂有不透水、不溶于水的连续薄膜，因此织物就不透气，用于制作帐篷、雨伞等。透气的防水整理也称拒水整理，是用表面活性剂，使纤维表面的亲水性变为疏水性，织物的纤维间和纱线间仍保存大量孔隙，这样的织物既防水又透气，适宜做雨衣。在日常生活中织物不可避免地会遇到油类，包括油污，污染后将影响织物色泽、手感等性能，需要使用表面活性剂使纤维表面改性，进行防油整理[12]。经过化学整理过的亲水性织物和疏水性织物在水中洗涤过程中容易发生湿沾污，而且沾污后不易洗净，也要经过表面活性剂处理进行易去污整理(SR整理，soil release)。

1. 织物的防水

塑料薄膜和油布制成的雨衣，最大的缺点是不透气，穿久了很不舒服，对于长期从事露天作业的人员是一个严重问题。将纤维织物用防水剂进行处理，可使处理后的纤维表面变为疏水性，具有防水性而空气和水蒸气的透过性不受阻碍。

织物防水问题实际上就是孔性固体表面渗透现象，即伴随着毛细现象发生。防水织物由于表面的疏水性使织物与水之间的接触角 $\theta > 90°$，在纤维与纤维间形成的"毛细管"中的液面成凸液面，凸液面的表面张力的合力产生的附加压力 $\Delta p_{凸}$ 的方向指向液体内部因此有阻止水通过毛细管渗透下来的作用，如图5-14(a)所示。与此相反如图5-14(b)所示，非防水织物的表面是亲水性的，织物与水之间的接触角 $\theta < 90°$，纤维间"毛细管"中的液面为凹液面，凹液面的表面张力合力产生的附加压力 $\Delta p_{凹}$ 指向气相有利于液体通过毛细管渗透下来，以上现象我们也可用 $\Delta p = \dfrac{2\gamma\cos\theta}{r}$ 来解释，防水织物中 $\theta > 90°$，$\Delta p < 0$ 为负值，与液体渗透的方向相反阻止液体的渗透。在非防水织物中 $\theta < 90°$，$\Delta p > 0$，与液体渗透方向同向，有拉动液体渗透的作用。织物的防水处理后因仍保留多孔性结构，因此仍有良好的透气性，因为有孔存在，因此防水织物只能说有防水作用，而不能说不透水，当施以足够的静压，水仍然可以通过。

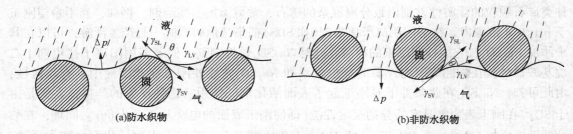

图5-14　接触角对织物防水性的影响

显然，用具有较小临界表面张力和较大接触角的物质作为拒水整理剂，使纤维表面改性，可以获得满意的拒水性。性能比较好的如甲基氢硅酮(ET-4-0011)、氟代丙烯酸酯(FC-208)以及它和甲基丙烯酸酯-丙烯酸乙酯共聚物。它们的临界表面张力分别为27mN/m、5mN/m和47mN/m。防水整理是在织物表面进行防水整理，必须使整理纤维表面的临界表面张力低于水的表面张力，但是透气性织物必须考虑毛细管现象的影响。由于毛细管现象产生润湿，织物表面的防水整理剂的临界表面张力比它们的薄膜表面高出约20mN/m，所以要防水性好就要求水在织物上不产生毛细管现象。因为毛细管现象是浸渍润湿在 $\theta < 90°$的条件下所产生的现象，因此必须使被整理的纤维表面对水的接触角 $\theta > 90°$。另外，防水整理剂在纤维素表面不可能完全整齐排列，希望整理剂有规则排列，分子末端(甲基氧硅酮、二甲基硅酮的—CH_3、氟代丙烯酸酯的—CF_3、—CF_2—)都在外层，防水效果好。如果整理剂分子成弯曲状甚至倒伏在纤维表面，拒水基不在表面，防水效果下降。所以防水整理剂的浓度要高些，使防水整理剂整齐排列在表面上。

2. 防油

纤维的防油与防水机理是一样的，不同的是防水处理是形成充填—CH_3基团的表面层或长碳氢链的疏水层，防水剂的结合方式可以是化学键也可以是非化学键。纤维的防油处理是形成充填—CF_3基团的表面层，采用全氟碳化合物，使经处理后的临界表面张力 γ_c 低于油的表面张力。有代表性的处理剂是 1，1-二氢全氟烷基聚丙烯酸酯。当烷基为—C_3F_7时处理棉布防油率可达 90，有防油效果（最高为 150），当烷基为-C_9F_{19}防油率可达 130。

3. 易去污整理和防污

易去污整理是使油污不易附着在纤维上，且使油污容易洗掉的整理，前者单纯是"纤维-油污-气体"体系，而后者是"纤维-油污-水"体系。由于在水中的纤维和油污的界面行为与空气中不同，易去污整理以前者为主。

对于纤维而言，合成纤维的临界表面张力比纤维素纤维小，在空气中的拒油性比纤维素纤维强，但在水中洗涤时不易去除油污。而在合成纤维中，极性强的（如尼龙 66）临界表面张力比极性弱的（如聚酯）大，在空气中的拒油性不强，但洗涤时，比极性弱的易去污，所以经过防水、防油整理的棉纤维比未整理棉纤维或经亲水性整理的合成纤维织物，在洗涤时油污不易脱落。因此，必须在水中拒油性大的，即在水中临界面张力小的油污才容易脱落，其原因可以由 Young 方程解释。

易去污整理剂在其分子结构中应当是既含有全氟烷基丙烯酸酯的拒油性基团，以保证整理织物在空气中具有防油、防污作用，并含有亲水基团，如羟基、羧基、聚氧乙烯链等，赋予整理织物以一定亲水性，以增进在水中洗涤时的易去污性。同一物质的两种基团在不同的环境中会改变其分子的排列，在空气中拒油性链排列在表面上具有拒油性，在水中亲水性链排列在表面而具有亲水性，以利于油污去除。这种整理剂是两种单体进行嵌段共聚或接枝共聚而成，如 FC-218 和 AG-780（Asahigard AG-780）。

5.6.3 润湿剂在农药中的应用

农作物的病虫害是影响农业收成的重要原因之一，防治病虫害，通常采用喷洒农药的方法。农药的品种很多，根据它们的防治对象，大致可分为杀虫剂、杀菌剂、除虫剂、灭鼠剂、植物生长调节剂等。其中杀虫剂被应用最多，用于水稻、棉花、蔬菜、果树等的病虫害防治。

许多植物和害虫、杂草不易被水和药液润湿，不易黏附、持留，这是因为它们表面常覆盖着一层疏水蜡质层，这一疏水蜡质层属低能表面，水和叶面肥料在上面会形成接触角 $\theta > 90°$ 的液滴。加之蜡质层表面的粗糙会使 θ 进一步增大，造成叶面肥料对蜡质层的润湿性不好，因而含有杀虫剂的液滴很难在植物或昆虫表面上浸润或黏附，因而达不到杀虫的目的。为了充分发挥药效，选择润湿渗透力强的润湿渗透剂，显然是十分必要的。根据杨氏方程：$\gamma_{SV} - \gamma_{SL} = \gamma_{LV} \cos\theta$，其中 γ_{SV} 表示疏水蜡质层的表面张力（表面能）；γ_{SL} 为叶面肥料与蜡质层间的界面张力；γ_{LV} 为叶面肥料的表面张力；θ 为叶面肥料在蜡质层上形成的液滴与蜡质层间的接触角。如图 5-15 所示。

（a）药液中未加润湿剂时，药液在蜡质层上形成的接触角 $\theta > 90°$；（b）和（c）药液中加入润湿剂后，药液在蜡质层上形成的接触角分别为 $\theta < 90°$ 和 $\theta = 0°$。

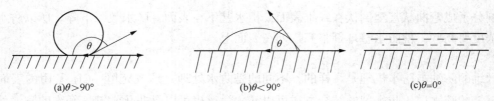

(a)θ>90°　　　　　　(b)θ<90°　　　　　　(c)θ=0°

图 5-15　药液在蜡质层上的接触角 θ 的变化

图 5-15 表明加入润湿剂后,药液在蜡质层上的润湿状况得到改善甚至可以在其上铺展。其作用机理如图 5-16 所示。

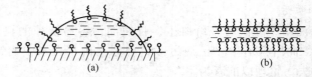

(a)　　　　　　　　(b)

图 5-16　表面活性剂在蜡质层和药液表面的吸附对接触角的影响
(a)药液在润湿剂形成的定向吸附膜上的液滴 θ<90°;(b)药液在润湿剂形成的定向吸附膜上铺展 θ=0°

当药中添加了润湿剂后,润湿剂会以疏水的碳氢链通过色散力吸附在蜡质层的表面,而亲水基则伸入药液中形成定向吸附膜取代了疏水的蜡质层[4,14]。由于亲水基与药液间有很好的相容性所以 γ_{SL} 下降。润湿剂在药液表面的定向吸附也使得 γ_{LV} 下降。为了维持杨氏方程两边相等,$\cos\theta$ 必须增大,接触角减小,这样药液润湿性会得到改善,如图 5-17 所示,随表面活性剂在固-液和气-液界面吸附量的增加 γ_{SL} 和 γ_{LV} 会进一步下降,接触角会由 θ>90°变到 θ<90°甚至 θ=0°,使药液完全在其上铺展。Fox 和 Zisman 研究发现,液体在同一固体表面的接触角随其表面张力降低而减小。因此,通过研究农药的表面张力可相应地反映出其润湿性能。

另一问题是关于药液的渗透问题。由于植物、害虫和杂草的表面有很多的气孔,因此我们可以把药液在植物、害虫和杂草表面的润湿问题看成是多孔型固体的渗透问题。渗透问题实际上是一种毛细现象。

依据 Young-Laplace 和 Young 方程

$$\Delta p = \frac{2\gamma_{LV}\cos\theta}{\gamma} = \frac{2(\gamma_{SV}-\gamma_{SL})}{\gamma} \tag{5-20}$$

毛管力 Δp 是渗透过程发生的驱动力。当药液中未加入渗透剂时,药液在蜡质的孔壁上形成的接触角 θ>90°。药液在孔中形成的液面为凸液面,$\Delta p<0$,方向指向药液内部,起到阻止药液渗入孔里的作用,如图 5-17(a)所示。

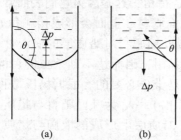

(a)　　　　(b)

图 5-17　药液在气孔中的流动状态
(a)未加入渗透剂药液在孔中形成凸液面;
(b)加入渗透剂后药液在孔中形成凹液面

孔径越小这种阻力越大,使药液难以渗入孔中。在药液中加入渗透剂后,渗透剂会在孔壁上形成定向排列的吸附膜以疏水基吸附在蜡质层孔壁上,亲水基伸向药液内,提高了孔壁的亲水性,使药液在孔壁上的接触角 θ 减小,同时渗透剂在药液表面的吸附使 γ_{SLV} 也降低,更促使药液的接触角 θ 进一步减小。随着渗透剂在孔壁和药液表面上吸附量的增加,接触角会由 θ>90°变至 θ<90°,毛管力由 $\Delta p<0$ 变为 $\Delta p>0$,药液的表面由凸液面变为凹液面。Δp

与药液扩展方向一致起到促进药液渗透的作用，如图5-17（b）所示。若$\theta = 0°$则药液可在孔壁中完全铺展。

5.6.4 剩余石油的开采

在原油开采过程中，经过一次和二次开采，也只能采出储量的40%~50%，地层中仍然有大量的剩余油没有开采。这些剩余油一般是存在于多孔性砂岩的毛细管中，原油与砂岩的接触角一般都大于水和砂石的接触角。因此，可以通过水井向地下砂岩层注入表面活性剂水溶液，进一步提高砂石的润湿性，把黏附在砂石上的原油驱赶下来，并增溶于表面活性剂的胶束中，然后将油水混合物驱出地层[15,16]。表面活性剂驱油的原理如图5-18所示。

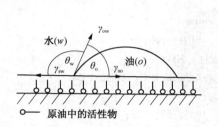
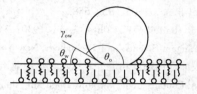

(a) 在吸附了原油中活性物的岩石
孔壁上油滴的接触角$\theta_o < 90°$

(b) 加入了润湿剂后油滴的接触
角$\theta_o > 90°$

图5-18 表面活性剂驱油原理

由图5-18（a）可以看出，当岩石孔壁上吸附了原油中活性物后，由于活性物以极性头吸附在岩石孔壁的高能表面上，因此孔壁被亲油的非极性链形成的膜所覆盖，因此与原油的相容性好，于是残油在其上形成了接触角$\theta < 90°$的油滴，而不易被水流带走给注水驱油造成困难。此时的平衡状态可由杨氏方程表示。

$$\gamma_{so} = \gamma_{sw} + \gamma_{ow}\cos\theta_w \qquad (5-21)$$

当注入表面活性剂水溶液后，表面活性剂吸附于油水界面使γ_{ow}降低，同时也可以通过疏水吸附于水与原油中活性物形成的膜间的界面上，亲水基伸进水相使γ_{sw}降低，而水溶性的润湿剂因不能溶于原油中不能吸附于原油与原油中活性剂形成的膜间的界面上，所以γ_{so}维持不变，为了满足式（5-22）的平衡只有使$\cos\theta_w$增大，因此θ_w变小，$\cos\theta_w$变大。于是油滴就"卷缩"成接触角$\theta_o > 90°$的油滴，如图5-18（b）所示而容易被水流带走，提高了水驱油的效率。

表面活性剂驱的主剂为表面活性剂，一般主要用石油磺酸盐。为了提高石油磺酸盐耐盐和耐高价金属离子的能力，可通过与下列表面活性剂的复配达到。

① 乙烯基磺酸盐，如 R—CH=CH—R′SO_3M；

② 阴离子-非离子表面活性剂，如：

$$R{-}O{\overset{CH_3}{\overset{|}{(CH_2{-}CH{-}O)}}}_m(CH_2CH_2O)_nR'SO_3M,$$

$$R{-}O{\overset{CH_3}{\overset{|}{(CH_3{-}CH{-}O)}}}_m(CH_2CH_2O)_nR'COOM$$

5.6.5 润湿反转剂

润湿反转剂是指能改变油层表面润湿性的化学剂。在酸化中它主要用于油井。酸液中的缓蚀剂在油井近井地带吸附可将油层的亲水表面反转为亲油表面，减小了地层对油的渗透性，影响酸化效果。可用润湿反转剂消除这种影响。表面活性剂型润湿反转剂是常用的润湿反转剂，它主要通过在油层表面吸附第二吸附层而起润湿反转作用。例如可用聚氧乙烯聚氧丙烯烷基醇醚与磷酸酯盐化的聚氧乙烯聚氧丙烯烷基醇醚的混合物作酸化的润湿反转剂[17]。

参 考 文 献

1　YoungT. Phil Jrans，1805，95：6582

2　Osterhof H J，Bartell F E. J Phys Chem，1930，34：1399

3　MyersD. Surfactant Science and Technology. New York：VCH，1992

4　徐燕莉. 表面活性剂的功能. 北京：化学工业出版社，2000

5　Zisman W A. Contact angle wet ability and adhesion. Washington D C：ACS，1964

6　Fox H W，Zisman W A. J Colloid Sci，1952，7：109；

7　Ellison A H，Fox H W，Zisman W A. J Phys Chem，1953，57：622；

8　赵国玺，朱步瑶. 表面活性剂作用原理. 北京：中国轻工业出版社，2003

9　Hare E F，Ziaman W A. J Phys Chem，1955，59：335

10　肖建新，赵振国. 表面活性剂应用原理. 北京：化学工业出版社，2002

11　杜巧云，葛红. 表面活性剂基础与应用. 北京：中国石化出版社，1996

12　陈荣圻. 表面活性剂化学与应用. 北京：纺织工业出版社，1990

13　Fowkes F M，Harkins W D. J Am Chem Soc，1940，62，3377

14　韩效钊，王雄，孔祥云，钱佳，甘世林. 磷肥与复肥，2001，16(6)：13～15

15　赵福麟. 调剖剂与驱油剂. 油气采收率技术，1994，1(1)：1～5

16　Ovalles C，Bolivar R，Cotte E，et al. Fuel，2001，80：575～578

17　Crema S C. Acidizing concentrates for oil well acidzing system. US4676916，1987

第6章 乳 状 液

乳状液(emulsion)在食品、农药、医药、化妆品、化工、机械加工、能源、环保等各领域有广泛的应用，如牛奶、冰激凌、乳型剂农药和药品、化妆品、涂料、金属切削油、钻井液、提高采收率、乳化沥青等都是乳状液或以乳化形式应用的。乳状液在工业、农业、医药和日常生活中都有极广泛的应用。

乳状液是一个多相液液分散体系，其中至少有一种液体以液珠的形式分散于一个不与它混合的液体之中，液珠直径一般在 $0.1\sim10\mu m$，热力学不稳定体系的稳定度可因有表面活性剂或固体粉末而大大增加。乳状液属于粗分散体，由于体系呈现乳白色而被称为乳状液。在乳状液体系中，以液珠形式存在的相叫作内相，也称为不连续相；把另外的、连成一片的相叫作外相，也称为连续相。

组成乳状液的两相中，有一相是水或水溶液，被称为水相，另一相是与水不相混溶的非极性液体，通常称为"油"相。按照水相和"油"相在乳状液中所处的不同地位，通常把乳状液分为三种类型[1]。一种是油作内相、水作外相，称为水包油乳状液，记为 O/W (/表示油水界面；/的右下是外相，即连续相；/的左上是内相，即非连续相)；第二种类型的乳状液是油作外相，水作内相，称为"油"包水乳状液，记为 W/O。还有另一类更复杂的多重乳状液，在这种乳状液体系内，分散相的液滴中包含有连续相液体的细小液珠，它们也可分为二类：一类是油分散在水相中，而油滴相中又有小水珠，称为水包油包水型多重乳状液，用 W/O/W 表示；另一类是水分散在油相中而水滴中又含有小油珠，称为油包水包油型多重乳状液，用 O/W/O 表示。多重乳状液可用于分离有机烃，处理废水，固定酶，延长药物释放等方面。乳液的各种类型见图 6-1。

O/W型　　　　W/O型　　　　W/O/W型　　　　O/W/O型

图 6-1　乳液的各种类型

两种不相溶的液体无法形成乳状液，比如，纯净的油和水放在一起搅拌时，可以用强力使一相分散在另一相中，一旦停止搅拌，很快又分成两个不相溶的相，以使相界面达到最小，必须加入第三组分，该组分在两界面上吸附、富集，形成稳定的吸附层，使分散体系的不稳定性降低，形成具有一定稳定性的乳状液。加入的第三组分就是乳化剂。能使油水两相发生乳化，形成稳定的乳状液的物质就叫乳化剂(emulsifier)。乳化剂可以是表面活性剂、高分子、天然产物和固体粉末，但最常用的乳化剂是表面活性剂。

6.1　乳状液的性质

乳状液是一种液体以液珠的形式分散于另一种液体中形成的多相分散体系。乳状液的物理性质涉及以下几个方面：颗粒大小及其分布、乳状液的光学性质、黏度及电性质。

6.1.1 颗粒大小及分布

乳状液中的液珠大小并不是完全均匀的，而是各种大小的皆有，并且有一定的分布，可用一分布曲线表示，如图 6-2 所示。

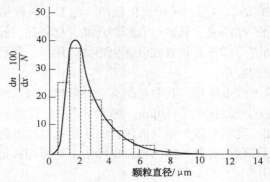

图 6-2 乳状液的颗粒大小分布(纵坐标为在各种尺寸范围内的液珠的百分数)[1]

乳滴粒径大小及其分布是乳状液的最重要性质之一，是衡量乳状液质量的重要指标。质点大小分布随时间的变化关系，可以用来衡量乳状液的稳定性。一般随时间的增加，小质点易变为大质点，即分布曲线的最大值随时间的增加向质点变大的方向移动，而且质点分布更加分散些，这说明乳状液的稳定性变差了。但在有些情况下，质点虽然随时间的增加而变大，但变得更加均匀，即乳状液质点大小的分布更加均匀，这说明乳状液更加稳定了。乳状液中的小质点易发生聚沉，小质点可以发生布朗运动(质点直径在 3μm 以下)，使小质点碰撞的机会增加，也就增加了聚沉速度，聚沉到一定程度后，布朗运动的影响就不重要了，但是布朗运动对小液珠的稳定性仍是不利的。乳剂粒径的测定方法有：

① 显微镜测定法

测得大量乳滴的直径以及直径为 d 的乳滴数 n 则乳滴平均直径 D_m 可由下式计算：

$$D_m = (\Sigma n_i d_i^3)^{1/3}/n \tag{6-1}$$

② 库尔特计数器(coulter counter)测定法。

③ 激光散射光谱(PCS)法：测定范围在 0.01~0.5 μm。

④ 透射电镜(TEM)法：测定范围在 0.01~20 μm。

6.1.2 乳状液的光学性

乳状液液珠质点的大小直接影响乳状液的颜色和外观。由此我们可以根据乳状液的外观和颜色来判断液滴粒径的分布情况。根据经验，把乳状液的外观与分散相液珠的大小之间的关系列于表 6-1 中。

表 6-1 乳状液液滴大小与外观[2]

液滴大小	外观	液滴大小	外观
大滴 >1μm	可分辨出有两相存在 乳白色乳状液	0.05~0.1μm <0.05μm	灰白色乳状液 透明
0.1~1μm	蓝白色乳状液		

乳状液是多相体系，由于分散相和分散介质的折射率和色散率不同，当光照射在分散质点上时，会发生折射、反射、散射等现象。当液珠直径远大于入射光波长时，主要发生光的反射。当液珠直径远小于入射光波长时，则光可以完全透过，体系为透明状。当液珠直径稍大于入射光波长时，则有光的散射现象发生，体系呈半透明状。一般乳状液，液珠直径大小为 0.1~10μm，可见光波长为 0.4~0.8μm，故乳状液中光的反射比较显著。因此，一般乳状液是不透明的，呈现乳白色，这就是乳状液的质点大小与外观特征。

如果液珠的粒径在 0.05~0.1μm，即略小于入射光波长时，有散射现象发生，体系呈半透明状。实际上，当乳状液的液珠粒径小于 0.1μm 时，体系已变为微乳液体系，性质上与乳状液有很大的不同。

6.1.3　乳状液的黏度

乳状液是一种流体，所以黏度为其重要性质之一。影响乳状液黏度的因素有：内外相的黏度，内相的体积分数，液珠的粒径及乳化剂的性质等。

对于液滴大小不超过几个 μm，液珠是由黏性与弹性膜包围的极稀乳状液，其液珠性质近似于刚性球体，乳状液黏度可用 Einstein 公式表示：

$$\eta_r = \frac{\eta}{\eta_0} = 1 + 2.5\phi \qquad (6-2)$$

式中　η_r——相对黏度；

$\quad\quad\eta$——乳状液黏度；

$\quad\quad\eta_0$——分数介质的黏度。

对于大多数用离子型乳化剂形成液态吸附膜的乳状液，即使内相体积分数很低，式(6-2)的应用也受到限制，因为此时乳状液的分散相不能看作刚性球体。若考虑到液珠形变和内相黏度的影响[3~6]，对式(6-2)修正后，可得到式(6-3)：

$$\eta_r = \frac{\eta}{\eta_0} = 1 + 2.5\left(\frac{\eta_i + \dfrac{2}{5}\eta_0}{\eta_i + \eta_0}\right)\phi \qquad (6-3)$$

式中　η_i——内相黏度。

该式适用于 η_r 在 1~6 之间，ϕ 最高到 0.16 的体系。

当 ϕ 增加到 0.2 或稍高时，液滴的相互作用导致 η_r 以 ϕ 的高次方出现。

$$\eta_r = 1 + a\phi + b\phi^2 + c\phi^3 + \cdots \qquad (6-4)$$

式中，a，b，c 为常数，a 的理论值为 2.5，b 的数值在 0~10 之间。

乳状液黏度除受分散介质黏度和分散相浓度的影响外，质点的大小及分布也影响乳状液黏度，颗粒大小分布窄的乳状液比分布宽的黏度高；乳化剂及乳化剂所形成的界面膜的性质，以及界面膜所带的电荷都对乳状液黏度有影响。

6.1.4　电性质

乳状液的电性质主要决定于乳状液的外相。O/W 型乳状液比 W/O 型乳状液的电导大。液珠的带电性主要取决于乳化剂的类型，对于 O/W 型乳状液，乳化剂为离子型表面活性剂时，油珠所带电性质由表面活性剂的种类决定。阴离子型表面活性剂作乳化剂，则油珠带负电。若乳化剂为阳离子型表面活性剂，则油珠带正电。

6.2 乳状液的类型鉴别和影响因素

6.2.1 乳状液的类型鉴别

乳状液类型分为 O/W 和 W/O 两种类型。根据"油"与"水"的不同性质，可以采用一些简便的方法对乳状液的类型加以鉴别。

1. 稀释法

乳状液能与其外相液体相混溶，凡能与乳状液混合的液体应与外相相同，因此，可用水或"油"对乳状液作稀释试验，如果被水稀释，说明是 O/W；如果被"油"稀释，说明是 O/W 型。例如牛奶可以被水稀释，而不能被植物油稀释，所以牛奶是 O/W 乳状液。

2. 染色法

将少量的油溶性染料加入乳状液中予以混合，若乳状液整体带色，则为 W/O 型；若只有液珠带色，则为 O/W 型。若用水溶性染料，则情形相反。常用的"油"溶性染料是苏丹Ⅲ、油溶绿等；常用的水溶性染料是亮蓝 FCF、酸性红 GG 等。同时用"油"溶性和水溶性染料对乳状液进行试验，可以提高鉴别的可靠性。

3. 电导法

大多数油的电导性差，而水的电导性较好。对乳状液进行电导测量，可以鉴别其类型。电导测量是定性的，导电性好的是 O/W，导电性差的是 W/O。

4. 滤纸润湿法

对于某些重油与水的乳状液可以用此法。把待测乳状液滴于滤纸上，若液体快速铺开，在中心留一小滴油，则为 O/W 乳状液；若不铺开，则为 W/O 乳状液。但此法对某些易在滤纸上铺开的油(如苯、环己烷、甲苯等)所形成的乳状液则不适用。

除以上四种方法外，还有折射率法、黏度法、荧光法等。总之，仅使用一种方法，往往有一定的限制。故对乳状液类型的鉴别应采用多种方法，互相印证，才能得到正确的、可靠的结果。

6.2.2 影响乳状液类型的因素

乳化两种相互不溶的液体时，究竟是生成 O/W 型还是 W/O 型的乳状液？决定和影响乳状液类型的因素很多，如油与水的量比、温度、乳化剂的种类，乳化过程和方式，器壁性质，添加剂的性质等。其中尤以乳化剂的性质和结构特点最为重要。

1. 相体积

相体积理论是奥斯特瓦德(Ostwald)于 1910 年从纯几何概念提出的[7]。若乳状液分散相的液滴是大小均匀的圆球，并且不可变形，则可计算出最紧密堆积时[如图 6-3(a)所示]液滴体积(分散相体积)占总体积的 74.02%，其余的 25.98% 应为分散介质。若分散相的体积大于 74.02%，乳状液就会发生破坏或变型[8]。按此计算结果，若水的体积大于 74%，水一定是外相，形成 O/W 乳状液；若水相体积<25%，水只能是内相，形成 W/O 乳状液；若水相体积在 26%~74% 之间，O/W 型和 W/O 型均可以形成。橄榄油在 0.001mol/LKOH 水溶液中的乳化就服从这个规律[9]。但是分散相液珠不一定是均匀的球，多数情况下是不均匀的[如图 6-3(b)所示]，有时液滴可以变形，成为多面体形[图 6-3(c)]，于是相体积和乳状

液类型的关系就不能限于上述范围了，在图 6-3（b）和（c）的情形中，内相体积可以大大超过 74%。当然，制成这种类型的乳状液，并使之稳定，是不容易的。尤其是（c）的情况。在液液体积相同的情况下，液滴以球形表面积最小，呈多面体形是不稳定的。欲制出内相为多面体形，并有一定稳定性的乳状液，需要使用相当量的、高效的乳化利和特殊的乳化设备。

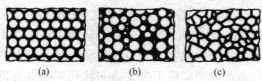

(a)　　　　　(b)　　　　　(c)

图 6-3　乳状液的几种外形[10]

2. 乳化剂的分子构型

乳化剂在分散相和分散介质间的界面上形成定向的吸附层。经验表明，钠、钾等一价金属的脂肪酸盐作乳化剂时容易形成水包油型乳状液，如图 6-4(a)所示，极性基团伸向水相，非极性基团伸向油相。从液珠的曲面和乳化剂定向分子的空间构型考虑，有较大极性头的一价金属有利于形成 O/W 乳状液，而钙、镁等二价金属皂易生成 W/O 乳状液。基于乳化剂在界面定向吸附和分子空间构型的考虑，较小的极性头朝内相，内相为水相；较大的烃链朝外相，外相为油相。因此，大的碳氢链的二价金属皂作乳化剂，易形成 W/O 乳状液，如图 6-4(b)所示，乳化剂在界面的定向排列就像木楔一样插入内相故名为"定向楔"理论。1917年，Harkins 提出"定向楔"理论[10~12]。

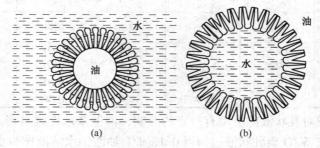

(a)　　　　　　　　　　(b)

图 6-4　乳化剂对乳状液类型的影响[10]

(a)一价金属皂对 O/W 乳状液的稳定作用；(b)二价金属皂对 O/W 乳状液的稳定作用

该理论可与许多事实相符，但也有例外。如银皂作乳化剂时，按"定向楔"理论应生成 O/W 型乳状液，但实际上却生成 W/O 型乳状液。另外，此理论在原则上有不足之处，即乳状液液滴大小比起乳化剂分子来要大得多，因此，液滴的曲面对于其定向的分子而言，实际上近于平面(并不像图 6-4 表示的那样有明显的曲面)。因此，乳化剂分子两端的大小与乳状液类型的相关性就不那么密切了。再者，钾皂、钠皂的极性头(—COONa、—COOK)的截面积实际上比碳氢链的截面积要小些，却能形成 O/W 乳状液液，亦与"定向楔"理论不相符。

3. 乳化液的溶解度

1913 年，溶解度规则是由邦克罗夫(Bancroft)提出来的[13]。他认为油水两相中，对乳化剂溶度大的一相成为外相。因为溶度大表示乳化剂与该相的相容性好，相应的界面张力必然较低，$\gamma_{膜-油} > \gamma_{膜-水}$ 时得到 O/W 型乳状液，$\gamma_{膜-油} < \gamma_{膜-水}$ 时得到 W/O 型乳状液，体系的稳定性好。因此，易溶于水的乳化剂，其 HLB 值在 8~18 之间，易形成 O/W 乳状液；易溶于油

者的乳化剂，其 *HLB* 值在 3~6 之间，则易形成 W/O 乳状液。

对于固体粉末作为乳化剂同样一样，当接触角 $\theta < 90°$ 时，固体粉末大部分被水润湿，则容易形成 O/W 乳状液；当接触角 $\theta > 90°$ 时。固体粉末大部分被油润湿，则容易形成 W/O 乳状液；当接触角 $\theta = 90°$ 时，固体粉末不容易被水和油润湿，形成不稳定的乳状液。

实践证明溶解度规则有相当大的普遍性。溶解度规则不仅可以用来解释以水溶性好的碱金属皂作为乳化剂能形成 O/W 乳状液，同时还可以解释以水溶性不好的银皂作乳化剂时只能形成 W/O 乳状液的原因。也可以说明二价与三价金属皂由于亲油性好，以它们作为乳化剂都形成 W/O 乳状液。但是此规则应用于带支链的乳化剂时常有例外，因为这类乳化剂大多只能形成 W/O 型乳化剂。

从动力学观点考虑，可以认为在油/水界面膜中，乳化剂分子的亲水基是油滴聚结的障碍，而亲油基则为水滴聚结的障碍。因此，若界面膜乳化剂的亲水性强，则形成 O/W 乳状液；若疏水性强则形成 W/O 乳状液[14]。

4. 乳化方法和乳化器材质

乳状液的制备方法和乳化器壁性质对乳状液的类型也有一定的影响（表 6-2）。例如 0.01mol/L 的双十八烷基氯化铵为乳化剂乳化水-辛烷混合物，用混合法可得到 O/W 型乳状液，用螺旋搅拌法可得到 O/W 型乳状液。

表 6-2　乳化器壁性质对乳状液的类型的影响[15]

水相 ＼ 油相 ＼ 容器	煤油		变压油		石油	
	玻璃	塑料	玻璃	塑料	玻璃	塑料
蒸馏水	O/W	W/O	O/W	W/O	O/W	W/O
0.1mol/L 油酸钠	O/W	O/W 或 W/O	O/W	W/O	–	–
0.1%环烷酸钠	O/W	W/O	O/W	W/O	O/W	W/O
2%环烷酸钠	O/W	O/W	O/W	O/W	O/W	O/W

乳化器壁的性质对乳状液的类型有一定的影响，器壁亲水性强易形成 O/W 型；而器壁若亲油性强则易形成 W/O 型乳状液。如以 0.1mol/L 油酸钠水溶液作为水相，油相为变压器油，乳化器材质为玻璃可形成 O/W 型乳状液，若乳化器材质为塑料则形成 W/O 型乳状液。如以浓度为 0.1%的环烷酸作水相，变压器油作油相，乳化器材质为玻璃时形成 O/W 乳状液，乳化器材质为塑料形成 W/O 型乳状液，这与上述规律也是相符的。但若把环烷酸的浓度由 0.1%增加到 0.2%时，在玻璃和塑料材质上均形成 O/W 型乳状液，这说明乳化剂的浓度对形成的乳状液类型起重要作用。当乳化剂用量足以克服乳化器材质的润湿性质所带来的影响时，形成乳状液的类型取决于乳化剂自身的性质而与器壁的亲水亲油性无关。

一般说来，润湿器壁的液体在器壁上附着，形成一连续层，搅拌时，这种液体往往不会分散成液珠作为内相。Davies 用玻璃、聚四氟乙烯及有机玻璃等材料制成乳化器，对乳状液的类型及变型进行研究，也发现了材料的亲水性对乳状液类型有影响。

5. 聚结速度的影响

聚结速度理论是 Davies 于 1957 年提出来的[16]。他认为，在乳化剂、油、水一起摇荡时，油相与水相都破裂成液滴，聚结速度快的那一相将成为连续相，如果两相的聚结速度相近时，体积大的相将形成连续相。

液滴聚结速度的快慢，又依赖于乳化剂的亲水亲油性质，因为乳化剂的亲水部分构成阻碍油滴聚结的势垒，因此乳化剂的亲水性强，就会使油滴的聚结速度减慢，而水滴的聚结速度就会明显的大于油滴的聚结速度，最终使得水成为连续相，形成O/W型乳状液。反之，乳化剂的亲油部分构成阻碍水滴聚结的势垒，阻止水滴的聚结，使油珠的聚结速度大于水珠的聚结速度，最终形成W/O型的乳状液[图6-5(a)、(b)]。

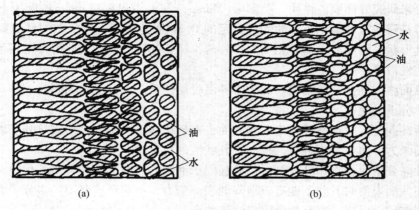

图6-5　乳状液的形成过程示意图[10]

6.3　乳状液的稳定性

乳状液是一种多相分散体系，是一种热力学不稳定体系，液珠有自动聚结的趋势[17,18]。乳状液中液滴聚结成大液滴，最终破乳，这一过程主要与以下因素有关：界面膜的物理性质，液滴间静电排斥作用，高聚物膜的空间阻碍作用，连续相的黏度，液滴大小与分布，相体积比，温度等。在这些因素中以界面膜的物理性质、电性作用和空间阻碍作用最为重要。

6.3.1　界面张力

乳状液存在着很大的界面，体系的总表面能较高，这是乳状液成为热力学不稳定体系的原因，也是液珠发生凝并的推动力。因此，低的界面张力有助于乳状液的稳定性，达到此目的的有效方法就是加入表面活性剂。表面活性剂分子定向吸附在油/水界面上，使界面能降低，防止了油或水聚集。例如，煤油与水的界面张力为 $4.9 \times 10^{-2} N/m$ 以上，在其中加入少量的表面活性剂，界面张力可以降低到 $2.8 \times 10^{-2} N/m$ [19]。显然，对于界面张力下降到如此之低的体系，把"油"分散在水中，或反之，都容易得多，所需作的功比无表面活性剂时甚至可减少100倍以上，分散了的液珠再聚结也就相对困难。

界面张力的高低，表明乳状液形成的难易，加入表面活性剂，使体系的界面张力下降，是形成乳状液的必要条件。而对于高分子表面活性剂作乳化剂形成的界面膜的界面张力较高，却能形成十分稳定的乳状液。因而，降低界面张力对乳状液稳定性是一个有利因素，但不是决定因素。

6.3.2　界面膜

当表面活性剂浓度较低时，界面膜强度较差，形成的乳状液不稳定。表面活性剂浓度增加到一定浓度，能够形成致密的界面膜，膜的强度增大，液珠聚结时受到的阻力增大，这时的乳状液稳定性较好。

界面膜的两侧膜(水侧膜和油侧膜)存在两个表面张力,乳化膜向表面张力较大的一面弯曲,即内相是具有较高的表面张力的相。乳化剂在液滴表面上排列越整齐,乳化膜就越牢固,所形成的乳状液越稳定。近年来,采用各种实验技术,如光学显微镜、电子显微镜和 X 射线衍射等来研究界面膜的性质。莫雷诺(Moreno)和卡塔里挪(Catalina)等用电子显微镜研究为烷基芳基磷酸盐和磺化丁二酸盐所稳定的 O/W 型乳状液。脂蛋白的界面膜较厚,能随油珠改变其形状,而阴离子型乳化剂的膜较薄,易于起皱,他们用此解释用脂蛋白稳定的乳状液其稳定性最好。

形成界面膜的乳化剂的结构与性质对界面膜的性质有十分重要的影响。

(1) 单分子乳化膜

表面活性剂类乳化剂被吸附于液滴表面,有规律地定向排列,形成单分子乳化膜,明显降低了界面张力,防止液滴合并,增加了乳状液的稳定性。

亲水性高分子化合物作乳化剂时,被吸附于油滴的表面形成多分子乳化膜。高分子化合物被吸附在油滴表面时,并不能有效地降低表面张力,但能形成坚固的多分子乳化膜,就像在油滴周围包了一层衣,能有效地阻碍油滴的合并。

(2) 复合凝聚膜

Schulman 等[20,21]发现胆固醇和十六烷基硫酸钠作乳化剂时不能形成稳定的乳状液,如果两者混合作乳化剂可以得到十分稳定的 O/W 乳状液。人们认为,在表面吸附层中,表面活性剂分子或离子与醇等极性有机物相互作用,形成"复合物",增加了表面膜的强度。混合乳化剂的特点为:一部分是表面活性剂(水溶性),另一部分是极性有机物(油溶性),其分子中一般含有—OH、—NH_2、—COOH 等,能与其他分子形成氢键的基团。混合乳化剂中的两组分在界面上吸附后即形成"复分物",定向排列较紧密。界面膜为一复合凝聚膜(Complex condensed film),具有较高的强度。此种"复合膜"的强度也因两组分的亲油基结构的不同而异。图 6-6 给出三种混合界面膜的情况。

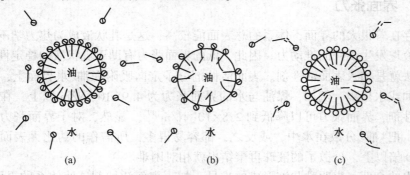

图 6-6　乳状液油/水界面所生的复合物示意图
(a) 十六烷基硫酸钠和胆甾醇组成密集复合膜产生极稳定的乳状液;(b) 十六烷基硫酸钠和油醇组成稀松复合膜产生不稳定的乳状液;(c) 油酸钠和十六醇组成比较密集复合膜产生中等稳定的乳状液

由图 6-6 看出:(a)因亲油基结构相似,所以界面膜中两组分分子定向排列十分紧密,界面膜强度较高,乳状液稳定;(b)油醇代替胆固醇,则得不到稳定的乳状液。油醇比十六烷基硫酸钠更易吸附,油醇烃链上有双键,造成链的扭曲,很难形成一个紧密的界面膜,复合界面膜的强度较差,乳状液的稳定性较差;(c)所示情况居中,十六醇比油酸钠在界面的吸附力强，因油酸钠的烃其中有双键，复合界面膜的分子排列比（b）稍紧，但比（a）疏，形成的界面膜强度居中，乳状液的稳定程度中等。

不仅油溶性极性物可以提高水溶液表面活性剂乳状液的稳定性，而且也存在油溶性的表面活性剂与水溶性表面活性剂一起，有较好的效果。Flourance 等[22]认为，油溶性表面活性剂存在会增强在膜中吸附分子间的侧向相互作用，使膜变得更结实，更凝聚。通常将油溶性的失水山梨醇酯（Span）与水溶性的聚氧乙烯失水山梨醇酯（Tween）共同使用。图 6-7 结出了 Tween 40（失水山梨醇棕榈酸酯聚氧乙烯醚）与 Span80（失水山梨醇单油酸酯）的混合乳化剂在油-水界面上可能的分子排列状态。Tween 40 是水溶性的，Span80 是油溶性的，它们在油-水界面形成复合物，因而具有较高强度的界面膜。

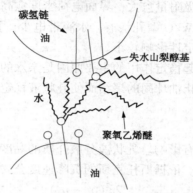

图 6-7　油/水界面上 Spsn80 与 Tween40 构成复合物的示意图[23]

分子间较强烈的相互作用结果表现为界面张力降至更低，界面吸附增加，分子排列更加紧密，复合界面膜的强度大大提高，这对增加乳状液的稳定性起很大的作用。对于离子表面活性剂而言，促进界面吸附，可增加液珠所带电荷，亦有利于乳状液的稳定。

由上述情况可以看出，使用混合乳化剂，是增加乳状液稳定性的一种有效方法。混合表面活性剂可能更多地降低表面张力，有利于乳化过程的进行。但更重要的是界面层的膜强度增加，这是由于：①在界面层中分子能较紧密地排列；②在液珠表面形成混合液晶的中间相；③在表面上乳化液组分之间形成分子复合物。这些结果增强了乳状液的稳定性。实际上，人们经常应用乳化剂的原则：用混合乳化剂比单一乳化剂所得到的乳状液更稳定，混合表面活性剂比单一表面活性剂往往优越得多。

许多大分子作乳化剂可以得到稳定的乳状液。这些大分子组成的界面膜，具有较高的界面黏弹性，这种黏弹性使得界面膜具有扩张性和可压缩性，当界面膜遭到破损时，它能使膜愈合。这种吸附膜的黏弹性对于防止液珠的聚结是非常重要的。例如，用牛血清蛋白稳定石油醚在水中的乳状液，乳状液的稳定性与牛血清蛋白在油水界面膜的黏弹性直接有关[1]。

6.3.3　界面电荷

乳状液的液珠上所带电荷主要来源于所使用的离子型乳化剂在水相中电离产生的乳化剂离子在液珠界面上吸附所致。表面活性剂在界面吸附时，亲油基团插入油相，亲水基团在水相中，无机离子部分电离，形成扩散双电层，使乳状液液滴带有相同电荷，液滴接近时的静电斥力防止液滴聚结提高了乳状液的稳定性。

对于离子型表面活性剂作乳化剂的 O/W 型乳状液来说，界面电荷密度与表面活性剂分

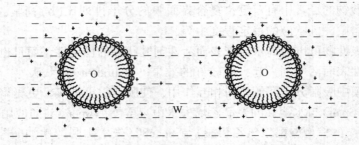

图 6-8　O/W 乳状液中油珠表面带电示意图

子在界面的吸附量正比。界面吸附量愈大，界面电荷密度愈高，有利于防止液滴的聚结从而使乳状液的稳定性提高。对于 W/O 型乳状液，水滴带电少，且因连续介质介电常数小，双电层厚，静电作用对乳状液稳定性影响较小。

对于非离子型表面活性剂起稳定作用的主要原因是亲水的聚氧乙烯链水化后形成的水化聚氧乙烯的空间位阻作用，阻止油珠间的聚结而使乳状液稳定。

6.3.4　黏度

黏度对乳状液的稳定性也有影响。乳状液分散介质的黏度愈大，则分散相液珠运动速度愈慢，越有利于乳状液的稳定。依据斯托克斯的沉降速度公式：

$$\mu = \frac{2r^2(\rho_1 - \rho_2)}{9\eta} \tag{6-5}$$

式中，r 为内相液珠半径；ρ_1 为内相的密度；ρ_2 为外相的密度；η 为代表外相的黏度。

由式（6-5）可以看出，外相的黏度越大，液珠的运动速度越慢，液珠间的碰撞机率减少，有利于乳状液的稳定，因此许多能溶于介质中的高分子物质常用来作增稠剂。例如在 O/W 型乳状液中，经常加入水溶性高分子作增稠剂，以提高乳状液的稳定性。高分子物质的作用还不仅限于增加分散介质的黏度，它往往能形成较坚固的界面膜，蛋白质即有这种典型作用。增加界面膜的强度，比提高外相的黏度对乳状液的稳定作用更大。

6.3.5　液滴大小及其分布

乳状液液滴大小及其分布对乳状液的稳定性有很大影响，液滴尺寸范围越窄越稳定。当平均粒子直径相同时，单分散的乳状液比多分散的稳定。

6.3.6　温度效应

温度变化系通过下列物理量影响乳化体系的稳定性：①界面张力；②界面膜的弹性与黏性；③乳化剂在油相和水相中的分配系数；④液相间的相互溶解度；⑤分散颗粒的热搅动等。乳化剂的溶解度系随温度而变化，而对于特定液相，降低溶解度可强化乳化效果。

这些变化对乳状液稳定性都会产生影响，甚至可能引起乳状液的变型和破乳。任何扰动界面的因素都会使乳状液稳定性下降，升高温度，蒸气压增加，通过界面的分子数增多，扰动了界面，稳定性下降。提高温度是使某些乳状液分层和破乳的物理方法之一。

上面讨论了一些与乳状液稳定性有关的因素，但并不是所有这些因素在同一个具体的乳状液实例中都存在，更不可能是各个影响因素同等重要。对于应用表面活性剂作乳化剂的体系而言，界面膜的形成与界面膜的强度是乳状液稳定性最主要的影响因素。防止乳状液破坏，使乳状液稳定的方法通常有：选择合适的乳化剂，使乳状液液滴的界面膜有较好的机械强度和韧性；选择乳化剂和调节离子强度，使乳状液表面形成扩散双电层；研究合适的乳化方法，提高乳化设备对液体的分散效力；利用增调剂，提高分散介质的黏度并尽可能增加界面膜的强度，尽量减少两相的密度差，防止由于重力作用而产生的破乳。

乳状液稳定性的测量，根据不同的目的，可采用不同的方法，通常有：静置试验，高温静电试验，冻融试验，离心分离，粒度分布，电导率测定等。

6.4 乳化剂

乳化剂的应用十分广泛，特别是在食品、化妆品、纺织印染和石油等工业中更为常见，制备乳状液，除了要有两种不混溶的液体外，还必须加入第三种物质——乳化剂。乳化剂分为：表面活性剂、高分子、天然产物和固体粉末，但最常用的乳化剂是表面活性剂。乳化剂的主要作用就是能在油-水界面上吸附或富集，形成一种保护膜，阻止液滴互相接近时发生合并。

6.4.1 表面活性剂

目前，乳化剂分为阴离子型、阳离子型与非离子型三大类。其中，阴离子型和非离子型应用最普遍，阳离子型表面活性剂作为乳化剂用得不多。

1. 阴离子型乳化剂

一般作为 O/W 型乳状液的乳化剂，HLB 在 8~18 范围，其亲水性强，一般作为 O/W 型乳状液。有以下几种类型：

（1）脂肪酸盐

最常用的是钠盐，如肥皂、三乙醇胺的脂肪酸盐为较好的乳化剂，易于形成 O/W 型乳状液，不宜在硬水中使用，其溶液为碱性（pH≈10），故适用于不怕高 pH 值的乳状液。胺皂则可以在较低 pH（如 pH≈8）下应用，最常用的是三乙醇胺，这种胺皂适用于既能使乳状液有一定的稳定性，又能在使用后即破坏的体系，如地板蜡等。一种去污上光剂的乳液成分即为三乙醇胺、液体石蜡、硅藻土和水。

（2）磺酸盐型

最常用的是烷基磺酸盐，烷基苯磺酸盐、石油磺酸盐，如十二烷基磺酸钠、十二烷基苯磺酸钠等，它们都可以形成 O/W 型乳状液。此外脂肪酰胺牛磺酸盐也是良好的乳化剂，如 N-椰油酸基-N-甲基牛磺酸钠，其商品名为 IgeponTC-42。乳液聚合时用十二烷基苯磺酸钠可得到细粒子的树脂乳液。

磺酸盐当 M 为碱金属和铵时，亲水性强，可作为 O/W 型乳状液的乳化剂。若 M 为碱土金属如钙、镁时，亲油性强，可作为 W/O 型乳状液的乳化剂。

（3）硫酸酯盐型

常用作乳化剂硫酸酯盐的是脂肪醇聚氧乙烯醚硫酸盐和聚氧乙烯烷基酚醚硫酸盐。

① 脂肪醇聚氧乙烯醚硫酸盐

通式 $RO(EO)_nSO_3M$

式中，R 为线型或支链脂肪基($C_{12} \sim C_{14}$)等，M 为 Na^+、NH_4^+等，$n = 1 \sim 10$，为 O/W 乳状液的乳化剂。

② 聚氧乙烯烷基酚醚硫酸盐

通式 $R-\boxed{}-O(EO)_nSO_3M$

式中 R 为 $C_8 \sim C_9$，烷基，$n = 10 \sim 16$，M 为 Na、K 盐时为 O/W 型乳状液的乳化剂；M 为碱土金属 Ca、Mg 盐时为 W/O 型乳状的乳化剂。异辛基酚聚氧乙烯硫酸钠有良好的表面活性，此类物质的商品名为 Triton。

③ 芳烷基酚聚氧乙烯醚硫酸盐

通式 $\left(\boxed{}-\underset{\underset{CH_3}{|}}{CH}-\right)_k \boxed{}-O(EO)_nSO_3M$

$k =$ 为 1、2、3，M 为碱金属 Na、K 及铵盐时为 O/W 型乳状液的乳化剂，如：苯乙基酚聚氧乙烯醚硫酸盐。

2. 非离子型乳化剂

非离子型乳化剂具有抗硬水，对 pH 值和高价金属离子不敏感的特性，且在合成时较容易通过调节分子的亲水、亲油基团(特别是亲水基团)的大小来调节其亲水亲油性，可以作 O/W 和 W/O 型乳状液。主要类型如下。

(1) 聚氧乙烯型

常见的有脂肪醇聚氧乙烯醚、烷基酚聚氧乙烯醚、烷基胺聚氧乙烯醚、脂肪酰胺聚氧乙烯醚和聚氧乙烯聚氧丙烯醚等。在这些化合物中疏水基碳原子数多在 8~16，亲水基聚氧乙烯基团数可在几个到几十个，根据此数目的多少可用作 O/W 或 W/O 型乳状液的乳化剂。

① 聚氧乙烯脂肪醇醚型

通式 $C_nH_{2n+1}O(EO)_mH$，$n = 12 \sim 16$，m 从几到几十。

随 m 增加脂肪醇聚氧乙烯醚由亲油性变为亲水性。根据 m 的从小到大可作 W/O 和 O/W 乳化剂。

② 聚氧乙烯聚氧丙烯烷基酚醚

通式 $R-\boxed{}-O(EO)_a(PO)_b(EO)_cH_{(1)}$

$R-\boxed{}-O(PO)_m(EO)_n(EO)_lH_{(2)}$

R 为 $C_8H_{17}-$、$C_9H_{19}-$、环己基，a、b、c、m、n、l 为正整数或零。(1)式亲水性好，一般用作 O/W 乳化剂；(2)式亲油性好，一般用作 W/O 乳化剂。

(2) 酯型

脂肪酸环氧乙烷加成物有单酯和双酯两种结构 $RCO(EO)_nH$(单酯)，$RCO(EO)_nOOCR$ (双酯)，通常是两者的混合物，一般用作 W/O 乳化剂。脂肪酸环氧乙烷加成物主要是山梨醇酐脂肪酸环氧乙烷加成物。山梨醇酐脂肪酸环氧乙烷加成物有两类山梨醇酐脂肪酸酯(Span 系列)和山梨醇酐脂肪酸聚氧乙烯(Tween 系列)。Span 系列分一酯、倍半和三酯，亲油性好，可作为 W/O 乳化剂；Tween 型是对应的 Span 型与环氧乙烷加成后的产物，亲水性好，一般作为 O/W 乳化剂。

6.4.2 高分子乳化剂

高分子乳化剂是相对分子质量很高的表面活性剂，因为它相对分子质量较高，在界面上不能整齐排列，虽然降低界面张力不多，但它们能被吸附在油-水界面上，既可以改进界面膜的机械性质，又能增加分散相和分散介质的亲和力，因而提高了乳状液的稳定性。

常用的高聚物乳化剂有聚乙烯醇、聚氧乙烯-聚氧丙烯嵌段聚合物羧甲基纤维素钠盐以及聚醚型非离子表面活性剂等。其中有些相对分子质量很大，能提高 O/W 型乳状液水相的黏度，增加乳状液的稳定性。

6.4.3 固体粉末

一些固体粉末也可作乳化剂，如：黏土（主要是蒙脱土）、二氧化硅、金属氢氧化物等粉末是 O/W 乳化剂，石墨、炭黑等是 W/O 型乳化剂。一般情形下，用固体粉末稳定的乳状液的液珠较粗，但可以相当稳定。

6.5 乳化剂的选择与乳状液的制备

制备性能稳定的乳状液，最关键的问题是选择一个合适的乳化剂，同时还要采用合适的制备方法。制备有一定稳定性的乳状液所需加入乳化剂，主要是表面活性剂。乳化剂应该满足以下条件：具有良好的表面活性，能降低表面张力，在乳状液外相中有较好的溶解能力；在油水界面上能形成稳定和紧密排列的凝聚膜；能增大外相黏度以减小液滴的聚集速度；能以最小的浓度和最低成本达到乳化效果，乳化工艺简单。满足乳化剂体系的特殊要求：食品、化妆品用乳化剂应无毒、无特殊气味。例如：冰淇淋用硬脂酸单甘油醋作乳化剂。雪花膏等则用司潘-吐温混合乳化剂。

在制备乳状液时，需要一定的乳化设备，以便对乳状体系施以机械力，使其中的一种液体被分散在另一种液体中。常用的乳化设备有：搅拌器、胶体磨、均化器和超声波乳化器。其中，搅拌器设备简单，操作方便，适用于多种体系，但只能生产较粗的乳状液体系。胶体磨和均化器制备的乳状液体系液珠细小、分散度高，乳状液的稳定性好。超声波乳化器一般都在实验室使用，在工业上使用成本太大。

6.5.1 乳化剂的选择

目前，乳化剂的选择方法最常用的是 HLB 和 PIT 方法[24]。前者适用于各种类型表面活性剂，后者是对前一方法的补充，只适用于非离子型表面活性剂。

1. *HLB 方法*

（1）油水体系最佳 *HLB* 值的确定

首先选择一对 *HLB* 值相差较大的乳化剂，例如 Span-60（*HLB* = 4.3）和 Tween-80（*HLB* = 15），利用表面活性剂的 *HLB* 值的加和性，可以按不同比例配制成一系列具有不同 *HLB* 值的混合乳化剂，用此一系列混合乳化剂分别将指定的油水体系制备成一系列乳状液，测定各个乳状液的乳化效率，就可得到图 6-9 中的钟形曲线，"○"代表各个不同 *HLB* 值的混合乳

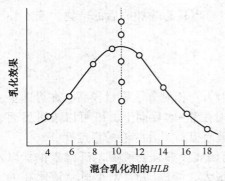

图 6-9　最佳 HLB 值的确定[25]

化剂，乳化效率可以用乳状液的稳定时间来代表，也可以用其他稳定性质来代表，如图 6-9 所示，乳化效率的最高峰在 HLB 值为 10.5 处。10.5 即为此指定的油水体系的最佳 HLB 值。

（2）乳化剂的确定

上述最佳 HLB 值（10.5）虽然是由一对乳化剂评价得到的，但它是此油水体系的特性，因此也应该对其他乳化剂适用。虽然对于不同的乳化剂得到不一样的乳化效果，但在最佳 HLB 值下，每对乳剂对此油水体系都将取得最佳效果。因此，我们可以改变乳化剂但仍维持此最佳 HLB 值，直到找到效率最高的一对乳化剂为止。

虽然 HLB 值在筛选乳化剂方面简单、有用，但它没有合理地考虑分散相、分散介质的组成、性质以及温度对表面活性剂的亲水亲油平衡的影响，从而限制了其应用范围。

2. PIT 方法（phase inversion temperature）

l964 年，Shinoda K 与 Arai I 最先提出相转变温度（phase inversion temperature）的概念[26]。他们认为，用 PIT 法选择非离子乳化剂较 HLB 法更为优越。HLB 法虽有很大实用价值，容易掌握且使用方便等，但仍存在着缺陷，如 HLB 值不能说明表面活性剂的乳化效率和能力，最大的问题是指定了一个固定的数值（HLB）表示乳化剂的亲水亲油性，而没有考虑其他因素的影响；如分散相和分散介质，温度等对乳化剂性质的影响，然而这些影响因素又是很重要的。

特别是温度对非离子型表面活性剂亲水亲油性的影响是非常重要的。以聚氧乙烯醚和羟基作为亲水基的这种类型的表面活性剂，在低温时由于其醚键能与水生成氢键而具有亲水性，可形成 O/W 乳状液，但随着温度升高，氢键逐渐被破坏其亲水性下降特别是在其"浊点"附近，非离子表面活性剂就由亲水变为亲油了，只能形成 W/O 的乳状液了。

所谓 PIT 是指在一特定体系中，在某一温度，乳化剂的 HLB 发生急剧变化，同时乳状液体系发生相转变，此温度对该乳状液体系是特征性的，称为相转变温度，写作 PIT。

相转变温度 PIT 具体确定方法如下：用 3%～5% 的乳化剂（非离子型表面活性剂）乳化等体积的油相和水相，配制成 O/W 乳状液。然后在不断摇荡或搅拌下，逐渐加热缓慢升温，当乳状液由 O/W 变为 W/O 型时的温度就是此体系的相转变温度 PIT。

相转变温度（也称转相温度）可以认为是乳化剂的亲水亲油性质刚好平衡的温度，在临近 PIT 时，乳状液的稳定性和 HLB 的变化都很敏感，因此用 PIT 法不但可测得 HLB 值，并且可得到较精确的值。一般 PIT 随 HLB 值增加而升高。HLB 值高说明乳化剂的亲水性好，因此 PIT 也就高，配制的 O/W 乳状液稳定性也会高。

聚氧乙烯链为亲水基的表面活性剂的 PIT 与 HLB 值间存在线性关系：

$$PIT = K_{油}(HLB - N_{油}) \qquad (6-6)$$

式中，$K_{油}$ 和 $N_{油}$ 为常数，不同的"油"类数值不同。

由式（6-6）看出，PIT 随 HLB 值增加而增加。乳化剂分子中聚氧乙烯链越长，则分子的亲水性越高，需要较高的稳定方能降低分子的水化度，故 PIT 高。PIT 与油相的性质也有关，它随油相的极性降低而增高。

由一种非离子型乳化剂、两种油以及水组成的四元体系乳状液的 PIT 为：

$$PIT = PIT^A \phi^A + PIT^B \phi^B \qquad (6-7)$$

式中，PIT^A 和 PIT^B 分别为只有 A 油和只有 B 油时的 PIT；ϕ^A 和 ϕ^B 分别为混合油相中的体积分数。

对于由两种非离子型表面活性剂作乳化剂、油、水组成的四元体系：

$$PIT = PIT^{(1)} W^{(1)} + PIT^{(2)} W^{(2)} \qquad (6-8)$$

式中，$W^{(1)}$ 和 $W^{(2)}$ 分别是乳化剂(1)和(2)在总的表面活性剂中的质量分数。

乳状液配制温度的确定：在 PIT 附近制备出来的乳状液，由于在 PIT 时乳化剂的亲水亲油性质恰好达到平衡，此时的油水界面张力达极小值，因此在 PIT 附近制得的乳状液其液珠是极其细小的，此时的油-水体系具有很大的相界面，因此体系的能量提高，很容易使液珠出现聚结现象。所以在 PIT 时配制的乳状液不稳定易发生变型。要得到分散度高而且稳定性好的乳状液，对于 O/W 乳状液就须在低于 PIT 2~4℃的温度下配制，然后再冷却至储存温度。这样既可以得到最佳稳定性而又不至于颗粒过分变大的乳状液。对于 W/O 乳状液，制备温度应高于 PIT 2~4℃，然后再升温至储存温度。

选择表面活性剂的方法除了 HLB 和 PIT 法外，还有藤田理论和混合熵等方法[27]，但最常用的方法为 HLB 和 PIT 法。

6.5.2 表面活性剂的乳化能力

评价乳状液稳定性的方法[28]常用的有以下方法：

(1) 离心分离法

在相同的离心速度下将欲比较稳定的乳状液分离一定时间（如 1min，5min，10min 等）观察它们的分层情况，分层时间越长的越稳定。

(2) 生存时间法

生存时间是指分散相液滴在分散相欲分散介质界面上稳定存在的时间。生存时间越长，可形成的乳状液越稳定。

(3) 液滴大小及分布比较法

在显微镜下观察乳状液内相液滴大小及分布，液滴平均直径越小，越均匀，乳状液越稳定。

6.5.3 乳状液的配制方法

乳状液是由两个竞争过程，即液体分裂成微细液滴的过程和液滴再结合成原液体的过程达到平衡而形成的。因此，可将乳化作用分解成两个过程：液滴的形成和液滴的稳定来处理。

Becher 曾指出，形成乳状液可有两种完全不同的方法；一种是分散法，另一种是凝聚法。分散法是在一种液体中将另一种液体粉碎成微粒状态（小液滴）制成乳状液的方法。这种方法在工业上已被广泛应用。

凝聚法是使被分散物质的分子溶入一种液体，再使之聚集达到所需要的粒子大小的方法，这种方法至今几乎未曾采用过。

1. 乳化剂添加法

加乳化剂制备乳状液的方法可分为：①乳化剂在水相法；②乳化剂在油相法；③自然乳化分散法；④轮流加剂法；⑤初生皂法。目前常用①和②法，尤其②法可制备较微细粒子的乳状液。

（1）剂在水中法

在此方法中，将乳化剂直接溶于水中，在激烈搅拌下将油加入。此法可直接产生 O/W 型乳状液，若欲得到 W/O 型乳状液，则继续加油直至发生变型。此种方法用于亲水性强的乳化剂，直接制成 O/W 型乳状液比较合适。用剂在水中法制得的乳状液颗粒大小不均匀，乳状液比较粗糙，稳定性比较差，需要剧烈搅拌才能生成，是典型的"蛮力"途径制备的乳状液。为改善它的不稳定性和颗粒不均匀，经常将此法制得的乳状液用胶体磨或均化器进行处理。

（2）剂在油中法（也叫转相乳化法）

此法是将乳化剂加入油相，再加入水，直接制得 W/O 型乳状液，如欲得 O/W 型，则继续加水，直到发生变型，油由内相转至外相，在转相范围使亲水性-亲油性达到适当平衡，转相后再乳化，往往比直接乳化效果更好。把乳化剂加到油中，形成乳化剂与油的混合物，将此混合物直接加入水中，可直接生成 O/W 型乳状液。剂在油中法所得到的产品一般液珠相当均匀，其平均直径约为 0.5μm，这可能是乳状液的最稳定类型。

（3）自然乳化分散法

把所需的 O/W 乳化剂加到油中，制成溶液，在使用时，把溶液直接投入一定比例的水中，稍加搅拌就形成了 O/W 乳状液。农药乳状液就是，先将农药按一定比例溶解于有机溶剂中再加入农药专用乳化剂制成农药乳油，使用时加入一定比例的水，就会形成农药乳状液。

（4）轮施加液法

将水加油轮流加入乳化剂，每次只加少量。对于制备食品乳状液如蛋黄酱或其他含菜油的乳状液，此法特别适宜。

国外从事化妆品生产的人把制备乳状液的两种通用方法常称之为"大陆法"与"英国法"。"英国法"主要指轮流加油法，"大陆法"是指剂在油中法。

按照 Navarre 的看法，"大陆法"产品一般比英国法好，不过若想得到满意的结果，需要多加入一些乳化剂。

（5）初生皂法

用皂作乳化剂的 O/W 型或 W/O 型乳状液皆可用此法制备。将脂肪酸溶于油，将碱溶于水，两相接触，在界面即有皂生成，而得到稳定的乳状液。用皂作乳化剂制备乳状液时，初生皂法最好。Dorey 用 10% 橄榄油、0.5% 的皂和 89.5% 的水，用不同的方法制取乳状液（表6-3）。用初生皂法制得的乳状液Ⅲ，其液滴大小及分布的均匀较剂在水中法经剧烈搅拌制备的乳状液Ⅰ要优越得多。将乳状液Ⅰ经均化器均化后得到乳状液Ⅱ其稳定性与初生皂经简单搅拌制得的乳状液相当。而乳状液Ⅲ经均化器后制得的乳状液Ⅳ是最稳定的产品。

表6-3 橄榄油乳状液的颗粒分布[25]

颗粒大小范围/μm	该范围中颗粒的%			
	乳状液Ⅰ	乳状液Ⅱ	乳状液Ⅲ	乳状液Ⅳ
0~1	47.5	71.8	68.3	80.7
1~2	41.5	26.4	26.4	17.1
2~3	7.4	1.4	2.0	2.0
3~4	2.1	1.4	0.5	0.2

颗粒大小范围/μm	该范围中颗粒的%			
	乳状液 I	乳状液 II	乳状液 III	乳状液 IV
4~5	0.1	0.3	0.1	—
5~6	0.7	—	0.3	—
6~7	0.1	0.1	—	—
7~8	0.6		0.1	—
8~9	0.2			—
10~11	—			—
11~12	0.1			—

2. 转相温度乳化法

该法是以非离子型表面活性剂的 *HLB* 值随温度升高，由亲水性向亲油性变化的特性为基础的一种乳化法。先根据相温度法(*PIT* 法)测得相转变温度，在相转化温度附近进行乳化可得到良好的乳化效果。然后冷却，即可得到 O/W 型乳状液。该法使用的乳化剂为非离子型表面活性剂或其混合物，也可加入适量乳化助剂。图 6-10 为表面活性剂油水体系的溶解状态与温度的关系。

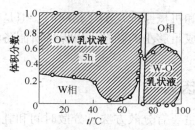

图 6-10　温度对质量分数为 3%的壬基酚聚氧乙烯(9.7)醚、48.5%环己烷、48.5%水
构成的乳状液油、乳膏、水相的体积分数的影响[11]

由图 6-10 看出，相转变温度约为 72℃，乳状液放置 5h 后，油(O)、表面活性剂(D)和水(W)发生二相分离，在低于 72℃时形成 O/W 型乳状液，高于 72℃时形成 W/O 型乳状液。在三相共存区域，界面张力最低。因此，在该温度下进行乳化，可形成非常细小粒子，然后冷却即成为 O/W 型乳状液，反之，加热则形成 W/O 型乳状液。

6.5.4　乳化设备

制备乳状液时需要能量，一方面是形成界面时需要增加界面能，另一方面产生界面还需要机械功，例如对内摩擦(黏度)所作的功。在制备乳状液时不可能出现自乳化，因此需要适当的乳化设备以便对被乳化的体系施以机械力，使其中的一种液体被分散。实际生产中的乳化设备主要有四种类型：简单搅拌器、胶体磨、均化器、超声设备。

1. 搅拌混合器

此种搅拌器有许多类型。最简单的类型是在桶中装一个高速螺旋浆(4000~8000r/min)。螺旋浆搅伴器制备乳状液是实验室和工业生产中经常使用的一种方式。此种设备可以胜任对多种体系的乳化。但是对很多体系此种设备只能生产较粗的乳状液。对于这些体系，应用搅拌混合器制得初步乳状液之后，再用胶体磨或均化器来处理粗制品，以便得到稳定性良好的乳状液。

2. 胶体磨

胶体磨的主要部分是固定子和转子。转子的转速可自10000至20000r/min，操作时液体由固定子与转子之间的间隙通过，此间隙的宽窄可以调节，有时小至0.01in，液体通过高速旋转的转子与固定子之间的间隙受到巨大的剪切力即是液体乳化的原因。

3. 超声波乳化器

用超声波制备乳状液是实验室中常用的乳化方式。它是采用压电晶体或用钛酸钡作为换能器产生超声波，并将超声波传给液体，达到乳化的目的。大规模制备乳化液的方法则是用哨子形喷头，将待分散液体从一小孔喷出射在刀刃上，刀刃被激发按照其共振频率振动，刀刃的振动传至液流，使液流振动。振幅和频率由刀的大小、厚薄以及其他物理因素来控制。超声乳化器能制得颗粒最小，分布最均匀，而且最稳定的乳状液。

4. 均化器

均化器实际是机械加超声波的复合装置。均化器的操作原理：将欲乳化的混合物加压，使之在很高的压力下从一小孔喷出，在喷出过程中超声波也起作用。均化器设备简单，操作方便，均化器其主要部分是一个泵和一个用弹簧控制的活门，也就是小孔。均化器的优点时分散度高，均匀，空气不易混入。

上述乳化设备的复杂程度和机械原理是不尽相同的，但是其目的是相同的，均在于扩散内相使内相在外相中分散，形成足够小的颗粒，以保持所制备的乳状液在所需的稳定期内不致两相分离。

6.5.5　影响分散度的因素

影响乳状液分散度的因素主要有分散方法、分散时间和乳化剂浓度[28]。

1. 分散方法

用不同的分散方法所制得的乳状液，其液滴大小不同(见表6-4)。

表6-4　分散方法与液滴大小

分散方法	液滴大小/μm		
	1%乳化剂	5%乳化剂	10%乳化剂
螺旋桨	不乳化	3~8	2~5
胶体磨	6~9	4~7	3~5
均化器	1~3	1~3	1~3

2. 分散时间

对同一体系和分散方法，随着分散时间的延长液滴变小，但小到一定程度后即不再随时间的延长而变化了(图6-11)。这在生产中很有意义，我们可以在最短的时间内取得最佳效果，提高经济效益。

3. 乳化剂浓度

用不同浓度的油酸钠有图6-12所示的关系。图6-12表明在一定范围内增加乳化剂的浓度对分散有利，过此浓度并无益处。

除了上述制备乳状液的一般方法外，工业上还采用高速混合器，可以在有乳化剂情况下迅速获得稳定的乳状液，但其机理还不很清楚。实验室还常用手摇的方式制备乳状液，所得乳状液是多分散性的，即液滴大小很不均匀且较粗大，常在50~100μm范围内。有趣的是，在制备乳状液过程中，间歇振荡的效果远比连续振荡的好。

图 6-13 表明两次振荡之间相隔时间以 10s 为宜，振荡过于激烈或振荡时间过长，效果未必好。此种结果可能是因为乳化剂吸附到新形成的液滴界面上需要时间。若体系在液滴稳定前受到扰动，将会使液滴相互碰撞而合并的机会增多。

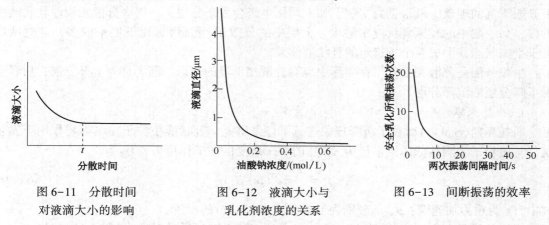

图 6-11　分散时间　　　　图 6-12　液滴大小与　　　　图 6-13　间断振荡的效率
对液滴大小的影响　　　　　乳化剂浓度的关系

另一方面，振荡时分散相和分散介质同时被分散，因此采用间歇振荡在间歇时分散介质有时间连接起来，变成连续相，故而比连续振荡效果好。

乳化效果的好坏除与乳化设备有关外，还与乳化温度、乳化体系的成分、混合技巧等其他因素有关。在乳状液的制备中，除加料方式和乳化设备外，乳化时的温度控制对乳化效果极有关系。一般常使油相温度控制在高于其熔点 $10 \sim 15\,℃$，而水相温度稍高于油相温度。乳化后的降温速度也应适当控制，通常较高的冷却速度能够得到较细的粒子，降温的速度最好通过试验来决定。

乳化体系的组成，特别是乳化剂的选择，无疑是制备乳状液的一个最关键的因素，关于乳化剂的选择，在本章中还要作专门叙述。

6.6　乳状液的不稳定性

乳状液由于存在巨大的相界面，是热力学上的不稳定体系，最终是要破坏的。乳状液的不稳定性表现为变型（inversion）、分层（creaming）与沉降（sedimentation）、絮凝（flocculation）或聚集（aggregation）、聚结（coalescence）和破乳（breaking，dcemulsification），如图 6-14 所示。

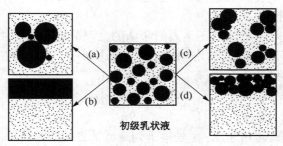

图 6-14　乳状液不稳定的几种形式[29,30]
（a）聚结；（b）破乳；（c）絮凝或聚结；（d）分层

6.6.1 分层

乳状液分层是指分散相与分散介质由于密度不同，在重力(或其他外力)作用下，微粒上升或下沉的现象。最常见的实例，如未均化牛奶会发生分层，一层中分散相较原乳状液中的多，另一层中的较原乳状液中的少。上层中的分散相(乳脂)远比下层中的多，这时两层处于平衡状态，形成两个较稳定的乳状液体系。

牛奶分层是分散相上升，在实际中也有分散相下降的情形。前者称为上升分层，后者叫做下降分层或沉降分层。

1. 分层速率

斯托克斯(Stokes)对粒子沉降现象进行了详细研究。乳状液小粒子在电力场作用下发生沉降，设粒子为刚性球体，半径为 d，这时粒子所受的向下作用力 f_1 为：

$$f_1 = \frac{4}{3}\pi d^3(\rho \cdot \rho_0)g \qquad (6-9)$$

式中，g 为重力加速度；ρ、ρ_0 分别为粒子和液体(介质)的密度。

由于粒子是在有黏度(η)的液体中运动，所以运动时所受的摩擦力(阻力)f_2 应为：

$$f_2 = 6\pi d\eta\mu \qquad (6-10)$$

式中，μ 为粒子的运动速率。

粒子开始运动时具有一定加速度，但是根据式(6-10)，粒子的运动速率增大，阻力也增大，使粒子运动的加速度减小，经一定时间后加速度减至零。这时，作用在粒子上的力与阻力相等，于是粒子以速率 μ 运动。因此可写出：

$$f_1 = f_2 = \frac{4}{3}\pi d^3(\rho - \rho_0)g - 6\pi\eta d\mu$$

$$或 \quad \mu = \frac{2gd^2(\rho - \rho_0)}{9\eta} \qquad (6-11)$$

式(6-11)称为斯托克斯公式。该式只适用于粒子为刚性球体，粒子间没有作用力，沉降粒子与介质间没有滑动现象，且粒子沉降速度有一定界限的情况。

从式(6-11)可看出，粒子运动方向取决于粒子的密度和介质的密度，当 $\rho > \rho_0$ 时粒子向下沉积，$\rho < \rho_0$ 时粒子向上升浮。

从式(6-11)还可以看出，粒子的半径越小，分散相与分散介质的密度相差越小，连续相的黏度越大，乳状液就稳定。当从另一角度讲，粒子的半径越小，界面积越大，即能量越高，体系的稳定性越差。在一般情况下，还是粒子半径小将有利于体系稳定。

2. 分层现象的应用

在一般情况下，乳状液分层并不是人们希望的，但分层在实际中却有广泛的应用价值。例如，从牛奶中提出奶油，希望分层过程加快。为达到这一目的可使用离心分离器，这时，式(6-11)中的 g 应改写为 $\omega^2 x$，则有：

$$\mu = \frac{2\omega^2 x d^2(\rho - \rho_0)}{9\eta} \qquad (6-12)$$

式中，ω 是离心分离器旋转角速度；x 是离子到旋转轴之间的距离。

若采用超离心分离器，产生的加速度可达 100000g，将其代替 g 代入式(6-12)，那么分层速率较重力作用下分层快十万倍，即提取奶油时间可缩短到十万分之一，显著地提高了生产效率。

另一应用是处理天然橡浆。橡浆是一种 O/W 乳状液，粒子直径小于 $2\mu m$，$0.5\mu m$ 左右的粒子最多。这样的微小粒子的乳状液不利于分层处理，但粒子的相对密度为 0.9042，而分散相是 1.024，故还是能分层的，只是分层很缓慢而已。若在橡浆中加入分层剂或聚集剂，可加速分层过程。在分层剂作用下，粒子聚集成大粒团，即可加速分层。

6.6.2 乳状液的变型及影响因素

1. 乳状液的变型

变型也叫反相。由于某种因素的作用，由 O/W 乳状液变成 W/O 型，或由 W/O 乳状液变成 O/W 型。这种转化有的是由于外加物质使乳化剂的性质发生了改变而引起的，有的是由于继续加入内相物质，使其相体积数超过 74% 所致，还有的是由于环境条件(例如温度)的变化等使乳状液变型。在显微镜下观察变型过程，如图 6-15 所示。

(a)O/W型乳状液   (b)变型过程   (c)变型过程   (d)W/O型乳状液

图 6-15 乳状液变型示意图[28]

由图 6-15 可见，处于变型过程中(b)和(c)是一种过渡状态，它表示一种乳状液类型的结束和另一种类型的开始。在变型过程中，很难区别分散相和分散介质。

Schulman[29~31]曾研究过带负电的 O/W 型乳状液，在其中加入多价阳离子用以中和液滴上的电荷，这时液滴聚结，水相被包在油滴中，油相逐渐成为连续相，最后变成 W/O 型乳状液。此变型过程如图 6-16 所示。

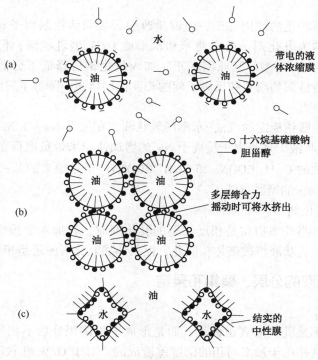

图 6-16 O/W 乳状液变型过程

由图 6-16 看出，变型的实质是原来的分散相（液珠）经过并聚由分散相变成了连续相，而原来的连续相被分裂成液滴的过程。一般说来，乳化剂常常能决定形成乳状液的类型，但当形成某种类型乳状液后若改变外界条件使乳化剂的亲水、疏水性质发生改变就可能引起乳状液变型。

2. 影响变型的主要因素

（1）相体积分数

根据球形液滴的密堆积观点，乳状液中内相体积分数在 74% 以下体系是稳定的，当加入内相物质使内相体积分数超过 74% 时则内相变成外相，乳状液法发生变型。

（2）高价金属离子

在以脂肪酸的碱金属盐所稳定的 O/W 型乳状液中，加入足量的高价金属离子，如 Ca^{2+}、Mg^{2+} 和 Al^{3+} 等会使原来亲水的碱金属皂变为亲油的钙、镁和铝皂而 O/W 型乳状液变成 W/O 型乳状液。

（3）温度

乳化剂的亲水亲油性会因温度的变化而变化，特别是非离子型乳化剂随温度的升高其亲水性下降而亲油性增加，当温度升至高于相转变温度（PIT）时，乳状液就会由 O/W 型转变成 W/O 型。又如，由相当多的脂肪酸和脂肪酸钠的混合膜所稳定的 W/O 乳状液升温后，会加速脂肪酸向油相中扩散，使膜中的脂肪酸减少，因而容易变成由钠皂稳定的 O/W 型乳状液。另外，用皂作乳化剂的苯/水乳状液，在较高稳定下使 O/W 型乳状液降低稳定性可得 W/O 型乳状液。

发生变型的温度与乳化剂浓度有关。浓度低时，变型温度随浓度增加变化很大，当浓度达到一定值后，变型温度就不再变化。这种现象实质上涉及了乳化剂分子的水化程度。

（4）电解质

电解质引起类型转化的原因在于，电解质改变了表面活性剂离子和反离子间的相互作用。例如，以油酸钠为乳化剂，可以使苯和水形成 O/W 型乳状液，但再加适量的氯化钠后，乳状液会转化为 W/O 型。其原因在于，加入氯化钠后降低了分散相液珠表面上的电位，使油酸钠表面活性剂的离子和反离子间的相互作用增强，降低了它的亲水性，从而有利于乳状液变为 W/O 型。

其他的如以硬脂酸钠稳定的汽油-水型的乳状液，在加入 1mol/L NaCl 后会使汽油-水类型变为水-汽油型乳状液。这是由于反离子 Na^+ 的增加使原来带负电荷亲水的 $C_{17}H_{33}COO^-$ 和 $C_{17}H_{35}COO^-$ 变为亲油的 $C_{17}H_{33}COONa$ 和 $C_{17}H_{35}COONa$，于是原来的苯-水和汽油-水就发生变型，成为水-苯和水-油型乳状液了。

（5）反类型的乳化剂

需要注意的是，当外加物质是相反类型的乳化剂时，若加入量很少，将起不到转化作用；若加入量适中，乳状液将被破坏。因此，控制外加乳化剂的量是相当重要的。

6.6.3 乳状液的分层、聚集和聚结

（1）分层

乳状液分层并不是乳状液真正破坏，而是形成了相体积分数不相等的两个乳状液，如图 6-17(a) 所示。这是由于油水两相的密度差造成的。对于 O/W 乳状液，在重力作用下油珠上浮，对 W/O 乳状液则是水珠下沉，上浮和下沉的速度与两相的密度差、外相的黏度和

液珠大小有关，两相密度差越大，外相黏度越低，液珠越大，则分层速度越快。反之就越慢。

（2）聚集

乳状液的液珠可以通过范德华相吸力，聚集形成松散的絮团，如图6-17(b)所示。聚集过程是可逆的。通过搅动施以一定的力可以使絮团重新分散。在乳状液中若加入电解质可使带电液珠表面的双电层受到压缩，而使其容易产生絮凝。絮凝现象的出现意味着乳状液已开始不稳定，因此絮凝可以说是破乳的前奏。

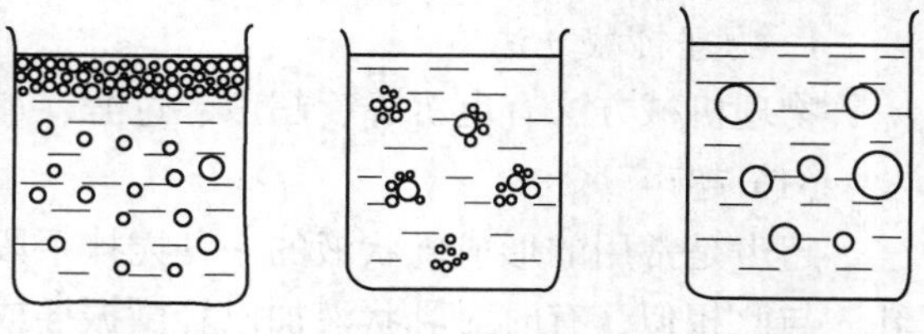

（3）聚结

聚结也称聚并，是在聚集之后发生的过程，处于絮团中的液珠，当其界面膜受到破坏，液珠就会发生并聚，由小液珠变成大液珠，这就是聚结现象，如图6-17(c)所示。聚结现象是不可逆过程。变大的液珠会因两相密度差的原因，导致油水分离，乳状液完全被破坏。因而聚集为聚结提供了条件，而聚结是导致乳状液得到破坏的关键步骤。聚结是破乳的前过程，减慢聚结速度是维持乳状液稳定防止破乳的关键环节。

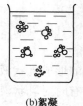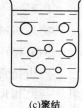

(a)分层　　　　　　(b)絮凝　　　　　　(c)聚结

图6-17　乳状液不稳定的几种表现

6.7　破乳

在许多生产过程中，往往需要将稳定的乳状液破坏，即破乳，如原油脱水，从洗羊毛的废液回收羊毛酯需要破坏这些O/W型的乳状液，化学反应过程中水洗时发生乳化后的脱水等。破乳是指乳状液完全破坏，成为不相混溶的两相。破乳实质上就是消除乳状液稳定化条件、使分散的液滴聚集、分层的过程。

6.7.1　破乳速度

乳状液的破坏过程通常分为两步，第一步是聚集过程，在此过程中分散相粒子聚集成团，而各粒子仍然存在[1]。絮凝过程是可逆的，即聚集成团的粒子在外界作用下又可分离开来，处于形成和解离动态平衡。若絮团与介质的密度差足够大，则会加速分层；若乳状液的浓度足够大，其黏度则会显著增高。第二步是聚结过程，在此过程中，这些絮凝成团的粒子形成一个大液滴，与此对应，乳状液中的液珠数目随时间增加不断减少，最终乳状液完全破坏，此过程是不可逆的。

Van den Tempel[32]将Smoluchowski M对憎液溶胶的聚沉理论应用于乳状液。乳状液的聚沉是一个由两个连续反应组成的过程，其总的速率为慢反应所控制。在O/W型稀乳状液中，聚凝速率远小于聚集速率。因此，乳状液的稳定性由影响聚集的各因子所决定。这时，乳状液聚沉破乳由絮凝步骤所控制。在O/W型高浓度乳状液中，絮凝速率显著增大，聚集速率较絮凝速率小得多。乳状液的稳定性由影响聚集的各因子所决定，此时乳状液聚沉破乳则由聚集步骤所控制。

6.7.2　破乳方法

乳状液是热力学不稳定体系，最后的平衡是油/水分离、分层、破乳。但是一旦形成稳定的乳状液，此最终结果也不易实现。因此，破乳也是人们进行研究的一个课题。常用的破乳方法有物理机械方法和化学法两类。

1. 物理机械方法

物理机械方法有电沉降、超声、过滤、加热等。

（1）超声

超声是常用的形成乳状液的一种搅拌手段，在使用强度不大的超声波时，又可以发生破乳。与此相似，有时对乳状液加以轻微振摇或搅拌也可以导致破乳。

（2）加热

加热乳状液也是常用作破乳的简便方法。虽然提高温度对于乳状液的双电层以及界面吸附没有多少影响，但若从分子热运动考虑，提高温度，增加分子的热运动，使界面膜的黏度下降，界面膜中分子排列松散，有利于液珠的聚结。此外温度升高时，外相黏度降低从而降低了乳状液的稳定性，而易发生破乳。因此，加热有时可作为破坏乳状液的一种手段，特别是对于以非离子型表面活性剂稳定的 O/W 型乳状液，升温时乳化剂的亲水性降低，温度升至相转变温度时，乳状液很快破坏。反之对于非离子型表面活性剂稳定的 W/O 型乳状液，降温至相转变稳定，乳状液也能很快破坏。

（3）过滤

将乳状液通过多孔性固体物质过滤，由于固体表面对乳化剂有很强的吸附作用，使乳化剂由油-水界面转移到固-液界面，从而导致乳状液的破坏。另外，当乳状液通过滤板时，滤板将界面膜刺破，使其内相聚结而破乳。又如有时可以利用油水两相对过滤物质的不同的润湿性，如果固体过滤物质能被分散相所润湿，这种固体就可作为液珠聚结的场所，利用它可将已聚结的液体分离出。例如，通过多孔玻璃板或硅藻土或白土板的过滤，可以使油田乳状液的水分降低到 0.2%，此滤板为水选择性地润湿，因而有较好的分离效率[33]。

（4）电沉降法

电沉降法主要用于 W/O 乳状液在电场的作用下，使作为内相的水珠聚结。电场能够破乳的主要理论，认为乳化膜是由带有额外电荷的极性分子所组成，它们易被干扰，但与水之间有吸引力。这些分子把水包在中间形成一个坚韧的膜壁。电场干扰这个膜壁，并引起其中分子的重新排列。分子的重新排列意味着膜的破裂，同时电场引起了邻近液滴的相互吸引，最后水滴聚结并因相对密度比油大而沉降。在相同电压下直流电比交流电效果好。通常用的破乳电场强度达 2000V/cm 以上。例如，应用于原油的破乳，以达到脱水、脱盐的目的；一些燃料油的脱水也采用此种方法。电沉降也可用于 O/W 乳状液的破乳，但效率不高。此时油珠在电场中并非相互聚结，而是发生电泳，至电极处才聚结破乳。

（5）离心分离法

离心分离法也可以很有效地分离乳状液，它是利用水、油密度的不同，在离心力作用下，促进排液过程而使乳状液破坏。在离心破乳过程中对乳状液加热，使外相黏度降低，可加速排液过程，即加快破乳。离心场愈强，液珠聚结得愈快，利用它可将已聚结的液体分离出。

2. 化学法

化学法主要是通过加入一种化学物质来改变乳状液的类型和界面膜性质，目的是设法降低界面膜强度，或破坏其界面膜，从而使稳定的乳状液变得不稳定而发生破乳。例如皂作乳化剂时，加入无机酸；脂肪酸钠、钾作乳化剂时，加入高价金属盐，破坏乳化剂的化学结构，就能达到破乳的目的。被固体粒子稳定的乳状液，可以通过加入某种表面活性剂，使固体粒子被某一相完全润湿，脱离界面，使乳状液破坏。例如原油脱水，所需的过程是使稳定的 W/O 型原油乳状液破乳。电脱水能脱去一部分水，加入表面活性剂作破乳剂可以达到破乳的目的，进一步降低原油中的水含量。

6.7.3 破乳剂破乳的基本原理

这些年来，乳状液的破乳机理的研究多集中在液滴聚结过程的精细考察和破乳剂对界面流变性质的影响等方面。但由于破乳剂对乳状液的作用非常复杂，尽管在这个领域进行了大量的研究工作，但目前对破乳机理尚未有统一的论断。一般认为，乳状液的破坏需经历分层、絮凝、聚结的过程[34]。根据研究结果，目前公认的破乳机理有以下几种：

1. 相转移-反向变性机理

加入破乳剂，发生了相转变，与乳化剂形成的乳状液类型相反的表面活性剂可以作为破乳剂（反相破乳剂）。这类破乳剂与憎水的乳化剂作用生成络合物，从而使乳化剂失去乳化性能。

2. 破乳剂的顶替作用

由于破乳剂本身具有较低的表面张力，有很好的表面活性，很容易被吸附于油-水界面上，将原来的乳化剂从界面上顶替下来，而破乳剂分子又不能形成结实的界面膜，因此在加热或有机械搅拌下界面膜易被破坏而破乳。例如水溶性的甲醇、乙醇、丁醇和油溶性的异戊醇、己醇、庚醇等，这些短链醇在水（或油）中的溶解度较大，用量较大。

3. 加电解质

对于主要靠扩散双电层的排斥作用而稳定的稀乳状液，加入电解质后，可以压缩其双电层，有利于聚结作用的发生。一般带有与外相表面电荷相反的高价反离子有较好的破乳效果，破乳时使用的电解质浓度都较大。

4. 破坏乳化剂

这是一类使稳定乳状液的乳化剂遭到破坏的方法。最常用的是化学破坏法。例如皂作乳化剂时，加入酸，生成表面活性较小的脂肪酸，从而使乳状液破坏；脂肪酸钠、钾作乳化剂时，加入高价金属盐，破坏乳化剂的化学结构，就能达到破乳的目的。此外，对于一些天然产物及大分子物质作乳化剂的乳状液，可采用一种新方法，即微生物破乳。其原理是某些微生物通过消耗表面活性剂得以生长，并对乳化剂起生物变构作用致使乳状液破坏。

5. 润湿作用

对于以固体粉末稳定的乳状液可加入润湿性能好的润湿剂，改变固体粉末的亲水亲油性，使固体粉末从界面上脱附进入水相或进入油相而使乳状液破坏。

6. 絮凝-聚结作用

由于非离子型破乳剂具有较大的相对分子质量，因此，在加热和搅拌下相对分子质量较大的破乳剂分散在乳状液中，会引起细小的液珠絮凝，使分散相的液珠集合成松散的团粒。在团粒内各细小液珠依然存在。这种絮凝过程是可逆的。随后的聚结过程是将这些松散的团粒不可逆地集合成大液滴，导致液滴数目减少。当液滴长大到一定直径后，因油水相对密度的差异，水与油即相互分离。

7. 碰撞击破界面膜破乳

这种理论是在高相对分子质量及超高相对分子质量破乳剂问世后出现的。高相对分子质量及超高相对分子质量破乳剂的加入量仅为 10^{-6}，而界面膜的面积却相当大。如将 10mL 水分散到原油中，所形成的油包水型乳状液的油水界面膜总面积可达 $6 \sim 600m^2$，如此微量的药剂是难于排替面积如此巨大的界面膜的。所提出的机理认为在加热和搅拌条件下，破乳剂有较多机会碰撞液珠界面膜或排替很少一部分活性物质，击破界面膜，使界面膜的稳定性大大降低，因而发生絮凝、聚结。

8. 增溶机理

适用的破乳剂一个或少数几个分子即可形成胶束，这种高分子线团或胶束可增溶乳化剂分子，引起乳液破乳。

6.7.4 破乳剂

能使相对稳定的乳状液破坏的外加试剂称为破乳剂，但通常破乳剂是指特殊结构的表面活性剂和聚合物。

1. 选择破乳剂的一般原则

破乳剂能使原乳状液稳定的因素消除，从而导致乳状液的聚集、聚结、分层和破乳。乳状液稳定的最主要原因是由乳化剂形成带电的（或不带电的）有一定机械强度或空间阻碍作用的界面膜。因此，破乳剂的主要作用是消除乳化剂的有效作用，选择破乳剂就要针对乳化剂的特性。

选择破乳剂的基本原则如下：①有良好的表面活性，能将乳状液中乳化剂从界面上顶替下来。乳化剂都有表面活性，否则不能在界面上形成吸附膜，这种吸附作用是自发过程。因此破乳剂也必须有强烈的界面吸附能力才能顶替乳化剂。②破乳剂在油-水界面上形成的界面膜不可有牢固性，在外界条件作用下或液滴碰撞时易破裂，从而液滴易发生聚结。③离子型的乳化剂可使液滴带电而稳定，选用带反号电荷的离子型破乳剂可使液滴表面电荷中和。④相对分子质量大的非离子或高分子破乳剂溶解于连续相中可因桥联作用使液滴聚集，进而聚结、分层和破乳。⑤固体粉末乳化剂稳定的乳状液可选择固体粉末良好的润湿剂作为破乳剂，以使粉体完全润湿进入水相或油相。由这些原则可以看出，有的乳化剂和破乳剂常没有明显的界限，需视具体体系而定。当然也有些表面活性剂只适用于做某一种乳状液的破乳剂，对其他体系不能做破乳剂也不能做乳化剂。

2. 常用破乳剂

（1）W/O 型乳状液破乳剂

这是研究最多的破乳剂，因为石油工业原油乳状液即属 W/O 型。一般认为 W/O 型乳状液液滴不带电或液滴间电性作用极弱。原油的 W/O 型乳状液稳定原因主要是原油中的沥青质、胶质富集于液滴的油-水界面上，形成强度很大的膜。沥青质的基本结构是以稠环类为核心，周围连接若干个环烷环和芳香环，它们又连有若干长度不一的正构或异构烷基侧链，分子中还有 S、N、O 杂原子基团及结合的某些金属原子。沥青质通常以缔合聚集形式存在于油相中，但在油-水相共存时，沥青质中的极性基团使其向界面迁移，以单层甚至多层吸附力方式形成稳定的、有相当高强度的界面膜。胶质与沥青质存在有分子间氢键，胶质对沥青质的分散作用，使得界面膜韧性增加。原油中的石蜡不仅可提高原油黏度，而且可在水滴表面形成有一定强度的蜡晶网，阻碍水滴聚结。

现在国内外应用广泛的含水原油破乳剂都是聚氧乙烯和聚氧丙烯嵌段共聚物或无规共聚物，相对分子质量可由几千至几万。此类物质表面活性主，能有效降低界面张力，用量小，在极低浓度就可将上述原油水滴表面的沥青质等天然物质顶替下来，而且新形成的界面吸附膜是单分子层的，膜的强度差，极易破乳。常见的这类破乳剂如下：

① SP 型破乳剂　聚氧丙烯(PO)聚氧乙烯(EO)烷基醚，$RO(PO)_n(EO)_m(PO)_lH$

② PE 型破乳剂　聚氧丙烯聚氧乙烯烷基二醇醚。

$$R \begin{cases} (PO)_m(EO)_nH \\ (PO)_m(EO)_nH \end{cases}$$

③ AE 型破乳剂　聚氧丙烯聚氧乙烯多乙烯多胺嵌段共聚物。

$$\begin{array}{c} H(EO)_m(PO)_n \qquad\qquad (PO)_n(EO)_mH \\ | \qquad\qquad\qquad\qquad\qquad | \\ N-(CH_2)_2-N-(CH_2)_2-N \\ | \qquad\qquad\qquad | \qquad\qquad\qquad | \\ H(EO)_m(PO)_n \quad (PO)_n(EO)_mH \quad (PO)_n(EO)_mH \end{array}$$

④ AF 型破乳剂　聚氧乙烯聚氧丙烯烷基酚醚聚合物。

$$\left[\begin{array}{c} O(PO)_n(EO)_m(PO)_lH \\ \\ \\ R \end{array} CH_2 \right]_x$$

⑤ AP 型破乳剂　聚氧乙烯聚氧丙烯多乙烯多胺嵌段共聚物。

$$\begin{array}{c} H(PO)_n(EO)_m(PO)_l \qquad\qquad\qquad (PO)_l(EO)_m(PO)_nH \\ | \qquad\qquad\qquad\qquad\qquad\qquad\qquad | \\ N-(CH_2)_2-N-(CH_2)_2-N-(PO)_l(EO)_m(PO)_nH \\ | \qquad\qquad\qquad | \\ H(PO)_n(EO)_m(PO)_l \quad H(PO)_n(EO)_m(PO)_lH \end{array}$$

⑥ PFA 型破乳剂　聚氧乙烯聚氧丙烯酚醛多乙烯多胺嵌段共聚物。

$$\begin{array}{c} O-(PO)_m(EO)_nH \\ \\ W-H_2C \qquad CH_2-W \\ \\ CH_2-W \end{array}$$

式中，W 为
$$-N \begin{array}{c} (PO)_m(EO)_nH \\ | \\ -(CH_2CHN)_n-(CH_2)_2-N \\ | \\ (PO)_n(EO)_mH \end{array} \begin{array}{c} (PO)_m(EO)_nH \\ \\ \\ (PO)_m(EO)_nH \end{array}$$

以上各通式中 PO 代表 C_3H_6O 基团，EO 代表 C_2H_4O 基团，n、m、l 等表示相应基团的数目(聚合度)。

除以上各类型破乳剂外还有聚硅氧烷类、聚磷酸酯等类型破乳剂，各有其适宜的破乳类型和独特的化学性能。

（2）O/W 型乳状液破乳剂

此类破乳剂主要用于含油废水和大量注水、化学驱油时油田采出液的处理。O/W 型乳状液的油滴大多因多种原因而带有电荷。特别是表面活性剂驱油采出液因所用表面活性剂多为廉价的阴离子型表面活性剂（如石油磺酸盐等），故油滴表面多带有负电荷。油滴间的静电排斥作用是 O/W 型乳状液稳定的原因之一。

O/W 型乳状液破乳剂大致有四类：短链醇类、多价无机盐和酸、表面活性剂、高分子化合物。

短链醇（如水溶性的甲醇、乙醇、丙醇、丁醇，油溶性的己醇、庚醇等）等有表面活性，能顶替油滴表面的乳化剂，但因其碳链太短又不能形成结实的界面膜，从而起到破乳作用。这种短链醇在水（或油）中溶解度较大，虽有表面活性但用量大，不适于工业应用。

多价金属盐[如 $AlCl_3$、$Al(NO_3)_3$、$MgCl_2$、$CaCl_2$ 等]主要用其多价阳离子中和负电油滴表面电荷，减少电性稳定作用。无机酸（如盐酸、硝酸等）可改变某些阴离子型表面活性剂的亲水亲油平衡，减小其表面活性（如脂肪酸盐变为脂肪酸），从而易于破乳。

表面活性剂用做破乳剂主要是用季铵盐阳离子型表面活性剂和胺类非离子型表面活性剂。前者对荷负电的油滴有电性中和作用，而阳离子型表面活性剂稳定的乳状液易破坏，这可能是因为阳离子型表面活性剂易于在带负电的固体表面（如容器壁，实际乳状液体系中的各种固体悬浮物等）吸附，从而脱离油滴表面，使乳状液破坏。这也可能是很少用阳离子型表面活性剂做乳化剂的原因之一。多胺非离子型表面活性剂有良好的水溶性和表面活性，吸附于油-水界面时既可顶替原有乳化剂，又可以使其水溶性胺基基团与原乳化剂（如石油磺酸盐）形成良好水溶性铵盐，使原乳化剂失去乳化效果。

用做破乳剂的高分子化合物主要是阳离子和非离子聚合物。其作用机理除阳离子聚合物与荷负电油滴电性中和破乳的因素外，主要是这些破乳剂大分子在浓度适宜时在油滴上的吸附桥连作用引起油滴的聚集、聚结和破乳。常用的聚合物破乳剂都是聚醚和聚酯类化合物。

6.8　乳状液的应用

乳状液在工农业生产，例如，农药配制，原油开采，纺织，制革，食品，医药以及日常生活中都有广泛的应用。

6.8.1　原油的破乳

据统计目前世界上的原油有 25% 是以乳状液的形式采出来的。在开采之前，油与水在地下并不发生乳化。原油从地下采出时要经过地层的孔隙与水和气体混合在一起，又经过泵送的搅动，便形成乳状液。原油的无水采油期相对是比较短的，尤其是早期高压注水的油田，采出的原油到后期时水含量高达 90% 以上。因此，原油脱水便成为集输过程中重要的一环。乳化原油不仅给集输工作造成麻烦，还会在炼制时由于含水含盐引起腐蚀、结垢、冲塔。所以原油外输时均需脱水，使油中水含量小于 0.5%，脱出的污水含油小于 0.05%。

尽管存在许多稳定原油乳状液的因素，但是，从热力学观点看，乳状液是不稳定体系，即使最稳定的乳状液，其最终的平衡也应是两相分离，破乳是必然结果，只是方式和时间的差别而已。根据 Stokes 定律，对于 W/O 型原油乳状液，增大油水密度差或减小分散介质的黏度均有利于水滴沉降，而沉降速度与水滴的平方成正比。所以在原油脱水过程中要力图控制各个因素，创造条件使微小的水滴聚结变大，加速水滴沉降的油水分离过程，例如，增大水滴尺寸和油水密度差，减小原油密度等[35]。其主要方法有：加热乳状液（热处理）、加入破乳剂（化学处理）、施加电场（电处理）等，还有混合、振荡、微波、超声、离心、过滤以及加入微生物等，原油破乳过程一般要同时采用上述两种或数种方法[36~38]。

6.8.2　乳状液在原油开采中的应用

1. 乳化钻井液

（1）油包水型（W/O）钻井液

油包水乳化钻井液的基本组成为乳化剂、水、亲油胶体，其有利于保护油层，也可作为完井液、修井液，有效地抑制泥页岩水化膨胀，润滑防卡效果好，热稳定性好，不易着火，可用来钻复杂的页岩层，深的高温井，水平井、生产层的钻进和取心，定向钻井液，钻含有 H_2S 和 CO_2 的地层。进入 80 年代以来，国内外普遍使用含低芳香烃的无毒矿物油-白油配成油包水乳化钻井液[39,40]，减少了环境污染，热稳定性及抗盐、抗污染能力提高。油水比为 95/5~60/40。

（2）水包油型（O/W）钻井液[41]

欠平衡钻井用钻井液体系有：水包油型钻井液、充气水基或油基钻井液、泡沫钻井液等。充气钻井液和泡沫钻井液能达到很低的密度，是很有吸引力的欠平衡钻井液，但其缺点一是携岩和井眼清洁能力差，存在固相控制问题；二是导热能力差，可造成钻头与岩石接触面温度过高，易于形成干研磨，造成钻头和泥浆马达损坏。O/W 型钻井乳化液是用于地层压力低的地区的钻井，O/W 型钻井液可以配制高油水比、低密度（密度小于 1）的钻井液，在满足地层压力低的地区钻井作业需要的同时，还具有很好的井眼净化能力，因而得到广泛的应用。

2. 油包水型（W/O）乳化酸[42~46]

酸化是油气井投产与增产的重要措施之一。随着油气井的不断开发和油气的不断开采，酸化工艺技术的研究和应用显得日益重要，已经引起人们的广泛重视。当前酸化工艺技术发展的一个重要方面就是对新型酸化液及其配套技术的研究和应用。为了适应不同油气藏及不同情况的油气井投产酸化和压裂酸化改造的需要，减轻和防止地层的伤害，提高酸化压裂效果，增加油气产能，确保油气田稳产高产，近年来，国外已经相继开发了稠化酸、泡沫酸、交联酸、胶束酸、乳化酸等具有低伤害、深穿透、多功能的酸液体系，并已经在现场应用中获得了较好的油气增产效果。

乳化酸是在乳化剂的作用下将酸相分散到油相中形成的一种油包酸型（酸为内相，油为外相）乳状液。如柴油-盐酸形成的 W/O 型乳化酸体系，在油田中已被广泛采用。乳化酸改造地层主要有以下特点：①具有酸岩反应速率低，酸液穿透距离深的功能，可以在较大范围内改善油层的渗透率，提高油井产能；②与井底原油具有亲和性，具有清洗溶解地层中重质原油、石蜡、胶质、沥青等性能，可以解除井底附近及远井地带油气通道中的堵塞，沟通油气通道，改善油层渗流条件；③在酸岩反应结束后，由于有少量乳化剂的作用，其残液具有一定的黏度，这将有利于携带和返排出地层中的胶质、沥青质以及酸不溶固体颗粒，具有一定的降滤失、防酸不溶、无沉淀的作用，从而使地层能量得以尽快恢复。

适用于低孔、低渗、致密碳酸盐岩类油井及油气共存的井进行深度酸化改造，也可用于油井投产酸化，以及解除井底附近的堵塞，改造油气通道，提高油气产量。

3. 水包油型(O/W)乳液除垢剂[1]

油气田井下和地面管道、设备的内表面常产生由石蜡、沥青以及无机物组成的非水溶性混合积垢，给石油生产带来麻烦和困难。采用 O/W 型乳液除垢剂清洗地面管道可以大大提高工效，减轻劳动强度，有很好的清洗效果。

水包油型乳液除垢剂的基本组成：油相为多种烃类溶剂如芳香烃及煤油柴油，水相为含有无机转化剂，如马来酸二钠盐、适量的有机碱如各种胺类、适量醇醚类助洗剂和一定量的水。乳化剂用非离子 O/W 乳化剂。

4. 乳化压裂液

压裂作为油气井增产、注水井增注的主要措施得到广泛的应用。乳化压裂液是 20 世纪 70 年代发展起来的压裂液体系，分为水包油乳化压裂液和油包水乳化压裂液两种类型。乳化体系具有良好的增黏能力，黏度调节方便，滤失量低，在 20 世纪 70 年代中期到 80 年代有较快的发展，并作为经济有效的压裂液使用于低压油气藏[47]。

(1) 水包油乳化压裂液

水包油型聚合物乳化压裂液是一种水力压裂液，即聚合物乳化压裂液已应用于工业生产中，它是由二份油和一份稠化水组成，内相是现场原油、成品油、凝析油或液化石油气；外相是水溶性聚合物和表面活性剂的淡水、矿化水或酸制成的压裂液。

水包油乳化压裂液具有摩阻小、流变性便于调节、易返排的优点，在我国新疆、吐哈等油田多次施工并取得了一定的效益，但对地层伤害较为严重，尤其是对水敏地层的伤害更为严重。

(2) 油包水型压裂液

油包水型压裂液是一种以水作分散相、以油作分散介质的油包水乳状液。例如，以淡水或盐水(矿化度可以在 5000~6000mg/L)作水相，以高黏原油、柴油、煤油、稀释的沥青渣作油相，以 Span 80 和月桂酰二乙醇胺(分别溶于油和水中)作乳化剂，油：水：乳化剂 = 2：1：0.1就可配成油包水型压裂液。这种压裂液有许多优点，例如，黏度大，悬砂能力强，滤失量少，不伤害油层等。使用时，用10%水环(含 0.1%表面活性剂及添加剂的水)润滑中心的黏性油环，使其下到油管中进行压裂。

油包水型压裂液黏度高、悬砂能力强、滤失低、残渣少、成本低，其油外相不易造成黏土膨胀、运移，有利于油层保护[48~51]。因此，对于低压水敏油气藏的压裂改造，以油包水型压裂液代替目前广泛使用的油基冻胶压裂液具有较为重要的现实意义。

5. 原油乳化降黏

随着对石油开采程度的加深，原油变稠变重成为世界性不可逆转的趋势，密度大、凝点高、黏度大、流动困难是稠油资源突出的特点，严重制约着油田对稠油的开采和输送。掺水乳化降黏是一种比较简便和经济的办法，形成的原油乳状液黏度大大降低，可实现常温输送以节能降耗，已引起国内外重视。乳化降黏输送工艺发展比较成熟[52]，但因其对输往炼厂的原油存在后处理(如脱水)问题，使其推广应用受到一定限制。然而，对于用作乳化燃料油的超重质稠油或超稠油采用乳化降黏输送可省去脱水环节，是最佳方案选择。对用作乳化燃料油的委内瑞拉超重质稠油进行乳化降黏输送的成功应用，促进了油田的开发，带来了可观的经济效益。委内瑞拉这种出售全世界的奥里乳化油自 1995 年开始批量进口到我国，国内一些大的炼厂和化工厂已经开始试烧奥里乳化油，市场前景相当好[53]。奥里油中通常含70%的超重质原油和30%的水，在常温下的黏度大于 600mPa·s[54]。与重油或煤相比，奥里乳化油因其含水30%而燃烧充分，且能抑制 NO_x 和 SO_x 的产生，因而具有环境效益好、经济效益好、国际资源丰富及价格合理等优势，有很强的市场竞争力[53]。我国超稠油硫含量一般较低(如辽河超稠油硫含量0.42%[55]，远低于奥里乳化油的硫含量2.86%)[53]，可避免燃烧奥里乳化油带来的腐蚀问题和烟气脱硫问题。若能充分利用我国超稠油资源制备乳化燃料油，将比奥里乳化油市场竞争力更强。因此，开发研究新型高效的表面活性剂，加剂量少，成本低，制备常温黏度低于400mPa·s且均匀稳定的原油乳状液，既可实现超稠原油的常温输送以节省能耗，又可直接在常温下泵送作为燃料，具有重大的社会效益和经济效益。

6.9　微乳状液

这是一种特殊的液-液分散体系，具有很大实用价值，也是在实用中偶然发现的。1928年美国化学工程师 Rodawald 在研制皮革上光剂时意外地得到了"透明乳状液"。它虽也含有大量不相混溶的液体，但性质明显地不同于乳状液，有下列特点：

① 制备时不必采用各种乳化设备向体系供给能量，而只要配方合适，各组分混合后会自动形成微乳状液。这说明微乳化过程是体系自由能降低的自发过程，此过程的终点应为热力学稳定的体系。

② 在组成上它的特点是：a. 表面活性剂含量显著高于普通乳状液，约在5%~30%上下；b. 分为三元系和四元系两种。最先发现的是应用离子型表面活性剂的四元系微乳体系，它至少有四种成分，即油、水、表面活性剂和助表面活性剂(常用的是中等碳链长度的醇类)。当时认为醇类是构成微乳必不可少的成分，后来发现应用非离子型表面活性剂在一定温度范围内也可得到微乳，并不必须加入醇类，这就是三元系的微乳(油、水、非离子表面活性剂)。

③ 外观上微乳不同于一般乳状液，呈透明或略带乳光的半透明状。

④ 稳定性不同，虽经长期放置亦能保持均匀透明的液体状态。

⑤ 微乳虽与一般乳状液相似，有油外相(W/O型)和水外相(O/W型)之分，但有两个独特之处，即：a. 不像一般乳状液随类型的不同而只能与油混匀或只能与水混匀，微乳在一定范围内既能与油混匀又能与水混匀；b. 已有证据表明，在一定组成条件下，在各向同性的微乳体系中可存在双连续相，即油相和水相都是连续的。

⑥ 一般乳状液在两相体积分数都比较大时黏度明显增大，常呈黏稠状，而微乳状液在相似的油水比例时仍然具有与水相近的黏度。

这些特性使得它具有很大实用价值。尽管早期对它的结构、原理尚一无所知，只是称作"透明乳状液"或"可溶油"，在实用中却取得很大成功。例如用于皮革上光剂、地板蜡、切削油等。直到1943年 Hoar 和 Schulman[55,56] 用小角X射线衍射、光散射、超离心、电子显微镜和黏度等方法测定其中分散相的颗粒大小和形状，指出它是大小范围为8~80nm的球形或圆柱形颗粒构成的分散体系。1958年 Schulman 给它定名为微乳状液(microemulsion)，意思是微小颗粒的乳状液[57~58]。例如苯或十六烷中加入约10%的油酸，再加KOH水溶液中和，用初生态皂作乳化剂，得到乳状液. 然后再加入正己醇，可得到一种透明液体。此体系稳定性极高，分散质点在显微镜下不可见。微乳状液也称为胶团溶液。

微乳状液的形成有一般规律，即除水、油及乳化剂外，还需加入相当量的极性有机物(一般为醇类），而表面活性剂及极性有机物的浓度相当大。此种极性有机物称为微乳状液体系中的辅助表面活性剂。微乳状液就是由油、水、表面活性剂、辅助表面活性剂组成。但在用非离子型表面活性剂形成微乳液时，常不需加入助表面活性剂。微乳液是热力学稳定体系。

6.9.1 微乳液的类型

微乳液的基本结构是以表面活性剂定向单层分隔的不相溶的液体微区。所形成的两种液体微区中可以有一种是孤立的，也可以是双连续的[59]。因此，微乳液有三种类型：O/W 型和 W/O 型，还有一种双连续型，这种类比较少见。在微乳液中，表面活性剂主要存在于界面膜中，表面活性剂的亲水基和疏水基与两种溶剂分别发生溶剂化作用，结果溶剂插入定向排列的表面活性剂分子之间。所以，也常把这种表面活性剂层形象地叫做栅栏层。图 6-18 是三种类型的示意图。

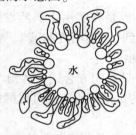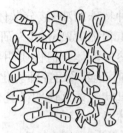

助表面活性剂　　表面活性剂

(a) W/O型微乳液(油连续相)　　(b) O/W型微乳液(水连续相)　　(c) 双连续相(亦称中相微乳型)

图 6-18　微乳状液类型示意图

在 W/O 型微乳状液中，在油-水界面上亲水的极性头排列得更紧密，在 O/W 型微乳液中在油-水界面上疏水的碳氢链排列得较紧密。双连续相结构在其结构范围内，任何一部分油形成了油珠链网组成连续相，同样体系中的水也可形成水珠链网连续相。这两种链网相互贯穿，形成油水双连续相结构。双连续相结构是经过理论与实践证实了的。在其结构范围内，任何一部分油形成了油珠链网组成油连续相。同样，体系中的水也形成水珠链网连续相。油珠链网与水珠链网相互贯穿与缠绕，形成了油、水双连续相，它具有 O/W 和 W/O 两种结构的综合特性。

微乳状液的类型主要取决于体系中油-水界面的本征曲率。具有自动弯向油相的界面体系趋于形成水包油型微乳液，具有自动弯向水相的界面体系趋于形成油包水型微乳液，当界面曲率很小的时候则倾向于形成双连续相微乳液，即微乳中相。

助表面活性剂除了和表面活性剂相互作用降低表面张力外，加入助表面活性剂可增加界面膜的柔性，使界面更易流动，减小微乳液生成所需的弯曲能，使微乳液更易形成。

6.9.2 性质

微乳状液液珠非常小，一般在 $10 \sim 20nm$，因此常被看作为单分散体系，其外观呈灰色半透明或透明。若透射光为红色，反射光为蓝色，微乳液呈灰色半透明；若微乳液的透色光及反射光均为无色，则微乳状液呈无色透明体。

微乳状液也具有导电性，O/W 型的微乳液导电性较好，W/O 型的导电性较差。

由于微乳液的油-水界面张力低，达到超低界面张力（$10^{-6} \sim 10^{-2}mN/m$），甚至界面张力不可测，所以具有很高的稳定性，是热力学上的稳定体系。长时间放置也不分层和破乳，若把它置于 100 个重力加速度的超离心机中旋转 5min 也不分层，而宏观乳状液这时是要分层的。另外，微乳状液还可以与一定量的水或油混溶。微乳状液与乳状液和胶团溶液性质的比较见表 6-5。

表 6-5　微乳状液与乳状液和胶团溶液性质的比较

体系性质	乳状液	微乳液	胶团溶液
分散度	粗分散体系，质点 > 0.1μm，显微镜可见，质点不均匀	质点 0.1 ~ 0.01μm，显微镜不可见，质点均匀	胶团大小 < 0.01μm，显微镜不可见
质点形状	球形	球形	溶液稀时为球形，浓时可呈棒状、束状、层状等各种形状
透光性	不透明乳白色	透明或灰白色半透明	透明
稳定性	不稳定，可用离心机分层	稳定，用离心机不分层	稳定不分层
表面活性剂用量	1% ~ 10%，可少用，不一定加辅助乳化剂	用量多，需加辅助乳化剂	>cmc 即可
与水、油的混溶性	O/W 与水溶 W/O 与油溶	与油、水在一定范围内可混溶	未达到加容量时，可溶解油和水

6.9.3　微乳液形成机理

微乳液形成的理论很多，负表面张力理论、混合膜理论、增溶胶束溶液理论、热力学模型理论、几何排列理论和 R 比理论。热力学理论是从计算微乳形成的自由能变化来寻求生成稳定微乳液的条件，此类研究虽然有少量实验结果，但基本上仍处于理论探讨阶段。引用较多的有负表面张力理论、混合膜理论和增溶胶束溶液理论。

1. 瞬时负界面张力理论 (混合膜)

Schulman 和 Prince 等人[60,61]针对微乳液的形成提出了瞬时负界面张力理论，该理论认为水油体系界面张力在表面活性剂的作用下大大降低，若在水 - 油 - 表面活性剂体系中再加入助表面活性剂，则界面张力进一步降低至 $10^{-5} \sim 10^{-3}$ mN/m，甚至产生瞬时的负界面张力 $\gamma < 0$。具有负界面张力的体系在扩大界面面积时将放出能量，即

$$\Delta G = \int_{A_1}^{A_2} \gamma(A)\,dA \ < \ 0 \qquad\qquad (6-13)$$

这使得乳状液颗粒变小成为自发过程，即自动形成微乳。

若是微乳液滴有发生聚结的趋势，那么界面面积缩小，复又产生负界面张力，从而对抗液滴聚结，保持微乳液的稳定性。因此，微乳状液与乳状液体系不同，分散质点不会聚结、分层，是一个稳定体系。

尽管瞬时负界面张力理论可以解释微乳液的形成和稳定性，但却缺乏理论与实践的基础。因为界面张力是一种宏观性质，是否适合于质点近似于分子大小的情况? 况且，此时界面是否存在还是一个问题，而无界面，就谈不上界面张力。并且事实上一些双链离子型表面活性剂如 AOT 和非离子型表面活性剂也能形成微乳液而无需加入助表面活性剂，所以该理论有一定的局限性。

2. 混合膜理论[60,61]

Schulman 和 Bowcott 提出混合膜理论。表面活性剂和助表面活性剂在界面上吸附形成混

合膜，混合膜具有两个面，正是这两个面与水、油相互作用的相对强度决定了界面的弯曲及其方向，因而决定了微乳液的类型。与乳状液相比，微乳液质点小得多，因此弯曲界面的曲率半径也小得多。当有醇存在时，表面活性剂与醇形成混合膜，其特点是具有更高的柔性，即醇的存在使混合膜液化，因而易于弯曲。当有油、水共存时，弯曲会自发进行。

3. 增溶胶束溶液

微乳状液在基本性质上与胶团溶液相近。埃克瓦尔（Ekwall）、弗里贝格、筱田等对表面活性剂–烷醇–油–水体系的相平衡进行了研究，结果表明，斯库尔曼等所说的微乳状液不同于普通乳状液，是膨胀的增溶胶束溶液，在热力学上是稳定的。因此，另一种机理认为：微乳状液的形成，是在一定条件下，表面活性剂胶团溶液对油和水的加溶结果形成了膨胀的（加溶的）胶团溶液，即微乳状液。

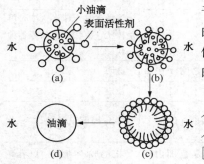
图6-19 从胶束溶胀(a)转变成
微乳状液液滴(b)和(c)[28]

当表面活性剂浓度大于 cmc 后，就会形成胶束，此时加入油，就会被增溶[图6-19(a)]。随着这一过程的进行，进入胶束中的油量增加，使胶束溶胀而变成小油滴–微乳液[图6-19(b)、(c)]，过程继续进行就变成宏乳状液。注意图中颗粒尺寸不是按比例的，但可以看出(a)到(d)是逐渐放大的。因为增溶是自动进行的，故微乳化能自动发生。

Shinoda 等关于非离子型表面活性剂微乳液的研究进一步说明负表面张力和混合膜并非生成微乳状液的必要条件。应用非离子型表面活性剂，不必加入醇，只要选择适当的表面活性剂结构和温度，使胶团具有合适的大小，足以加溶足够量的油相，即可生成微乳状液，这进一步支持了肿胀的胶团说。

6.9.4 微乳状液的制备

微乳状液是热力学稳定体系，其胶束中可最大限度地增溶极性或非极性组分，故可广泛用于日用化学品、工业用品以及医药和农药生产中；由于微乳液的应用价值和其形成的关键在于适当的组成和温度，所以关于微乳状液的研究中，有很大一部分是通过制作相图来寻找适宜的配方和工艺条件，然后进一步寻找其中的规律。通常将它们归纳为四个：油、水、表面活性剂和温度。四变数体系的相行为需用立体的三棱柱相图来记录。但是这种相图应用很不方便，通常采用固定一个或两个变量，用二元或三元相图来代替。最常用的三元相图是在恒定温度变量条件得到的[19,28,30]。它表达体系在某一特定温度下的相态随体系组成变化情况。由于相图非常直观，对离解微乳液的形成和各种缔合胶体间的体系，是一个非常有用的工具，如图6-20~图6-22所示。

图6-20为含有非离子型表面活性剂的拟二元系–温度相图，图中横坐标代表各含表面活性剂的水和油的比列。随温度的升高体系中会出现各种类型的微乳液。实际工作时为方便计，常常把表面活性剂（S）和助表面活性剂（A）作为一组分置于三角相图的一个顶点来处理，并用此拟三元相图来描述微乳液体系的性质。三种微乳体系可以从Ⅰ型通过Ⅲ型向Ⅱ型变化，即Ⅰ→Ⅲ→Ⅱ的转变。实现这种转变的常用方法是向体系中加入无机盐。当体系的无机盐增加时，水溶液中的表面活性剂和油受到"盐析"而析离，盐也压缩微乳液的双电层，斥力下降，液滴容易接近，含盐量增加，使 O/W 型微乳液进一步增溶油的量，从而微乳液中油滴密度下降而上浮，导致形成新"相"。

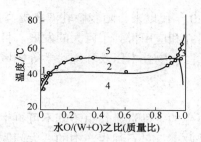

图 6-20　烷基醇聚氧乙烯醚-水-十四烷体系及其随温度的变化[28]

1—O/W 型微乳；2—三相区(油、中相微乳，水)Winsor Ⅲ 型；3—W/O 型微乳；

4—两相区 Winsor Ⅰ 型；5-两相区 Winsor Ⅱ 型

图 6-21　多相微乳液的 Winsor 分类[30]

表 6-6　阴离子型表面活性剂体系的相态变化[28]

扫描变量(增加)	相态的变化	扫描变量(增加)	相态的变化
含盐量	Ⅰ→Ⅲ→Ⅱ	醇，较高相对分子质量②	Ⅰ→Ⅲ→Ⅱ
油，(烷烃碳数)①	Ⅱ→Ⅲ→Ⅰ	活性剂 LCL③	Ⅰ→Ⅲ→Ⅱ
醇，低相对分子质量②	Ⅱ→Ⅲ→Ⅰ	温度	Ⅱ→Ⅲ→Ⅰ

①对直链烃是烷烃碳数，对于支链和芳烃是等效烷烃碳数。

② 醇是指液度的增加，低分子量的醇为 $C_1 \sim C_5$ 醇，较高分子量为 $C_4 \sim C_8$ 醇。

③ 指同种亲水基活性剂的亲油基的长度。

如果需要分别考察表面活性剂和助表面活性剂的作用，则需应用如图 6-22 所示的四组分相图。

在此相图中由试验确定的微乳液区，不再是一个平面区域，而是处于正四面体内部的一个或两个不规则的柱形或锥形，聚体形状以及它们在四面体中的位置由实验确定。通常 O/W 型微乳液区域在水顶点附近，W/O 区在助表面活性剂和油顶点之间的棱附近。

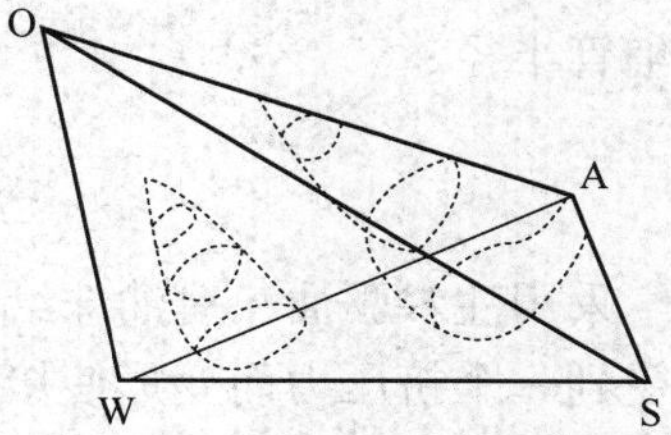

图 6-22　四组分相图[28]

A—醇；W—水；O—油；

S—表面活性剂

6.9.5　应用

微乳状液一直广泛应用于工农业生产中，而且往往多是与乳状液联系在一起应用的。许多配方，实际上是形成乳状液，在一定条件下才能获得稳定的、高分散度体系。只有在这时，才从乳状液过渡到微乳状液。石蜡分散在水中时，如加入较大量的适当的乳化剂，可得到质点很细、近于透明的"乳状液"，用作地板上光蜡液。醇酸树脂等涂料，亦可分散成水包油型的微乳状作为上光剂。许多机械切削油也都是水为分散介质的微乳状液。20世纪70年代以来，随着微乳液在提高原油采收率方面的巨大应用价值为人们所认识，微乳液的研究和应用得到了巨大的发展。目前，微乳液技术以及渗透到精细化工、石油化工、材料科学、生物技术以及环境科学等领域，成为具有巨大应用潜力的研究领域。

1. 微乳液驱

石油是各种能源中不可再生的一种资源，由于其不可再生性，如何把地下储藏的油最大限度开采出来，即如何提高采收率，是石油生产中的一大问题。所以提高原油的油田采收率的重要性不言而喻，20世纪70年代的石油危机促使人们对深化采油方面的研究。用水驱动微乳状液段塞，可以洗出残留的石油，提高采油收率。注水驱油是提高采收率的一个方法。但由于地层中岩砂表面黏附了石油，不易被水润湿，故残油不易为水所驱出，如图6-23所示。在喉径(即细毛细管)中残存的油很难被水带出。

由图6-24所示，当油珠进入喉径时，就会产生贾敏现象。油滴的受力可用Young-Laplace方程来进行讨论。

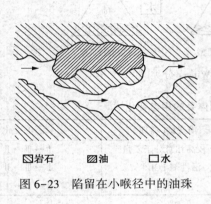

图6-23　陷留在小喉径中的油珠　　　图6-24　水驱动油珠的模型

$$\Delta p = \frac{2\gamma_{ow}\cos\theta}{r}$$

式中，Δp为弯曲液面受到的附加压力；γ_{ow}为油水界面张力；θ为油珠对岩石的接触角；r为毛细管半径。

$$\Delta p_1 = \frac{2\gamma_{ow}\cos\theta_1}{r_1} \qquad \Delta p_2 = \frac{2\gamma_{ow}\cos\theta_2}{r_2}$$

采用注水驱油，对油珠给以一压力p，油会向前运移，当油珠进入喉径时，油珠的前缘会受到一个挤压力而变形使接触角$\theta_1<\theta_2$，所以$\cos\theta_1>\cos\theta_2$，而$r_1<r_{12}$，因此$\Delta p_1>\Delta p_2$且方向相反(因为附加压力指向曲率中心的方向)。当注水的压力$p_水<\Delta p_1-\Delta p_2$时，就会使注水驱油中止。事实上，要把注水后留在油层多孔介质中的油珠从喉径较小的毛管中驱替出来，单靠增大压差是不现实的。因为油水间的界面张力约为30mN/m，靠注水压差是无法把残油驱出，因此只有降低界面张力才行。当界面张力降低到10^{-3}mN/m以下才能把注水后的残余油驱尽。

采用活性水(加有表面活性剂的水)驱油，可改善岩石表面的润湿状况提高水洗残油的能力，但表面活性剂容易被吸附在岩石壁上而使其在水中的浓度大为降低，驱油效果也不够理想。

实验室及现场试验均发现，采用微乳状液效果较好。微乳状液能和水或油混溶，消除了油水间的界面张力，洗油效力最高，因为微乳液的油-水界面张力低至不可测，能与水或油混溶，消除了油-水界面张力，就不存在毛细管阻力的问题，即不存在附加压力的问题。因此微乳液的波及系数不仅远大于水而且也远大于活性水，有很高的洗油效率[62,63]。应用微乳液时，可只用少量，然后再以水推动此微乳状液段塞，以洗出残留石油。图6-25是微乳液驱油的流程图。

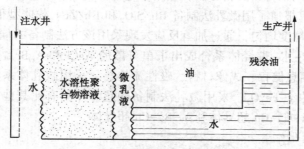

图6-25　微乳液/聚合物驱油流程

由图6-25中看出，在微乳状液与水之间设置一段缓冲液，使高黏度的微乳状液与低黏度的水之间有一过渡(此缓冲液常采用部分水解的聚丙烯酰胺水溶液)。水溶性聚合物溶液的作用是为了防止其后注入的水稀释微乳液，因此在微乳液与注水之间注入一段增黏水(即水溶性聚合物溶液)作缓冲带。微乳状液就像一个活塞一样，被注入水推向有残留油的岩层中，把残油洗出。微乳状液强洗油(而又能与水相混)的能力，亦被用于清除注水井的残油，以提脱岩层渗透率。

2. 微乳液在农药中的应用

微乳液作为农药的一个新剂型是近年新研制成功的O/W型的微乳液。它是一种介于浓乳液与可溶化型乳状液之间的液-液分散体系。具有特殊的高稳定性和较强的穿透性。近年来，采用微乳化技术配制农药引起人们的注意，微乳农药产品稳定，可以长期放置而不发生破乳、聚结或者分层，由于微乳的黏度低，易于稀释操作，微乳液滴的增溶作用可大大增强农药的生理效能和高的传递效率[64]。

3. 微乳液在材料制备领域中的应用

在微乳系统中，由于微乳质点的大小可以控制在纳米级范围，所以可以用来作为制备纳米新材料的反应器，用来合成各种有机和无机纳米材料。纳米材料具有比表面大，熔点低，磁性强，光吸收强和热导性能好的独特性能已成为当今研究的热点。微乳液是热力学上的稳定体系，分散相为单分散，液滴直径在$10 \sim 100nm$，利用这一特性可制备粒径在$10 \sim 100nm$范围的纳米材料。利用微乳状液制备纳米材料是一种很好的方法。1982年，Boutonnet等[65]首先报道了在微乳反应器中制备单分散的Pt、Pd、Rh、Ir金属纳米粒，粒径大小在$3 \sim 5nm$之间，从此以后，不断有采用微乳体系合成各种纳米粒子的文献报道。

(1) 微乳体系用于合成有机材料

由于微乳体系的配比可以较容易地控制，通过选择可聚合或者不可聚合的微乳体系聚合可以合成具有特定孔结构的有机聚合物材料，并且所得聚合物的形态和孔结构相当规则。Cheung等[66]报道了甲基丙烯酸甲酯(MMA)/丙烯酸甲酯(MAA)/十二烷基磺酸钠(SDS)微乳体系的共聚合成，SDS在体系中的质量分数是20%，(MAA+MMA)的总质量分数是4%，通过聚合反应可以得到机械强度良好的聚合物，双连续型微乳体系经聚合可以得到开放型孔结构的聚合物。微乳聚合提供了将无机物均匀地分散到高分子材料中的途径，可以用来制成多孔的膜用于气体或者液体分离，并且所制聚合物具有特殊的性能。

（2）微乳体系用于合成无机材料

在无机材料中，超细材料是一种新型的功能材料，微乳法或者是反胶团（W/O）法是近年来发展的一种制备纳米材料的新方法，被用来进行催化剂、半导体、超导体、磁性材料等的制备。Kishida 等[67]报道了用微乳法制备 Rh/SiO_2 和 Rh/ZrO_2 载体型催化剂的方法，Rh 的粒径仅为 3.2nm，且粒度均匀，通过加氢反应发现采用该方法制备的催化剂活性比传统浸渍法高得多。采用 AOT-水-烷烃体系合成出了单分散的 AgCl 和 AgBr 纳米粒子[68]。磁性 γ-Fe_2O_3 粉末可以用于信息储存、成像材料、磁性流体等，采用微乳体系可以制备粒度在 22~25nm 之间的窄分布的 γ-Fe_2O_3。采用微乳法制备的超导体具有比其他方法更高的密度和均匀性，例如 Bi-Pb-Sr-Ca-Cu 超导体和 Y-Ba-Cu 超导体。

4. 微乳液中的催化作用

某些发生在有机物和无机物之间反应，由于它们在水和有机溶剂中溶解度相差太大，难以找到适当的反应介质。在微乳液中却可使这类反应进行。微乳液使某些化学反应得以进行和加速的原因：① 微乳液体系对有机物和无机盐都有良好的溶解能力，且微乳液为高度分散的体系，有极大的相接触面积，对促使反应物接触和反应十分有利。例如，在 O/W 型微乳液中，半芥子气氧化亚砜的反应仅需 15s，而在相转移催化剂作用下的两相体系中进行需20min。② 某些极性有机物在微乳液中可以一定的方式定向排列，从而可控制反应的方向。如在水溶液中苯酚硝化得到邻位和对位硝基苯酚的比例为 1：2。在 AOT 参与形成的 O/W 型微乳液中苯酚以其酚羟基指向水相，因而使水相中的 NO_2^+ 易攻击酚羟基的邻位，可得到80%的邻硝基苯酚。③微乳液中表面活性剂端基若带有电荷，常可使有一定电荷分布的有机反应过渡态更稳定，而过渡态稳定有利于反应进行和速率常数增大。例如，已知苯甲酸乙酯水解反应的过渡态是负电分散的，实验测得在阳离子型表面活性剂十六烷基三甲基溴化铵参与形成的 O/W 型微乳液中，该反应的活化能大大降低。表面活性剂、助表面活性剂的性质，微乳液的组成比，外加电解质都可影响微乳液对化学反应的作用。这些影响都表现在改变微乳相区的面积和形状，以及改变微乳液滴的大小和界面层性质[69]。

5. 微乳液膜分离

液膜分离是 20 世纪 60 年代发展起来的一项新技术，具有快速、高效、节能等特点，其中乳化液膜分离具有更好的选择性和快的速率。目前 Wiencek 和 Qutubuddin[70]把微乳体系的研究应用到微乳液膜分离方面，由于微乳液颗粒度更小，表面积大和热力学稳定，意味着微乳液膜分离具有更好的效果，在用状液液膜和微乳液膜分离 Cu^{2+} 的比较实验中，发现用微乳液膜分离铜离子在 2min 即可完成，并且易于破乳分离，而乳状液膜的分离需要 10min。由于微乳液膜的优良性能，可以预见其在湿法冶金、环境保护、气体分离及生物医学领域有广阔的应用前景。

6. 微乳液在其他领域中的应用

微乳液特殊的性能不但使它在上述领域有重要的应用价值，在其他领域，例如涂料、皮革及纺织等领域也有着广阔的应用前景。涂料是一种起保护、修饰作用的建筑材料，表面活性剂在涂料成膜物质的制备中起关键的作用，微乳聚合和乳液聚合相比，具有聚合物颗粒细小且均匀，润湿性和稳定性能优良，能显著改善涂膜性能[71]。在皮革加脂剂中，若是采用微乳加脂剂则可以提高其稳定性，并且加脂剂颗粒变小，有助于向皮革毛孔内渗透，提高加脂效果[72]。在纺织化学品中，若是采用微乳匀染剂进行染色，则可以显著提高匀染效果，并达到节水、节能和减少废液的排放的目的[73]。

半个世纪以来，微乳液系统的理论研究和应用开发取得了显著的成就，微乳液作为一种热力学稳定的体系，其所具有的超低界面张力和表面活性剂所具有的乳化、增溶、分散、起泡、润滑和柔软性等性能使它不但在上述领域有实际的和潜在的应用价值，而且在其他领域，例如分析、造纸、电子、陶瓷、机械工业等领域也有着广阔的应用前景。总之，微乳液系统的研究与开发方兴未艾，其特异的性能吸引着我们去进一步开发和探索，我们相信，随着研究的深入，微乳液系统将会在更广阔的领域体现出价值所在。

6.10 多重乳状液

多重乳状液是一种 O/W 型和 W/O 型乳液共有的复合体系。含有水滴的油滴被悬浮分散在水相中形成的乳状液称为 W/O/W 型乳状液，它的外相是水，内相是油滴，但油滴内又含有分散的水滴，这种多重乳状液称为水包油包水型，是一种三相体系[74]。多重乳状液是 1925 年被 Seifritz 发现的，但直到 1965 年人们才开始有目的制备和研究多重乳状液。多重乳状液有许多特点，已广泛应用于化妆品、食品、医药等行业，引起各国研究者的极大兴趣。但通常的多重乳状液稳定性有限，因此保持多重乳状液的稳定是制备的关键[74,75]。

多重乳状液早在 20 世纪初已被发现，当时甚至公布过五重乳状液的照片，但可能是因体系的复杂性，至今还缺乏深入的研究。近年来，多重乳状液(尤其是 W/O/W 型乳状液)的研究引起了很大兴趣，主要在它们的制备、稳定性及药物和分离技术的应用等方面[55,76]。

在乳状液分散相液滴中若有另一种分散相液体分布其中，这样形成的体系称为多重乳状液。多重乳状液(multipleemulsions)可分为 W/O/W 和 O/W/O 两大类型。图 6-26 是 W/O/W 型多重乳状液的示意图。

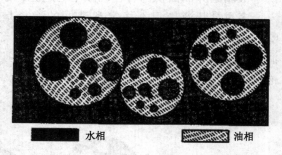

水相 � 油相

图 6-26 W/O/W 型多重乳状液的示意图

由图 6-26 可知，这种多重乳状液大液滴外的连续相中大液滴内分散的小液滴为水相，大液滴内的连续介质为油相。对于 W/O/W 或 O/W/O 多重乳状液若其两水相或两油相性质不同时则可写作 $W_1/O/W_2$ 和 $O_1/W/O_2$。

6.10.1 多重乳状液的制备

制备多重乳状液的基本原则是选用两种乳化剂，一种是 HLB 值低、亲油性强的，另一种是 HLB 值高、亲水性强的。用其中之一先制成稳定的某种类型的初级乳状液(primaryemulsion)，再用另一种乳化剂使初级乳状液分散于连续介质中。

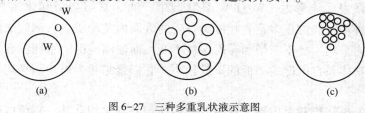

图 6-27 三种多重乳状液示意图

根据多重乳状液分散相内部微滴的多少可将其分为三种类型，如图6-27所示。

以 W/O/W 型多重乳状液为例，a 型是在多重乳状液的油滴中含有一个水滴，而且，水滴体积很大，占据了油滴的大部分体积；b 型是油滴中含有少量小水滴；c 型是在油滴中充满了小水滴，这些小水滴几乎达到紧密堆积的程度。实验证明，用不同的乳化剂可得到不同类型的多重乳状液。如制备 W/O/W 型多重乳状液：以2%的 Brij30 [聚氧乙烯(4)月桂醇醚] 为乳化剂得到 a 型；以 TritonX-165 [辛基酚聚氧乙烯(16.5)醚] 为乳化剂可得到 b 型；用3∶1的 Span-80 和 Tween-80 的混合乳化剂可得到 c 型。

多重乳状液的制备方法一般有一步乳化法和两步乳化法。一步乳化法就是在油相中加入少量水相先制成 W/O 型乳状液，然后再继续加水使之转相得到 W/O/W 型多重乳状液。为使转相容易形成，需要强力搅拌，其特点是操作简便；两步乳化法是制备多重乳状液，特别是制备二组分体系(W/O/W)最可靠的方法。现在以制备可食性 W/O/W 型乳状液为例介绍此方法的具体步骤[77]。第一步，制备 W/O 型乳状液。将橄榄油、大豆卵磷脂和 Span 80(亲油型乳化剂)混合均匀后倒入搅拌器中，然后将0.5%的葡萄糖液缓缓导入搅拌器中，同时进行搅拌，即可获得 W/O 型乳状液；第二步，将制备的 W/O 型乳状液导入外水相中，外水相是一定体积和浓度的蔗糖酯(亲水性表面活性剂)水溶液。然后，再把此混合物进行均质，即可制备得可食性乳状液。

6.10.2　多重乳状液的稳定性

和常规乳状液相同，多重乳状液也是热力学不稳定体系，连续相中的液滴及这些液滴内的小液滴的界面面积都有自动减小的趋势，只有这样才能使多重乳状液体系自由能减小。

多重乳状液趋于不稳定和破坏的途径是：①外部油滴聚结成大油滴[图6-28(a)]；②内部小水珠发生聚结长大[图6-28(b)]；③内部水滴通过油相向外面的水相扩散，使水滴减小，直至消失[图6-28(c)]。以上这些过程可能是同时发生的，这使得研究多重乳状液稳定性十分困难。

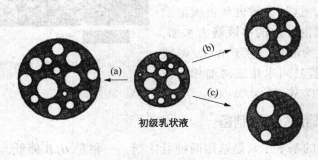

初级乳状液

图6-28　多重乳状液破坏的可能途径

若从降低体系表面能考虑，W/O/W 乳状液中，油滴聚结会引起体系自用能较大的改变。实验证明这种聚结经常在多重乳状液制备后的数周内尤为明显，例如十四酸异丙酯的油滴，在开始三周内平均半径不断增加，后保持不变，而油滴内部的水珠没有发生聚结。看来这些水珠的聚结对体系自由能的降低的贡献较小，它们聚结与否对油滴平均半径的变化无多大影响。

另一个主要的破坏机制是内部水珠被赶出油滴与外部水相合并，它可以减少因内部水珠存在而增加的自由能。在上述三种类型多重乳状液中，a 与 c 型的内部水珠在油滴内占的体积分数高，内部水珠所形成的油-水界面面积也大。b 型则正相反，因而 b 型的多重乳状液比 a 与 c 型更稳定。a 型的稳定性较低，它的油滴内只有一个大水珠，在这一水珠被赶出油珠的过程中，水珠的消失速度比 b 型快得多。

内部水珠的缩小，显示出水的渗透流动，这是因为在 W/O/W 乳状液的油滴中的水珠存在，包在外面的油层相当于一个半透膜，渗透作用在不同的情况下可使内部的水珠收缩或胀大。

电解质的加入对于那些以离子型表面活性剂为乳化剂的乳状液的稳定性有很大影响。这些影响主要表现在：①由于界面电性质的变化引起表面活性剂在各界面上作用的改变；②表面活性剂与电解质的电性作用使界面膜的性质变化；③由于两相间渗透压不同引起中相传输性质的改变。对于 W/O/W 型多重乳状液，当外水相中有高浓度电解质时，内水相和外水相间的渗透压将使外相中水进入初级乳状液。这就使内相水滴膨胀，最终破裂，与连续相介质合并。图 6-29 是这一过程的示意图。

(a) 在初级乳状液中的渗透压　　　　(b) 外相中的水进入初级乳状液，　　　(c) 初级乳状液中水滴破裂，外相
高于外相中渗透压　　　　　　　　使初级乳状液水滴膨胀　　　　　　和初级乳状液水相差别消失

图 6-29　渗透压对 $W_1/O/W_2$ 多重乳状液破坏的作用

对多重乳状液的稳定性作一估计是较为困难的，不能简单地把它看成一个 W/O 的乳状液被分散在另一个 O/W 乳状液中，因为悬浮在水中的油滴又有水珠存在，水珠可以通过油层渗透，表面活性剂有可能发生迁移，情况比乳状液要复杂得多。多重乳状液的稳定性仍有待于更多地研究。

多重乳状液主要用于医药制剂、化妆品的制造和液膜分离技术。

参 考 文 献

1　顾惕人，朱步瑶，李外郎，马季铭，戴乐蓉，程虎民. 表面化学. 北京：科学出版社，1999

2　Griffin W C, Kirl-Othmer. Encyclopedia of Chemical Technology. New York：Interscience Encyclopedia Inc，1950

3　Taylor G I. Proc Roy Soc（London），1932，A138：41

4　Sherman P. Emulsion Science，Academic London，1968：278

5　Sibree J O. Trans Faraday Soc，1931，27：161

6　Sunders F L. J Colloid Sci，1961，16：13

7　郑树亮，黑恩成. 应用胶体化学. 上海：华东理工大学出版社，1996

8　Ostward W. Kolloid-Z，1910，6：103

9　Bhatnager S S. J Chem Soc，（London），1920，117：542

10　徐燕莉. 表面活性剂的功能. 北京：化学工业出版社，2000

11　刘程，米裕民. 表面活性剂理论与应用. 北京：北京工业大学出版社，2003

12　Harkins W D, Davies E Cand Clark G. J Am Soc，1971，39：541

13　Bancroh W D. J Phys Chem，1913，17：514

14 Davies J T. Proc 2nd Intern Congr Surface Activity1, Butterworth. London, 1957：426

15 P. ДварецкаяК. Ж, ibid1949, 11：311

16 Davies J T, Rideal E K. Interfacial Phenemena. New York：Academic Press, 1963, chapter8

17 Myers D. Surfactant Science and Technoligy. New York：VCH, 1992;

18 Rosen M J. Surfactants and Interfacial Phenomena . New York：John Wiley &Sons, 1989

19 林巧云，葛虹. 表面活性剂基础与应用. 北京：中国石化出版社, 1996

20 Schulman J H, Stenhagen E. Proc Roy Soc（London）, B126, 356（1912）;

21 Schulman J H, Cockbain E G. Trans Faraday Soc, 36, 651（1940）

22 Flourance A T, Elworthy P H, Rogers J A. J Colloid Interface Sci , 35, 34（1971）

23 Boyd J, Parkionson, Shernian P. J Colloid Interface Sci, 1972, 41：359

24 P. 贝歇尔. 乳状液——理论与实践. 北京大学化学系胶团化学教研室译. 北京：科学出版社, 1978

25 梁梦兰. 表面活性剂和洗涤剂——制备、性质、应用. 北京：科技文献出版社, 1990

26 Shinoda K. J Colloid Interface Sci. 1967; 24：4; 1969, 30：30：258; J Phys Chem, 1964, 68：3485

27 刘程，江小梅，李宝珍，张万福. 表面活性剂应用大全. 北京：北京工业大学出版社, 1992

28 沈钟，赵振国，王果庭. 胶体与表面化学. 北京：化学工业出版社, 2004

29 陆光崇. 日用化学品科学, 2000, 23（3）：1

30 肖建新. 表面活性剂应用原理. 北京：化学工业出版社, 2003

31 Schulman J H, Cookbain E G. Trans Faraday Soc, 1940, 36：661

32 Van den Tempel. Rec Trav Chim, 1953, 72：433

33 Becher P. Emulsion, Theory and Practise. New York：Reihold, 1965：372

34 杨小莉，徐婉珍. 油田化学, 1998, 15（1）：87

35 苑世领，徐桂英. 日用化学工业, 2000, （1）：36

36 Aveyard R, Binks E P et al. J Colloid Interface Sci, 1990, 139（1）：128

37 Mohammed R A et al. Colloids Surf A, 1994, 83：261

38 魏竹波. 日用化学工业, 1995, （3）：19

39 王松，赵修太，胡三清等. 断块油气田, 1985, 5（5）：36

40 Thallak S G, Gray K E. SPE36430, 1996

41 钱殿存，王晴，王海涛，杨建军，杜素珍，甄剑武. 钻井液与完井液, 2001, 18（4）：3

42 陈红军，郭建春，赵金洲，李春福，郭静. 究石油与天然气化工, 2005, 34（2）：118

43 任智，陈志荣. 表面活性剂结构与乳液稳定性之间关系研究. 浙江大学学报, 2003, 37（1）

44 Wasand T, Sban S M. Observations on the Coalescence Behavior of Oil Droplets and Emulsion Stability Inen-banced Oil Recovery SPEJ

45 Tradoa T F, Vencent B. Encyclopedia of Emulsion Tech . New York：Charpenled, 1983

46 Zapryanov, Malbotra A K, Wasand T. Int J Muluphase Flow, 1983, 9（2）：105

47 J. L. 吉德利等. 水力压裂技术新发展. 北京：石油工业出版社, 1995

48 石永忠. 石油与天然气化工, 1996, 25（4）：222

49 Sinclair A R. Terry W M, Kiel O M. Polymer Emulsion Fracturing. JPT, 1974, 7：31

50 Salatbiel W M, Muedke T W, Cooke C E. US4233165

51 KaKadjian S. Crosslined Emulsion to bu used as fracturing fluids. SPE65038, 2001

52 Kinghom R R F. An Introduction to the Physics and Chemistry of Petroleum. New York, 1983

53 刘雯. 锅炉改造熬里乳化油的技术问题. 油气储运, 1998, 17（12）：43

54 赵立合. 关于稠油改性技术的实验研究. 冶金能源, 1999, 18（4）：35

55 冯雨新. 乳化降粘技术解决超抽欧管道与设备, 1999, （5）：9

56 Hoar T P and Schulman J H, Nature, 1943, 152：102;

57 Prince L M. Microemulsion: Theory and Practice, Academic Press, 1977

58 Gillberg G, Lehtinen and Frigerg S. J Colloid Interface Sci, 1970, 33: 40

59 Schulman J H, Stoeckenius W, Prince L M. J Phys Chem, 1959, 63: 1677

60 赵国玺，朱步瑶，表面活性剂作用原理，中国轻工业出版社，北京，2003

61 Prince L M. Microemulsions Theory and Practice. Academic Press, New York, 1977

62 Clint J H. Surfactant Aggregation. London: Blackie, 1992

63 Shah D O. Surface Phenomena in Enhanced Oil Recovery. New York: Plenum Press, 1981

64 Chhatre A S and Kulkarni B D. Journal of Colloid and Interface Science, 1992, 150(2): 528

65 Tadros T F. Surfactants in Agrochemicals. New York: Marcel Dekker, 1997

66 Boutonnet M, Kizling J, Stenins P, Maire G. Colloids and Surfaces, 1982, 5: 209

67 Palaniraj W R, Sasthav M, Cheung H M. Polymer, 1995, 36: 2637

68 Kishida M, et al. Chem Soc Commun, 1995, 11: 763

69 Chew C H, Gan L M and Shah D O. Despersion Sci Technology, 1990, 11: 593

70 Elrington A R. J Am Chem Soc, 1991, 113: 9621

71 Zhi-Jian Yu, Nai-Fu Zhou and Ronald D Neuman. Langmuir, 1992, 8: 1885

72 Zhi-Jian Yu, Ronald D Neuman. Langmuir, 1994, 10: 2533

73 Foe J, Aqlic. Bol Tec, 1990, 41: 491

74 Sararino P, et al. Dispersion Sci Technology, 1995, 16: 51

75 梁治齐，李金华编．功能性乳化剂与乳状液．中国轻工业出版社，2000

76 王传好等．日用化工，1991，(3): 23

77 Matsumoto S, Kang W W. J Dispersion Sci Tech, 1989, 10, 455

78 Li N N. US3410794, 1968

第 7 章　泡沫分散体系

泡沫（foam）是人们在日常生活中所常见的，如肥皂泡，水煮沸时产生泡沫。而且很早已经用于工业生产，如啤酒、汽水和泡沫灭火器分别通过减压和化学反应产生泡沫。泡沫灭火的原理早为人们所知，由于泡沫中所含水分的冷却效果，或者在燃烧体表面覆盖泡沫层，使可燃物和氧遮断而起到灭火的效果。泡沫浮选是利用泡沫，把矿石中矿物与泥砂、黏土等物分离，称之为"浮选"，此外还有泡沫塑料、面包、蛋糕等弹性大的物质，以及饼干、泡沫水泥、泡沫塑料、泡沫玻璃等为固体泡沫。人们通常所说的泡沫多指液体泡沫也是本章要讨论的主要内容。

对于泡沫进一步观察发现，泡沫是气体分散在液体中的分散体系。与乳状液相似，也是一种分散体系。气体是分散相（不连续相），液体是分散介质（连续相）。当气泡为较厚的液膜隔开，且为球状时，这时泡沫称为球体泡沫，就像内相是气体的乳状液。但在通常情况下，作为分散相的气体的体积分数非常高，气体被网状的液体薄膜隔开，各个被液膜包围的气泡为保持压力的平衡而变性成为多面体形状。它们可自发地由球体泡沫经充分排液后形成。由于气体与液体的密度差很大，故液体中的泡沫总是很快上升至液面，形成以少量液体构成的液膜隔开气体的气泡聚集物，即通常所说的泡沫。

根据经验，纯的液体不能形成稳定的泡沫，只有加入表面活性剂如肥皂、洗衣粉等才能形成泡沫，蛋白质及其他水溶性表面活性剂也能形成稳定的泡沫。不仅水溶液，非水溶液也能产生泡沫（如有机液体减压蒸馏时的起泡）。起泡好的物质称为起泡剂（foaming agent），肥皂、洗衣粉都是良好的起泡剂。为使生成的泡沫持久，在表面活性剂配方中加入增加泡沫稳定性的物质，如月桂酸二乙醇胺，这类物质叫稳泡剂（foam stabilizer）。

与形成稳定乳状液的条件有许多相似之处，要得到稳定的泡沫的关键是要形成一定机械强度的气-液界面膜。因此一些蛋白质、天然大分子不单是很好的乳化剂，也是很好的泡沫稳定剂。

7.1　泡沫的性质

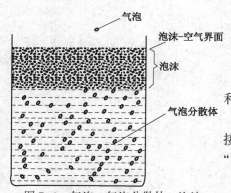

图 7-1　气泡、气泡分散体、泡沫

7.1.1　分类

泡沫的分类方法有以下三种，见图 7-1。

① 按泡沫的寿命可分为寿命为几秒的"短暂泡沫"和在无干扰条件下能维持几天不破的"持久性泡沫"。

② 按产生泡沫的力和破泡力之间的平衡可分为不断接近平衡状态的"不稳定性泡沫"，和平衡过程受阻的"稳定性泡沫"。

③ 按聚集状态可分为：液多气少的"气泡分散体"即稀泡和气多液少的"泡沫"。

7.1.2 泡沫产生的条件

1. 气液接触

因为泡沫是气体在液体中的分散体,所以只有当气体与液体连续充分地接触时,才有可能产生泡沫。这是泡沫产生的必要条件但并非充分条件。

2. 发泡速度高于破泡速度

发泡速度高于破泡速度,指的是泡的寿命。无论向纯净的水中如何充气,也不可能得到泡沫而只能出现单泡,因为纯水产生的泡其寿命大约在 0.5s 之内,只能瞬间存在,因此不可能得到稳定的泡沫。要想得到稳定的泡沫只有在水中加入少量的表面活性剂,再向水中充气即可。因为表面活性剂的存在不仅使发泡变得容易而且使发泡速度超过破泡速度,从而得到稳定的泡沫。图 7-2 是气泡在纯水和表面活性剂溶液中上升的情况。

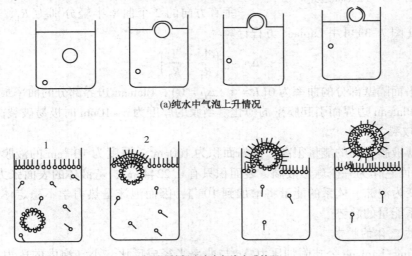

(a)纯水中气泡上升情况

(b)表面活性剂溶液中气泡上升情况

图 7-2　气泡在纯水和表面活性剂溶液中上升的情况[1]

泡沫是比较多的气体分散于比较少的液体中而成的。制造泡沫的方法大致有两大类:

(1)聚集法

发泡液中有高压气体、低沸点液体或反应后能生成气体的物质,通过减压或化学反应,使气体分子集合形成泡沫。如啤酒、汽水、水沸腾和泡沫灭火器等。

(2)分散法

通过搅拌、振荡、喷射空气等方法使气、液混合。

7.1.3 泡沫的破坏机制

泡沫是热力学上的不稳定体系,作为气体分散在液体中的体系,它具有比空气和液体的自由能之和还要高的自由能,所以泡沫会自发破裂,最终结果是减少该体系的总自由能。泡沫破坏机制有以下几种:

1. 泡沫液膜的排液

泡沫的存在是因为气泡间有一层液膜相隔,如果把液膜看作毛细管,根据泊肃叶公式,液体从膜中排出的速度与厚度的四次方成正比,这意味着随排液的进行,排液速度急剧减慢。气泡间液膜的排液主要是以下两个原因引起的。

（1）重力排液

存在于气泡间的液膜，由于液相密度大大的大于气相的密度，因此在地心引力作用下就会产生向下的排液现象，使液膜变薄。由于液膜的变薄其强度也随之下降，在外界扰动下就容易破裂，造成气泡并聚，重力排液仅在液膜较厚时起主要作用。

图7-3　Plateau 边界

（2）表面张力排液

泡沫变薄是导致泡沫破裂的一个因素。大量泡沫聚集时，形成了相互间由同一厚度的平面膜所分隔的如图 7-3 中的形状，称之为 Plateau 边界[2]（也称为 Gibbs 三角）。

具有表面张力 γ 的液体表面弯曲；形成相互垂直方向的 2 个曲率半轻分别为 R_1、R_2，曲面内外压力差 Δp（图 7-3）可用 Laplace 方程计算：

$$\Delta p = \gamma \left(\frac{1}{R_1} + \frac{1}{R_2} \right) \qquad (7-1)$$

因气泡平面隔壁部分的曲率为 $0(R = \infty, \Delta p = 0)$，Plateau 边界部分的曲率最大，结果泡膜中膜液向 Plateau 边界而引起膜壁的薄化。当膜的厚度为 5~10nm 时极易破裂。

2. 膜的破裂

泡沫的薄液膜表面的能量很高，例如面积为 $100cm^2$，厚度为 $10^{-4}cm$ 的液膜，其体积只有 $10^{-2}cm^3$，而它作为一个球形液滴，表面积只有 $0.2244cm^2$，若液体的表面张力为 50N/m，将此液滴转变为泡沫，体系的能量将增加到 $10^{-3}J$，因而泡沫是热力学不稳定体系，有自发破裂降低体系能量的趋势[3]。

3. 气泡内气体的扩散

根据 Young-Laplace 公式附加压力 Δp 与曲率半径成反比，小气泡内的压力大于大气泡内的压力，因此小气泡会通过液膜向大泡里排气，使小气泡变小以至于消失，大泡变大且会使液膜更加变薄，最后破裂[4~7]。另外液面上的气泡也会因泡内压力比大气压大而通过液膜直接向大气排气，最后气泡破灭。

7.2　表面活性剂的起泡和稳泡作用

泡沫是一种热力学不稳定体系，破泡后体系总表面减少，能量降低，这是一个自发过程。但是，有合适的表面活性剂，并在不受外界干扰的情况下，有的泡沫寿命可达数天，甚至数月。

在含有表面活性剂的水溶液中充气或施以搅拌就可形成被溶液包围的气泡。表面活性剂会以疏水的碳氢链伸入气泡的气相中，而亲水的极性头伸入水中。此时形成的是由表面活性剂吸附在气-水界面上形成单分子膜产生的气泡。当气泡上升露出水面与空气接触时，表面活性剂就吸附在液面两侧形成双分子膜，此时的气泡有较长的寿命，随着气泡不断地产生堆积在液体表面就形成的泡沫。图 7-4 是泡沫生成模式图。

这种带有表面活性剂的双分子层水膜的气泡在太阳光下可以看到七色光谱带，因为膜的厚度具有光的波长等级（数百纳米）。

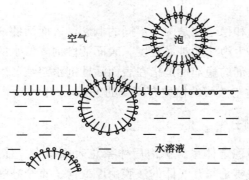

空气 泡

水溶液

图7-4　泡沫生成模式图[8]

7.2.1　表面活性剂的泡沫性能

表面活性剂的泡沫性能包括两个方面："起泡力"和"泡沫稳定性"。"起泡力"是指泡沫形成的难易程度和生成泡沫量的多少。泡膜稳定性是指生成泡沫的持久性、消泡的难易，也就是指泡沫存在寿命的长短。

1. 表面活性剂的起泡性

泡沫的产生是将气体分散于液体中形成气-液的粗分散体，在泡沫形成的过程中，气-液界面会急剧地增加，因此体系的能量增加，这就需要在泡沫形成的过程中，外界对体系作功，如通气时加压或搅拌等。当外界对体系施于的功为一定值时，体系因产生泡沫使体系的能量增加，其增加值为液体表面张力 γ 与体系增加的气-液界面的面积 A 的乘积（$\gamma \times A$），应等于外界对体系所作的功。若液体的表面张力 γ 越低则气-液界面的面积 A 就越大，泡沫的体积也就越大，说明此液体很容易起泡。表面活性剂具有明显地降低水的表面张力的能力，如 $C_{12}H_{25}SO_4Na$ 能把水的表面张力从 72.8mN/m 降至 39.5mN/m，因此 $C_{12}H_{25}SO_4Na$ 的水溶液就容易产生泡沫，而水因其表面张力高而不易产生泡沫。表面活性剂的起泡力可用表面活性剂降低水的表面张力的能力来表征，表面活性剂降低水的表面张力强者其起泡力就越强，反之越差。表7-1列出了一些表面活性剂的起泡力。

表7-1　一些表面活性剂的起泡力(质量分数为0.1%，30℃)[9]

表面活性剂	起泡力		注
	最初泡沫高/mm	5min后泡沫高/mm	
油酸钠	268	269	0.25%
四丙烯基苯磺酸钠	198	194	35℃
二辛基磺化琥珀酸钠	167	163	
辛基酚聚氧乙烯(8)醚	104	95	
辛基酚聚氧乙烯(10)醚	151	144	
壬基酚聚氧乙烯(10)醚	111	103	
壬基酚聚氧乙烯(12)醚	123	114	
香醇聚氧乙烯(10)醚	72	71	
聚乙二醇(600)单油酸酯	58	57	0.50%

由表7-1可见，阴离子型表面活性剂起泡力最大，聚氧乙烯醚型非离子型表面活性剂次之，脂肪酸酯型非离子型表面活性剂起泡力最小。因此，肥皂、十二烷基苯磺酸钠、十二烷基硫酸钠等阴离子型表面活性剂适宜用作起泡剂。

2. 表面活性剂的稳泡性

表面活性剂的起泡性和稳泡性是两个不同的概念，表面活性剂的起泡性是指表面活性剂溶液在外界条件作用下产生泡沫的难易程度，表面活性剂降低水的表面张力的能力越强越有利于产生泡沫。表面活性剂的稳泡性是指在表面活性剂水溶液产生泡沫之后，泡沫的持久性或泡沫"寿命"的长短。这与液膜的性质有密切的关系。

7.2.2 泡沫稳定性

泡沫是一种热力学不稳定体系，破泡后体系总表面减少，能量降低，这是一个自发过程。泡沫破坏的过程，主要是隔开气体的液膜由厚变薄，直至破裂的过程。泡沫的破灭主要是由于气体通过膜进行扩散、液膜中的液体受重力作用及膜中各点的压力不同而导致流动（排液）引起的。下面讨论促使泡沫稳定的一些主要因素。

1. 表面张力

在生成泡沫时，液体表面积增加，体系能量也增加；泡沫破坏时，液体表面积缩小，体系能量降低。从能量的角度来考虑，降低液体的表面张力，有利于泡沫的形成，即生成相同的泡沫，外界对体系作功较少，体系能量的增加亦较少。例如纯水的表面张力为 7.28×10^{-2} N/m（20℃），而加入十二烷基硫酸钠后，它的表面张力降至 3.8×10^{-2} N/m，这不仅容易生成泡沫，而且泡沫生成后相当稳定[8]。水中加入其他表面活性剂如肥皂，也有类似的情况。由此可见，表面张力低有利于产生泡沫。

但是，很多现象说明，液体表面张力不是泡沫稳定性的决定因素，如一些低表面张力的纯有机液体就不易形成泡沫。丁醇类水溶液的表面张力约为 25×10^{-3} N/m，比一般表面活性剂水溶液的表面张力还要低（如十二烷基硫酸钠水溶液的最低表面张力约为 33×10^{-3} N/m），但后者的起泡性及泡沫稳定性均比醇溶液好。一些蛋白质水溶液的表面张力比表面活性剂水溶液高，但却有较高的泡沫稳定性。因此，某些蛋白质水溶液常作稳泡剂使用。

2. 界面膜的性质

要得到稳定的泡沫其关键是液膜能否保持恒定，决定泡沫稳定性的关键因素是液膜的表面黏度和弹性。

（1）表面黏度

泡沫的稳定性与膜的强度有关，膜的强度可用表面黏度来衡量。表面黏度是指液体表面单分子层内的黏度。表面黏度通常由表面活性分子在表面上所构成的单分子层产生。决定泡沫稳定性的关键因素在于液膜的强度。而液膜强度主要取决于表面吸附膜的坚固性。表面吸附膜的坚固性通常以表面黏度来量度。表面活性不高的蛋白质和明胶能形成稳定的泡沫是因为它们的水溶液有很高的表面黏度。泡沫的稳定性可以用泡沫寿命表示，泡沫的寿命和表面活性剂溶液的表面张力及表面黏度列于表7-2中。

表 7-2　一些表面活性剂（0.1%）的表面张力等性质和泡沫寿命的关系[10]

表面活性剂	表面张力/（10^{-3}N/m）	表面黏度/Pa·s	泡沫寿命/s
Tritox-100	30.5	—	6
烷基苯磺酸钠	32.5	3×10^{-4}	440
E607ZL	25.6	4×10^{-4}	1650
月桂酸钾	35.0	39×10^{-4}	2200
十二烷基硫酸钠	38.5	2×10^{-4}	69
十二烷基硫酸钠	23.5	55×10^{-4}	6100

由表 7-2 所示溶液表面张力的高低与泡沫的寿命无一定关系。表面张力低的体系并不是泡沫稳定体系。然而凡是体系的表面黏度比较高的体系，所形成的泡沫寿命也较长。如月桂酸钾水溶液的表面黏度为 $39 \times 10^{-4} Pa \cdot s$，最高的其泡沫寿命最长 2200s，十二烷基硫酸钠的水溶液的表面黏度最低为 $2 \times 10^{-4} Pa \cdot s$，因此泡沫寿命也最短为 69s。

十二烷基硫酸钠中加入少量十二醇作为稳泡剂，可以提高泡沫的稳定性，表面黏度同时上升[11,12]，见表 7-3。

表 7-3　十二醇对纯十二烷基硫酸钠水溶液的表面黏度和泡沫寿命的影响

十二烷基硫酸钠浓度/(g/100mL)	十二醇浓度/(g/100mL)	表面黏度/Pa·s	泡沫寿命/s
0.1	0	2×10^{-4}	63
0.1	0.001	2×10^{-4}	825
0.1	0.003	31×10^{-4}	1200
0.1	0.005	32×10^{-4}	1380
0.1	0.008	32×10^{-4}	1590
0.5	0	—	295
0.5	0.005	0.25	960
0.5	0.015	0.25	1100
0.5	0.025	0.245	1200

由表 7-3 看出，十二基硫酸钠溶液中加入浓度为 0.008% 的极少量十二醇后，不仅表面张力由 38.5mN/m 降至 22.0mN/m，表面黏度却提高了 16 倍，泡沫的寿命由 63s 增加到 1590s，明显地提高了泡沫的稳定性。这可能是因为十二烷基硫酸钠和十二醇在气-液界面上形成了致密混合膜所致。十二烷基硫酸钠以 $C_{12}H_{25}SO_4^-$ 的形式吸附在气泡液膜上形成双分子吸附膜，由于 $C_{12}H_{25}SO_4^-$ 的极性头带有负电荷，因此互相间产生电斥性致使 $C_{12}H_{25}SO_4^-$ 在液膜中不能形成紧密排列，如图 7-5(a) 所示，导致其溶液的表面张力较高，表面黏度较低稳泡作用差。当加入十二醇后，十二醇可插入两个 $C_{12}H_{25}SO_4^-$ 之间形成排列紧密的混合膜，如图 7-5(b) 所示，在混合膜中由于分子间的排列间距缩小增强了分子间的相互作用，如非极性碳氢链间的范德华力的增加有利于界面黏度的增加。另外，十二醇的插入会使 $C_{12}H_{25}SO_4^-$ 间的电排斥性减弱也有利于界面膜强度的增加。表面黏度愈高则泡沫寿命愈长，泡沫稳定性愈好。一般蛋白质分子较大，分子间的作用力较强，其水溶液的泡沫稳定性较好。一般疏水基中分枝较多的表面活性剂，分子间的相互作用力较直链者弱，因而表面黏度低，泡沫稳定性差。

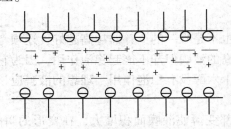

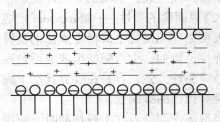

(a)十二烷基硫酸钠在液膜上形成的吸附　　　(b)十二烷基硫酸钠与十二醇在液膜形成的堆密混合膜

图 7-5　液膜中十二烷基硫酸钠与十二醇在液膜形成的堆密混合膜

类似的情况也发生在将少量的月桂酸异丙醇胺加入月桂酸钠的水溶液中，也会明显地提

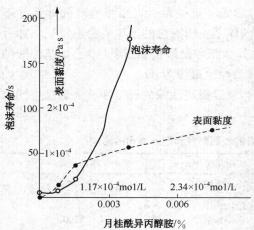

图7-6 月桂酰异丙醇胺对0.1%
月桂酸钠溶液(pH=10)的泡沫
寿命和表面黏度的影响[13]

高月桂酸钠水溶液产生的泡沫的稳定性,图7-6是月桂酰异丙醇胺对月桂酸钠水溶液的稳泡作用。

如图7-6所示,在月桂酸钠溶液中加入月桂酰异丙醇胺后,随其加入的浓度增加气-液界面的表面黏度增加,泡沫寿命明显上升。在月桂酸中加入月桂酰异丙醇胺可在气-液界面上生成混合膜增大了吸附分子的密度,同时在极性头间还可能产生氢键等因素均能使分子间相互作用增强,从而提高了泡沫的稳定性。表面黏度大则使液膜不易受到破坏,这里有双重作用。一方面,表面黏度大使液膜表面强度增加;另一方面,使临近液膜的液体不易排出。如果液体本身的黏度较大,亦使液膜中的液体流动减缓,排液受阻,延缓了液膜的破裂时间,增加了泡沫的稳定性。

液体内部黏度的增加和液体表面黏度的增加都有利于泡沫的稳定性的提高,但是液体内部黏度仅是影响稳定性的辅助因素,如果没有液膜的生成,即使液体的黏度再大也不一定有稳定泡沫的作用。

稳定化作用随添加剂极性基的种类而不同,一般按下列顺序变化[14]:

N-极性取代酰胺>未取代酰胺>硫酰醚>甘油醚>伯醇

与阴离子型表面活性剂吸附膜具有相互静电作用的阳离子型表面活性剂对泡膜的稳定化也具有同样的效果。因此,常用C_{10}疏水基的烷基硫酸盐和烷基季铵盐形成寿命很长的泡沫[15]。

一些蛋白质分子较大,分子间作用较强,故其水溶液所形成的泡沫稳定性也较高。一般疏水基中分支较多的表面活性剂,其分子间作用较直链为差,因而溶液的表面黏度较小,泡沫稳定性也差。例如,不饱和烯烃硫酸酯盐,亲水基在碳链中间,其水溶液的泡沫稳定性差;而直链的十二酸钾、十二烷基硫酸钠的水溶液的泡沫稳定性就较好。

表面黏度大,泡沫液膜不易破坏,除了前述能增加液膜强度,同时使液膜两表面膜临近的液体不易排出。若溶液本体黏度较大,则液膜中的液体也不易排出,液膜厚度变薄的速度较慢,因而延缓了液膜破裂的时间,增强泡沫的稳定性。应予注意,若没有表面膜的形成,溶液本体黏度再大,也无助于泡沫稳定性的提高。

(2)界面膜的弹性——Marangoni效应

表面黏度无疑是生成稳定泡沫的重要条件,但也不是唯一的,并非越高越好,还须考虑膜的弹性。例如,十六醇能形成表面黏度和强度很高的液膜但却不能起稳泡作用,因为它形成的液膜刚性太强,容易在外界扰动下脆裂,因此十六醇没有稳泡作用。理想的液膜应该是高黏度高弹性的凝聚膜。

当泡沫受到外力冲击或扰动时,液膜会发生局部变薄使液膜面积增大,在变形的瞬间,该区域表面上吸附的表面活性剂密度减小,导致此处的表面张力暂时升高,即图7-7中的$\gamma_A > \gamma_B$,结果产生一定的表面压,导致表面活性剂由B处向A处迁移,使A处的表面活性剂浓度恢复。由于表面活性剂在迁移过程中会携带邻近的液体一起移动,这种迁移的结果使其A处的表面张力和液膜厚度同时恢复。表面活性剂的这种阻碍液膜排液的自修复作用,使液膜厚度、强度恢复的能力，即所谓膜的弹性作用(Gibbs-Marangoni 效应)[4]。

表面活性剂使液膜具有 Gibbs 弹性，对于泡沫稳定性来说，这比降低表面张力更为重要。Gibbs 用式(7-5)来表示膜弹性。

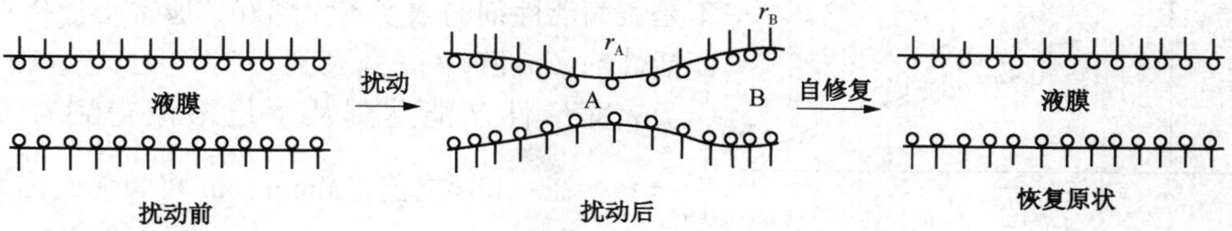

图 7-7　表面活性剂的自修复作用

$$E = 2A\left(\frac{\mathrm{d}\gamma}{\mathrm{d}A}\right)_{T,\,N_1,\,N_2} \qquad\qquad (7-2)$$

式中，E 为膜弹性；A 为膜面积；γ 为表面张力；T 为温度；N_1，N_2 为组分。

由式(7-2)所示，$\frac{\mathrm{d}\gamma}{\mathrm{d}A}$ 的值越大，Gibbs 弹性就越大，液膜的自愈能力就强。对于纯液体，表面积发生瞬时变化，而表面张力不随表面积的改变而变化，即 $\frac{\mathrm{d}\gamma}{\mathrm{d}A}=0$，因而 $E=0$，液膜完全没有弹性，因此，纯液体不能产生稳定的泡沫。

Van der Tampel 等[16]从理论上及实验证明 Gibbs 弹性系数 E 与膜的组成密切相关，对于单一的表面活性剂及溶液所形成液膜的弹性系数，可表示为：

$$E = 4RT\,\frac{\Gamma^2}{C}\,\frac{1 + \dfrac{\mathrm{d}\ln\gamma}{\mathrm{d}\ln C}}{h + 2\dfrac{\mathrm{d}r}{\mathrm{d}c}} \qquad\qquad (7-3)$$

如果表面活性剂的活性高，则 $\frac{\Gamma^2}{C}$ 的数值大，弹性系数大；膜厚度小，弹性系数大。此外实验证明，E 随浓度的变化存在一极大值 $C_{\max}$。

图 7-8 代表十二烷基硫酸钠水溶液形成的膜在两个不同厚度下 Gibbs 弹性系数 E 与浓度 C 的关系。对于一定厚度的液膜，当 $C<C_{\max}$ 时，吸附量较小，它随溶液浓度增加而增加，从而 E 值也随浓度增加而增加。当 $C>C_{\max}$ 时，吸附量接近饱和，不随浓度增加而增加，此时 E 值随浓度增加而减小。这是由于液膜的厚度比长度小得多，液膜沿垂直方向建立平衡比沿水平方向快得多。若表面活性剂的浓度太高，液膜变形区表面活性剂的补充往往是从垂直方向补充，于是液膜变形区表面活性剂的浓度可以恢复，但液膜的厚度却无法恢复。这样的液膜机械强度差，这就是表面活性剂的浓溶液为什么泡沫稳定性差的原因。表面活性剂的浓度太稀，则液膜表面的表面活性剂浓度也不会高，当液膜变形伸长时液膜表面的表面活性剂浓度变化不大，表面张力下降也不大，$\frac{\mathrm{d}\gamma}{\mathrm{d}A}$ 值小，液膜弹性低自修复作用就差，泡沫稳定性也差。

泡沫最稳定的浓度是在某一浓度 C 时 $C\dfrac{\mathrm{d}\gamma}{\mathrm{d}A}$ 取得极大值时的浓度，表面活性剂在这一浓度下所产生的泡沫是最稳定的。表面活性剂溶液浓度超过 cmc 较多时，表面活性剂自溶液中的吸

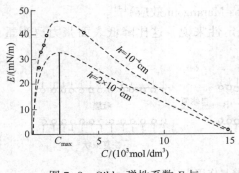

图7-8 Gibbs 弹性系数 E 与
十二烷基硫酸钠的浓度 C 的关系[3]

附速度较快，亦会使泡沫的稳定性降低。由此可知，在液膜厚度一定时，只有当表面活性剂浓度为 C_{max} 时，膜的弹性系数最大，才能得到最稳定的泡沫，而不是表面活性剂的浓度越大越好。通常 C_{max} 接近该表面活性剂 cmc 值。

表面活性剂能立刻从下层溶液得到补充，使 $\frac{d\gamma}{dA} = 0$。在 Gibbs 之前，Marangoni 将膜弹性称为瞬间表面张力效应，所以也称作 Marangoni 效应。

泡沫的寿命随表面活性剂浓度而异，图7-9出现极大值可以用泡膜稳定性的表面弹性效应来说明。$\frac{d\gamma}{dA}$ 的值决定于表面张力 γ 和表面积 A，同时还受到表面积的变化速度、泡膜厚度和活性剂浓度的影响。表面积的变化速度最大时，$\frac{d\gamma}{dA}$ 值也成为最大值。相反，当面积变化非常慢时，由于表面或内部溶质的扩散，吸附量常保持一平衡值，此时，膜弹性为0。其次是浓度(C)效应，设为 Langnuir 吸附，则得式(7-4)：

$$E = \frac{4RT\Gamma_\infty^2 C}{h(C+B)^2 + 2\Gamma_\infty B} \tag{7-4}$$

式中，Γ_∞ 是饱和吸附量；h 是泡膜厚度；B 是常数。

由式(7-4)可知，表面弹性膜随膜厚度的减少而增大，在式(7-5)给出的特定浓度下出现的极大值，对图7-7所示的实验结果作了很好的说明。

$$C_{max} = B\sqrt{1 + \frac{2\Gamma_\infty}{Bh}} \tag{7-5}$$

从式(7-4)可知，在气液界面设有吸附膜($\Gamma_\infty = 0$)近似于纯液体的低浓度活性剂溶液，表面弹性等于0。然而，这种 Gibbs 弹性只在低级脂肪酸或醇等的水溶液中才能控制膜的稳定性，这些溶液的式(7-4)关系已为多数实验结果所确认，但对于活性剂水溶液的长寿命的泡膜则不一定能成立。例如，根据式(7-4)，膜厚 h 越变薄，E 越增大，膜应更稳定化，而实际上膜越薄，破裂的几率越高。除膜弹性是控制膜稳定性的重要因素外，还有其他各种因素。

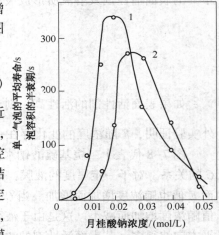

图7-9 Gibbs 效应和起泡性[17]

因此，表面活性剂分子向变形处的迁移有两种：一种过程自低表面张力区迁移至高表面张力区。另一种过程是溶液中的表面活性剂分子吸附至表面，恢复表面分子的密度，使受到冲击液膜的表面张力恢复到原来的值。如果液膜扩张变薄部分的分子主要由吸附来补足，而不是通过表面迁移来补足的话，表面张力虽然恢复到原来的值，但液膜的厚度上不能恢复，泡沫的稳定性也较差。一般醇类水溶液的泡沫稳定性差与此有关，醇自溶液中吸附于表面的速度较快，液膜变薄处的表面分子主要由吸附来补足，而不是由表面迁移补足，变薄的液膜不能增厚，因此泡沫易破坏，稳定性差。

为使膜具有较好的弹性，通常要求泡沫稳定剂的吸附量高，从溶液内部扩散到表面的速度慢，这样就能保证表面上即有足够的表面活性剂分子，而一旦发生局部变形时又能迅速修复。因此，表面活性强、分子较大、扩散系数较小的物质较好。

3. 气体的透过性

泡沫中的气泡总是大小不均匀的。小泡中的压力比大泡中的高，于是，小泡中的气体通过液膜扩散到临近的大泡中，造成小泡变小以至消失，大泡变大最终破裂。气体通过液膜的扩散，在浮于液面的单个气泡中表现得最为清楚。气泡内随时间逐渐变小以至最后消失。一般可利用液面上气泡半径随时间变化的速度，来衡量气体的透过性[18,19]。以透过性常数来表示，透过性常数愈高，气体通过液膜的扩散速度愈快，稳定性愈差。

气体透过性与表面吸附膜的紧密程度有关，表面吸附分子排列愈紧密，表面黏度愈高，气体透过性愈差，泡沫的稳定性愈好。在十二烷基硫酸钠溶液中加入月桂醇后，表面膜中含有大量的十二醇分子，分子间作用力加强，分子排列更紧密，气体透过性降低。

4. 表面电荷

当液膜为离子型表面活性剂所稳定时，液膜的两个面就会吸附表面活性剂离子而形成两个带同号电荷的表面，反离子则扩散地分布在膜内溶液中，与表面形成两个扩散双电层。如 $C_{12}H_{25}SO_4Na$ 作起泡剂，$C_{12}H_{25}SO_4^-$ 吸附于液膜的两个表面，形成带负电荷的表面层，反离子 Na^+ 则分散于液膜的溶液中，形成了液膜双电层[20]，如图 7-10 和图 7-11 所示。

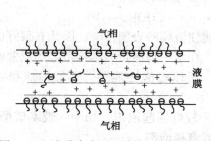

图 7-10　液膜中离子型表面活性剂双电层

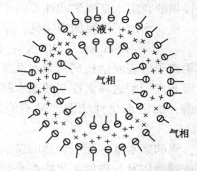

图 7-11　单泡膜上离子型表面活性剂的双电层结构

当液膜较厚时，这两个双电层由于距离较远而不发生作用，当液膜变薄到一定程度，两个双电层发生重叠，液膜的两个表面将互相排斥，防止液膜进一步变薄，从而使液膜保持一定的厚度，这种排斥作用主要由扩散双电层的电势和厚度决定。当溶液中有较高浓度的无机电解质时，压缩扩散双电层，使两个表面间的静电斥力减弱，液膜易变薄，因此，无机电解质的加入对泡沫的稳定性有一定的不利影响。

5. 表面活性剂的分子结构

泡沫的稳定性，除了表面活性剂的加入而降低表面张力以外，还涉及泡沫表面膜的机械强度和弹性，如肥皂和烷基苯磺酸钠均有良好的起泡性，但前者生成的泡沫持久性好，而后者则较差。

（1）表面活性基的疏水链

通常随着表面活性剂的疏水基团碳链的增加而分子链之间的内聚力也增加，因而泡沫的界面膜具有较大的机械强度和弹性，起泡力也随之而增加，但常会经过一个最高值。随着碳链再增长，起泡力反而要降低，因为碳链太长，所形成的膜太硬，使界面膜弹性降低。脂肪醇硫酸钠盐的发泡力与其分子结构的关系更为明显。

一般起泡剂的碳原子数以 C_{12} 和 C_{14} 较好，脂肪酸钠盐类起泡剂的碳原子数为 C_8 和 C_{10} 的辛酸钠和癸酸钠因碳链较短形成的表面膜的强度较低产生的泡沫稳定性差，而碳链为 C_{16} 和 C_{18} 的软脂酸钠和硬脂酸钠因碳氢链过长使溶解度差且形成的表面膜也因其刚性太强而不能产生稳定的泡沫。另外，亲油基带有侧链或者亲水基在中间的，由于在泡沫上定向吸附后，内聚力弱，所以泡沫稳定性差。

油酸钠的碳链长度与硬脂酸钠相同，由于存在亲水性双键，在水中溶解度增加，起泡力比硬脂酸钠差，若再增加不饱和双键，例如 C_{18} 的两个双键(亚油酸钠)，C_{18} 的三个双键(亚麻酸钠)，则水中溶解度大大增加，起泡力显著下降。

对于烷基苯磺酸钠，烷基为 C_{14} 时具有最低表面张力和最高起泡力，随着碳原子数减少，其起泡力也相应降低。烷基苯磺酸钠中以十二烷基苯磺酸钠应用最广。十二烷基与苯磺酸钠的结合位置与起泡力也有一定关系，一般以对位为优，烷基如有支链与相同相对分子质量相比，其起泡性差。

用萘环取代苯环，发泡力减弱。拉开粉(Nekal Bx)还有一点起泡力，而烷基萘磺酸钠的甲醛缩合物(Tamol NNO)，起泡力下降到很低的程度。

(2) 表面活性剂的亲水基

表面活性剂亲水基的水化能力强就能在亲水基周围形成很厚的水化膜，因此就会将液膜中的流动性强的自由水变成流动性差的束缚水，同时也提高液膜的黏度，不利于重力排液使液膜变薄，从而增加了泡膜的稳定性。亲水基的强弱可参考如下顺序：

$$—OSO_3Na > —COOK > —COONa > —SO_3Na > —COOH > —OH$$

直链阴离子型表面活性剂其亲水性基水化性强又能使液膜的表面带电，因此有很好的稳泡性能。而非离子型表面活性剂的亲水基聚氧乙烯醚，在水中呈曲折型结构不能形成紧密排列的吸附膜，加之水化性能差，又不能形成电离层，所以稳泡性能差，不能形成稳定的泡沫。

所以，强的亲水基匹配上合适的亲油基，就是一个较好的起泡剂，如十六烷基硫酸钠，十八烷基硫酸钠以及叔胺的氧化物都是较好的起泡剂或者稳泡剂。

(3) 表面活性剂浓度的影响

当表面活性剂浓度小于临界胶束浓度时，随着浓度的增加，溶液的表面张力减小，表面活性增加，发泡力增强，但形成的泡沫稳定性较差。当浓度高于临界胶束浓度时，随着浓度的增加，溶液的表面张力不再减小，甚至会稍微增大，但由于表面活性剂分子在溶液表面的富集，会形成越来越致密的表面膜，所以形成的泡沫稳定性增加[21]。而当浓度增加到一定程度时，形成的泡沫含液量减少，"脆性"增加，泡沫反而会变得不稳定[22]。

6. 稳泡剂

为了提高泡沫的稳定性，延长泡沫的寿命，常加入稳泡剂。在泡沫原液中加入稳泡剂后能使泡沫半衰期延长。稳泡剂的分子结构以相对分子质量大的比相对分子质量小的稳泡性能好，网状结构化合物比链状结构化合物的稳泡性好。分子结构中带有羟基、氨基和酰氨基的表面活性剂以便在表面膜中形成氢键，而增加表面膜黏度达到稳泡的目的。常用的稳泡剂有硬脂酸酸铵、十二醇等。

7. 温度

将链烷基硫酸钠和脂肪酸钠溶于蒸馏水中，在室温下疏水链的碳数大约为 $C_{12~14}$ 时起泡

力 出现极大值，而在 60℃ 疏水链的碳数大约为 C_{16} 出现极大值。即使是烷基苯磺酸盐也是折合直链碳数为 $C_{15.5~17.8}$ 的十二烷基或十四烷基苯磺酸盐的起泡性呈现极大，在水沸腾温度下，C_{18} 的化合物有最大起泡性[23]。

提高温度对泡沫稳定性有不良影响，原因是由于液体黏度降低，排液速率增大，其次是液膜中分子运动加剧以及气体体积增加，液膜变薄。再者，温度升高，液体蒸气压提高，液膜加速蒸发而变薄。因此，发泡应在低温下进行。

8. 压力和气泡大小分布

泡沫在不同压力下稳定性不同，压力越大，泡沫越稳定。Rand[24] 研究了表面活性剂水溶液泡沫在不同压力下的排液时间，发现压力与泡沫排液时间呈直线关系。这是因为泡沫质量一定时，压力越大，泡沫半径越小；泡沫的面积越大，液膜变的越薄，排液速度就越低。排液半衰期 $T_{1/2}$ 与气泡直径 d 有如下关系：

$$T_{1/2} = \frac{580\eta_{\mathrm{L}}h}{\rho g d^2 V_{\mathrm{Lf}}} \qquad (7-6)$$

式中，η_{L} 为液相黏度；h 为泡沫柱的最初高度；ρ 为液相密度；V_{Lf} 为泡沫的液体分数，g 为重力加速度。

因气泡大小不均匀，式(7-6)只能定性地说明某些变量之间的关系。也有人认为，泡沫稳定性与压力的关系，是气相中非凝析成分随压力增高而增加的结果。

Monsalve[25] 从理论上曾阐明，单位时间内泡沫数的减小与最初气泡大小分布频率有关。气泡分布越窄、越均匀，泡沫越稳定。因此，欲获得稳定泡沫，应尽量使泡沫的气泡半径分布范围窄一些。

9. 水的硬度和 pH 值[26,27]

因为阴离子型表面活性剂在硬水中的 Krafft 温度上升，所以疏水链稍短的起泡性好。例如在蒸馏水中饱和直链的链长大约在 C_{16} 时有极大值，在 60℃ 含有 $300\mu g/g$ $CaCO_3$ 的水中，烷基硫酸盐表面活性剂的起泡力极大值移至 $C_{12~14}$。

pH 值的变化对非离子型表面活性剂水溶液泡沫的性质基本无影响，但对离子型表面活性剂水溶液泡沫的稳定性却可以产生较大影响。溶液组成不同，则 pH 值对泡沫性能的影响也各不相同，主要原因是 pH 值的改变影响了活性物质之间或活性物质与水之间的作用力。在实际体系的研究应用中，需根据该体系对 pH 值的敏感程度合理调节 pH 值的范围。

10. 固体微粒的影响

对固体微粒稳定乳状液的研究进行得不少，固体微粒也能影响泡沫的稳定性。中国科学院感光化学研究所肖铮对表面亲水和表面憎水的二氧化硅微粒影响十二烷基硫酸钠泡沫进行了研究[28]。研究显示：亲水性的二氧化硅对十二烷基体系无明显作用；憎水性的二氧化硅对十二烷基硫酸钠体系有明显的稳定作用。马宝岐[29] 研究了固体粉末浓度对泡沫稳定性的影响，结果显示：三相泡沫的半衰期为相应两相泡沫的 12.5~31.7 倍。

11. 其他物质

中性电解质的加入，由于它可以降低表面活性剂的 cmc，所以能增加离子型表面活性剂的发泡力，甚至硬水也可稍为提高发泡力。染色过程中，染料和染色助剂对表面活性剂的发泡力和泡沫稳定性有不利的影响。加入泡沫稳定剂对用作发泡剂的表面活性剂则有协同效应，其结果见表 7-4。

表 7-4　染液和泡沫稳定剂对典型表面活性剂发泡效率的影响[20]

表面活性剂浓度/%	泡沫高度/cm					
	表面活性剂		表面活性剂+染液		表面活性剂+染液+泡沫稳定剂	
	1min	5min	1min	5min	1min	5min
0.05	12.5	12.6	11.7	8.4	12.5	12.1
0.10	19.9	19.7	17.3	13.6	17.6	17.2
0.15	20.5	20.2	—	—	—	—
0.20	20.9	20.8	19.9	15.8	20.1	19.7
0.25	21.2	20.9	—	—	—	—
0.30	21.3	21.2	21.1	13.3	20.7	20.3
0.40	21.4	21.2	21.3	18.6	21.4	20.7
0.50	21.5	21.2	—	—	—	—

综上所述，影响泡沫稳定性的因素虽然很多，但最重要的因素是液膜的强度。作为起饱剂和稳泡剂的表面活性剂，其表面吸附分子排列的紧密性和牢固性是最重要的因素。表面吸附分子相互作用较强时，吸附分子排列结构紧密，这不仅使表面膜本身具有较高的强度，而且因表面黏度较高使邻近表面膜的溶液层不易流动，液膜排液相对困难，液膜的厚度易于保持，此外，排列紧密的表面分子，还能减低气体分子的通过性，从而亦可增加泡沫的稳定性。因此，欲得到稳定的泡沫(稳泡)和欲破坏不需要的泡沫(消泡)时，都应首先考虑组成表面膜的物质的分子结构与性质，以便根据具体情况，采取稳泡或消泡的具体措施。

7.3　泡沫性能的测定

表面活性剂的泡沫性能包括表面活性剂的起泡性和泡沫稳定性两个方面，而泡沫性能的测定，就是测定起泡性和泡沫稳定性，后者往往是人们更加关注的。测定方法主要分三类：气流法、搅拌法和 Ross-Miles 法[30]。

1. 气流法

气流法是气体以一定的流速通过玻璃砂滤板。滤板上盛有一定量的试液，气流通过滤板成为小的气泡，气泡通过试液时产生了泡沫。当气流的速度固定并使用同一仪器(刻度量筒)，流动平衡时的泡沫高度 h 可以作为泡沫性能的量度，如图 7-12 所示，因为 h 是在一定气流速度下，泡沫生成与破坏处于动态平衡时的泡沫高度，所以此法中的泡沫高度 h 包括了起泡性和稳泡性两种性能。

2. 搅动法

搅动法是通过在气体(一般指空气)中搅动液体，把气体搅入液体中而产生泡沫。简单的试验装置如图 7-13 所示。在实验用量筒中放一定量的试液，用下端固定有盘状不锈钢丝网的搅拌器，放过液面以一定的搅动方式和速度上下搅动。实验需严格规定仪器的规格、搅动方式、速度、搅动时间、试液用量等条件，以便保证试验结果的重复性和再现性。搅拌停止时所生成的泡沫的体积为 V_0 表示试液的起泡性能。记录停止搅拌后泡沫体积随时间的变比即记录停止搅拌后不同时间(t)的泡沫体积(V)，作出 V-t 曲线(如图 7-14 所示)。

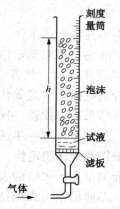

图 7-12 气流法测定泡沫稳定性

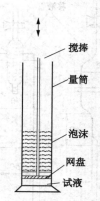

图 7-13 搅拌法测定泡沫的稳定性

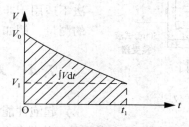

图 7-14 泡沫性能 V-t 曲线

利用下式求出泡沫寿命 L_f

$$L_f = \frac{\int V\mathrm{d}t}{V_0} \tag{7-7}$$

$\int V\mathrm{d}t$ 可由 V-t 曲线求得,量出 V-t 曲线下的积分量,即为泡沫体积对时间的积分面积,用 L_f 表示泡沫的稳定性。

3. Ross-Miles 法

在生产及实验室中比较方便而准确地测量泡沫性能的方法是"倾注法",从产生泡沫的方式而言,此法亦属于搅动法。此法已标准化,并为国际标准采用,称为 Ross-Miles 法(罗氏法),定为 ISO696,表面活性剂-泡沫力测量-改进罗氏(Ross-Miles)法。关于泡沫性能的测定,我国原轻工业部部颁标准(QB510-84)采用的亦是 Ross-Miles 法的原则要点。

QB510-84 所用的试验仪器 Ross-Miles 泡沫仪的尺寸规格如图 7-15 所示。将滴液管(P)注满 200mL 试液(试液液面到刻度线 G),安放到事先预备好的管架上(一般可用软木塞安装于刻度管口)和刻度管断面垂直,使溶液流到刻度管的中心,滴液管的出口应置于 900mm 刻度线(G),如图 7-15 所示。刻度量管中装有 50mL 试液,从刻度管底部注入。所用试液用 150μg/g 硬水和 2.5g 试样配制而成。

打开玻璃管活塞,使溶液流下,当滴液管中的溶液流完时,立刻记录泡沫高度。重复以上试验 2~3 次,每次试验前必须将管壁用试液冲洗干净。本法的测试温度应稳定在 40℃±1℃。用在刻度量管的夹套中通恒温水的方法来保证测试时的温度。

ISO-698-1975 所规定的测试温度为 50℃±1℃,并规定用液流停止后 30s、3min 和 5min 所形成的泡沫的毫升数表示结果。若需要,可绘制相应的 V-t 曲线。并规定每个试验要重复

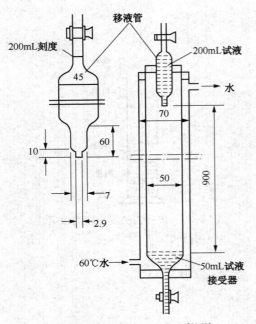

图 7-15　Ross-Miles 泡沫仪[31,20]

8 次取平均值。

如果不具备上述条件，可采用摇动密闭容器中试液的办法来测定泡沫性能，如用有磨口的试管或量筒。此方法需对试液配制、用量、特别是摇动方式等作出严格规定，才能使所得结果有可比性。摇动后记录泡沫起始高度，及泡沫破坏一半所需的时间，来表示其起泡性和泡沫稳定性。

然而测量易于水解的表面活性剂溶液的发泡力，不能给出可靠的结果，因为水解物聚集在液膜中，并影响泡沫的持久性。本方法不适用于非常稀的表面活性剂溶液发泡力的测量，例如含有表面活性剂的河水。

7.4　起泡剂

起泡性能好的物质称为起泡剂。具有低表面张力的阴离子型表面活性剂一般都具有良好的起泡性但生成的泡沫不一定有持久性。现在用作起泡剂的表面活性剂，主要有脂肪酸盐（皂类）、烷基硫酸酯盐、烷基芳基磺酸盐以及少量阳离子型表面活性剂及非离子型表面活性剂。

7.4.1　阴离子型表面活性剂

阴离子型表面活性剂的起泡性一般都比较大，其中肥皂是一类起泡力强的表面活性剂（虽然它的相应的脂肪酸的起泡力更好，因水溶性差，故少用）。

1. 脂肪酸盐类表面活性剂

通式　RCOOM，碳原子数为 C_{12} 和 C_{14} 起泡性最好，M 为钠、钾、铵，缺点是在硬水中起泡性差。

脂肪酸皂的起泡力及生成泡的稳定性与亲油基碳链长度有关。例如月桂酸钠盐即使在低温时也易起泡，而且因硬水或盐类而生成沉淀或盐析的倾向很小，但生成泡的质地粗糙，稳定性差，而且随着温度的升高，泡的稳定性变得更差。十四酸的钠盐，泡的质地细腻，即使温度较高时也能生成稳定的泡沫，但易受硬水和盐类的影响。随着碳原子数的增加，十六酸钠盐在低温时起泡力很弱，硬脂酸钠盐在常温时溶解度很低，起泡力也非常弱，但泡沫细腻而且升高温度，硬脂肪酸钠盐的起泡性明显好转。

脂肪酸钠盐的起泡力，随亲油基中不饱和度的增加明显地减弱。例如硬脂酸钠和油酸钠具有相同的碳原子数，但油酸钠分子的中间有一个双键，因此油酸钠的起泡力较硬脂酸钠弱很多。含有两个双键的亚油酸的起泡力，又比油酸钠弱得多。

2. 硫酸盐类

直链高级伯醇的硫酸酯钠盐的起泡力大体上与肥皂相近。起泡力与亲油基碳原子数、亲油基的结构、溶液浓度等都有关。碳原子数为 12~16 时，起泡力最强，碳原子达 18 时，起泡力突然下降。亲油基如果有支链，起泡性就变差。在含有支链的烷基醇硫酸酯钠盐中，亲油基的碳原子数为 20~22 时，比其他支链烷基醇硫酸酯钠盐具有较强的起泡力。

亲水基位于分子中央时，硫酸酯钠盐的起泡性就显著降低。仲醇的硫酸酯盐的起泡性比较小就是这个原因。

3. 磺酸盐

烷基苯磺酸钠的起泡性也和表面张力的降低一样，因浓度而异。浓度在 *cmc* 以上时，起泡性和表面张力都略有上升。当烷基碳原子数为 14 时，起泡性最好。烷基为支链时，其浓度又在 *cmc* 附近，起泡性比直链烷基差得多。

烷基苯磺酸钠中，作为洗净剂的十二烷基苯磺酸钠(ABS)，比同一相对分子质量的直链烷基苯磺酸钠(LBS)湿润性好，但起泡力差。烷基在苯环上的位置不同，起泡性也不一样。烷基与磺酸基处于对位时起泡性好，处于邻位或间位时起泡性差。用萘环代替苯环，所得的烷基萘磺酸盐的起泡性差，但乳化性好。

7.4.2 阳离子型表面活性剂的起泡性

阳离子型表面活性剂中，起泡力强的也有，但一般说来起泡性和泡沫稳定性都很差，而且易受 pH 值的影响。

7.4.3 EO 系非离子型

EO 系非离子型表面活性剂的起泡力，随 EO 的加成摩尔数而异。EO 的加成摩尔数少时，溶解性差起泡力小。随着 EO 摩尔数的增加，起泡性也逐渐增加。这类活性剂的起泡性虽然因亲油基的种类而异，但 EO 的加成摩尔数为 10~15 时，一般都表现出高的起泡力。

最近，EO 系非离子型表面活性剂的消费量迅速增加，由此也产生了一个由泡沫引起的公害问题。为此，现在多采用高级醇与 EO 的加成物，再与 PO 进行加成反应的方法来降低 EO 系的起泡性。

7.4.4 蛋白质类

这类起泡剂包括明胶、蛋白质等。因为它们的分子间不仅有范德华引力，而且在 >C=O 与 >NH 基间有氢键力，所以由它们形成的保护膜十分牢固，对稳定泡沫起了良好作用。应该注意的是，泡沫系统的 pH 值对这类起泡剂的影响作用甚大。此外，此类起泡剂也易发生老化。

7.4.5 固体粉末

如石墨、矿粉等具有憎水性的粉末都属固体粉末起泡剂。它们的作用在于，附于气泡上的固体粉末一方面阻止了气泡的相互聚结，另一方面也增大了液膜中流体流动的阻力。

7.4.6 其他

如聚乙烯醇、甲基纤维素等也能在泡沫的气-液界面形成保护膜，从而对泡沫起到稳定作用。例如，甲基纤维素作为起泡剂，与蛋白质十分相似，但却不易老化，并且不受系统 pH 值的影响。

虽然形成泡沫必须要有起泡剂存在，但是往往也有这样的情况，即使加入了起泡剂，所形成的泡沫也不一定有持久性。故泡沫系统除了应该有起泡剂外，往往还要加入一些稳泡剂。它们的作用在于，提高液体的黏度、增加液膜厚度及增强液膜强度。稳泡剂不一定是表面活性剂，例如，在起泡剂十二烷基苯磺酸钠中加入少量稳泡剂月桂酰二乙醇胺，就可以起到很好的稳泡作用。

7.5 稳泡剂

在作为起泡剂的表面活性剂中加入少量极性有机物可提高液膜的表面黏度，增加泡沫的稳定性，以期延长泡沫寿命。此类物质称为稳泡剂。

7.5.1 天然产物

天然产物有明胶和皂素等。明胶是一种从动物的皮骨中提取的蛋白质，富含氨基酸。皂素的主要成分是糖苷，含有多羟基、醛基等。

这类物质虽然降低表面张力的能力不强，但它们却能在泡沫的液膜表面形成高黏度高弹性的表面膜，因此有很好的稳泡作用，这是因为明胶和皂素的分子间不仅存在范德华引力而且分子中还含有羧基、氨基和羟基等。这些基团都有生成氢键的能力，因此，在泡沫体系中由于它们的存在，使表面膜的黏度和弹性得到提高从而增强了表面膜的机械强度，起到了稳定泡沫的作用。

7.5.2 高分子化合物

高分子化合物如聚乙烯醇、甲基纤维素、淀粉改性产物、羟丙基、羟乙基淀粉等，它们具有良好的水溶性，不仅能提高液相黏度阻止液膜排液，同时还能形成强度高的膜。因此有较好的稳泡作用。

7.5.3 合成表面活性剂

合成表面活性剂作为稳泡剂，一般是非离子型表面活性剂，其分子结构中往往含有各类氨基、酰氨基、羟基、羧基、羰基、酯基和醚基等具有生成氢键条件的基团，用以提高液膜的表面黏度。大约有以下几种类型：脂肪酸乙醇酰胺、脂肪酸二乙醇胺、聚氧乙烯脂肪酰醇胺、氧化烷基二甲基胺(OA)、烷基葡萄糖苷(APG)等。

7.6 消泡

在染色、造纸、发酵、微生物工程、蔗糖、石油蒸馏、溶液浓缩和机械洗涤等工业过程中，即使不用表面活性剂也常常产生大量的泡沫。这些泡沫常常妨碍操作和引起公害，对一些工厂来说，消灭泡沫比制造泡沫更为重要。将不稳定的泡沫长期放置或加热，使液膜强度降低或靠自重使之消灭都是可能的。但对于那些妨碍作业的泡沫，必须迅速消灭或者预先加入消泡剂使之无法生成泡沫。直接消灭生成的泡沫的方法称为消泡法，预先加入消泡剂使之不能生成泡沫的方法称为抑泡法。因此，研究泡沫的抑制和破灭是很有意义的。

泡沫的消除大致有两种方法，物理法和化学法。物理法：改变温度，使液体蒸发或冻结；急剧改变压力；离心分离溶液；超声波振动及过滤等破坏泡沫。化学法：加入消泡剂。凡是加入少量物质能使泡沫很快消失，此物质称为消泡剂。消泡剂大多数属于表面活性剂类型。除了使用消泡剂外，改变 pH 值，盐析或添加与起泡剂反应的化学试剂等也可以除去泡沫。例如以脂肪酸皂为起泡剂而形成的泡沫，可以加入酸类（如盐酸、硫酸）及钙、镁、铝盐等，形成不溶于水的脂肪酸及相应的难溶于水的脂肪酸盐。

抑泡法是采用抑泡剂防止泡沫产生的方法。目前还没有有效的、普遍通用的抑泡剂，对各种不同情况必须具体分析、因事制宜，采用适宜的抑泡剂才能达到满意的抑泡效果。一般采用表面活性剂作为抑泡剂。具有良好抑泡效果的表面活性剂应具有如下的性质：它们在溶液表面不形成紧密的吸附膜，形成膜的表面弹性不会过高或过低，吸附分子的分子间力小。据此，带短聚氧乙烯链的非离子型表面活性剂和聚氧乙烯聚氧丙烯嵌段型非离子型表面活性剂均具有良好的抑泡性能，为常用的抑泡剂。

有效的消泡剂既要能迅速破泡，又要能在相当长的时间内防止泡沫生成。有些消泡剂在加入溶液后，经一段时间便会丧失消泡能力。其原因可能是溶液中起泡剂的浓度大于 cmc，加入的消泡剂被起泡剂胶束所增溶，以致不能在液膜上铺展，使消泡能力显著下降。一般地说，开始加入消泡剂时，使液膜上的铺展速率大于胶束的增溶速率，表现出良好的消泡效果，经一段时间后，随着消泡剂被增溶，消泡能力减弱。

7.6.1 罗斯假说

1. 扩展系数

1941 年，哈金斯（Harkins W. D.）提出了扩展系数 S 的概念：

$$S = \gamma_m - \gamma_{int} - \gamma_a \qquad (7-8)$$

式中，S 为起泡介质的表面张力，mN/m；γ_{int} 为消泡剂与起泡介质的界面张力，mN/m；γ_a 为消泡剂的表面张力，mN/m。

并以扩展系数 S 值的正负，判断消泡剂是否能够在泡沫液膜上扩展。哈金斯认为当 $S>0$ 时，消泡剂能在泡沫液膜上扩展，而当 $S<0$ 时，则不能在泡沫液膜上扩展。

2. 浸入系数

1948，鲁宾逊（Robinson L. V.）和伍兹（Woods W. W.）提出了"浸入系数" E 的概念，并以浸入系数 E 值的正负，判断消泡剂是否能够进入泡沫液膜。浸入系数 E 即

$$E = \gamma_m + \gamma_{int} - \gamma_a \qquad (7-9)$$

鲁宾逊和伍兹认为当 $E>0$ 时，消泡剂能够进入泡沫液膜，而当 $E<0$ 时，消泡剂则不能够进入泡沫液膜。

美国胶体化学家罗斯（Ross S.）对添加了各种表面活性剂的起泡体系进行试验和观察，发现了消泡剂在起泡液中溶解性与消泡效力的对应关系。提出了一种假说：在溶液中，溶解状态的溶质，是稳泡剂；不溶解状态的溶质，当浸入系数与扩展系数均大于零时，才是消泡剂。因为只有在溶质处于不溶解的状态下，才能聚集为分子团即一个微滴。罗斯认为，当消泡剂的分子团即微滴与泡沫液膜接触时，首先应该是浸入，浸入之后在泡沫液膜上扩展，使液膜局部变薄最终断裂，导致气泡合并或破灭（见图 7-16）。当浸入系数 E 和扩展系数 S 均小于零时，微滴既不能浸入更不可能扩展。当浸入系数 $E>0$、扩展系数 $S<0$ 时，微滴只能浸入泡沫液膜而不能扩展，微滴呈棱镜状。只有浸入系数 $E>0$ 且扩展系数 $S>0$ 时，微滴既能浸入也能在泡沫液膜扩展，使液膜局部变薄而断裂，此时处于不溶解状态的溶质可称之为消泡剂。

7.6.2　消泡机理

1. 消泡剂使泡沫液膜局部表面张力降低而消泡

因消泡剂微滴的表面张力比泡沫液膜的表面张力低，当消泡剂加入到泡沫体系中后，消泡剂微滴与泡沫液膜接触，可使此处泡沫液膜的表面张力降低，因此泡沫周围液膜的表面张力几乎没有发生变化。表面张力降低的部分，被强烈地向四周牵引、延展，最后破裂使泡沫消除，如图 7-17 所示。消泡剂浸入气泡液膜扩展，顶替了原来液膜表面上的稳泡剂，使其此处的表面张力降低（图 7-17 中 A、B 处），而存在着稳泡剂的液膜表面的表面张力高，将产生收缩力，从而使低表面张力的 C 处液膜伸长而变薄最后破裂使气泡消除（D 处）。

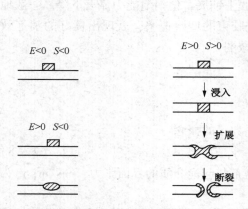
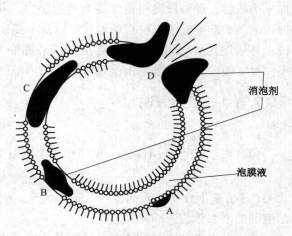

图 7-16　浸入系数和扩展系数与消泡的关系　　　图 7-17　消泡剂降低局部液膜表面张力而破泡

2. 消泡剂破坏膜弹性使液膜失去自修作用而消泡

在泡沫体系中加入表面张力极低的消泡剂如聚氧乙烯聚硅氧烷消泡剂。此消泡剂进入泡沫液膜后，会使此处液膜的表面张力降至极低。当此处的液膜受到外界的扰动或冲击拉长，液膜面积 A 会增加，使此处的消泡剂浓度降低，引起液膜的表面张力上升，但是由于消泡剂本身的表面张力太低，无法使 $\dfrac{\mathrm{d}\gamma}{\mathrm{d}A}$ 具有较高值，而使膜失去弹性，液膜不会产生有效的弹性收缩力来使膜的表面张力和液膜厚度恢复。液膜终因失去自修复作用而被破坏。

3. 消泡剂降低液膜黏度使泡沫寿命缩短而消泡

泡沫液膜的表面黏度高会增加液膜的强度，减缓液膜的排液速度，降低液膜的透气性阻止泡内气体扩散等作用，延长了泡沫的寿命而起到稳定泡沫的作用。有生成氢键条件的稳泡剂如：在低温时聚醚型表面活性剂的醚键与水可形成氢键，蛋白质的肽朊链间能形成氢键而提高液膜的表面黏度。如图 7-18 所示，若用不能产生氢键的消泡剂将能产生氢键的稳泡剂从液膜表面取代下来，就会减小液膜表面黏度，使泡沫液膜的排液速度和气体扩散速度加快，减少泡沫的寿命而消泡。

4. 固体颗粒消泡作用机理

固体颗粒作为消泡剂的首要条件是固体颗粒表面必须是疏水性的。如疏水二氧化硅固体颗粒（经过疏水处理后的二氧化硅）其消泡机理可由图 7-19 来说明。

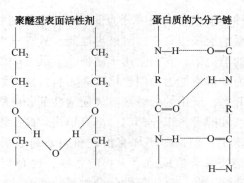

图 7-18 聚氧乙烯链和蛋白质分子间形成的氢键

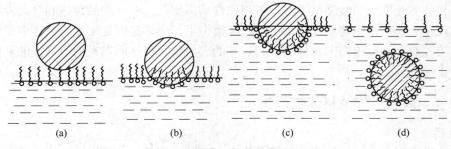

图 7-19 疏水二氧化硅消泡过程

当疏水二氧化硅颗粒加入泡沫体系后，由于其表面的疏水性而使液膜表面的起泡和稳泡作用的表面活性剂的疏水链，以疏水吸附方式吸附于疏水二氧化硅的疏水表面上，以亲水基伸入液膜的水相中的吸附状吸附于疏水二氧化硅表面上，此时二氧化硅的表面由原来的疏水表面变为了亲水表面，于是亲水的二氧化硅颗粒带着这些表面活性剂一起从液膜的表面进入了液膜的水相中。疏水二氧化硅所起的作用是将原吸附于液膜表面的表面活性剂从液膜表面拉下来进入液膜的水相中，使液膜表面的表面活性剂浓度减低，从而全面地增加了泡沫的不稳定性因素，例如，降低了液膜的表面黏度，导致液膜自修复作用下降，加速液膜的排液速度。由于表面黏度的降低使液膜透气性增加，气体扩散速度增加，大幅度缩短了泡沫的"寿命"而导致泡沫的破坏。

7.7 消泡剂

消泡剂因其低表面张力而进入泡膜，由于不能形成稳定的泡膜而被周围的泡膜拉去，其结果，泡膜从侵入处受到破坏。例如乙醚、异丙醇、异戊醇等，著名的消泡剂磷酸三丁酯能显著降低表面黏性，这是因为，其分子的占有面积大，减弱了活性剂分子间的凝聚。消泡剂和抑泡剂大致有平行的性能，而抑泡剂能使泡沫丧失其表面弹性，和纯液体一样，具有变更表面的能力，为此，因泡膜的拉伸而引起表面张力的暂时增加会立刻消失，从而减弱了膜的自补作用。

因此，消泡剂应具有下述性能：①具有能与泡沫表面接触的亲和能力；②具有能在泡沫上扩散和进入泡沫，并取代泡沫膜壁的性能；③不溶于介质之中；④具有在泡沫介质中分散的适宜颗粒作为消泡核心。

实际应用的消泡剂的种类较多,一般可分为低级醇系、有机极性化合物系、矿物油系、有机硅树脂系等。低级醇系消泡剂因只有暂时破泡性能,故它只当泡沫产生时用它喷淋,以消除泡沫,但它不是很好的消泡剂,它们常用于制糖、造纸、印染等工业中。有机硅树脂系消泡剂具有良好的破泡能力和抑泡能力,但价格较高。有机硅树脂本身就有消泡能力,不过在水中使用时需将其分散开来,所用的分散剂有表面活性剂和碳酸钙无机粉末等。这种消泡剂可广泛用于纤维、涂料、发酵等各工业部门,但其价格较高,需设法降低生产成本。矿物油系消泡剂是最廉价的消泡剂,但性能不如有机硅树脂系消泡剂。为发挥其最大的消泡效果,常配合使用表面活性剂使其分散成适当大小的颗粒,也有配合使用不溶于水的金属皂的。这种消泡剂广泛用于造纸工业。有机极性化合物系消泡剂,能力大多处于有机硅树脂和矿物油之间,价格也在两者之间。这类消泡剂广泛用于纤维、涂料、金属、无机药品及发酵等工业。某些多元醇脂肪酸酯型消泡剂可用作食品添加剂,故对食品制造和食品发酵工业十分有用。现在,使用单一物质作为消泡剂已经很少了,大多是以复配型为主。但是所有的消泡剂都需兼顾两点,即恰当的水分散性和适宜的表面张力。这两点对消泡剂性能和储存持久性是很重要的。

7.7.1 天然产物及其改性产物

1. 天然油脂

天然油脂主要成分是高级脂肪酸及其酯,高级醇及其酯,它们在不同的条件下都可用作消泡剂。主要包括各种动植物油。植物油类如:棉子油、蓖麻油+油酸、椰子油、妥尔油及啤酒花油等。各种动物油如:猪油和牛羊油。此外,还有各种动植物蜡如:棕榈蜡、蜂蜡和鲸蜡等。

2. 改性产物

为了改进天然油脂在水中的分散性,可将天然油脂溶于矿物油中使用,例如:可将不溶水的高级脂肪酸、高级脂肪酸酯等溶于煤油等矿物油中,配制成饱和溶液用作水体系的消泡剂。另一种方法是配制成 O/W 型的乳状液来使用,例如,先将硬脂酸和各种甘油的酯先溶于矿物油中,然后采用 O/W 型乳化剂配制成 O/W 型乳剂再使用,还可以将硬脂酸制成各种盐,如:铝、钡、钙和锌等油溶盐,再将它们溶于石蜡油中作消泡剂使用。

一般地说,它们的消泡能力不高,如果用量过多,反而会助长泡沫的产生。

7.7.2 有机硅型消泡剂

有机硅型(主要是烷基硅油)消泡剂具有良好的消泡能力和抑泡能力,其表面张力很低,容易吸附于表面,在表面上易铺展且形成的表面膜强度不高。硅油不仅用于水溶液体系,对于非水体系也有效,而且用量较少。这类消泡剂广泛用于纤维、涂料、发酵等各工业部门,但其价格较高。

作为消泡剂的有机硅是聚硅氧烷,其结构如下:

$$R-\underset{\underset{R}{\overset{\displaystyle R}{|}}}{\overset{\displaystyle R}{\underset{}{Si}}}-O-\left[\underset{\underset{R}{\overset{\displaystyle R}{|}}}{\overset{\displaystyle R}{\underset{}{Si}}}-O\right]_{n}-\underset{\underset{R}{\overset{\displaystyle R}{|}}}{\overset{\displaystyle R}{\underset{}{Si}}}-R$$

其中 n 值为几十到几百，R 多为—CH_3，即聚二甲基硅氧烷，是用得最普遍的消泡剂。R 有时也可部分为乙基、羟基、苯基、氰基、三氟丙基等的聚硅氧烷。

7.7.3 固体颗粒型消泡剂

固体颗粒型消泡剂在水中为固液悬浮体。适用于水体系，在发挥消泡作用时，呈固体颗粒状态。

固体颗粒消泡剂，主要是在常温下为固体颗粒且具有高比表面积。例如，二氧化硅气溶胶、微细的膨润土、硅藻土、滑石粉、活性白土、二氧化钛、脂肪酰胺，重金属皂等，将其经过疏水处理后分散在各种有机溶剂，如植物油、矿物油、脂肪醇、硅油、含氟烃等中。这种类型的固体消泡剂特别适用于需要迅速消除泡沫或只需在一短时期内控制泡沫的场合。

固体颗粒消泡原理前面已介绍过了。关键是固体颗粒表面必须是疏水的。这样在消泡过程中将泡沫膜上起稳泡作用的表面活性剂夺过来使疏水端附着在自身表面上，使起泡液中助泡表面活性剂的有效浓度降低使气泡破灭。

固体颗粒型消泡剂中，使用最广泛的是二氧化硅微粒也叫白炭黑。实验证明未经疏水处理的白炭黑，表面有吸附水，由于比表面积很大，可达 $200 \sim 400 m^2/g$，因此吸附水的量也很可观。

图 7-20 所示为二氧化硅中的氧原子与水中氢原子之间形成氢键，从宏观上来看，白炭黑微粒表面有大量羟基，因此未经疏水处理的白炭黑不能用作固体颗粒消泡剂，只有经疏水处理后的白炭黑才有消泡作用。

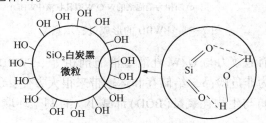

图 7-20　二氧化硅微粒因吸附水而使表面布满羟基

采用六甲基二硅醚及二氯二甲基硅烷和 $MeSiNH_2$ 等对白炭黑进行疏水处理后方可作为消泡剂。

7.7.4 颗粒内含水的消泡剂

这是一种新型的，相当于在消泡剂颗粒中夹杂"水馅"，或者说是在水微粒外包覆有消泡作用的油层，以便节省油品原料的消泡剂。国外称为 Fluid Water Based Defoamer，缩写 FWBD，实际上是一种油相为消泡剂的 W/O/W 套圈式乳状液。本类型消泡剂性能稳定，不易破乳。

作为消泡剂的组分为脂肪醇、脂肪酸皂、聚醚和酯类以及矿物油等。

将消泡组分溶于矿物油中加入 W/O 型乳化剂再加水搅拌，形成 W/O 型乳状液。水作为分散相（水馅），起消泡作用的油脂作为连续相（油相），再将这种 W/O 型乳状液加到溶有 O/W 型乳化剂的水溶液中，制成 W/O/W 型这种套圈式乳状液，如图 7-21 所示。

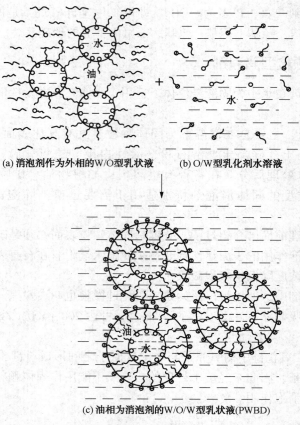

(a) 消泡剂作为外相的W/O型乳状液   (b) O/W型乳化剂水溶液

(c) 油相为消泡剂的W/O/W型乳状液(PWBD)

图 7-21　FWBD 的形成过程示意图

FWBD 由试验证明消泡效力与 O/W 乳液型消泡剂相等。FWBD 的优点为：①没有失火危险，在消防法上被定为非危险品，给储存和运输带来很大方便；②因用油量少，使废水处理时，化学耗氧量（COD）与生物耗氧量（BOD）都减小，有利于环境保护。

7.8　影响消泡剂效力的因素

7.8.1　消泡剂的溶解度

根据罗斯假说，在溶液中溶解状态的溶质是稳泡剂；不溶解状态的物质当浸入系数和扩展系数均为正值时才是消泡剂。当表面活性剂处于溶解状态时，往往会在泡膜气-液界面上定向排列、起稳泡作用；只有当表面活性剂处于过饱和、不溶解状态，以微粒形式聚集在泡膜上，才起消泡作用。因此，消泡剂最低有效用量，取决于消泡剂活性成分在起泡液中的溶解度。溶解度低，就可以在较低用量下发挥消泡作用。

7.8.2　加溶

在起泡液中，当起泡剂的浓度超过 cmc 时，会形成胶团，亲油性的消泡剂就可能被加溶到胶团中，被加溶的量随起泡液中起泡剂浓度的增加而增加。加溶的程度与消泡剂本身的分子结构有关。非极性的碳氢链上若带极性基比不带极性基的加溶程度差。另外，消泡剂的非极性基与起泡剂的非极性基的结构相似，加溶程度越大。因此选用非极性基的化学结构不同于起泡剂的非极性基结构的消泡剂可在较低用量下取得较好的消泡效果。

7.8.3　表面电荷

起泡液中的起泡剂若为离子型表面活性剂，它不仅会以疏水的碳氢链伸入气泡的气体内以亲水的离子头伸入水相的吸附状态吸附于气-液界面上使气泡带负电，如图 7-22(c) 所示，同时离子型起泡剂也可以被吸附于消泡剂的油-水界面上如图 7-22(b) 所示；由于消泡剂与气泡带有同种电荷在相互靠近时会产生电斥力阻止消泡剂与气泡接触，而降低了消泡剂的消泡效率。

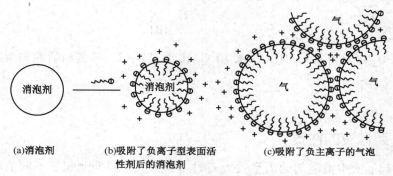

(a)消泡剂　　　　(b)吸附了负离子型表面活　　　(c)吸附了负主离子的气泡
　　　　　　　　　　性剂后的消泡剂

图 7-22　带同种电荷的消泡剂与气泡间的电斥力

库尔卡尼(R. D. KulkarnO)等，测量了有机硅消泡剂，在不同表面活性剂水溶液中的 ζ 电势，10%的消泡剂乳液中存在离子型表面活性剂时，因表面活性剂在硅油小滴上吸附，硅油微滴表面获得了表面电荷。表 7-4 为有机硅消泡剂中硅油微滴在十二烷基三甲基氯化铵水溶液中，所测得的 ζ 电势。

表 7-5　硅油微滴在不同溶液条件下的 ζ 电势[1]

十二烷基三甲基氯化铵浓度/%(质量)	ζ 电位/mV	二烷基三甲基氯化铵浓度/%(质量)	ζ 电位/mV
0	−33	0.2	+45
0.02	+23	0.5	+80
0.1	+35		

由表 7-5 所示消泡剂中硅油微滴的 ζ 电势随阳离子型十二烷基三甲基氯化铵溶液浓度的增加而增加。

图 7-23 是在不同浓度的 $C_{12}H_{25}SO_4Na$ 水溶液中，加入 160mg/kg 有机硅消泡剂后得到的结果。图中 $\eta = \dfrac{K_0}{K}$，K 与 K_0 分别为添加消泡剂与未加消泡剂的起泡速率。

由图 7-23 看出，消泡剂小滴 ζ 电势在 50mV 以下时，消泡效力明显较高。消泡剂小滴 ζ 电势迅速增加时，消泡系数 η 急剧降低。这主要是表面电荷阻碍消泡剂微滴与气泡接触致使消泡剂效力降低的结果。

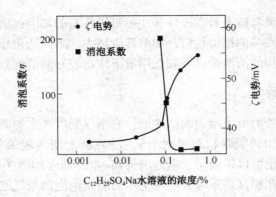

图 7-23 $C_{12}H_{25}SO_4Na$ 溶液中硅油微滴的 ζ 电势和消泡系数[1]

除 $C_{12}H_{25}SO_4Na$ 之外在 $C_{17}H_{35}COOK$ 和 $C_{12}H_{25}\overset{\overset{\displaystyle CH_3}{\displaystyle |}}{\underset{\underset{\displaystyle CH_3}{\displaystyle |}}{N^+}}CH_3Cl^-$ 等表面活性剂溶液中均有此现象产生。

7.8.4 起泡液的性质

在不同的起泡液中消泡剂的消泡效力有时差异很大。罗斯测定了不同消泡剂在起泡液中，消泡剂的扩展系数和消泡力得出了以下实验结果，见表 7-6。

表 7-6 消泡剂在不同起泡液中的不同效力[1]

消泡剂	起泡液 1		起泡液 2		起泡液 3	
	扩展系数 S	消泡效力	扩展系数 S	消泡效力	扩展系数 S	消泡效力
三辛基三聚乙二醇基四磷酸酯	10.8	优	4.9	中	9.6	中
2-氨基-2-甲基-1-丙醇	3.4	优	-1.0	中	1.4	中
四辛基焦磷酸酯	3.8	优	2.0	中	3.4	优
乙基油基乙二醇正磷酸酯	4.2	优	-2.2	中	1.5	优
甘油基单蓖麻醇酸酯	-0.2	优	-4.3	无	-1.4	优
卡必醇马来酸酯	-0.1	无	-5.4	无	-1.3	无
单油基二聚乙二醇基正磷酸酯	5.7	优	1.2	中	5.4	优

由表 7-6 看出，大多数消泡剂在不同的起泡液中其扩展系数和消泡效力均有差异，特别是高效消泡剂聚二甲基硅氧烷，居然在烷基苯磺酸盐水溶液中无消泡作用。

除了起泡液的组成、浓度对消泡剂的消泡效力有所影响以外，起泡液的黏度、温度以及 pH 值均对消泡剂的消泡效力有影响。

7.8.5 消泡剂本身的性质

影响消泡剂消泡效力降低甚至失去活性，在大多数情况下是由于消泡剂自身的分散状态和表面性质发生变化所致。

消泡剂消泡作用是以微粒的形式吸附在泡膜上，通过微粒的破碎，使气泡穿孔、破灭或合并。微粒直径与泡膜厚度相近，效果较好。由于消泡剂微粒反复发挥作用，多次破碎会使消泡剂粒径变小。另外，消泡剂因受到起泡剂中起泡剂的影响，特别是与起泡液"亲和性"

过强等原因，使消泡剂颗粒变得太小而失去活性。

消泡剂微粒在起泡液中的运动状况对消泡效力也有影响。消泡剂微粒过大会使消泡剂微粒的运动迟缓，不能迅速聚集到泡膜气-液界面上起作用导致活性变差。

消泡剂在起泡液中，由于消泡剂微粒的相互碰撞，有可能并聚而变大。同时，消泡剂聚集在泡膜上，当源源不断的泡沫由液体中涌到表面时，黏附于气泡上会像"浮选作用"一样，把分布在液体内的消泡剂微粒，集中到液面上的泡沫层中，而泡沫破灭后化为少量液体，大量的消泡剂微粒聚集在少量液体里，很容易发生消泡剂微粒的并聚。此外消泡剂活性成分还会黏附于容器壁上而失效。

消泡剂微粒的表面性质往往会因吸附起泡剂而发生变化，由亲油性变为亲水性，使消泡剂的活性下降而失去消泡作用。

7.9 泡沫及消泡的应用

7.9.1 泡沫灭火剂

泡沫作用的另一重要应用是泡沫灭火。泡沫灭火的使用剂称为泡沫灭火剂。泡沫灭火剂的主要作用是起泡和灭火。氟类和硅酮类表面活性剂是代表性的灭火剂。产生大量的泡沫，由于泡沫中含有一定量的水分可起冷却作用，且在燃料的表面上覆盖一层泡沫层而使可燃气体与氧隔绝而达到灭火的目的。例如，木材、原棉等固体燃料的火灾，会因含有灭火剂的水溶液的浸透，使水易于渗透到燃料内部有利于灭火。对于烃类等液体的燃料的火灾，消泡剂可以加速油的乳化或凝胶化，迅速在燃烧油的表面上铺开，形成一层水膜而与空气隔绝达到灭火的目的。形成这种泡沫的起泡剂多是高级脂肪酸类或高碳醇类的阴离子、非离子和两性表面活性剂中具有高起泡力的表面活性剂形成的。为了提高生成泡沫的稳定性，可添加十二醇等高碳醇、乙醇胺等及 CMC 水溶性高分子化合物。

7.9.2 泡沫浮选

泡沫浮选可以用于矿物浮选、离子浮选和离子分离，矿物浮选前面已经介绍过。

1. 离子浮选[32~34]

离子浮选是从稀的水溶液中回收和除去型捕收剂将溶液中相反电荷的非表面活性分吹气提供足够大的溶液-蒸气界面，那么，非表面活性分离物可以与捕收剂一起富集并进入到泡沫相中。

1959 年 Sebba 首次叙述的离子浮选是一种从稀水溶液中回收和除去金属离子的较新的分离技术。以离子型表面活性作为起泡剂，它会以疏水的碳氢链伸入气泡的气体中而以其离子头伸入水相的吸附状态吸附于气-液界面上作定向排列，使气泡的表面带有电荷，它与溶液中的反离子

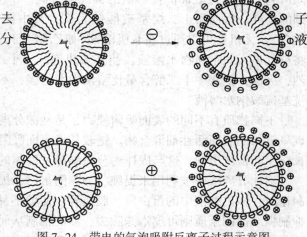

图 7-24 带电的气泡吸附反离子过程示意图

间存在静电引力，而且对不同的反离子静电引力也有差异。通过静电引力可以把溶液中的某些反离子吸附于泡沫的气-液界面上然后随气泡升至液面成为泡沫而分离（如图7-24所示）。

这种方法特别适合于离子浓度低含量少的物质的分离。例如，溶液中含有 $KAuCl_4$（1×10^{-6} mol/L）和 $AgNO_3$（1×10^{-6} mol/L），可加入少量阳离子型表面活性剂 $[C_{16}H_{33}N(C_2H_5)_2 \cdot HCl]$ 使之形成泡沫，因为阳离子型表面活性剂对 $[AuCl_4]^-$ 的吸引力很强，在泡沫中 $[AuCl_4]/[Ag^+]$ 的比值可达80。因此利用这个方法可以使金和银两种贵金属得到很好的分离。也可以用此种方法将溶液中的微量巨毒物 CN^- 除去。

然而，在湿法冶金中这个主要用于分析化学中的方法的潜在用途受到不同程度的限制。在实验室分离过程中适用的表面活性剂不一定适用于大规模应用，特别是环境工程中的应用，例如，它们对生物有毒和有害，化学性质不稳定和价格昂贵。工业湿法冶金所需的离子分离类型与实验中的遇到类型一般是不一样的。例如，工艺溶液含有的碱金属和碱土金属的浓度比有价金属的浓度高得多。在回收金属或对排出液流去毒过程中，需要将有价的金属与其他离子分离开。从经济方面看，从泡沫中除去金属产品和使捕收剂再生是很重要的。

在实验室中应用离子浮选已经有半个世纪的历史了，现代环境的严格控制驱使人们研究适于工业处理稀溶液的新分离方法。

2. 泡沫分离

泡沫分离法又称气浮法[35~37]，它是以气泡作分离介质来浓集表面活性物质的一种新型分离技术。根据被分离物质的不同，它可以分为两类：一类是本身具有表面活性物质的分离以及各种天然或合成表面活性剂的分离，例如医药生物工程中蛋白质、酶、病毒的分离；另一类是本身为非表面活性剂，但可以通过配合或其他方法使其具有表面活性，这类体系的分离被广泛地用于工业污水中各种金属离子如铜、锌、铁、汞、银等的分离回收。泡沫分离具有能耗低（可以在常温和低温下进行分离）、设备简单、可以连续进行、投资小等优点。与其他分离方法相比，泡沫分离适于回收微量组分，可以将 1.0×10^{-6} 浓度的贵金属和稀有金属离子分离出来。随着大量新型表面活性剂不断被开发并推向市场，物质表面性质的差异渐渐又被人们应用在分离过程中。适用泡沫分离的物质越来越多，人们又在泡沫分离的数学模型、分离设备等方面进行了深入的研究，使泡沫分离的工业化日趋成熟。

实际上，泡沫浮选和离子浮选都属于泡沫分离法。此处介绍的泡沫分离法，主要是指体系（溶液）本身的表面活性物质的提纯与分离。一个有代表性的例子，为一般商品表面活性剂的提纯。以商品十二烷基硫酸钠为例，其中往往含有少量的十二醇及无机盐（Na_2SO_4，NaCl）。无机盐可以通过在有机溶剂（如乙醇、丁醇）中重结晶除去，而十二醇则不易除去。将空气通入此不纯物水溶液，使其形成泡沫。十二醇在表面上的吸附比十二烷基硫酸钠强烈，因而，泡沫中十二醇含量比溶液中大得多，不断移去泡沫，剩余者即为相当纯净的十二烷基硫酸钠水溶液。

不同物质有不同的表面吸附能力，是泡沫分离法的根据。所以，应用此法可以分离不同碳氢链长的表面活性剂混合物。链较长者表面吸附能力强，首先出现于泡沫中；以后，随链长减少而依次出现。这与固体的分级结晶及液体的分馏很相似，称之为泡沫分级分离。

泡沫分离法曾被利用来提纯、分离酶蛋白，提纯了的酶表现出更高的生物活性。自甜菜制糖时，榨出糖液中的蛋白质、胶质等，使糖不易结晶，妨碍糖的精制。使用泡沫分离法，抑制糖结晶的杂质则可随泡沫除去，糖的精制从而易于进行。

泡沫分离所使用的气体绝对不可与溶质起作用，即气体对溶质应是惰性的。常用的气体有氮气、氧气、空气、二氧化碳，其中以氮气为最好。

在泡沫分离实际操作中，为获得较好的效果，通常都是将泡沫作为原液进行反复泡沫分离。泡沫分离与化学分离法相似，可用来测定各组分的浓度。

7.9.3　泡沫在原油开采中的应用

泡沫是气–液分散体系，密度低，质量小，压力非常小，相当于水的压力的 $1/50 \sim 1/20$ [38]。泡沫有一定的黏滞性，可连续流动，对水、油、砂石有携带作用。控制配方使具有一定的表面黏度和溶液黏度，可以保证泡沫有一定的稳定性，由于这些特点，在石油和天然气开发中得到广泛应用，如泡沫驱油、泡沫酸化、泡沫压裂、泡沫蒸汽吞吐以及泡沫泥浆等等[39~43]。

1. 泡沫钻井液

大多数钻井使用泥浆，它有携带和悬浮钻屑、稳定井壁、冷却和冲洗钻头、清除井底岩屑等作用。对于钻进中低压油气层的地区，如采用常规水基泥浆钻井，会由于钻井液的密度过高，压力大容易产生将地层压漏，使大量钻井液流失的现象，这不仅给钻进带来很大困难而且还会严重损害抽层。因此在钻进低压地层时采用具有低密度低压力的泡沫钻井液，泡沫的细小紧密结构所形成的黏滞性，使其具有良好的携带钻屑的能力，不仅有利于发现油层和保护油层，还能有效地防止钻井液漏失，显著提高钻井速度，适用于压力系数较低地层的钻井[44]。

2. 泡沫酸化压裂液(泡沫酸)[45~47]

压裂酸化是在足以压开地层形成裂缝或张开地层原有裂缝的压力下，对地层挤酸的一种工艺，该工艺主要是在碳酸盐岩中进行，是较大面积地改造低渗透油气层的重要手段。泡沫用于油气井增产具有滤失率低，黏度适当，悬浮力强，用量少，对地层伤害小，反排性好等优点。

泡沫酸化压裂液是一种液包气乳状液，是大量气体在少量液体中的均匀分散体。泡沫体按气体含量的多少分为两种体系。泡沫质量 fgtp<52% 的为增能体系，一般用作常规压裂后的尾追液(后置液)帮助返排；52%<fgtp<96% 的称为泡沫体系，具有含液量低，携砂、悬砂能力强，滤失低，黏度高，返排能力强等特点。通常施工所用的泡沫压裂液，泡沫质量(井底温度压力条件下)多在 65%~85% 之间。按所用气体的种类分为 N_2 泡沫液和 CO_2 泡沫液。N_2 泡沫可与一切基液(水、盐水、甲醇、乙醇水溶液、乙醇、酸类、凝析油、矿产原油、二甲苯、精炼油等)配伍。CO_2 泡沫是在 1982 年后才发展起来的，与 N_2 泡沫相比，与地层流体的相容性更好，并能降低界面张力，但只能与水、甲醇、乙醇配伍。泡沫压裂液由基液、气体、起泡剂、稳定剂及其他添加剂组成。

泡沫酸化压裂液施工后，井口压力低，能促使气体迅速膨胀并携带残液及砂粒返排。泡沫酸化压裂产生裂缝的能力较大，裂缝导流能力好，酸化半径大，适合于厚度大的碳酸盐岩油层，也适合于重复酸化的老井和水敏性地层。

3. 泡沫在气井排水中的应用

在气田开发中，随着天然气的采出，地层水和凝析油不断伴随天然气进入井筒，如果气体有足够的能量，它能把进入井筒的液体带到地面，在井底不产生积液。在天然气开采中后期，由于气量不足或产层的液体较多，气体不能把水和凝析油完全带到地面，在井底和井筒内产生积液，如不及时排出，则产生回压，同时使井壁附近产层的渗透性变坏，造成天然气产量急剧下降，有的甚至被水淹停产。为了延长气井开采寿命，提高天然气采收率，用泡沫排水是一种已实现的好方法[48]。所谓泡沫排水，就是定期向气井内注入一定数量的起泡剂，内积液和起泡剂在天然气的搅拌下，生成大量泡沫，由于泡沫的密度低使原有的气-液两相空间分布和垂直流动状态发生了很大的变化，大大减轻了液体滑脱作用，增大了气流举液能力。在较低的气流速度下井底积液即可以泡沫的形态被携至地面，从而使井底回压降低，天然气产量增加。

4. 泡沫冲砂洗井

泡沫冲砂洗井是近年来发展起来的一项新技术，主要解决低压和严重漏失井的"清水倒灌"、污染油层及作业无法正常进行等问题[49]。油井经长期开采，地层压力下降，油层难免出砂，作业中也难免将地面的机械杂质带入井中，均会造成产层的不同程度堵塞，使油井产量下降。

以往采用清水冲砂、洗井和替喷等作业，因油层压力低于静水柱压力，易造成大量液体漏入地层，有时甚至泵入油井的液体失返，使施工无法进行，且造成油层污染。用泡沫流体作为低压漏失油井的冲砂、洗井和替喷等作业液，其优点是：①可通过调整泵入油井的气-液比或井口回压，控制井下泡沫密度，实现负压作业，防止漏失；②可疏通被堵塞的喉道和射孔孔眼，促使产层流通，具有解堵效果；③因泡沫有黏滞性，有良好的携带固体颗粒的能力，可大大改善净化井眼的效果。

5. 泡沫驱油

泡沫能有效地改善驱动流体在非均质油层内的流动状况（流度比），提高注入流体的波及效率。油层非均质越严重，对泡沫驱油越有利。在一般情况下，泡沫驱油可提高采收率 $10\% \sim 25\%$ 左右。CO_2 泡沫驱油过程示意图见图 7-25。

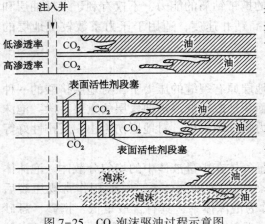

图 7-25　CO_2 泡沫驱油过程示意图

泡沫驱是通过下列机理提高原油采收率的[50]：

（1）Jamin 效应叠加机理

对泡沫，Jamin 效应是指气泡对通过吼孔的液流所产生的阻力效应。但泡沫中气泡通过直径比它小的吼孔时，就发生这种效应。Jamin 效应可以叠加，所以当泡沫通过不均质地层时，它将首先进入高渗透层。由于 Jamin 效应可以叠加，所以它的流动阻力逐渐提高。因此，随着压力的提高，泡沫可以依次进入那些渗透性较小，流动阻力较大而原先不能进入的中、低渗透层，提高波及系数。

（2）增黏机理

由于泡沫有大于水的黏度，所以它有大于水的波及系数，因而泡沫驱有比水驱高的采收率。

（3）稀表面活性剂体系驱油机理

泡沫的分散介质为表面活性剂溶液，根据表面活性剂在其中的浓度，它应具有稀表面活性剂体系（如活性水、胶束溶液）的性质，因此具有与它们相同的驱油机理。

参 考 文 献

1　徐燕莉．表面活性剂的功能．北京：化学工业出版社，2000

2　Plateau J. Mem Acad Roy Soc. Belgique，1958，383：441

3　顾惕人，朱步瑶，李外郎，马季铭，戴乐蓉，程虎民．表面化学．北京：科学出版社，1999

4　de vries A J. Rec Trav Chim，1958，383：443

5　Culick F E C. J Appl Phys，1960，31：1128；

6　Frankel S，Mysels K J. J Phys Chem，1969，73，3028

7　de vries A J. Rwc Trav Chim，1958，77：209

8　彭民政．表面活性剂生产与技术。广州：广东科技出版社，1999

9　刘程，米裕民．表面活性剂理论与应用．北京：北京工业大学出版社，2003

10　Ross S，Haak R M. J Phys Chem，1958，62，1260

11　Brown A G，Thuman W G，Mcbain J W. J Colloid Sci，1953，8：491；

12　Davies J T. Proc and Int Congr．Surface Activity Vol1：20

13　赵国玺，朱步瑶．表面活性剂作用原理．北京：中国轻工业出版社，2003

14　Sawyer W M and Fowdes F M. ibid，1958，62：159

15　Corkill J M，Goodman J F，Ogden C P and Tate J R. Proc Roy Soc，1963，273：84

16　Van der Tampel，M. etal. J Phys Chem，1958，77：209

17　北原文雄，早野茂夫，原一郎编，毛培坤译．表面活性剂分析和试验法．北京：中国轻工业出版社，1988

18　Brown A G，Thuman W C，McBain J W. J Colloid Sci，1953，8：508

19　Davies J T，Redeal E K. Intefacial Phenomena. New York：Academic Press，1963，Ch8

20　陈荣圻．表面活性剂化学与应用．北京：纺织工业出版社，1990

21　Nguyen A V，Harvey P A，Jameson G J. Minerals Engineering，2003，16：1143

22　Barbian N，Hadler K，Medina E V，et al. Minerals Engineering，2005，18：317

23　Rosen M J. Surfactant and Interfacial Phenomena. John Wiley&Sons，1978：208

24　Rand P B，Kraynik A M. SPE J，1982，6：152-154

25　Monsalve A，Schechter R S. J Colloid Interface Sci，1984，97(2)：327-334

26　Weil J D，Stirton A J and Bistline R G. J Amer Oil Chem Soc，1964，31：444

27　王明梅，常志东，习海玲，左言军，刘会洲，李文军．化工进展，2005，24(7)：723

28　肖铮．固体颗粒对泡沫体系稳定性的影响[D]．中国科学院感光化学研究所毕业论文

29　马宝岐，孙凤顺．油田化学，1992，3：28

30　梁梦兰．表面活性剂和洗涤剂——制备、性质、应用．北京：科学技术文献出版社，1990

31　藤本武彦．新表面活性剂入门．北京：化学工业出版社，1992

32　Walstra P. Encyclopedis of emulsion technology. New York：Marcel Dekker，1983. Ch2

33　Davies J T，Rideal E K. Interfacial Phenomena. New York：Academic Press，1963，Ch8

34　Aveyard R，Binks B P. Clint J H，Fletcher P D. Foams and emulsions. Sadoc J F，River N，ed. Dordrecht：Kluwer Acaemic Publ，1999：21

35　Clark A N，Wilsom D J. Foam Rolation. New York：Marcel Dekker，1983：418

36　Scameborn J F，Harwell J. Surfactant-based separation processes. New York：Marcek Dekker，1989：233

37　David T P. An Introduction to practical Biochemistry. London：MeGRAW-HlLLbook Company，1987：179

38　Minssieux J. J Petril Tech，1974，1：100~108

39　赵福麟．采油化学．东营：石油大学出版社，1989

40　李和全．大庆石油学院学报，1998，22(3)：21~25

41 周凤山. 钻井液与完井液, 1990, 7(3): 1~5

42 李治龙. 钱武鼎. 石油钻采工艺, 1993, 15(6): 88

43 赵东滨. 油田化学, 2000, 17(3): 260

44 秦积舜. 石油钻探技术, 2001, 29(3): 42

45 叶芳春. 试采技术, 1986, 12(增刊): 1

46 熊友明. 钻采工艺, 1992, 15(1): 46

47 钱斌. 钻采工艺, 1988, 11(4): 55

48 赵晓东. 西南石油学院学报, 1992, 2: 90

49 李治龙. 钻井液完井液, 1991, 2: 62

50 赵福麟. 油田化学. 东营: 石油大学出版社, 2002

第8章 洗涤作用

表面活性剂的洗涤作用是表面活性剂具有最大实际用途的基本特性。将浸在某种介质(一般为水)中的固体表面的污垢去除的过程称为洗涤。在洗涤过程中,除了表面活性剂的作用外,还包括助剂的化学作用、酶制剂的生化作用、设备的机械作用以及其他作用的综合效果,因此洗涤过程是相当复杂的过程。虽然洗涤作用非常复杂,其本质还没有彻底了解清楚,但洗涤作用是涉及千家万户的一种过程,一直被广泛地应用着。而且,除了大量地在日常生活中应用外,也越来越多地应用于各种工业生产中。因此,在现有经验的基础上总结出规律,对于进一步搞清楚洗涤作用的原理,以求在实践中提高洗涤作用的效率是很有必要的。

8.1 洗涤作用的简介

8.1.1 污垢

物品的使用环境不同,使用情况不同,污垢的种类、成分和数量也不同。通常将污垢分为两类。

1. 液体污垢

皮脂、动植物油、矿物油(原油、燃料油、润滑油、煤焦油等)。液体污垢在洗涤过程中被清除的难易程度,取决于洗涤液存在时液体污垢与基物的接触角,接触角越大越易清除。

2. 固体污垢

尘埃、黏土、砂、铁锈、灰、炭黑等。这些颗粒表面有时带正电、有时带负电。固体污垢通常以 van der Waals 力黏附在基物表面。

液体污垢和固体污垢经常出现在一起,构成混合污垢,往往是液体污垢包围固体污垢,黏附在物品表面,因此混合污垢与物品表面的黏附性质同液体油类污垢基本相似。

8.1.2 污垢的黏附

一般情况下,污垢与物体表面接触之所以不再分开,是由于污垢与物体之间存在着某种结合力,这就造成污垢与其他物体的黏附。污垢与物体的结合力主要有以下几种。

1. 机械力结合

机械结合力主要表现在固体尘土的黏附现象上。衣料纺织的粗细程度、纹状及纤维特性不同,结合力有所不同。机械力是一种比较弱的结合力,这种污垢几乎可以用单纯的搅动和振动力将其除去。但当污垢的粒子小于 $0.1\mu m$ 时,就很难去掉。夹在纤维中间和凹处的污垢有时也很难去除。

2. 静电力结合

在水介质中,静电引力一般要弱得多。但在有些特殊条件下污垢也可通过静电引力而黏附。例如,纤维素纤维或蛋白质的表面在中性或碱性溶液中带负电(表8-1)。

表 8-1　纤维在水中的带电

纤维	羊毛	棉	醋酸酯纤维	丝
ξ/mV	−48	−38	−36	−1

而有些固体污垢的粒子在一定条件下带有正电荷，如炭黑、氧化铁之类的污垢。带有负电荷的纤维对于这类污垢粒子就表现出极强的静电引力。另外，水中含有的 Ca^{2+}、Mg^{2+}、Fe^{3+}、

图 8-1　阳离子的桥梁作用

Al^{3+} 等多价阳离子在带负电的纤维和带负电的污垢粒子之间，可以形成所谓多价阳离子桥(cation bridge)，如图 8-1 所示。有时，多价阳离子桥可能成为纤维上附着污垢的主要原因。

静电结合力比机械结合力强，所以带正电荷的炭黑、氧化铁之类的污垢附着在带负电荷的纤维上时，很难将此类污垢去除。

3. 化学力结合

污垢通过化学吸附产生的化学结合力与固体表面的黏附，例如金属表面的锈就是通过化学键黏附于金属表面。

4. 范德华力黏附

被洗涤物品和污垢以分子间范德华力(包括氢键)结合，例如，油污在各种非极性高分子板材上的黏附，油污的疏水基通过与板材间的范德华相吸力将油垢吸附于高分子板材的表面上，污垢与表面一般无氢键形成，但若形成时，则污斑难以去除[1]。天然纤维织品如：棉、麻和丝织品与血渍的黏附，棉麻织物中的纤维上有大量羟基存在，丝织物的主要成分是蛋白质，含有大量的多肽，血渍可以通过氢键与织物黏附，这是很难除去的。

不同性质的表面与不同性质的污垢，有不同的黏附强度。在水为介质的洗涤过程中，非极性污垢(炭黑、石油等)，比极性污垢(如黏土、粉尘、脂肪等)不容易洗净。疏水表面(如聚酯、聚丙烯)上的非极性污垢，比亲水表面(如棉花、玻璃)上的非极性污垢更不容易去除；而在亲水表面上的极性污垢则比疏水表面上的极性污垢不易洗涤[2,3]。如果从纯粹机械作用考虑，固体污垢在纤维性物品表面上，较光滑表面上易黏附，固体污垢质点越小则越不易去除。

8.1.3　洗涤过程

为了说明洗涤作用的基本过程，以纤维织物为例，去除纤维上污垢的过程大致是以下几个过程：

1. 洗涤剂对油污及纤维表面吸附作用

洗涤剂分子或离子在污垢及纤维的界面上定向吸附。

2. 污垢的润湿和渗透

由于洗涤剂的定向吸附和表(界)面张力的降低，使污垢与纤维润湿，从而使洗涤剂渗透到污垢和纤维之间，因而减弱了污垢在纤维上的附着力。

3. 污垢的脱落

洗涤剂提高了纤维和污垢的负性电荷(阴离子型表面活性剂)，使其产生静电排斥，加上机械作用，促使污垢从纤维上脱落下来。

4. 污垢的乳化分散

由于洗涤剂的定向吸附中胶体性质使脱离纤维表面的污垢分散在洗液中，并形成稳定的

分散体系，已经乳化分散的污垢就不再附着于纤维。此时，也有的污垢能够进入到洗涤剂的胶束中，从而发生增溶。

Mcbain 对肥皂洗涤机理提出污垢反应式以表示洗涤作用。

$$物品·污垢+洗涤剂 \underset{}{\overset{介质中}{\rightleftharpoons}} 物品+污垢·洗涤剂 \tag{8-1}$$

由式(8-1)看出，在洗涤过程中，洗涤剂是不可缺少的。洗涤剂在洗涤过程中具有以下作用，一是除去固体表面的污垢，另一种作用是使已经从固体表面脱离下来的坏垢能很好地分散和悬浮在洗涤介质中，分散、悬浮于介质中的污垢经漂洗(用水清洗)后，随水一起除去，得到纯洁的物品，这是洗涤的主过程。洗涤过程是一个可逆过程，分散和悬浮于介质中的污垢也有可能从介质中重新沉积于固体表面(使被洗物变脏)，这叫作污垢在物体表面的再沉积。因此，一种优良的洗涤剂应具有两种基本作用，一是降低污垢与物体表面的结合力，具有使污垢脱离物体表面的能力；二是具有防止污垢再沉积的能力。

洗涤过程使用的介质，通常是水。若洗涤所用的介质是有机溶剂，如干洗，用汽油或氯代烃。

8.1.4 洗涤剂的作用

洗涤剂的基本作用在于吸附在界面上的表面活性剂分子，降低界面自由能，改变污垢与基质的界面性质，通过吸附层电荷相斥或吸附层的铺展压，使污垢从基质上移去，再经卷离、乳化、分散、增溶等作用，借机械力、流体力学等因素，随溶液去污[4,5]，如图 8-2所示。

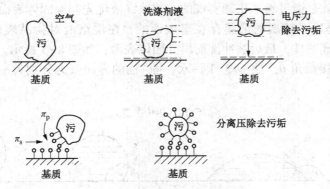

图 8-2　洗涤过程

洗涤剂在洗涤过程中的主要作用如下。

(1) 降低水的表面张力改善水对洗涤物表面的润湿性

洗涤液对洗涤物品的润湿是洗涤过程是否可以完成的先决条件，洗涤液对洗涤物品必须具备较好润湿性，否则洗涤液的洗涤作用不易发挥。

对于人造纤维(如聚丙烯、聚酯、聚丙烯腈等)，未经脱脂的天然纤维等因其具有的临界表面张力 γ_c 低于水的表面张力，因而水在其上的润湿性都不能达到令人满意的程度，如表 8-2 所示。加入了洗涤剂后一般都能使水的表面张力降至 30mN/m 以下。因此除聚四氟乙烯外，洗涤剂的水溶液在其物品的表面都会有很好的润湿性，促使污垢脱离其物品表面，而产生洗涤效果。

表 8-2   一些纤维材料的临界表面张力和水在其表面上的接触角[5]

纤维材料	临界润湿表面张力 $\gamma_c/(10^{-3}\text{N/cm})$	接触角 $\theta/(°)$
聚四氟乙烯	18，16	108，124
聚丙烯	29	90
聚乙烯	31，32	94，92
聚苯乙烯	33，30，36	91，90
聚酯	43，42.5	81
尼龙66	46	70
聚丙烯腈	44	48
纤维素（再生）	44	0～32，33

（2）洗涤剂能增强污垢的分散和悬浮能力

洗涤剂具有乳化能力能将从物品表面脱落下来的液体油污乳化成小油滴而分散悬浮于水中，若是阴离子型洗涤剂还能使油-水界面带电而阻止油珠的并聚增加其在水中的稳定性，对于已进入水相中的固体污垢也可使固体污垢表面带电，会因污垢表面存在同种电荷当其靠近时产生静电斥力而提高了固体污垢在水中的分散稳定性。对于非离子型洗涤剂可以通过较长的水化聚氧乙烯链产生空间位阻来使得油污和固体污垢分散稳定于水中。因此洗涤剂可起到阻止污垢再沉积于物品表面的作用。

8.2 液体污垢的去除

液体油污的去除是通过卷缩机理实现的，即洗涤液优先润湿固体表面，而使油污卷缩起来[6,7]。液体油污是以一铺展的油膜存在于表面的，在洗涤液对物品表面的优先润湿作用下，油膜逐渐卷缩成油珠，最后被冲洗而离开固体表面，如图8-3所示。（a）表示：在物品表面上的油膜有一接触角 θ，油-水、固-水、固-油的界面张力分别为 γ_{ow}、γ_{sw}、γ_{so}，于是平衡时有下列关系：

$$\gamma_{so} = \gamma_{ow}\cos\theta + \gamma_{sw} \tag{8-2}$$

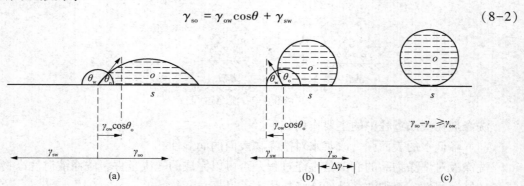

图 8-3 （a）表面上的油膜；（b）、（c）在有表面活性剂存在时卷缩成油珠

如果在水中加入表面活性剂组分，由于表面活性剂易在固-水界面和油-水界面吸附，故 γ_{sw} 和 γ_{ow} 降低。在固-油界面上由于水溶性洗涤剂不溶于油而不能吸附于固-液界面，因此 γ_{so} 不变。为了维持新的平衡，$\cos\theta$ 值须变大，θ 要变小；也就是说接触角 θ 将从图8-3（a）中的大于90°，变为（b）中的小于90°。甚至在条件适宜时，接触角 θ 接近于零，即洗涤液完全润湿固体表面，而油膜卷缩成油珠自表面除去。

式(8-2)可以写成：

$$\gamma_{so} - \gamma_{sw} = \gamma_{ow}\cos\theta \tag{8-3}$$

根据吸附功的定义：

$$W_{sw} = \gamma_s + \gamma_w - \gamma_{sw} \tag{8-4}$$

$$W_{so} = \gamma_s + \gamma_o - \gamma_{so} \tag{8-5}$$

式中，γ_s、γ_w、γ_o分别为固体、水溶液（洗涤剂水溶液）及油的表面张力；W_{sw}和W_{so}分别为固体与水和固体与油之间的黏附功。

式(8-4)减去式(8-5)即得：

$$W_{sw} - W_{so} = \gamma_w - \gamma_{sw} - \gamma_o + \gamma_{so}$$

$$(W_{sw} - \gamma_{so}) - (W_{so} - \gamma_o) = \gamma_{so} - \gamma_{sw} \tag{8-6}$$

由式(8-2)，根据黏附张力的定义，式(8-5)即可写为：

$$A_{sw} - A_{so} = \gamma_{ow}\cos\theta \tag{8-7}$$

式中，A_{sw}和A_{so}分别为固体与水溶液和固体与油的黏附张力。

由式(8-7)可知，两种液体在固体表面上（空气中）的黏附张力是油污液体被洗涤液从固体表面卷缩成油珠的重要参数。

对于$\theta=0$或不存在时的情况

$$A_{sw} - A_{so} \geq \gamma_{ow}\cos\theta \tag{8-8}$$

此情况下油污的卷缩情况见图(8-4)。所以，若接触角（洗涤液）$\theta=0$，也就是液体油垢与表面的接触角$\theta=180°$时，污垢可以自发地脱离固体表面。

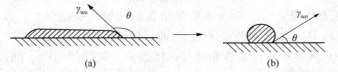

（a）表面上的油膜，水溶液接触角θ；　　（b）当$A_{sw} - A_{so} \geq \gamma_{ow}$时$\theta=0$或不存在，油污卷缩成环状油污可自发地脱离固体表面

图8-4　油污卷缩机理示意图

无论油污通过何种机理"卷缩"被去除，但去除的程度决定于接触角的大小。若$90°<\theta_0<180°$，则污垢不能自发地脱离表面，但可被液流的水力冲走，如图8-5所示。而当$\theta<90°$时，则即使存在较强的运动液流的冲击，也仍然有小部分油污留于表面（图8-6），要除去此残留油污，需要作更多的机械功，或是通过较浓的表面活性剂溶液（浓度>cmc）的加溶作用。许多研究证明，降低油/水界面张力和增加油与固体表面的接触角对洗涤作用有良好的促进作用[8~10]。

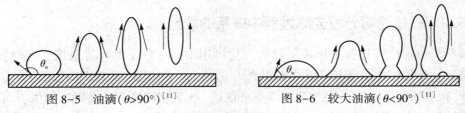

图8-5　油滴（$\theta>90°$）[11]　　　　　图8-6　较大油滴（$\theta<90°$）[11]

防止油污再沉积作用：油珠在洗浴中的稳定分散方法主要有乳化作用。即利用表面活性剂在油污/水之间的界面吸附，将油污分散在水中。乳液是一种热力学不稳定的分散系统，提高油污在水的分散稳定性与乳化剂的选择密切相关。

8.3 固体污垢的去除

8.3.1 固体污垢的去除机理

固体污垢的去除主要是由于表面活性剂在固体污垢及在被洗物表面上的吸附。由于表面活性剂在界面的吸附作用，降低了固体污垢与被洗物表面的黏附强度，从而使污垢易于去除。固体污垢的去除机理可用兰格(Lange)的分段去污过程来表示，如图8-7所示。

I段为固体污垢 p 直接黏附于固体表面 s 的状态。此时体系的黏附能为：

$$W_{sp} = \gamma_s + \gamma_p - \gamma_{sp} \tag{8-9}$$

式中，W_{sp} 为固体与固体污垢间的黏附能；γ_s 为固体的表面能；γ_p 为固体污垢的表面能；γ_{sp} 为固体与固体污垢间的表面能。

II段为洗涤液 L 在固体表面 s 与固体污垢 p 的固-固界面 sp 上的铺展，洗涤液能否润湿质点或表面，可以从洗涤液是否在固体表面上铺展或浸泡来考虑。铺展系数及浸渍功为：

$$S_{w/s} = \gamma_s - \gamma_{sw} - \gamma_w \tag{8-10}$$

$$W_i = \gamma_s - \gamma_{sw} \tag{8-11}$$

式中符号意义同前，但角标 s 表示的"固体"包括固体污垢及被洗物的固体表面二者。

若 $S_{w/s}>0$，则洗涤液能在污垢点及被洗物表面铺展，也能浸湿。或 $W_i>0$，则能浸湿，但不一定能铺展，故只要考虑铺展系数($S_{w/s}$)即已足够。

这个过程更确切地说可看作是洗涤液在固体表面 s 和固体污垢 p 间固-固界面中存在的微缝隙(即毛细管)中的渗透过程。

附加压力(毛管力)

$$\Delta p = \frac{\gamma_l \cos\theta_l}{r} \tag{8-12}$$

式中，Δp 为附加压力(毛管力)。

当 $\Delta p>0$，洗涤剂就可渗入固体污垢 p 和固体表面 s 的固-固界面中的微缝隙中。若洗涤液在固体表面和固体污垢表面上的接触角 θ_L 均等零时，洗涤液就能在其固-固界面上铺展形成一层水膜，使固体污垢脱离固体表面进入洗涤液中，实际上此时固-固界面的铺展系数 $S_{l/p/s}>0$。

8.3.2 固体污垢分段去除过程中体系的能量

固体污垢分段去除过程中体系能量的变化可用 DLVO 理论的势能曲线作定性描述。如图8-8所示，使污垢粒子离开纤维表面距离 H 的动力，依据长程范德华相吸能 V_A、双电层相斥能 V_R 和博恩相斥能 V_B 的总和势能模型来描述。A 表示固体污垢黏附于固体表面的状态，C 表示固体污垢完全脱离的状态，C 表示过渡状态的最大能垒，B 表示过渡态状态的最大能垒，固体污垢的完全去除必须越过 $V_{max}+V_{min}$ 这一能垒。为防止再附着 V_{max} 应该尽量高，若 $V_{max}/(V_{max}+V_{min})$ 大，则污垢就容易脱离，而且可阻止再附着，对洗涤有利。

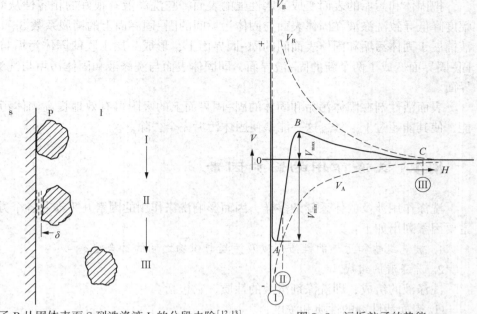

图 8-7　污垢粒子 P 从固体表面 S 到洗涤液 L 的分段去除[12,13]　　图 8-8　污垢粒子的势能

8.3.3　表面活性剂在固体污垢去除过程中的作用

表面活性剂作为洗涤剂在固体污垢去除过程中的作用，主要体现在分段去除过程中的Ⅱ段中，即洗涤液 l 在固体表面 s 与固体污垢 p 固–固界面上铺展过程中。在前面我们已谈到了可把这个过程作为毛细渗透过程来处理。

若以普通的水作为洗涤液，由于水的表面张力 γ 较高会使 $\Delta p = \dfrac{\gamma_1 \cos\theta_1}{\gamma}$ 中的 θ_1 即在固体表面和固体污垢表面上的接触角有较大值而不利于渗透过程进行。当水中加入水溶性表面活性剂后，由于表面活性剂在水–界面上的定向吸附使 γ 大幅度降低，会使接触角 θ_L 减小，毛细管力 Δp 增大有利于洗涤液在微缝隙中的渗透。当溶有表面活性剂的洗涤液渗入微缝隙后，表面活性剂将以疏水基分别吸附于固体和固体污垢的表面上，其亲水基伸入洗涤液中，形成单分子吸附膜，如图 8-9 所示。

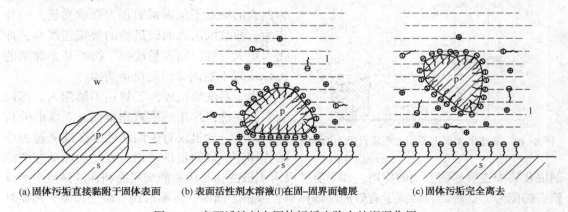

(a) 固体污垢直接黏附于固体表面　　(b) 表面活性剂水溶液(l)在固–固界面铺展　　(c) 固体污垢完全离去

图 8-9　表面活性剂在固体污垢去除中的润湿作用

把固体和污垢的表面变成亲水性强的表面，与洗涤液有很好的相容性从而使 γ_{sl} 和 γ_{pl} 大幅度降低导致洗涤液在固体表面与固体污垢间的固-固界面上的铺展系数 $S_{L/p/s}>0$，最终洗涤液铺展于固体污垢和固体表面间的固-固界面上，形成一层水膜使固体污垢与固体表面间的固-固界面变成了两个新的固-液界面，即固体表面与洗涤液和固体污垢与洗涤液间的固-液界面。

表面活性剂在固体污垢和固体的固-固界面上的吸附可有效地提高固体污垢与固体的势能，使其能超过 $V_{\max}+V_{\min}$ 这一能垒使固体污垢完全去除。

8.4 洗涤作用的影响因素

洗涤作用涉及的体系复杂多样，因而影响洗涤作用的因素几乎涉及各个方面。现将一些主要因素列出如下：

1. 被洗织物和污垢的性质，以及污垢与织物之间的结合状态
2. 洗涤液的组成

洗涤液的组成，即洗涤剂溶液的性质，它包括：

① 表面活性剂的性质和浓度；

② 助洗剂的性质和浓度；

③ 洗涤液中由被洗织物带入的悬浮物质(如泥土等)的性质和浓度；

④ 洗涤液的 pH 值。

3. 洗涤过程的物理和机械条件

洗涤过程的物理和机械条件，如洗涤温度、洗涤时间、洗涤方式等。

4. 洗涤体系中，污垢、被洗物和洗涤液之间的相对数量等

5. 洗涤温度

提高洗涤温度一般来说对洗涤有利。但温度过高，对于蛋白质、淀粉等污垢会发生变形作用而更难洗涤，同时温度过高对于某些衣物也不利。

6. 污垢质点大小

经验表明，污垢质点越大，越容易从表面除去。小于 $0.1\mu m$ 的质点很难去除。污垢质点越大，在洗涤过程中承受水溶液的冲击力越大，如图 8-10 所示，越靠近固体表面，液流的速度愈小，在固体表面处，液体流量为零，而离开表面的距离(d)越大，则流速(u)越大。因此大的质点不仅因截面积大而承受较大的冲击力，而且因离表面较远处的液流速度高，冲击力更大一些，而容易洗掉。纺织品上黏附的 $0.1\mu m$ 以下的固体污垢很难洗掉。

由于对洗涤机理的了解还不够深入，所以要对影响洗涤作用的因素作全面、系统的分析还有困难。这里仅对表面活性剂在洗涤过程中的作用作一般的定性讨论。表面活性剂在洗涤剂混合物中主要起两方面的作用，即具有被吸附于被洗物与污垢的交界面和在洗涤液中形成胶束的能力。这些能力形成了有效的洗涤体系，提供了润湿、污垢取代、尘土去除、污垢悬浮以及污垢溶解等作用。

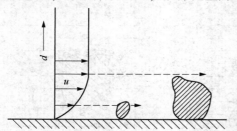

图 8-10　液流中表面上不同大小质点受力的情况

8.4.1 表面张力

大多数优良的洗涤剂溶液均具有较低的表面张力与界面张力。在洗涤过程中，表面活性剂能使洗涤也具有较低的表面张力，洗涤液的润湿性能好。润湿是洗涤过程的一步，有利于润湿，才有可能进一步起洗涤作用。在液体污垢的去除过程中，较低的表面张力和界面张力有利于液体油污的去除，有利于油污的乳化、加溶等作用，因而有利于洗涤。在固体污垢的去除过程中，具有低的表面张力和界面张力的洗涤液能更好地深入固体污垢于固体的固-固界面中，有利于洗涤液在固-固界面的铺展，使固体污垢容易去除。阳离子型表面活性剂虽然有比较低的表面张力，表面活性也比较好，但在多数情况下易吸附于固体表面，使固体表面疏水，不易润湿，易黏附油污，如前所述有反洗涤作用，故阳离子型表面活性剂通常不宜作洗涤剂组分。

8.4.2 吸附作用

表面活性剂自洗涤液中在污垢和被洗物表面吸附，对洗涤作用有重要影响。由于表面活性剂的吸附，使表面或界面的各种性质[如电性质(ξ电位)、机械性质、化学性质]均发生变化。

对于液体油污，表面活性剂在油-水界面上的吸附主要导致界面张力降低(洗涤液优先润湿固体表面，使油污"卷缩")，从而有利于油污的清洗。界面张力的降低，也有利于形成分散度较大的乳状液；同时由于界面吸附所形成的界面膜一般具有较大的强度，这使形成的乳状液具有较高的稳定性，不易再沉积于被洗物表面。表面活性剂的界面吸附对液体污垢的洗涤作用可产生有利的影响。

表面活性剂在固体污垢质点上的吸附比较复杂，它与质点表面的性质和表面活性剂的类型、结构有密切关系。

1. 阴离子型表面活性剂

一般固体表面带负电，不易吸附阴离子型表面活性剂。钠型白土就属于此类固体质点，它不易吸附阴离子型表面活性剂。如果质点的非极性较强，如石蜡或炭黑，可以通过表面活性剂分子碳氢链与质点非极性表面间的范德华引力而发生吸附。阴离子型表面活性剂的吸附可增加污垢质点和被洗物固体表面的表面电势，这使质点间的斥力及质点与固体表面之间的斥力也相应增加，电排斥能升高，当超过 $V_{max}+V_{min}$ 这一能垒时，固体污垢就完全去除了。例如，炭黑这一类非极性物在水中易于吸附水中的负离子而使其带负电荷，但在加入了 $C_{14}H_{29}SO_4Na$ 后，当浓度超过 $10^{-5}mol/L$ 后，炭黑在 $C_{14}H_{29}SO_4Na$ 的水溶液中的表观势能的绝对值(图8-11中将电泳流动性 EM 作为表观势能的量度)一直随阴离子型表面活性剂 $C_{14}H_{29}$

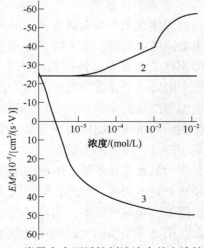

图8-11 炭黑在表面活性剂溶液中的电泳性质[14]

1—$C_{14}H_{29}SO_3Na$；2—$C_{14}H_{29}O(C_2H_4)OH$；3—$C_{14}H_{29}N(CH_3)_3Cl$

SO$_4$Na 浓度升高而升高。这说明阴离子型表面活性剂在炭黑表面的吸附量随其浓度增加而增加，才使得表观势能的绝对值增加。阴离子型表面活性剂之所以能吸附在带负电荷的炭黑表面，是因为阴离子型表面活性剂的疏水基与炭黑之间的范德华相吸力很强，能抵抗来自同号电荷的电斥力，使阴离子型表面活性剂以疏水基吸附于炭黑表面，而亲水的离子包围在炭黑的外面，伸入水中，使炭黑表面具有很好的亲水性，有利于炭黑粒子在洗涤液中的分散稳定，阻止了炭黑再沉积于固体表面，因此提高了洗涤效率。

也有的污垢质点在水中带正电荷，如硫酸钡质点。当用阴离子型表面活性剂作洗涤剂时，带有正电荷的污垢与阴离子型表面活性剂易发生化学吸附，使质点电荷减少至零。表面活性剂在 BaSO$_4$ 粒子上的吸附状态是，极性基团朝向质点表面，非极性基团朝向水中，表面呈疏水性，降低了离子型洗涤液的分散稳定性，污垢质点易于聚沉，因此会沉积于固体表面成为固体污垢。随着表面活性剂的浓度进一步增加，水中溶解的表面活性剂分子与已经发生化学吸附的表面活性剂分子的碳氢链之间因疏水作用，而发生憎水吸附，在第一吸附层上又吸附了第二层表面活性离子，第二吸附层的表面活性剂分子的极性头朝向水中，质点又变成亲水性的，并带有负电，发生此种情况时，对于洗涤是有利的（图 8-12）。

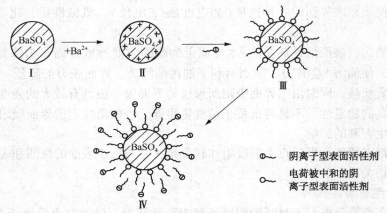

图 8-12　C$_{12}$H$_{25}$SO$_4$Na 对 BaSO$_4$ 固体污垢去除的过程

2. 阳离子型表面活性剂

由于一般固体在水中带有负电荷，阳离子型表面活性剂的吸附会使污垢质点与被洗物表面的表面电势降低或消除，对于洗涤作用不利。有时阳离子型表面活性剂甚至"颠倒"了洗涤作用，即阳离子型表面活性剂的洗涤作用，比纯水的洗涤作用还要差，这也叫作"反洗涤"作用[15]。阳离子型表面活性剂在固体表面的吸附，可能会使固体表面变得疏水，而不利于润湿。润湿是洗涤的第一步，不利于润湿，则不利于洗涤。另外，吸附了阳离子型表面活性剂的固体表面比单纯的固体表面更易吸咐污垢质点和易吸附油污，因此于抗污垢再沉积不利，亦不利于洗涤，反而易变脏。

即使存在污垢质点重新带正电荷的可能性，但须耗费大量的价格高的阳离子型表面活性剂，这在经济上是不利的。此外，第二层表面活性剂的吸附是物理吸附，一旦溶液中的表面活性剂浓度降低，很容易脱附，质点又变成疏水的和不带电的，容易发生再沉积，而不利于洗涤。因此，阳离子型表面活性剂不适合作洗涤剂。

3. 非离子型表面活性剂

非离子型表面活性剂因其自身不带电，因此在固-液界面上的吸附状态基本上不受固体表面的电性影响[16]。一般以聚氧乙烯链作为亲水基的非离子型表面活性剂，分子比较大，亲水基部分几乎占全部分子的三分之二以上。聚氧乙烯链可以通过醚键与水分子形成氢键，因而在聚氧乙烯周围易形成一层溶剂化的水膜，形成较大的空间障碍，对于防止污垢质点的再沉积有利。

当非离子型表面活性剂吸附于固体污垢和固体表面时同样也能形成单分子吸附膜，当铺展于固体污垢与固体的固–固界面上的洗涤液的厚度，小于两倍吸附层厚度即两倍聚氧乙烯链长时，会由于混合热效应和体积排斥效应而产生排斥作用。由于在重叠区域内聚氧乙烯浓度增加，渗透压也随之提高，加之聚氧乙烯链节的运动受到限制而产生熵斥力，于是可使固体污垢与固体间的排斥能升高，当其排斥能超过势能曲线上的 $V_{max}+V_{min}$ 这一能垒，固体污垢就会完全被去除。因而，非离子型表面活性剂洗涤作用的总效果并不差。

非离子型表面活性剂在各种不同纤维上的吸附情况也有不同。非离子型表面活性剂在非极性纤维（如聚丙烯纤维）上的吸附，是通过碳氢链间的疏水作用实现的，表面活性剂的疏水基朝向纤维表面，聚氧乙烯链亲水基朝向水中，有利于纤维的润湿，因此有利于洗涤的顺利进行。非离子型表面活性剂在亲水性甚强的纤维如棉纤维上的吸附则有所不同。非离子型表面活性剂可以通过其亲水基上的醚键氧原子与棉纤维表面的羟基形成氢键，从而吸附于表面，使疏水基朝向水中，而使原来亲水的纤维表面变得疏水。这一点对于洗涤过程是不利的。阴离子型表面活性剂在纤维表面的吸附无此种情况。

4. 两性离子型表面活性剂

两性离子型表面活性剂与离子型和非离子型表面活性剂一样，对非极性强的固体表面可通过范德华力以疏水基吸附于非极性固体的表面，以亲水的阴离子头和季铵阳离子头伸进水相，使非极性疏水表面变为亲水表面有利污垢的去除。

两性离子型表面活性剂，因其分子结构中既含有阳离子基团也含有阴离子基团，所以无论污垢固体的表面带何种电荷它都能吸附于其表面上，而不会产生聚沉现象。而使表面更加亲水，有利于污垢在水中的分散与悬浮，不易再沉积，提高了洗涤效率。两性离子型表面活性剂由于其结构特征，在硬水中有很好的抗钙能力，在含钙量为 300mg/kg 的硬水中，去污力明显地高于 AEO 和 LAS。

综上所述，表面活剂在固–液界面上的吸附状态应取疏水基吸附于固体表面而极性头伸入水相这种吸附态才能提高固体表面的润湿性，有利于洗涤过程的进行。对于两性离子型表面活性剂除了在等电点以外，以任何一种方式吸附均具有良好的润湿性，较高的洗涤效力。

从表面活性剂的类型来看，阴离子型表面活性剂的洗涤性能较全面，性能最好；非离子型表面活性剂次之；而阳离子型表面活性剂不宜用作洗涤剂。近 20 年才发展起来的两性离子型表面活性剂由于它的耐硬水性，对皮肤和眼睛的低刺激性，很好的生物降解性，以及具有抗静电性和杀菌性等优异性能，使它在洗涤剂市场具有较强的竞争力，已成为洗涤剂中的后起之秀。

8.4.3 增溶作用

表面活性剂的洗涤作用像溶液的其他性质一样，在溶液浓度达到 *cmc* 之前，随浓度的增加，洗涤作用提高；而达到 *cmc* 之后，洗涤作用随浓度的增加不显著。这是以洗涤作用的实践说明在洗涤过程，胶团的增溶作用并不是去污的主要因素。

但是有时使用非离子型表面活性剂作洗涤剂，非离子型表面活性剂的 *cmc* 很低，洗涤过程中油污的去除程度在 cmc 以上时随着表面活性剂浓度的增加，油污的去除程度增加，这表明，增溶作用在洗涤过程中是重要的影响因素。另外，在局部集中使用较大量的洗涤剂时（如在衣物上抹肥皂，或在某一部位洒上干的洗衣粉搓洗，以及用香皂洗脸、洗手），增溶作用可能成为洗涤油污的主要因素。

8.4.4 乳化作用

乳化作用在洗涤过程中占有重要的地位。具有高表面活性的表面活性剂，可以最大限度地降低油-水界面张力，只要很小的机械功（略作搅动）即可乳化。降低界面张力的同时，发生界面吸附，有利于乳状液的稳定，油污质点不再沉积于固体表面。因此，最好选用阴离子型表面活性剂作洗涤剂，表面活性剂在界面的吸附，可以使界面带电，有助于通过电性斥力阻止油污液体再吸附于固体表面。

仅仅是油污质点的乳化和分散不足以有效地完成洗涤过程，洗涤过程必须着眼于降低污垢与被洗物之间的结合力，乳化和加溶仅在防止污垢再沉积方面起作用。

8.4.5 泡沫作用

许多经验和研究结果都表明，洗涤作用与泡沫作用没有直接关系。但在某些场合下，泡沫还是有助于去除污垢的，例如手洗餐具时洗涤液的泡沫可以把洗下来的油滴携带走，擦洗地毯时，地毯香波的泡沫有助于带走尘土等固体粒子样的污垢，泡沫起到携带污垢的作用[17]。另外，泡沫有时可以作为洗涤液是否有效的一个标志，因为脂肪性油污对洗涤液的起泡力有抑制作用，当脂肪性油污过多而洗涤剂的加入量不够时，洗涤液就不会生成泡沫，并使原有的泡沫消失，应添加或另外配制洗涤液。

泡沫对與洗制品是重要的，洗发或洗浴时产生细腻的泡沫使人感到滑润舒适，令人感到愉快。虽然泡沫与洗涤过程没有直接关系，但是泡沫在洗涤制品的使用中经常是不可缺少的。

8.4.6 表面活性剂疏水基链长

表面活性剂的疏水链的长度对洗涤效果有一定的影响。一般说来，碳氢链愈长者，洗涤性能愈好。链过长者，溶解度变差，洗涤性能也降低。

图 8-13 表示出烷基硫酸钠碳数与洗涤性能的关系，表面活性剂碳原子数越多，即疏水基链越长，洗涤性能越好。图 8-14 和图 8-15 表示出钠皂碳链长度与洗涤性能的关系，规律性比烷基硫酸钠差一些。硬脂酸钠(十八酸钠)与棕榈酸钠(十六酸钠)的次序稍有些颠倒，这是因为在试验温度下，长链皂的溶解度太低，因而不能充分发挥洗涤作用所致。

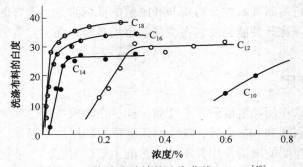

图 8-13　烷基硫酸钠的洗涤曲线(55℃)[18]

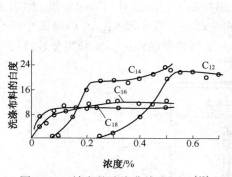

图 8-14　钠皂的洗涤曲线（38℃）[19]

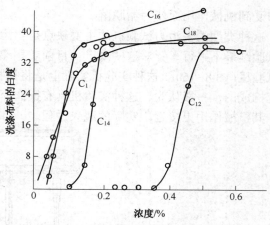

图 8-15　钠皂的洗涤曲线（55℃）[19]

为达到良好的洗涤作用，表面活性剂亲水基与亲油基应达到适当的平衡。作洗涤剂的表面活性剂，*HLB* 值在 13～15 为宜。

8.4.7　洗涤剂的浓度

洗涤剂的浓度是影响洗涤效果的一个重要因素。浓度过低，将影响洗涤过程中织物的润湿，污垢的取代、分散和乳化增溶，从而降低洗涤效果。但洗涤剂的浓度也不是越高越好，因为过高的浓度不但造成浪费，而且洗涤效果还不如适当浓度的好。

8.5　洗涤力的测定

污垢的种类极其复杂，要制备出与天然污垢（实际污垢）完全相同的污垢是相当困难的。因此进行实用而且正确的去污力评价是不容易的事情。迄今为止采取模拟自然污垢（通称人工污垢）的方法进行去污力的评价。但是，用人工污垢评定去污力有时得到的结论与实际使用情况不一致。近年来，在确定试验方法、试验条件方面做了大量的工作，目前应用的测定方法仍然是两种；一种是采用人工污垢测定去污力，另一种是采用天然污垢测定去污力。前一种方法采用的多。一些国家的标准方法和 ISO 均采用人工污垢测定去污力。

8.5.1　采用人工污垢测定去污力

采用模拟实际污垢的方法配制人工污垢，各国所用的人工污垢有些差别，但是具体操作程序和思路是相近的。

日本通用的试验方法是标准人工棉污布的去污力试验法。该方法的要点是：将符合规定标准的棉布洁净、干燥。按规定的成分配污垢浸染液。日本标准的棉布污染液组成如下[20]：牛脂高度硬化油 1 份，液态石蜡 3 份，炭黑 0.5～0.8 份，四氯化碳 800 份。

在一定条件下将棉布进行间歇式或连续式浸渍，使人工污染液均匀地染在棉布上，制备出符合规定的人工污布。

将按规定制备出的污布在一定条件下进行洗涤。日本一般采用瓶式去污力试验机（Launder-O-Meter 型）。其原理是：将几个乃至十几个一定容量的玻璃瓶安装在旋转设备上，在玻璃瓶中放入洗涤液、污布、橡胶（或钢）制小球，使其在一定温度和一定条件下旋转，污布受到机械作用而使污垢脱落。

这种类型的去污力试验机的主要缺点是：污布常贴敷在瓶壁瓶盖上或自行折叠起来，造成试验结果不平行。针对这些缺点，目前美国多采用振荡式(Terg-O-Tometer 型)标准去污力试验机(图8-16)。这种实验机实际上是将搅拌式电动洗衣机小型化，然后由四个组合在一起构成的。一般认为，这种实验机具有操作简便，实验效果较稳定，实验重复性良好等优点，其机械作用更接近于实际的洗衣过程。

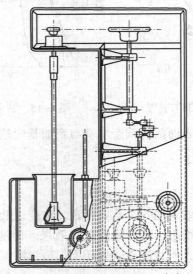

图8-16　振荡式去污试验机[21]

按照上述操作程序进行，测定出洗涤前后污布的反射率 R_s 和 R_w，原白布的反射率 R_0，用下式计算出去污效率(D、E)。

$$DE = \frac{R_w - R_s}{R_0 - R_s} \times 100 \qquad (8-13)$$

式中，R_0 为原白布反射率；R_s 为污布反射率；R_w 为洗涤后的污布反射率。

这里仅测定反射率，就意味着仅考虑了炭黑的脱落情况，未反映出油污的脱除情况。用另外的方法考察油污的脱除时，发现油的脱除比炭黑快得多。因此，用测定反射率的方法来反映去污效率和洗涤效果是合适的。使用该方法评价洗涤力时，应该采取多块污布进行洗涤，然后加以估计作出评价。

我国原轻工部标准 QB 510—84 关于去污力测定所采用的方法与日本相似。人工染液组成为[21]：混合油5g；卵磷脂10g；炭黑污液500mL；50%乙醇50mL。

将污染布在瓶式去污试验机(QW-1型或QW-2型)上进行洗涤。用白度计(QBDJ-1型或QBDJ-2型)测定洗涤前后污染布的白度和原白布的白度，用下式计算去污值 R：

$$去污值 R(\%) = \frac{洗后白度计读数-洗前读数}{原白布读数-洗前读数} \times 100 \qquad (8-14)$$

处理好的原白布读数一般为65~70(读50个点取平均值)，污染布洗前的读数最好控制在14左右，小于11和大于18者舍弃不用。

8.5.2　采用自然污垢测定去污力

人工污垢的去污力试验结果以数值表示去污力[21]，这一点是人们乐于采用的，但是所得结果与自然污垢的情况是否一致是必须考察的，为此要进行使用试验。

美国的洗涤剂厂常用白衬衫试验法。星期一至星期五每天早晨发给经选择的试验人员白衬衫一件穿上，晚上交回，洗涤后第二天早晨再穿上。一件衬衫必须用同一种被评价的洗涤剂来洗涤。穿着试验要持续2个月，然后剪下衣领，与用标准洗涤剂洗涤的衬衫进行比较和评级，并且可用数值加以表示。

日本多采用衣领污布测定法。不使用整件衬衫而用长宽12~13cm的两块棉布缠在一起做成两倍大小的假领子。该法比较经济。穿用时假领子的接缝对准脖颈正中，缝在工作服衣领上，穿一个星期，使脖颈上的污垢黏附在假领上，收集大量的污染假领，再进行洗涤试验。将左、右两块布拆开，编上同样的号码，用不同的洗涤剂作对比试验，来比较洗涤剂的优劣。用不同地区、不同季节、不同穿着时间得到的污染假领做去污力评价，在评定各种洗涤剂去污力的优劣上是一致的。一般认为领布上的污垢最能代表自然污垢，故采用白衬衫法或衣领污布测定法作为采用自然污垢测定去污力的方法。这种方法比人工污染布的方法更接近实际情况。

8.6　洗涤剂

洗涤剂是按一定的配方配制的产品，配方的目的是提高去污力。洗涤剂配方的必要组分是表面活性剂，其辅助成分包括助剂、泡沫促进剂、配料、填料等。

表面活性剂是洗涤剂中不可缺少的最重要的成分。洗涤剂种类很多，因为洗涤剂的主要成分是表面活性剂。由于被洗物表面一般带负电，所以，在洗涤剂中使用阴离子和非离子型表面活性剂。其中，阴离子型表面活性剂是人们最早使用的一类表面活性剂，因为价格便宜，是人们使用最广泛的一种。目前的需求量在50%以上。在今后一段时间内，阴离子型表面活性剂仍将占据主导地位。其次是非离子型洗涤剂，使用较广。两性洗涤剂用量最小。阳离子型洗涤剂由于对纤维吸附作用大，洗涤性能不好，价格昂贵，所以实际上没有使用。

8.6.1　阴离子型表面活性剂

阴离子型表面活性剂在洗涤剂中的用量几乎占总量的一半，主要有脂肪酸盐（肥皂）、烷基苯磺酸盐（ABS）、脂肪醇硫酸盐（AS）、脂肪醇聚氧乙烯硫酸盐（AES）、α-烯烃硫酸盐（AOS）、脂肪醇聚氧乙烯羧酸盐（AEC）和脂肪酸甲酯磺酸盐（MES）等。其中，肥皂、高级醇硫酸酯钠盐、烷基苯磺酸盐是这类活性剂中最常用的洗涤剂。

1. 脂肪酸盐——肥皂

肥皂分子的表面活性部分带负电荷，其中长碳链脂肪酸钠盐和钾盐（RCOONa 和 RCOOK）约占25%左右。这种被最为广泛使用的肥皂，优点是原料丰富，制备方便，是使用最早的优良洗涤剂，至今在配制洗涤剂中仍在使用。工业上一般以牛油、羊油等油脂为原料，用强碱进行皂化，后经盐析，分离甘油而制得，价格低廉。但最大的缺点是，它们在水溶液中遇到二价和三价的金属离子如 Ca^{2+}、Mg^{2+}、Fe^{3+} 等，便会生成溶解度很低的钙皂或镁皂，从而丧失了肥皂应有的清洗特性，肥皂在 pH 为 7 以下的介质条件下会生成几乎不溶于水的游离脂肪酸，从而大大降低了洗涤效果。

例如，硬脂酸钠分子式为 $C_{17}H_{33}COONa$，乳黄色膏状或片状固体，微溶于冷水，能快速溶于热水，具有优良的去污力及乳化渗透力，可用作洗衣皂和盥洗用皂。不适用于硬度高的水中。

硬脂酸钾（钾皂，软肥皂），白色粉末，易溶于热水，其水溶液呈碱性，主要用于膏霜类和香波洗涤用品，用作洗涤剂和乳化剂。

一般高级脂肪酸钠，以月桂酸（C_{12}）到硬脂酸（C_{18}）之间的洗涤效果最好。溶解度高的月桂酸钠要在较低温度，溶解度低的硬脂酸要在稍高温度才能发挥最高洗涤效果。

2. 烷基苯磺酸盐（ABS）

烷基苯磺酸盐在合成洗涤剂中使用的主要是钠盐，烷基苯磺酸钠盐（R—⬡—SO_3Na）是很重要的阴离子型表面活性剂，它在水中有较好的溶解性能，几乎全部被电离，它的钙盐和镁盐对水的溶解度比较大，所以有较好的耐硬水性。但当Ca^{2+}浓度超过300mg/kg时洗涤力明显下降。在烷基苯磺酸盐中，直链型烷基苯（LAS）价格低廉，洗涤力强且易生物降解，不会给环境和人类带来危害。因此到目前为止，还没有任何一种表面活性剂作为合成洗涤剂的活性物使用，而在技术性能上和经济效益上能与LAS相匹敌，被全世界的合成洗涤剂工业界誉为合成洗涤剂的主力军。主要用作工业和家庭洗涤剂使用。

代表产品：十二烷基苯磺酸钠

结构式 $C_{12}H_{25}$—⬡—SO_3Na，具有优良的洗涤效果。十八烷基苯磺酸钠在烷基苯磺酸钠系列中洗涤力最强。

芳香基如以萘代替苯，则溶解度降低，去污力也下降；如果缩短碳链而增大芳香基，虽然溶解度增加，但去污力亦不高，且对皮肤有强烈脱脂作用，只能作为润湿剂。

3. 烷基磺酸盐（AS）

化学式为 R—SO_3Na，烷基R一般为 $C_{14}\sim C_{18}$，以15~16碳最适宜，碳链过短，去污能力差而润湿能力强，碳链过长则去污力也差。以直链为佳，支链的质量较差。

烷基磺酸钠的1%水溶液pH值为9~11。在碱性、中性、弱酸性溶液中稳定，由于—SO_3—比肥皂中的—COO—的亲水能力强，生成钙、镁盐的溶解度也比较大，在硬水中不会发生沉淀。在硬水中也有的良好的润湿、乳化、分散、发泡和去污能力。缺点是去污力、携污力较肥皂差一些，但添加助洗剂后可以得到改进。

8.6.2 非离子型表面活性剂

非离子型表面活性剂是各类洗涤剂中使用量增长较快的一类活性物。目前在使用量上仅次于阴离子型表面活性剂。非离子型表面活性剂有较好的洗涤力，对油性污垢的去污性良好，对合成纤维防止再沾污的能力强，耐硬水性、耐高强度电解质的能力都比较强。用于配制洗涤剂的非离子型表面活性剂有：聚氧乙烯型非离子型表面活性剂，脂肪酰烷醇胺型非离子型表面活性剂，聚醚型非离子型表面活性剂，蔗糖酯型非离子型表面活性剂，甘油脂肪酸酯型非离子型表面活性剂，其他多元醇脂肪酸酯型非离子型表面活性剂。

非离子型洗涤剂中，占绝大多数的是聚乙二醇非离子型洗涤剂。聚乙二醇型洗涤剂有醚型和酯型，实际使用的是醚型。其代表商品有：

（1）聚氧乙烯烷基醇醚

$RO(C_2H_4O)_nH$　　R：$C_{12}\sim C_{18}$；n可调

聚氧乙烯型非离子型表面活性最大的优点是疏水基与亲水基部分的可调性，可通过调节

EO 数来适应各类洗涤物，达到最佳洗涤力。

（2）聚氧乙烯烷基酚醚

烷基酚聚氧乙烯醚简称 FPE，我国也称乳化剂 OP。通式 $R-\!\!\!\!\bigcirc\!\!\!\!-O(C_2H_4O)_nH$，式中 R 主要为辛基、壬基和十二烷基；$n$ 可调。聚氧乙烯链中环氧乙烷加成数为 8～12 时的产品才具有良好的去污性能。FPE 为黄色液体、易溶于水，具有良好的润湿、渗透和去污性能，乳化、分散和抗静电性能好，化学稳定性高，耐酸碱及抗硬水能力强，即便是在高温下也不易受强酸、强碱破坏。常用作金属加工和工业洗涤剂。

（3）烷基糖苷（APG）

烷基糖苷被誉为是一种新型世界级非离子型表面活性剂，烷基糖苷是由糖的半缩醛羟基与醇羟基，在酸等催化下脱去一分子水生成的产物，一般称为烷基多聚糖苷（alkyl polyglyco-side，APG）或烷基糖苷。烷基糖苷是 α 和 β 异构体的混合物。

R 为 $C_{10}～C_{12}$ 时适于作洗涤剂。

APG 有较高的界面活性不存在浊点，具有高温稳定性，具有优良的洗涤性，很强的泡沫力，润湿乳化性及分散稳定性。

APG 的突出优点是它的毒性、对皮肤的刺激性、生物降解性等优于现有的任何一类表面活性剂。因此，它正受到洗涤业、化妆业、食品加工业以及制药业等众多领域的特殊青睐。并且由于它的不漂洗无斑痕的特性，还特别适宜于做餐具洗涤剂、瓶洗剂等。

APG 用作洗涤剂大致用于以下几个方面。

① 浴用及发用洗涤剂。利用 APG 得到的制品对皮肤温和无刺激，泡沫丰富细腻，洗发时还可起到抗静电的作用。产品多为液态物，也可制成皂块。

② 餐具洗涤剂。由 APG 制成的餐具洗涤剂泡沫性能好，对皮肤温和，用后手感好，易漂洗并不留痕迹。

③ 洗衣剂。APG 用于洗涤剂，具有优良的洗涤力。可用于各种织物（如棉、毛、聚酯等织品）的清洗。可有效地去除泥土和油污。同时具有柔软性能、抗静电性能以及防缩性能。并可制成在硬水中使用仍具有优良的洗涤力的洗衣剂。

④ 硬表面清洗。除用于餐具洗涤外，APG 还可用于其他种类硬表面的清洗。利用 APG 作活性组分，可配成强酸条件下的洗涤剂。其中的 APG 还具有阻止铁类金属被氧化和被酸侵蚀的功能。

8.7 助洗剂

合成洗涤剂是由多种组分复配而成的混合物。在合成洗涤剂配方中，除了作为重要成分的表面活性剂（约占 10%～35%）外，还含有大量助剂，约占 15%～80%。助剂的作用是协助表面活性剂提高洗涤作用，主要是无机盐，如磷酸钠类、碳酸钠、硫酸钠及硅酸钠等及少量有机助洗剂。通常洗涤助剂应具有以下的功能：①增强表面活性，增加污垢的分散、乳化、增溶，防止污垢再沉积。②软化硬水，防止表面活性剂水解，提高洗涤液碱性，并有碱性缓冲作用。③改善泡沫性能，增加物料溶解度，提高产品黏度。④降低皮肤的刺激性，并对纺织品起柔软、抑菌、杀菌、抗静电、整饰等作用。⑤改善产品外观，赋予产品美观的色彩和优雅的香气，从而使消费者喜爱选用，提高商品的商业价值。

8.7.1　螯合剂：磷酸盐类

作为洗涤助剂使用的磷酸钠盐中常用者为三聚磷酸钠 $Na_5P_3O_{10}$（STPP）、焦磷酸钠 $Na_6P_4O_{13}$，有时也用玻璃状的多聚偏酸磷钠 $(NaPO_3)_n$。三聚磷酸钠，俗称五钠，白色粉末状，能溶于水，水溶液呈碱性，对金属离子有很好的络合能力，不仅能软化硬水，还能络合污垢中的金属成分，在洗涤过程中起使污垢解体的作用。用量：可达 $20\% \sim 40\%$，是重垢洗涤剂中最常用的助剂。

（1）螯合重金属离子的作用

与水中的多价金属离子螯合，以避免这些金属离子与离子型表面活性剂作用生成不溶物污垢，沉积于洗涤物表面；在水溶液中，1mol 的 STPP（$Na_5P_3O_{10}$）可与 1mol 的钙离子形成络合物 $Na_3Ca(P_3O_{10})$，而这种具有阴离子特性的络合物的钙皂，又有协助活性成分的去污作用[22]。

（2）对污垢起胶溶、乳化分散作用，促进污垢去除和防止污垢再沉积的作用

本身也有一定的洗涤作用及质点悬浮作用，即使无表面活性剂存在时，也有助于洗涤过程进行。磷酸钠盐容易吸附于质点及洗涤物表面，大大增加其表面荷电（多磷酸根的负电荷数较多），从而有利于质点悬浮，防止了质点发生沉积，故对于洗涤有利。

（3）起碱性缓冲作用

三聚磷酸钠的水溶液呈弱碱性，有利于去除污垢，特别是去除酸性污垢。磷酸盐具有很强的缓冲作用，能使洗涤液的 pH 值保持在适宜洗涤的范围内，从而维持洗涤液有良好的去污洗涤能力。正磷酸盐和焦磷酸四钠的缓冲作用大，三聚磷酸酸钠次之、六偏磷酸钠的缓冲作用较低。

（4）对表面活性剂起增效和协同作用

洗涤剂中添加三聚磷酸钠可使表面活性剂的临界胶束浓度降低，洗涤液的表面张力下降。三聚磷酸钠对 γ-氧比铝之类的金属氧化物有选择性地吸附，故它能将与氧化铝结合得较弱的表面活性剂解释出来，结果使溶液中表面活性剂浓度增高。综合作用的结果是，聚合磷酸盐对表面活性剂起增效作用和协同效应。

（5）增高起泡和稳泡的作用

聚合磷酸盐有提高洗涤剂溶液的起泡和稳定泡沫的能力，焦磷酸四钠的这种作用最大，三聚磷酸钠次之，六偏磷酸钠最小。

（6）洗涤作用及质点悬浮作用

三聚磷酸盐由于自身有一定碱性，带有多个磷酸根，负电荷数较多，本身就有一定的洗涤作用及质点悬浮作用，即使无表面活性剂存在时，也有助于洗涤过程进行。磷酸钠盐容易吸附于质点及洗涤物表面，大大增加其表面电荷从而有利于质点悬浮，防止了质点发生再沉积，故对于洗涤有利。

除上述六种助洗作用外，聚合磷酸钠，如三聚磷酸钠，能保持非常稳定的结晶水，即使在 100℃ 也不会失去，这就会保持颗粒洗涤剂干爽特性，所以有防止因吸水发生结块的

作用。

综上所述，三聚磷酸钠具备了洗涤助剂的三个基本作用：络合金属离子的能力、碱缓冲作用和分散能力，因此从性能看，它是一种极佳的洗涤助剂。

传统的合成洗衣剂都含有三聚磷酸盐（STTP）的成分，其含量在 15% ~ 30% 之间。然而，磷是造成水体富营养化的罪魁祸首，因为磷是一种营养物质，它可以造成水中藻类的疯长。而大量藻类又会消耗水中的氧分，造成水中微生物缺氧死亡、腐败，水体失去自净功能从而破坏水质。20 世纪 70 年代以来，一些发达国家的江河湖泊出现富营养化，给环境造成污染。经测定与磷含量有关。许多国家已相继颁布限磷法律。各国都在积极开发磷酸盐代用品的研究[23~31]，取得了不少成果，其中比较有效的助剂有：有机螯合助剂，如二乙胺四醋酸（EDTA）、氮基三醋酸（NTA）、酒石酸钠、柠檬酸盐、葡萄糖酸盐等；高分子电解质助剂，如聚丙烯酸盐以及人造沸石等。目前普遍认为，人造沸石是比较有发展前途的洗涤助剂。

8.7.2　pH 调节剂

1. 碳酸钠

碳酸钠也叫纯碱，作为一种廉价的碱性原料较多使用于粉状洗涤剂。纯碱通常有重型和轻型两种物理状态，前者为粉剂无水碳酸钠，相对密度 2.532，后者的堆密度为 600~700g/L，称为轻纯碱。它虽会吸收大量的液体物料于其表面，但却仍能保持手感干燥和自由流动的性质，可以用于非喷雾干燥法制备的干燥产品中，此时除作为碱性助剂外，还作为吸附剂和中和剂。

使用碳酸钠可使洗涤液保持一定的 pH 值，它能与油脂或脂肪酸皂化生成肥皂，与钙、镁等金属离子发生沉淀使水软化。但过多地加入纯碱，会影响织物的强度，对皮肤、眼睛也有较强的刺激性。

在合成洗涤剂中碳酸钠的主要作用是使污垢和纤维的 pH 值增加，从而带有更多的负电荷，以增加污垢与纤维之间的电排斥性，有利于洗涤。另一作用是和硬水中的钙离子和镁离子反应，生成不溶于水的盐，使水软化。碳酸钠在高硬度水中能使钙、镁离子沉淀下来，使硬水软化，提高洗涤剂的洗涤能力，故可代替磷酸盐；但它缺乏螯合力和分散力，形成的不溶性碳酸盐容易沉积在待洗物和洗衣机表面，因此其性能比聚合磷酸盐差。碳酸钠的主要用途是与硅酸钠配合，作无磷洗涤剂的主要助剂。还可作硬表面的碱性清洗剂。

由于强碱性，使洗涤效果增强，但对羊毛、丝、锦纶等易受碱影响的纤维洗涤极不适合加碳酸盐。然而用于棉织物的重垢洗涤剂则可加入，但用量不能过高，一般低档洗衣粉用量不超过 10%。

2. 硅酸钠

硅酸盐在洗涤剂中起着重要的作用。它与表面活性剂一起使用，具有良好的助洗效果。硅酸钠又称水玻璃或泡花碱，由不同比例的 Na_2O 和 SiO_2 结合而成，其化学式可写成 $mNa_2O \cdot nSiO_2$，而 SiO_2 和 Na_2O 之比即 n/m 称为模数。模数增大时，溶解性减小，碱性变弱。洗涤剂配方中常用的硅酸钠模数为 2.4 和 3.3 等几种，前者是碱性的，后者为中性的。要使洗涤剂具有最好的全面性能，如能使污垢悬浮、能防止污垢再沉积、有乳化和润湿作用、有碱度和缓冲能力以及防腐蚀性能等，硅酸钠中模数一般须在（1.6 ~ 2.4）：1 范围内。中性产品用在需要较低 pH 值的特定情况下。硅酸钠在水中有水解作用：

$$Na_2O \cdot SiO_2 + 2H_2O \Longleftrightarrow 2Na^+ + 2OH^- + H_2SiO_3 \qquad (8-15)$$

水解产生的氢氧离子只有在需要的时候才释放出来，在硅酸钠消耗完以前对溶液的 pH 值始终有缓冲作用，其缓冲能力较强。硅酸钠能与钙、镁等重金属离子形成不溶性盐而对水起软化作用，它具有稳定悬浮系统的能力，因而能防止悬浮的污垢再沉积于被洗物上。硅酸钠还能增加洗涤液的乳化能力及其稳定性，提高洗涤液的发泡能力；对粉状产品，能使洗衣粉成品保持疏松、防止结块，可以使成品在较高的水分下保存，增加颗粒的强度、流动性和均匀性。此外，硅酸钠还具有抗腐蚀性，能防止其他无机盐如硫酸盐、磺酸盐、磷酸盐等对金属的腐蚀作用。硅酸钾的性质与硅酸钠相似，常用于重垢型液体洗涤剂。

8.7.3 漂白剂

织物的表面若被植物色素如果汁、茶叶、咖啡等污垢污染后，所形成的污渍是无法通过洗涤剂的洗涤彻底除去，只有采用化学漂白来实现。

化学漂白是漂白剂通过氧化或还原降解，破坏了发色系统或者对助色基团产生改性作用，使之降解成较小的水溶性单元而易于从织物上除去。

过硼酸钠、过碳酸钠以及过氧羧酸等过氧化物是家用洗涤剂中常用的漂白剂。

1. 过硼酸钠四水合物

过硼酸钠简单分子式为 $NaBO_3 \cdot 4H_2O$，其分子式为：$Na_2[B_2(O_2)_2(OH)_4] \cdot 6H_2O$。在溶液中能水解成过氧化氢，是应用最广泛的漂白剂。

过硼酸钠的漂白作用由式（8-16）表达：

$$NaBO_3 \cdot 4H_2O \longrightarrow H_2O_2 + Na^+ + BO_2^- + 3H_2O \qquad (8-16)$$
$$\downarrow OH^-$$
$$H_2O + OOH^-$$
$$\longrightarrow OH^- + [O]$$

过硼酸钠在水中生成过氧化氢，在氢氧根负离子的作用下生成过羟离子然后游离出活性氧而起到漂白作用。

2. 过碳酸钠

过碳酸钠分子式为 $2NaCO_3 \cdot 3H_2O_2$，过碳酸钠也是在水溶液中产生过氧化氢而起漂白作用的。

8.7.4 荧光增白剂

荧光增白剂（fluorescent brighteners，以下简称 FB）是一种无色的荧光染料，衣物洗涤剂的重要组分之一，用量虽小（一般为 0.1%~0.3%），但效果明显。荧光增白剂是一种有机染料，它几乎不吸收可见光而吸收紫外光，发出青蓝色荧光。用加有荧光增白剂的洗涤剂洗完衣服后，荧光增白剂被吸附在织物上，对白色衣服有增白效果，对花色衣服可使色泽更加鲜艳，增强了外观的美感。在合成洗涤剂中添加适量和适当的 FB，不但能改善粉状洗涤剂的外观，提高洗衣粉粉体的白度，同时还能增加被洗涤织物的白度或鲜艳度，改善洗涤效果，提高合成洗涤剂本身的商业价值。因此 FB 已成为合成洗涤剂配方中不可缺少的重要组分。

由于荧光增白剂是吸附于织物纤维上而产生增白效果的，因此其对各种纤维的上染性就显得很重要。荧光增白剂一般都是阳离子型的，它的溶解度、稳定性、与表面活性剂以及其他洗涤助剂之间的配伍性等，都是选用时要考虑的因素。此外，还应注意洗涤温度、洗涤时间、机洗还是手洗等洗涤习惯。荧光增白剂的种类很多，其中以二苯乙烯类最重要。洗涤用荧光增白剂属直染型，能直接增白织物。

8.7.5　酶

酶是存在于生物体中的一种生物催化剂，无毒并能完全生物降解。酶作为洗涤剂的助剂具有专一性，洗涤剂中的复合酶能将污垢中的脂肪、蛋白质、淀粉等较难去除的成分分解为易溶于水的化合物，因而提高了洗涤剂的洗涤效果。因此，在洗涤剂中添加酶制剂可以降低表面活性剂和三聚磷酸钠的用量，使洗涤剂朝低磷或无磷的方向发展，减少对环境的污染。加酶洗涤剂是在洗涤剂中加入不同功能的酶制剂的制品。根据污垢的组成不同，加入蛋白酶、淀粉酶、脂肪酶及纤维酶。

酶是一种具有特殊催化性质的蛋白质，只有具有高级结构的酶才有催化功能。在酶催化反应中，被酶作用的是反应物，通常称为底物，与酶分子结合形成络合物中间体酶-底物复合物。在发生化学反应后，底物分子转化为最终产物，而同时与酶脱离。酶又开始进行下一个循环。

$$
\underset{\text{酶}}{E} + \underset{\text{底物}}{S} \longrightarrow \underset{\text{酶-底络合物}}{ES} \overset{\text{化学反应}}{\longrightarrow} \underset{\text{反应产物}}{E + P}
$$

$$(8-17)$$

每一种酶的蛋白质都有一个特殊的区域，底物分子恰恰和这个区域相吻合，图8-17是酶与底物生成酶-底物复合物被酶分解的过程。

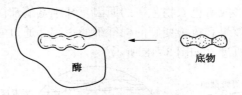

图8-17　酶与底物作用示意图

酶的催化作用具有高效和专一性，有的酶只与一种底物作用。

1. 蛋白酶

蛋白酶能去除一般方法较难去除的人体污垢。如皮肤衍生蛋白质、粪便排泄物、奶汁中的蛋白质，食物残留物中的蛋白质及其被包裹物。

其作用是使细菌在蛋白质基质上生长，使其水解成为低聚肽（氨基酸）。

$$
\underset{\text{蛋白质}}{—NH_2—CH_2—\overset{\overset{\textstyle O}{\|}}{C}—O—NH_2} \xrightarrow[H_2O]{\text{水解}} \underset{\text{低聚肽}}{NH_2—CH_2—\overset{\overset{\textstyle O}{\|}}{C}—OH} \qquad (8-18)
$$

低聚肽有很好的水溶性，很容易溶于水中被洗掉。

2. 脂肪酶

人的皮脂污垢如衣领污垢中因含有甘油三脂肪酸酯而很难去除，在食品污垢中也含有甘油三脂肪酸酯类的憎水物质，脂肪酶能将这些污垢分解成甘油和脂肪酸。

$$
\begin{array}{ccc}
\text{CH}_2\text{—O—COR} & & \text{CO}_2\text{—OH} \\
| & & | \\
\text{CH—O—COR} \quad +\text{H}_2\text{O} & \xrightarrow{\text{脂肪酶}} & \text{CH—OH} \quad +\text{RCOOH} \\
| & & | \\
\text{CH}_2\text{—O—COR} & & \text{CH}_2\text{—OH}
\end{array} \quad (8\text{-}19)
$$

甘油三脂肪酸酯   甘油   脂肪酸

分解后的甘油易溶于水，而脂肪酸易被洗涤液通过油污的"卷缩"过程而被除去。

脂肪酶用于洗涤剂较蛋白酶、淀粉酶晚很多，1987 年 Novo 公司首先推出洗涤用脂肪酶，商品名称 Lipolase，它是真菌酶，有效作用条件的范围为：pH 值为 7~12，温度为 20~70℃。

3. 淀粉酶

淀粉酶是一种金属酶，其所含的钙使酶分子保持适当的构象，而具有最大的活性和稳定性。淀粉酶作用于淀粉时，从其分子内部切开形成糊精和还原糖，利用这种性质，使淀粉分解成易溶于水的醣类而洗涤除去。不同来源的淀粉酶作用于淀粉的水解极限并不相同，其水解率一般为 40%~50%；它们的最适 pH 值和热稳定性也不相同，因此它们的用途也不同。枯草杆菌产的淀粉酶最适 pH 值为 5~7，在 65℃下稳定；嗜碱性假单孢杆菌产的淀粉酶最适 pH 值为 10；嗜热脂肪芽孢杆菌产的淀粉酶在 85℃下仍保持稳定。

4. 纤维素酶

纤维素酶与上述几种酶的作用是不一样的。棉布衣服经穿着和反复洗涤后，在纤维的表面出现细毛，这种纤维细毛在显微镜下才能看到，它们能导致衣料变硬影响棉衣料的手感，微细纤维能笼络污垢，是形成带色衣物色斑的原因。纤维素酶却能将棉纤维表面上出现的微纤维进行分解而提高洗涤效果和改善变硬的棉纤维的手感。通过实践证明：碱性纤维素使棉纤维内部污垢脱除的去污机理，如图 8-18 所示。

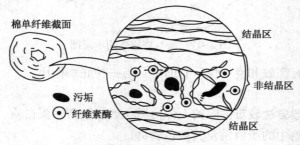

图 8-18 碱纤维素酶的去污机理

碱性纤维素酶侵入棉单纤维的非结晶区，只对非结晶区的棉纤维分子起作用，有效地软化由纤维分子和水组成的胶状结晶，使被封闭在其中的污垢很容易从纤维中流出使被洗物变得柔软，颜色鲜明。

目前洗涤中所使用的各种酶都是以颗粒状态添加于洗涤剂中的。

8.8 填充剂或辅助剂

8.8.1 填充剂

硫酸钠出现在洗涤剂中往往是由于生产工艺的结果。采用发烟硫酸磺化法时中和过剩的硫酸就会生成硫酸钠。硫酸钠作为填充剂，可增加含固量，降低成本。适量硫酸钠的存在有利于洗涤。它能压缩离子型表面活性利扩散双电层，增加表面吸附，降低表面活性剂的 cmc 值，提高其表面活性的作用，并促使表面活性剂易吸附于质点及洗涤物表面，增加质点的分散稳定性，进而防止沉积，提高洗涤效率。若浓度过高则往往适得其反。此外硫酸钠的存在会使粉末型洗涤剂的粉末变得松散，流动性好。也可使产品的价格下降，并保持组分的平衡。在粉状洗涤剂中加入量为 20%~40%。

8.8.2 促溶剂

在配制高浓度的液体洗涤剂时，往往有些活性物不能完全溶解，加入助溶剂就是为了解决这个问题。常用的助溶剂有乙醇、尿素、聚乙二醇、甲苯磺酸盐等。凡能减弱溶质及溶剂的内聚力，增加溶质与溶剂的吸引力而对洗涤功能无害、价格低廉的物质都可用作助溶剂。例如，尿素($H_2N—CO—NH_2$)用作液体洗涤剂的助溶剂，用于牙膏制备中，能抑制乳酸杆菌滋生，并能溶解牙面上的斑膜。

8.8.3 抗结块剂

对甲苯磺酸钠（ CH_3 —〇— SO_3Na ）配入粉状洗涤剂中，可增加含水量，同时对流动性、手感、抗结块性能等均有良好的效果。

8.8.4 柔和剂与柔软剂

1. 柔和剂

柔和剂是改善洗涤剂对皮肤的刺激，使之温和的助剂。洗涤剂对皮肤刺激，主要是由于有些化学药剂通常不刺激皮肤，但与洗涤剂结合后能渗入皮肤，对皮肤的角蛋白层有变性影响，引起刺激。用作柔和剂的表面活性剂主要是两性表面活性剂。

2. 柔软剂

柔软剂是改善被洗涤织物的手感，使之柔软，手感舒适的助剂，用作柔软剂的主要是阳离子型表面活性剂。柔软剂在洗涤漂洗后再加入。

柔软剂的作用机理是：柔软剂分子吸附在织物纤维的表面上形成一层脂质膜，使纤维的表面结构变得光滑平整，减小了纤维之间摩擦系数，使织物的手感变好。这层脂质膜除使织物具有良好的柔软性外，还有良好的抗静电和拒水性能，从而使织物有抗灰尘沾污和洗涤后易晾干的特性。织物的表面一般都带有负电荷，所以用作柔软剂的物质以带正电荷的化合物为佳，阳离子型表面活性剂满足这种条件，所以目前使用的优良柔软剂大都是阳离子型表面活性剂和阳离子型表面活性剂与其他组分的复配品。用作柔软剂的阳离子型表面活性剂以季铵盐类最具有代表性，如二烷基二甲基季铵盐、二酰氨基聚氧乙烯基甲基季铵盐和咪唑啉化合物。

8.8.5 钙皂分散剂

肥皂作为洗涤剂具有去污力强且具极易生物降解的优越性。但肥皂在使用中抗硬水作用差，水中的钙、镁离子将与肥皂作用生成沉淀，这些沉淀作为污垢往往容易再沉积于纤维上。影响了肥皂的应用性能。如将某些表面活性剂与肥皂混合使用，则可以防止肥皂与硬水作用生成沉淀。此类防止钙(镁)皂沉淀生成的表面活性剂称之为钙皂分散剂(lime soap dispersing agent，简称LSDA)。

1. 钙皂的形成

肥皂在硬水中与钙、镁离子易形成不溶性的皂膜或皂渣。图8-19中Ⅰ-Ⅱ-Ⅲ是钙皂形成的过程。

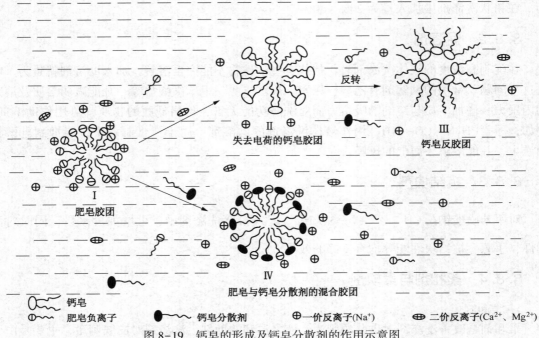

图 8-19　钙皂的形成及钙皂分散剂的作用示意图

Ⅰ是水中带有负电荷的肥皂胶团当与水中的钙、镁阳离子相遇时，Ca^{2+}，Mg^{2+}会将其肥皂胶团所带电荷中和而生成失去电荷的钙皂胶团，其中肥皂以两个疏水基与Ca^{2+}相连形成疏水链的横截面积大于极性头的状况，于是逆转形成了反胶团，以疏水基朝向水中，极性头组成内核的反胶团。由于反胶团的疏水性，于是就作为钙皂污垢存在于洗涤液中。由于它具有很强的疏水性，可以疏水吸附的方式吸附于化学纤维的表面成为污垢，也可通过较强的范德华力吸附于极性较强的物品表面成为污垢。

此外水中的高价阳离子Ca^{2+}、Mg^{2+}还可将污垢通过桥连的方式吸附于固体表面。固体和污垢在水中由于吸附负离子而使其带负电荷，成为污垢的钙皂反胶团也可吸附水中负离子而带负电，带正电荷的Ca^{2+}和Mg^{2+}可通过静电吸力吸附于钙皂污垢和固体表面上，也可通过高价阳离子的桥连作用使污垢黏附于固体表面。如图8-20所示。

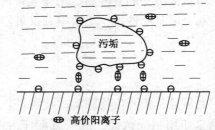

图 8-20　污垢通过高价阳离子被桥连到固体表面

其他类型的污垢也可通过这种桥连方式黏附于固体表面。

2. 钙皂分散剂的作用机理

钙皂分散剂分子能插入肥皂胶束的"栅栏"中，使肥皂胶束在硬水中不会因钙离子的存在而发生逆胶束的转变，因此能分散和防止不溶解的钙皂再凝聚（图 8-18）。此外，肥皂与钙皂分散剂混合，还能改善肥皂分散剂单独存在时的水溶性。例如，不溶性的钙皂分散剂和克拉克点很高的棕榈酸钠的混合物，比它们本身能更好地溶于水。

3. 钙皂分散剂的分子结构和性能

钙皂分散剂的分子结构特征：

① 分子结构中，有一较长的直链型疏水链，在链的末端和附近有作为亲水基的双功能团的极性基的阴离子型表面活性剂。

② 分子末端有一个极性较强的亲水基，而在其疏水链中有一个以上的酯基、酰胺基、磺基和醚基的阴离子型表面活性剂。

③ 两性离子型表面活性剂一般都能作为钙皂分散剂。

④ 以聚氧乙烯醚作为亲水基团的非离子型表面活性剂。

从表 8-3 中可以看出，阳离子型表面活性剂有较好的钙皂分散性能。分子中嵌入环氧乙烷如脂肪醇醚硫酸盐和脂肪酰胺聚氧乙烯（EO 4~5），钙皂分散力明显升高，可达到 LSDR 等于 4。疏水链上有酰氨基的磺酸钠，疏水基上带有酰氨基的磺酸型甜菜碱，都有很好的钙皂分散力。

表 8-3　各种钙皂分散剂的钙皂分散性质

编号	结　构　式	LSDR[①][②]	编号	结　构　式	LSDR[①][②]
1	$RCH(SO_3Na)CO_2CH_3$	9	11	$RN^+(CH_3)_2(CH_2)_3OSO_3^-$	4
2	$RCO_2(CH_2)_3SO_3Na$	7	12	$RCONH(CH_2)_3N^+(CH_3)_2(CH_2)_3OSO_3^-$	3
3	$RCON(CH_3)(CH_2)_2SO_3Na$	5	13	$RCOOCH_2CH_2SO_3Na$	10
4	$RCONHCH_2CH(OSO_3Na)CH_3$	5	14	$RCH(SO_3Na)COOCH_2CH_2SO_3Na$	5
5	$RCONHCH_2CH_2OCH_2CH_2OSO_3Na$	5	15	$RO(CH_2CH_2O)SO_3Na$	4
6	$RCONH(CH_2CH_2O)_{11}H$	3	16	$RC_6H_4SO_2NHCH_2CH_2OSO_3Na$	6
7	$RCONH(CH_2CH_2O)_7H$	2	17	$C_9H_{19}C_6H_4(OCH_2CH_2)_{9.5}OH$	5
8	$RNHCOCH_2CH(SO_3Na)CO_2CH_3$	7	18	$RCONH(CH_2CH_2O)_{15}$	3
9	$RN^+(CH_3)_2(CH_2)_3SO_3^-$	4	19	$RN^+(CH_3)_2CH_2CH_2CH_2SO_3^-$	3
10	$RCONH(CH_2)_3N^+(CH_3)_2(CH_2)_3SO_3^-$	2			

① 防止 100g 油酸钠在硬水（333mg/kg $CaCO_3$）中产生沉淀所需之量（g）。

② LSDR（lime soap dispersing requirement）。钙皂必须量是用来表示钙皂分散剂的分散力，其值越小，表示钙皂分散力 LSDP（lime soap dispersing power）越大。

8.8.6　香精

一个受消费者喜爱的洗涤剂，不仅具有优良的性能，并且使人有愉快的香味，使织物、毛发洗涤后留有清新香味。香精是由多种香料组成，与洗涤剂组分有良好配伍性，在 pH 9~11 是稳定的。洗涤剂中加入香精的质量分数一般小于 1%。

香料是能散发香味的一类原材料，将香料按照适当比例调配成为具有一定香气类型的产品称为香精。合成洗涤剂为多组分体系，其中某些组分可能带有令人不愉快的或不良的气味，为掩饰或遮盖这种不良气味，使消费者在接触或使用洗涤剂过程中能嗅到舒适、愉快的香气，通常对洗涤剂要进行加香。在加香时选择香精，首先考虑的是香型，其次还需考虑香精要与洗涤剂各组分在物理性质和化学性质上相适应，与加香工艺条件相适应，香精对人的皮肤、黏膜和头发安全，对被洗物无不良影响，香气浓且有良好的扩散性，香气持久，在洗涤后的衣物上留有余香。

洗涤剂用香精的香型主要有：茉莉、玫瑰、麝香、紫丁香、栀子花、香石竹、金合欢、熏衣草、紫罗兰、水仙花、素心兰、玫瑰麝香、檀香玫瑰、香木复方和果香等型。

8.8.7 其他

除上述的辅助剂之外，在合成洗涤剂中往往还添加一些其他用助剂，如着色剂、光泽剂、遮光剂、防腐剂等。

为使合成洗涤剂悦目、美观，可加入各种色料——着色剂。合成洗涤剂中使用的着色剂必须具有良好的耐碱性、热稳定性，并有较好的溶解性，还不得与合成洗涤剂的各组分发生不良作用和上染织物。常用的有蓝色染料，如靛蓝、直接耐晒翠蓝，蓝色能与粉状洗涤剂的本色互补，使粉品色彩鲜明，也有用绿色染料（如翠绿）、粉红色染料（碱性玫瑰精）和黄色染料（皂黄）等。

在配制液体洗涤剂时，为使产品光亮，需添加光泽剂。常用的光泽剂有乙二醇二硬脂酸酯、聚苯乙烯、丙烯胺共聚物等，它们能以细小的颗粒均匀地分散于液体洗涤剂中，使产品光泽悦目。

在配制不透明液体洗涤剂时，需添加遮光剂，遮光效果较好的有甘油单油酸酯和甘油单硬脂酸酯。甘油单油酸酯，系浅黄色液体；甘油单硬脂酸酯，系硬质固体。它们均不溶于冷水，能分散于热水，具有良好的遮光效果。

合成洗涤剂，特别是液体洗涤剂需要添加防腐剂，以免由于细菌繁殖导致液体变浊，透明性变差，光泽消失，色调变劣。常用的防腐剂有脱氢醋酸、酚类、烷基二甲基苄基氯化铵类等。脱氢醋酸为无色或白色晶体，难溶于水，溶于碱溶液、乙醇，有较强的抗菌能力，对霉菌和酵菌的抗菌能力尤强，0.1%的浓度即可有效地抑制霉菌，抑制细菌的有效浓度为0.4%。

合成洗涤剂中其他的辅助剂还有防锈剂、抗氧剂、乳化稳定剂等。

8.9 家用洗涤剂配方

在家用洗涤剂配方中洗涤剂和助洗剂的添加量如下：

主洗涤剂多采用烷基苯磺酸钠、十二烷基硫酸钠、脂肪醇聚氧乙烯醚及其硫酸盐或其他芳基化合物的磺酸盐，占5%～30%，在洗涤去污过程中主要起降低表（界）面张力、润湿、乳化和分散作用。

三聚磷酸钠和多磷酸钠主要用于含磷洗涤剂中，含量根据具体情况可在10%～50%。在洗涤过程中主要用于对 Ca^{2+}、Mg^{2+} 的螯合以及起抗再沉积作用。

无机盐硫酸钠和氯化钠约为20%，主要起提供电解质加速主表面活性剂在固-液界面的吸附速度和提高其在界面的吸附量。

硅酸钠主要起缓冲作用，维持 pH 值在 9 左右，同时兼有缓蚀作用。含量为 5%。

漂白剂过硼酸钠加量约为 10% 及少量荧光增白剂、酶和香精。

抗再沉积剂纤维素钠盐加量约为 1%。

机用餐具粉状洗涤剂中三聚磷酸钠含 16%～50%；硅酸钠 25%～50%。

碳酸钠 40% 以上及少量的非离子型表面活性剂。用于手洗的餐具粉状洗涤剂一般以聚氧乙烯月桂醇醚为主表面活性剂，氧化胺作柔和剂。

8.10 干洗

以溶剂为介质的干洗在社会上也同样占有重要的地位。但是，大部分干洗衣料是高级织物制作的外衣或柔软衣料，容易损坏，多数为有色织物，或在洗涤过程中外型和纤维都会受到损伤。

干洗是指在有机溶剂中洗涤，是利用溶剂的溶解力和表面活性剂的加溶能力去除织物表面的污垢。其优点是防止水洗所造成的某些纺织品（羊毛织物和真丝织物等）的不可逆的收缩和变形、手感变差的问题。洗涤用的溶剂主要是轻石油烃，主要成分是正癸烷为主的脂肪烃，1，3-二乙基环己烷、脂环族和 1，2，4-三甲基苯芳香族 3 种烃的混合物。此外，还可以氯化烃等有机溶剂作溶剂，如四氯化碳、三氯乙烯、四氯乙烯等。为了洗去水溶性好的或亲水性强的极性污垢，需在体系中加入少量的水和表面活性剂。表面活性剂能防止溶剂中悬浮的固体污垢质点的再沉积。在非水体系中，污垢质点在介质中比较稳定地分散、悬浮，是因为表面活性剂在污垢质点上的吸附。表面活性剂吸附于固体表面时，形成极性头朝向固体表面，非极性头朝向有机溶剂的状态。这样，在固体表面形成了由定向吸附分子组成的保护层，使污垢质点间有较大的空间障碍，彼此不能凝聚，也不易再沉积于被洗物品的表面。

少量水的存在，可使质点及纺织品表面水化，从而易与表面活性剂的极性基发生相互作用，有利于表面活性剂在固体表面（特别是一般极性表面）的吸附。这有利于提高洗涤效率。另外，当表面活性剂在有机溶剂中形成反胶团时，少量的水及其水溶性污垢往往同时被加溶于反胶团中了。

用于干洗的表面活性剂应具备以下条件：①能溶解于洗涤用溶剂中，形成反胶团后，要有足够的加溶水的能力；②能很好地分散固体污垢，使污垢在有机溶剂中具有好的悬浮稳定性；③在洗涤物和过滤器上残留吸附量小；④无异味，对洗涤物无不良影响，对金属无腐蚀性等。

干洗中所使用的表面活性剂，一般是油溶性的，常用的是阴离子型表面活性剂和非离子型表面活性剂，如石油碳酸盐、亚烷基苯磺酸钠（或胺盐）、琥珀酸磺酸钠、烷基酚、脂肪酰胺，脂肪醇磷酸酯等的聚氧乙烯化物和山梨醇酯[32]。

8.11 洗涤剂配方的发展趋势

经济的发展、技术的创新、环境的要求和人口的增长都促使着洗涤剂的发展，这些集中表现为一个巨大的驱动力——消费者的需求。洗涤剂性能的优劣，除取决于洗涤剂原料——表面活性物和洗涤助剂的质量外，还必须依靠配方技术。借助配方技术可根据不同的洗涤对象，制造出具有专门用途的专用洗涤剂；利用配方技术，可以制造出粉状、浆状、液体等多种形式的商品来繁荣市场，满足人们生活的需要。因此，配方技术是一个不断发展并十分活跃的研究和技术开发领域。目前，洗涤剂配方的发展趋势可以由如下几个方面说明[21,33~35]：

1. 开发环保配方

由于环境保护方面的要求，无磷配方逐渐取代高磷配方。为此，在配方中可选用脂肪醇聚氧乙烯醚（AEO）、脂肪醇聚氧乙烯醚硫酸酯钠盐（AES）或二乙醇铵盐、烯基碳酸盐（AOS）等对硬水不敏感的表面活性剂代替直链烷基苯磺酸钠（LAS），提高表面活性物的配用量，在配方中减少三聚磷酸钠（STPP）的用量或不用 STPP，也可以用人造沸石助洗剂来代替部分 STPP。

在洗涤剂配方中尽可能使用生物降解性好、抗硬水的表面活性剂。采用葡萄糖和脂肪醇生产的烷基多苷（APG）和葡糖酰胺（APA），这两种新型的非离子型表面活性剂具有对人体温和、生物降解性好、泡沫易与控制、性能优异、易与各种表面活性剂复配以及具有协同增效作用等特点，是近几年来最新商品化的一类温和性非离子型表面活性剂。使用 APG 以部分代替 LAS，可降低配方中助剂用量，同时仍保持其优良的去污力。

2. 多元活性物配方代替单—活性物配方

在配方中采用 LAS、AEO、AES 和肥皂等多种表面活性剂复配。其中醇系非离子型表面活性剂的用量有增加的趋势。通过非离子型表面活性剂与阴离子型表面活性剂复配所产生的协合效应生产的复配洗衣粉，可提高洗涤力并控制泡沫。

3. 洗衣粉由高泡型向低泡型和制泡型发展

高泡型洗衣粉在洗涤中产生大量稳定的泡沫，在手洗时消费者一般喜欢用高泡型洗衣粉，但不易漂洗。低泡型洗衣粉几乎不产生泡沫，制泡（或抑泡）型洗衣粉在洗涤时有泡沫感，漂洗时随洗涤剂浓度的降低泡沫迅速消失。图 8-21 给出了几种洗涤剂的泡沫特性曲线。图 8-22 说明在 ABS 中复配肥皂时，降低泡沫的效果。

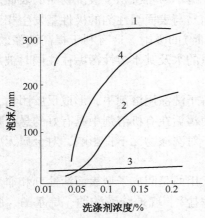

图 8-21　洗涤剂的泡沫特征曲线
1—高泡性（美国）；2—制泡型（美国）；
3—低泡型（美国）；4—制泡型（日本）

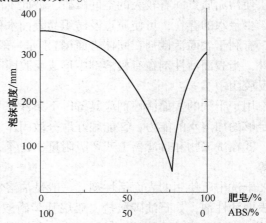

图 8-22　ABS 与肥皂复合的泡沫特性

4. 开发节水高效型配方，以节省能源

发展香皂、沐浴皂，提高香皂及高脂肪酸的含量的比例。洗涤用品将继续向有利环保、节水、高效、温和、使用方便以及节能的方向发展。

5. 合成洗涤剂从单一的粉状向液体、浆状、浓缩型等多种外观形态转化

发展高效的浓缩洗衣粉和更高浓缩化的片状洗涤剂。

6. 洗涤制品向专用型发展，以便物尽其用和提高洗涤效果

为此目的，配方中使用的助剂种类增多，如纤维柔软剂、水处理剂、预浸剂、漂白剂、增白剂、酶制剂等。在洗涤制品向专用型发展的同时，并不排斥通用型洗涤剂的市场。既有品种繁多的洗涤制品满足消费者的不同要求，又有通用型洗涤用品满足消费者在洗涤、去污中的普遍要求，以便使用能简单化。

参 考 文 献

1 Rosen MJ. Surfacets and Interficial Phenomona. New York：John Wiley&Sons，1978

2 FortT，Billica H R，Grindstaff T H. J Am Oil Chemist Soc，1970，47：379

3 Man JC，Finger B M，Shebs W T，Albin T B. J Am Oil Chemist Soc，1970，47：379

4 Ray BR，Anderson J R，Scholz J J. J Phys Chem，1958，62：1220

5 赵国玺. 表面活性剂物理化学. 北京：北京大学出版社，1984

6 Adam N K，Stevenson D G，Endeavour，1953，12：25；

7 Cox MF，Maston T P. J Am Oil Chemist/ Soc，1984，61：1273

8 Aronson MP，Gurm M L，Goddard E D. J Am Oil Chemist/ Soc，1983，60：1333

9 Dillan K W. J Am Oil Chemist/ Soc，1984，61：1278；Dillan KW，Goddard E D，McKenzie D A，J Am Oil Chemist Soc，1979，56：59

10 Rubingh DN，Jones T P. Ind Eng Chem Prod Res Dev，1982，21：176

11 Schwartz AM. Surface and Colloid Science. New York：Wiley，1972

12 LangeH. Solvent Properties of Surfactant SolutionsNew York：Marcel Dekker，1967

13 徐燕莉. 表面活性剂的功能. 北京：化学工业出版社，2000

14 KlingW，Lange H. Kolloid−Z，1952，127：19

15 Götte E. Kolloid−Z，1933，64：331

16 SchottH. Detergency，Theory and Test Method. New York：Marcel Dekker，1972

17 SchwartzAM，Perry J W，Berch J. Surface Active Agents. New York：Interscience，1958

18 Cultler W G，Davis R C，Lange H. Detergency，Theory and Test Method. New York：Marcel Dekker，1972

19 Preston W C，J physColloidChem，1948，52：84

20 藤本武彦. 新表面活性剂入门. 北京：化学工业出版社，1992

21 北原文雄，早野茂夫，原一郎. 表面活性剂分析和试验法(毛培坤译). 轻工业出版社，1988

22 梁梦兰. 表面活性剂和洗涤剂——制备、性质、应用. 北京：科学技术文献出版社，1990

23 王载，光相珪译. 合成洗涤剂. 北京：中国轻工业出版社，1961

24 萧安民. 中国洗涤用品工业，2000，(3)：9；王万绪. 日用化学品科学，2001，(3)：25

25 Kobe Steel Lid. JP05229814. 1993

26 房秀敏，江明. 日用化学工业，2000，30(1)：33

27 杜志平. 中国洗涤用品工业，2000，1：42

28 李连成. 无机盐工业，1998，30(1)：22

29 萧安民. 日用化学品科学，1999，22(2)：40

30 杜志平. 日用化学品科学，2000，23(1)：25

31 Volker B，et al. DE4329394，1993

32 Alexander T etal. DE4210253，1993

33 Martin AR. Kirk Othmer. Encyelopedia of Chemical Technology. New York：John Wiley，1965

34 刘云，张军，孙玉娥. 日用化学品科学，2000，23(增刊)：148

35 张高勇，王燕. 日用化学品科学，1999，22(2)：1

36 McCoy M Soapa. Chem&Eng News，2000，78(4)：37

第9章 分散与聚集作用

分散作用一般是指把一种物质分散于另一种物质中以形成分散体系的作用。非均相的分散体系，依分散相粒子大小不同，可形成性质不同、名称各异的体系。Wo. Ostward 根据质点大小，对分散体系进行了分类[1]：①粗分散体系，质点大小大于 0.5μm 的分散体系，不能通过滤纸；②胶体分散体系，质点大小在 0.5μm～1nm 之间，质点可以通过滤纸，但不能通过半透膜；③分子分散溶液质点小于 1nm，可以通过滤纸和半透膜。

表 9-1 分散体系[2]

分散介质	分散相	体系名称
气	液	雾(气溶胶)
气	固	烟(气溶胶)
液	气	泡沫
液	液	乳状液
液	固	分散体(悬浮体)
固	气	固体泡沫
固	液	固体乳状液
固	固	固体悬浮体

在许多生产过程中，常常涉及固体微粒的分散与聚集的问题。有时固体微粒需要均匀和稳定地分散在液体介质中，例如涂料、印刷油墨和油漆。有时又需要使均匀稳定分散体系迅速破坏，使固体颗粒尽快地聚集沉降。例如，在湿法冶金、污水处理、原水澄清等方面。分散与聚集是工业中的重要过程。

9.1 分散体系的形成

胶体颗粒的大小规定在 1～500nm 之间，原则上可采用由分子或离子凝聚而成胶体，当然也可由大块物质的粉碎分散成胶体。

溶胶分散体系的主要性质是热力学不稳定性。在相界面上有大量表面自由能存在。因此.这种体系中分散相粒子会自发黏结-聚集。为了使粒子具有抗拒聚集能力，必须在粒子表面上建立保护层，双电层能产生静排斥作用。例如制造白色油漆，是将白色颜料(TiO_2)等在油料(分散介质)中研磨，同时加入金属皂类作稳定剂建立双电层来完成的。溶剂化层和吸附溶剂化层也是保护层，溶剂化层以其自身持有的机械结构性能，可以阻挠粒子之间相互接触和黏结。

9.1.1 分散法

用分散方法通常形成粒子大小分布较宽的悬浮体，大多数情况下粒子平均大小超出胶体粒子范围。

1. 固体粒子的分散过程

固体粒子在介质中的分散过程一般分为三个阶段：使粉体润湿，将附着于粉体上的空气以液体介质取代；使固体粒子团簇破碎和分散，阻止已分散的粒子再聚集[3,4]。

（1）固体粒子的润湿

润湿是固体粒子分散的最基本的条件，若要把固体粒子均匀地分散在介质中，首先必须使每个固体微粒或粒子团，能被介质充分地润湿。这个过程的推动力可以铺展系数 $S_{L/S}$ 表示。

$$S_{L/S}=\gamma_{SV}-\gamma_{SL}-\gamma_{LV}>0 \tag{9-1}$$

当铺展系数 $S_{L/S}>0$ 时，固体粒子就会被介质完全润湿，此时接触角 $\theta=0°$，在此过程中表面活性剂所起的作用有两个：一是表面活性剂在介质表面的定向吸附（介质若为水），表面活性剂会以亲水基伸入水相而疏水基朝向气相而定向排列使 γ_{LV} 降低。另一种作用由于在固-液界面以疏水链吸附于固体粒子表面而亲水基伸入水相的定向排列使 γ_{SL} 降低。因此有利于铺展系数 $S_{L/S}$ 增大而利用铺展润湿，使接触角 θ 变小[5]。在水介质中往往加入表面活性剂后，容易实现对固体粒子的完全润湿。

（2）粒子团的分散或碎裂

在此过程中要使粒子团分散或碎裂是涉及粒子团内部的固-固界面分离问题，在固体粒子团中往往存在缝隙，另外粒子晶体由于应力作用也会使晶体造成微缝隙，粒子团的碎裂就发生在这些地方。我们可以把这些微缝隙看作毛细管，于是渗透现象可以发生在这些毛细管中，因此粒子团的分散与碎裂这一过程可作为毛细渗透来处理。渗透过程的驱动力是毛管力 Δp。

$$\Delta p=2\gamma_{LV}cos\theta/r=2(\gamma_{SV}-\gamma_{SL})/r \tag{9-2}$$

式中，Δp 为毛管力；γ_{LV} 为液体的表面张力；θ 为液体在毛管壁的接触角。

通常以水为介质时，固体表面往往带负电荷。表面活性剂的类型不同在粒子团的分散或碎裂过程中所起的作用有所不同。

阴离子型表面活性剂虽然也带负电荷，但在固体表面电势不是很强的条件下阴离子型表面活性剂可通过范德华相吸力克服静电排斥力或通过镶嵌方式而被吸附于缝隙的表面，使表面因带同种电荷使排斥力增强，以及渗透水产生渗透压共同作用使微粒间的绞结强度降低，减少了固体粒子或粒子团碎裂所需的机械功，从而使粒子团被碎裂或使粒子碎裂成更小的晶体，并逐步分散在液体介质中[6]。

非离子型表面活性剂也是通过范德华力被吸附于缝隙壁上，非离子型表面活性剂存在不能使之产生电排斥力但能产生熵斥力及渗透水化力，使粒子团中微裂缝间的绞结强度下降而有利于粒子团碎裂。

阳离子型表面活性剂可以通过静电相吸力吸附于缝隙壁上，但吸附状态不同于阴离子型表面活性剂和非离子型表面活性剂。阳离子是以季铵阳离子吸附于缝隙壁带负电荷的位置上而以疏水基伸入水相，使缝隙壁的亲水性下降，接触角 θ 增大甚至 $\theta>90°$，导致毛管力为负，阻止液体的渗透，所以阳离子型表面活性剂不宜用于固体粒子的分散。

在一般情况下，仅仅依靠表面活性剂溶液渗透到颗粒内部聚集体之间的通道和空隙之中就可以提供足够的压力而使其破裂。如这还不够，则可辅之以高速混合搅拌。假如粉末颗粒聚集体有很强的化学键合力，则需要用机械方法来使之破坏。利用机械力来破碎单一晶体成为更小的单元的过程称之为研磨。研磨过程包括破坏分子间的化学键从而产生新的表面。表面活性剂可以帮助研磨，减少颗粒的表面能，阻止已被破坏的表面恢复键合，从而达到防止颗粒聚结之目的[7]。按照 Rebbinder 理论[8]，表面活性剂是通过吸附在固体表面的结构缺陷部位而达到促进表面的变形或破坏的。

（3）阻止固体微粒的重新聚集[9~13]

无论用凝聚法或分散法制备胶体和悬浮体分散体系都需要保持粒子形成时的大小，粒子的聚集作用对其储存和以后的处理过程带来困难。为此必须设法降低体系的热力学不稳定性。换言之，需减小体系的大的界面能。由于界面能等于界面张力与界面面积之乘积，而为保持体系粒子形成时之大小不变（即界面面积不变），故只能降低界面张力来使总界面能减小。为此应用表面活性剂是有效的。

2. 粒子分散机理[14]

分散固体物质必须从外部对其作功，以克服其分子间力。在外力作用下，固体先发生变形而生成微缝隙。特别是固体表面上生成的微缝隙，在该处应力集中，导致固体强度显著降低。

微隙缝通常都是在晶格"弱点"处生成。一切固体物质均存在结构缺陷，它们遍布于固体各处，缺陷之间的距离约为 $10\mu m$，即从一个缺陷到另一个缺陷平均相隔 100 个分子或原子。如果固体是由微晶构成的，那么微晶接界处就可能是"弱点"，此外，固体中含有的杂质也可能是"弱点"。当外力不足以使固体开裂时，除去外力后微缝隙能结合起来，有如"愈合"一样而消逝。如果外力高于固体强度界限，那么它通常是沿微隙缝分裂开来。

当固体从分散介质中吸附各种物体（如电解质离子、表面活性剂分子或离子）时，微隙缝在外变形力作用下会发展变大。吸附于固体表面上的吸附质形成二维气体，在二维气体压力作用下，它们深入到微缝隙的顶端而使其胀开，使固体开裂分散。

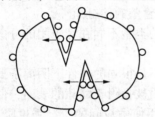

图 9-1 表示固体粒子表面吸附的物体形成二维气体，在这种二维气体作用下，微隙缝发展变大的情形。还应当指出，使固体分散变得容易不单单是二维气体的作用，由于落进微隙缝中的其他物质能将隙缝两表面间的内聚力屏蔽起来，也起到了阻碍微隙缝"愈合"的作用。

图 9-1　二维气体作用下微隙缝
发展变大的示意图

用分散法制备胶体体系时，以简单粉碎或机械研磨只能得到粒径不小于 $60\mu m$ 的粒子。这是因为在机械粉碎的同时发生黏合过程，$60\mu m$ 是粉碎极限。如果在研磨时加入惰性溶剂，则可得到接近胶体分散度的粒子。

3. 分散方法

分散方法有机械分散、电分散、超声波分散和胶溶等各种方法。根据制备对象和对分散程度的不同要求，可选择不同类型的方法

（1）研磨法

此法一般适用于脆而易碎的物质，其分散能力因研磨机的构造和转速的不同而异，也受被分散的物质的塑性黏度的影响。机械粉碎使用的设备有球磨机、胶体磨和研压机等。该法是利用设备的刚性材质与待分散物质相互碰撞和磨擦，将固体磨碎、磨细的。这种方法适用于脆而易碎的物质，对于柔韧性的物质必须先硬化后再粉碎。

（2）超声波分散法

超声波振荡是指频率高于声频（16000Hz）的机械振荡。这种振荡产生的高频机械波称为

超声波。产生的超声波使介质中的物体分散开来，得到均匀的分散体系。

（3）电分散法

电分散法主要用于制备金属水溶胶。例如，金属制成电极，浸于不断冷却的水中，水中加少量氢氧化钠，外加 20～100V 直流电源，调节两电极的距离使之放电，即得金属水溶胶。该法实际上包括分散和凝聚两个过程，在放电时金属原子因高温而气化，随即被溶液冷却而凝聚。加入的氢氧化钠作为稳定剂，使溶胶稳定。

（4）电弧法

电弧法主要用于制备金、银、铂等金属溶胶。制备过程包括先分散后凝聚两个过程。将欲分散的金属做成两个电极，浸在水中。在水中加入少量碱作为稳定剂。制备时在两电极上施加 100V 左右的直流电，调节电极之间的距离，使之发生电火花（见图 9-2）。此时两极达到高温状态，其表面的金属原子得以蒸发，但立即被水冷却而凝聚成为胶粒。事实上，此法兼有分散和凝聚两种过程。

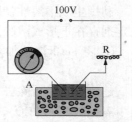

图 9-2　电弧法制备金属溶胶的示意图

（5）胶溶法

胶溶法也称解胶法，是将新鲜的凝聚胶粒重新分散在介质中形成溶胶，并加入适当的稳定剂。这种方法一般用在化学凝聚法制溶胶时，为了将多余的电解质离子去掉，先将胶粒过滤，洗涤，然后尽快分散在含有胶溶剂的介质中，形成溶胶。

例如，对 $Fe(OH)_3$、$AgCl$ 沉淀分别选用 $FeCl_3$ 和 $AgNO_3$，胶溶过程如下：

$$FeCl_3(沉淀) \xrightarrow{\text{水洗，加 } FeCl_3} FeCl_3(溶胶) \tag{9-3}$$

$$AgCl(沉淀) \xrightarrow{\text{水洗，加 } AgNO_3} AgCl(溶胶) \tag{9-4}$$

9.1.2　凝聚法

高度分散的憎液溶胶一般由凝聚法得到。凝聚法原则上形成分子分散的过饱和溶液，然后从此溶液中沉淀出胶体分散度大小的物质。按照过饱和溶液的形成过程，凝聚法又可分为化学法和物理法两大类。

1. 物理凝聚法

物理凝聚法是利用适当的物理过程使分子（或离子）分散体系凝聚成胶体体系的方法。可采用的物理过程有更换溶剂、蒸气凝聚和电弧法等过程。

（1）更换溶剂

这是利用物质在不同溶剂中的溶解度的悬殊差别来制备溶胶的方法，而不同溶剂之间是完全互溶的。改变溶剂或用冷却的方法使溶质的溶解度降低，由于过饱和，溶质从溶剂中分离出来凝聚成溶胶。

例如，松香水溶胶：将 10～15 滴的 30% 松香乙醇溶液，在搅拌下加入到 50 mL 水中，则形成带负电荷的松香水溶胶。这是因为松香在水中溶解度很小，凝聚成胶粒而析出形成的。硫黄溶胶：取 1mL 饱和的（不加热）硫黄丙酮溶液，在搅拌下小滴加入 50mL 水中，在水中形成带负电的具有浅蓝色乳光的硫黄溶胶。

（2）蒸气凝聚法

蒸气凝聚法的实例有：将汞的蒸气通入冷水中，即可得到汞的水溶胶，此时，高温汞蒸气与水接触生成少量的氧化物，该氧化物吸附在汞粒子的表面起稳定剂的作用。罗金斯基（Roginskii）用此法制备碱金属的苯溶胶。

例如，将汞的蒸气通入冷水中就可以得到汞的水溶胶。先将体系抽真空，然后适当加热管 2 和管 4，使钠和苯的蒸气同时在管 5 外壁凝聚。停止冷冻，凝聚在外壁的混合蒸气融化，在管 3 中获得钠的苯溶胶（图 9-3）。

2. 化学凝聚法

利用生成不溶性物质的化学反应，控制析晶过程，使其停留在胶核尺度的阶段，在少量稳定剂存在下形成溶胶，这种稳定剂一般是某一过量的反应物。例如：

① 将 $FeCl_3$ 溶液加入到沸腾的蒸馏水中，则发生水解而获得氢氧化铁溶胶：

$$FeCl_3 + 3H_2O \rightleftharpoons Fe(OH)_3 + 3HCl \qquad (9-5)$$

趁热进行渗析除去 HCl，即可得到稳定的溶胶。氢氧化铁溶胶也可用过氧化氢在乙醇溶液中氧化羰铁 $Fe(CO)_5$ 的方法制得。

② 用硝酸等氧化剂氧化硫化氢溶液，可以制得硫溶胶：

$$2H_2S + O_2 \longrightarrow 2S + 2H_2O \qquad (9-6)$$

在化学定性分析中，当用硫化氢来沉淀金属硫化物时，如果有氧化剂存在，则可以生成胶态硫。这种胶态硫即使用离心方法，也很难除去。

3. 溶胶的净化

在制备溶胶的过程中，常生成一些多余的电解质，如制备 $Fe(OH)_3$ 溶胶时生成的 HCl。少量电解质可以作为溶胶的稳定剂，但是过多的电解质存在会使溶胶不稳定，容易聚沉，所以必须除去。净化的方法主要有渗析（dialysis）法。

由图 9-4，将需要净化的溶胶放在羊皮纸或动物膀胱等半透膜制成的容器内，膜外放纯溶剂利用浓差因素，多余的电解质离子不断向膜外渗透，经常更换溶剂，就可以净化半透膜内的溶胶。为了加快渗透作用，可加大渗透面积、适当提高温度或外加电场。

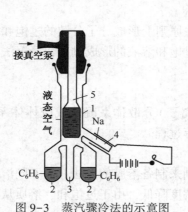

图 9-3 蒸汽骤冷法的示意图

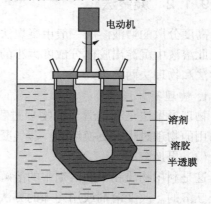

图 9-4 简单渗析示意图

1—液态空气；2—苯；3—钠的苯溶胶；4—金属钠；5—液氮

4. 凝聚法原理

物质在凝聚过程中，决定粒子大小的因素是什么？控制哪些因素可以获得一定分散度的溶胶？这是制备溶胶的核心问题。胶粒从溶液中析出过程与结晶过程相似，可以分为两个阶段。第一阶段是晶核形成，第二阶段是晶体的成长。韦曼（1908）认为晶核生成速度 v_1 与晶体的溶解度和溶液的过饱和度有如下关系：

$$v_1 = \frac{dn}{dt} = K_1 \left(\frac{c-S}{S} \right) \qquad\qquad (9-7)$$

式中，t 为时间；n 为产生晶核的数目；c 为析出物质的浓度，即过饱和浓度；S 为在温度 T 时溶解度；$(c-S)$ 为过饱和程度；K_1 为特性常数。

式(9-7)表明，单位时间内形成晶核的数目与相对过饱和程度成正比。

一般说来，晶核的生长速率随过饱和程度的增高而增加，随分散介质黏度的增加而降低，过饱和程度随温度下降而增高了，但同时介质黏度也增加了。而黏度对粒子在介质中的扩散速率有很大的影响，所以通常在某一适当温度时晶核生长速率为极大。晶该生长速率可由下式得出：

$$v_2 = K_2 D(c-S) \qquad\qquad (9-8)$$

式中，D 为溶质分子的扩散系数；$(c-S)$ 仍为过饱和程度；K_2 为另一比例系数。

由式(9-8)可见，v_2 也与过饱和度成正比，但 v_2 受 $(c-S)$ 的影响较 v_1 小。在凝聚过程中，如果 $(c-S)/S$ 值很大，形成的晶核很多，因而 $(c-S)$ 值就会迅速减小，晶核生长的速率变慢，就有利于胶体的形成。当 $(c-S)/S$ 值较小时，晶核形成得较少，$(c-S)$ 值下降得慢，晶核生长相对就快一些，对于大颗粒晶体的生产有利。如果 $(c-S)/S$ 值极小，晶核的形成数目虽少，晶核生长的速率也很慢，对胶体的形成很有利。

表面活性剂在用缩聚法制备胶体分散体/颗粒中的作用可以从晶体生长过程来理解。晶体生长是一个自发的过程，当物质在溶液中溶解度达到过饱和状态时，一个新相晶核就会出现。在小晶核阶段，表面对体积之比很大，因此比表面能很重要。随着晶核的长大，表面对体积之比逐渐变小，最终形成新相的自由能变得大于表面自由能，由此导致晶体随比表面能的作用的减少而自发增长。如有表面活性剂存在，它可以吸附在晶核的表面，或者作为一个诱导结晶作用的中心。这样，表面活性剂就可以用来控制晶体的生长过程和稳定所形成的颗粒。

按照 Gibbs[15] 和 Volmer[16] 理论，一个球形晶核形成的自由能可用下式表达：

$$\Delta G = 4\pi r^2 \gamma - \frac{4\pi r^3 \rho}{3M_r} RT \ln \frac{S}{S_0} \qquad\qquad (9-9)$$

式中，r 为晶核的半径；γ 为比表面能；M_r 为相对分子质量；ρ 为密度；S/S_0 为相对过饱和度；R 为摩尔气体常数；T 为热力学温度。

由式(9-9)可以看出，ΔG 与两个主要因素有关，即界面张力 γ 和相对过饱和度 (S/S_0)，二者均受到表面活性剂的影响。吸附表面活性剂可以引起 γ 的减少，而胶束的存在必然影响 S/S_0。胶束的加溶作用影响物种的化学势，从而可能增加或减少晶体生长的速率。此外，如果表面活性剂在形成的颗粒的表面有特殊的吸附（某一面或棱角），则可改变晶体的最终结构的形成。

9.2 分散体系的稳定性

要把大块固体物料粉碎成小颗粒，粉碎机就要对物料作功。作功所消耗的部分能量转变成为物质的表面能储藏在表面中。对一定量物质来说，粉碎程度（分散度）越大，表面积就越大。在表 9-2 中列出：将一个边长为 1cm，体积为 1cm³ 的立方体，粉碎成边长为 10^{-9}m 的微粒，则表面积就从 $6 \times 10^{-4} m^2$ 增加到 $6000 m^2$。

表 9-2　立方体的粒子在分割时总面积和比表面积变化[17]

立方体边长 l/m	微粒数	微粒的总表面积 A/m²	比表面积(分散度)A_s/(m²/m³)
10^{-2}	1	6×10^{-4}	6×10^{2}
10^{-3}	10^{3}	6×10^{-3}	6×10^{3}
10^{-4}	10^{6}	6×10^{-2}	6×10^{4}
10^{-5}	10^{9}	6×10^{-1}	6×10^{5}
10^{-6}	10^{12}	6×10^{0}	6×10^{6}
10^{-7}	10^{15}	6×10^{1}	6×10^{7}
10^{-8}	10^{18}	6×10^{2}	6×10^{8}
10^{-9}	10^{21}	6×10^{3}	6×10^{9}

比表面积 A_s 可以用来表示物质的分散程度，即单位体积的物质所具有的表面积：

$$比表面积\ A_s = \frac{表面积}{体积} = \frac{A}{V}\ (m^2/m^3) \tag{9-10}$$

对于每边长为 1 的立方体颗粒，比表面积可用下式表示：

$$A_s = \frac{A}{V} = \frac{6\times1^2}{1^3} = 6\ (m^2/m^3) \tag{9-11}$$

但对于松散的聚集体或多孔性物质，显然是例外情况。分散程度可用单位质量具有的表面积 A_w 来表示：

$$A_w = \frac{6\times1^2}{\rho\times1^3} = \frac{6}{\rho}\ (m^2/kg) \tag{9-12}$$

式中，ρ 为视密度，kg/m³。

例如，多孔性二氧化硅晶体 $\rho = 2.30\times10^8 kg/m^3$，则不同尺寸的颗粒所具有的 A_w 值如表 9-3所示[17]。

表 9-3　不同尺寸多孔性二氧化硅晶体颗粒的 A_w [17]

l/m	10^{-3}	10^{-4}	10^{-5}	10^{-6}
A_w/(m²/kg)	0.26	2.6×10	2.6×10^{3}	2.6×10^{5}

上列数据表明，A_w 与颗粒长度和视密度乘积成反比。物质松散多孔，颗粒越小，微粒数越多，总表面积越大，表面能也越大。如上述 1kg 二氧化硅，整块时表面积约为 $0.26m^2$，相应表面能为 0.27J，这数值很小，但若把它粉碎成边长为 $10^{-9}m$ 的微小颗粒时，总表面积为 $2.6\times10^6m^2$，表面能可达 2.7×10^6J，比原有表面能增大约一千万倍，相当于 650kg 水升高 1℃所需要的能量。高分散度物系比低分散度物系多出这么多的能量，必然使两者在物理性质(熔点、蒸气压、溶解度)和化学性质(化学活泼性、催化作用等)有很大差别。微小液滴有较大蒸气压，微小晶体有较大溶解度，以及在较低温度就可起反应等，都是与表面能密切有关的。

固体粉碎后由于具有较高能量，为此有一种集合的倾向，这种集合按粒子间结合力大小来区分有两类：

① 需用强的机械力加以粉碎，因为颗粒本身具有强的结合力，分裂成各个小粒子后，不易回复到原来的状态，它们的集合称为聚集。

② 用比较弱的机械力，或者固体在液体中界面上作用的物理力即可分裂成小粒子，外力消除后又回复至原来的粒子集合状态，如染料、颜料，这种集合称为凝聚或絮凝。所生成的分散体系一般在热力学上是不稳定的。在布朗运动、外来的振动、搅拌等作用下，互相碰撞的微粒就会凝聚。

决定和影响分散体系稳定性的因素很多，人们对各种因素做了广泛的研究，提出了许多看法和理论。

9.2.1　DLVO 理论

胶体大小的粒子有自动聚集的倾向，这是由于粒子间存在范德华力和界面能要自发减小。胶体稳定性理论可以分为疏液胶体(无明显溶剂化作用)和亲液胶体(大多有溶剂化层)两部分。

亲液胶体粒子表面覆盖有溶剂化层，可以防止粒子聚集。同时大部分亲液胶体粒子表面也带有电荷，粒子间也可存在电性斥力，从而使得粒子难以聚集。部分亲液胶体只有除去粒子表面溶剂化层才可发生聚集作用。这样，向体系中加入水化强的离子或与水有结合能力的有机溶剂都可达到亲液胶体粒子去溶剂化的目的，从而发生聚集作用。加入第二种溶剂使亲液胶体聚集的方法也适用于非水体系，如橡胶在苯中的分散体系加入己烷可使橡胶聚集。

疏液胶体体系稳定性最著名的理论就是由 Derjaguin、Landau、Verwey 和 Overbeek 四人先后在 1937~1941 年间独立提出的理论，简称 DLVO 理论[18,19]。DLVO 理论的基本点是分散相粒子间存在排斥与吸收势能，排斥势能是因粒子间静电排斥作用引起的，吸引势能是粒子间范德华力作用的结果。排斥势能大于吸引势能时粒子分散；反之，则聚集。

1. 质点间的范德华相吸能(V_A)

在两个球形质点的体积相等，距离非常小的情况下，它们之间的吸引能 V_A 可以用下式表示[20]：

$$V_A = -\frac{Ar}{12H} \tag{9-13}$$

式中，A 为 Hamaker 常数；r 为质点的半径；H 为质点间的最短距离。

由式(9-13)所示，吸引能与质点半径成正比，粒径大的质点吸引能也大。吸引能随着质点间的最短距离的减小而增大。

2. 双电层的排斥(V_R)

带电质点与扩散双电层作为一聚合体时，由于反离子的屏蔽作用使质点呈电中性。因此当两个带电质点趋近而双电层未交联时，两带电质点不会产生静电排斥力，如图9-5所示。

图9-5中圆圈表示扩散双电层的外缘，即质点表面所带正电荷的作用范围。圆圈以外不受带电质点的电荷影响。只有带电质点相互靠近到使其二者的双电层能够发生交联时，由于交联区离子浓度提高，改变了原来双电层内电荷分布的平衡性和对称性。因此在双电层交联区内反离子的电荷将重新分开，反离子从浓度高的交联区向未交联的低浓度区扩散，使带电质点受到电斥力而相互分离开(图9-6)。

当带电质点的 ξ 电势不十分高，质点半径比扩散层厚度大得多的时候，质点的排斥能 V_R 可用下式表示[21]：

$$V_R = \frac{1}{2}rDu^2\ln\left[1+\exp(-kH)\right] \tag{9-14}$$

式中，V_R 为质点间的排斥力；r 为质点的半径；D 为水的介电常数；u 为吸附层和扩散层界面上的电位；k 为扩散层的厚度；H 为质点间的最短距离。

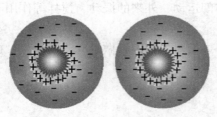
扩散层未重叠，两胶团之间不产生斥力
图9-5 质点表面电荷作用范围

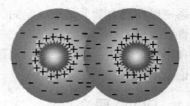
扩散层重叠，平衡破坏，产生渗透性斥力和静电斥力
图9-6 扩散双电层交联

由式（9-14）所示，排斥能与吸附层和扩散层界面上的电势和质点半径成正比，所以吸附层和扩散层界面的电势越高，排斥能越大，质点越不易靠近，质点越易分散稳定；粒径小时，排斥能也小，质点容易靠近，易于絮凝；排斥能随质点间的距离的增加，而以指数的形式下降。

3. 质点间的相互作用能 V_T

当两个带电质点相互靠近时，质点间的相互作用能等于吸引能和排斥能之和。

$$V_T = V_A + V_R \qquad (9-15)$$

若它们的距离非常小时，质点间的相互作用能（V_T）可用下式表示：

$$V_T = \frac{1}{2}rDu^2\ln\left[1+\exp(-kH)\right] - \frac{Ar}{12H} \qquad (9-16)$$

由上式可以计算并绘制相互作用能曲线，如图9-7。

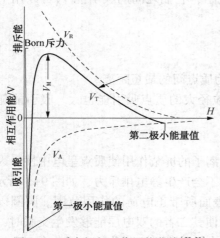

图9-7 质点间相互作用能曲线[22,23]
V_A—吸引能；V_R—排斥能；V_T—相互作用能；
V_M—能垒；H—质点表面间距离

由图9-7质点相互作用能曲线看出，当两个带电质点相距较远时，质点的双电层未发生交联，质点间远距离的范德华引力已经起作用，体系的相互作用能（V_T）为负值；随质点间的距离变小，双电层开始交联，静电斥力开始起作用，此时吸引能随质点间距离的减小增加较排斥能快，此时体系的相互作用能（V_T）曲线上出现了第二极小值，接着体系总能量由负变正，随着质点间的距离变小，双电层斥力（V_R）迅速上升，而吸引能（V_A）增加较慢，于是体系的 V_T 出现一峰值，即一势垒 V_M。若势垒足够高，则可以阻止质点相互靠近，不至于使体系聚沉。如果势垒不够高，若质点能够越过势垒 V_M，体系的总势能迅速下降，这说明当质点间距离很近时，吸引能 V_A 随质点的距离减小而剧增，使相吸力占优势，总势能为负值，这意味着质点将发生聚结，随质点间距进一步减少，体系势能达到第一极小值时，质点的聚沉变为现实。

如果在势能曲线上 V_R 在所有的距离上都小于 V_A，那么质点的相互接近将无势垒存在，体系将很快聚沉。体系中加入电解质就有可能出现此现象。

此外，当质点间距离很小时，相吸力大于排斥力，但在质点间距极近时，由于电子云的相互作用会产生 Born 排斥能，使总势能又急剧上升为正值。

在 V_T-H 的曲线上同时存在一个势垒，势垒是指凝聚或絮凝的最大障碍 V_M。只有减少排斥力，降低势垒 V_M，才能缩小颗粒间的距离，增加吸引力，形成絮凝体。若质点通过布朗运动或紊流对其所作的功使质点的动能增大以克服吸引势垒的障碍，一旦越过势垒 V_M，质点间相互作用势能随质点间的距离缩短而迅速降低。最后，在势能曲线的第一极小值处达到平衡位置。如果在势能曲线上有较高势垒，足以阻止质点越过此势垒使质点不能达到第一极小值处聚结，若此时，第二极小值却深得足以抵当质点的功能，则质点可以在第二极小值处聚结，由于此时质点相距较远，因此形成的聚集体是一个松散结构，具有一定的触变性，其结构已拆散和恢复。习惯上，将第一极小值处发生的聚结称为聚沉(congulation)，而在第二极小值处发生的聚结叫做絮凝(flocculation)。对于小质点(例如 r<300nm)，其第二极小值不会很深。但对于高分子絮凝体由于其质量大使其与质点间具有较强的范德华力而使第二极小值变得较深，易在第二极小值处发生絮凝。

综上所述，在质点间的距离处于很小和很大时，相互势能 V_T 以吸引能为主，体系易形成絮凝体；当质点间的距离处于中等程度时，相互作用以排斥能为主，质点处于稳定状态，不易形成絮凝体；质点相距很远时，吸引能和排斥能都等于零；在 V_T-H 的曲线上存在两个极小能量值，即第一和第二极小值。颗粒间的相互作用能达到第一个或第二个最小能量值时，便产生絮凝沉淀。为了使颗粒脱稳，而加入化学药品(絮凝剂)，其主要作用就是减少或消除处于中等距离上的排斥能，使得以吸引能为主，以便于颗粒聚集和絮凝。

4. 电解质对溶胶稳定性的影响

降低 ξ 电位可导致颗粒凝聚，这可以通过例如改变 pH 值或改变离子的种类和浓度来达到，更一般的做法是通过加进高电荷的反离子来降低 ξ 电位。因为水溶液体系中的反离子通常带正电荷，所以实际做法是使用含 Al^{3+}，Fe^{3+}，Fe^{2+}，Ca^{2+} 的盐。反离子对 ξ 电位的影响见图 9-8。格雷戈里(Gregory)相当详细地研究了双电层，并且说明如何计算斥力位能曲线[24]。通过测量电泳淌度或流动电位这类动电学性质可测定 ξ 电位[25]。

在溶胶体系中加入电解质后会使溶液中的反离子浓度升高而破坏了原来吸附层内反离子浓度与溶液中反离子浓度的平衡，于是会有更多的反离子进入吸附层，吸附层中净电荷减少，导致 ξ 电势降低，电斥性下降，吸引能不变，此时势能曲线上的势能降低，如图 9-8 所示。随着电解质浓度增加，排斥能 V_{R1}、V_{R2} 和 V_{R3} 依次降低，而势垒 V_{T1}、V_{T2} 和 V_{T3} 曲线上的势垒依次下降，至 V_{T3} 时已与横轴相切等于零，势垒消失，体系由稳定转为聚沉(这是临界聚沉状态，此时电解质浓度为该胶体的聚沉值)。

当添加的电解质浓度大于聚沉值后再继

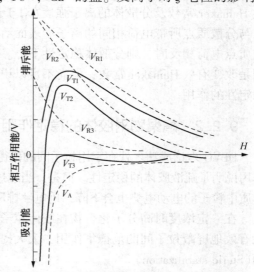

图 9-8　电解质对相互作用能的影响

V_A—吸引能；V_{R1}、V_{R2}、V_{R3}—排斥能的降低；
V_{T1}、V_{T2}、V_{T3}—对应 V_{R1}、V_{R2}、V_{R3} 的相互作用能；
H—带电颗粒表面间的距离

续添加电解质，反离子进入吸附层可使质点处于等电状态，ξ 电势为零。当加入过量的电解质，特别是高价反离子，经特性吸附进入吸附层会使质点表面重新带电，其电性相反，结果使 ξ 电势反号，如图 9-9 所示。

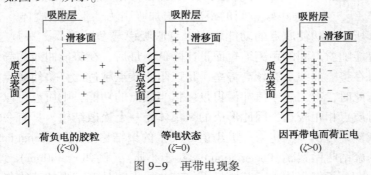

图 9-9　再带电现象

电解质对溶胶稳定性的影响与反离子的价数有关。在浓度相等时，反离子的价数越高其聚沉能力越强。

以一价阳离子作为反离子聚沉能力随水化半径增大而递减：

$$H^+>Cs^+>Rb^+>K^+>Na^+>Li^+$$

以一价负离子作为反离子聚沉能力顺序如下：

$$F^->IO_3^->H_2PO_4^->BrO_3^->Cl^->ClO_3^->Br^->I^->CNS^-$$

聚沉能垒随表面电势而增加。表面活性离子吸附于质点表面时，若增加质点的表面电势，则分散体系的稳定性增高；若引起电势的降低则结果相反，分散体系的稳定性降低。一般分散体系的热运动能可以高达 10kT，因此，通常认为大于 15kT（-0.59J）的能垒高度对于已稳定的分散体系是需要的。

根据 DLVO 理论，表面活性剂对分散体稳定的作用就局限于对分散质点的表面电势、有效 Hamaker 常数及分散体的离子强度（对于离子型表面活性剂而言）的影响。分散体系中加入与分散质点所带电荷相同的离子型表面活性剂时，分散体的稳定性增加；若表面活性离子与质点电荷相反时，则分散体稳定性下降。但有时情况相当复杂。非离子型表面活性剂的作用是改变有效 Hamaker 常数，但尚不足以说明许多聚氧乙烯基非离子型表面活性剂的很大的稳定性的作用。

9.2.2　高聚物对胶体的稳定作用

DLVO 理论成功之处在于用粒子间的范德华作用和带电粒子双电层重叠而产生的电性排斥作用说明了疏液胶体的稳定性。但是，当应用非离子型表面活性剂和高分子化合物时即使在水介质中粒子的电动电势也会下降，用电性排斥作用难以解释在这些体系中胶体稳定性的提高。

在一定浓度时高分子化合物在胶体粒子表面吸附形成的亲液性强的有相当厚度的保护层能有效地屏蔽粒子间的范德华作用，大大提高分散体系的稳定性。这种作用称为空间稳定作用（Steric stabilization）。

对空间稳定作用已做了多种理论解释，如熵效应、渗透效应、体积限制效应、混合自由能排斥效应、弹性排斥效应等[26]。

熵效应是指吸附在粒子表面的高分子化合物在粒子相距很远时构型熵较小；相距近时链节运动受到限制，熵减小。这种构型熵变化引起的排斥能与粒子间距离、高分子化合物分子长度和在粒子上的吸附量等有关。

混合自由能排斥效应是指吸附于两个粒子上的高分子化合物吸附层在相距近时互相交联，可以将此交联看做是高分子液液的混合，计算此过程的熵变与焓变，从而可得出混合自由能变化，若此值为正值，粒子间互相排斥，体系趋于稳定。

空间稳定作用的特点是：①由于在粒子相距很近时空间稳定作用引起的排斥势能趋于无穷大，故图9-7中第一极小处的聚沉不大可能发生，至多在总作用势能为第二极小处絮凝；②在水和非水介质中空间稳定作用都起作用；③外加电解质的性质与浓度对空间稳定作用影响较小。

9.3 表面活性剂的分散稳定作用

根据分散过程三个阶段的描述和分散体系稳定性理论可知，欲使固体物质能在液体介质中分散成具有一定相对稳定性的分散体系，需借助于加入助剂（主要是表面活性剂）以降低分散体系的热力学不稳定性和聚结不稳定性。

①降低液体介质的表面张力 γ_{LV}、固-液界面张力 γ_{SL} 和液体在固体上的接触角 θ，提高其润湿性质和降低体系的界面能。同时可提高液体向固体粒子孔隙中的渗透速度，以利于表面活性剂在固体界面的吸附，并产生其他有利于固体粒子聚集体粉碎、分散的作用。

②离子型表面活性剂在某些固体粒子上的吸附可增加粒子表面电势，提高粒子间的静电排斥作用，有利于分散体系的稳定。

③在固体粒子表面上亲液基团朝向液相的表面活性剂定向吸附层的形成有利于提高疏液分散体系粒子的亲液性，有时也可以形成吸附溶剂化层。

④长链表面活性剂和聚合物大分子在粒子表面吸附形成厚吸附层起到空间稳定作用。

⑤表面活性剂在固体表面结构缺陷上的吸附不仅可降低界面能，而且能在表面上形成机械蔽障，有利于固体研磨分散。这种作用称为吸附降低强度效应[27]。

9.3.1 表面活性剂在水介质中的分散稳定作用

1. 对非极性固体粒子的分散作用

对于像炭粉、炭黑这类非极性固体粒子，由于表面的疏水性在水中基本上不分散而浮在水面，表面活性剂加入此悬浮体中后，由于表面活性剂可以降低水的表面张力，另外表面活性剂可以其疏水链通过范德华力吸附于非极性固体粒子表面而亲水基伸入水中提高其表面的亲水性使润湿得到改善。炭粉、炭黑会分散于水中，为了形成阻止微粒聚集的电能障。常常应用的是离子型表面活性剂。最好是阴离子型表面活性剂使微粒带有同种电荷而相互排斥，从而形成了一个阻止粒子聚集的电能障。如十二烷基硫酸钠阴离子型表面活性剂不仅能提供电能障，而且由于表面活性剂分子在固体粒子表面上的定向作用——非极性基团吸附于固体粒子表面，极性基伸入水中而使固-液界面张力降低，也更有利于固体粒子在水相中分散。这种吸附效率是随着憎水基团的碳链的增长而增加的，因此可以推测，在这种情况下，长碳链的离子型表面活性剂，比短碳链的更有效。非离子型表面活剂也可以改善非极性固体粒子在水中的润湿性，如聚氧乙烯醚作为亲水基团的这类表面活性剂虽然不能提供电能障，但它却可以通过柔顺的聚氧乙烯链提供熵排斥力，形成空间位阻，如图9-10所示。

2. 对极性固体粒子的分散作用

极性固体在水介质中表面大多数都带有某种电荷，带电符号由各物质的等电点和介质的 pH 值决定。

（1）表面活性剂与质点表面带有同种电荷

当离子型表面活性剂所带电荷与质点表面相同时，由于静电斥力而使离子型表面活性剂不易被吸附于带电的质点表面，但若离子型表面活性剂与质点间的范德华力较强，能克服静电斥力时离子型表面活性剂可通过特性吸附而吸附于质点表面，此时会使质点表面的 ξ 电势的绝对值升高，使带电质点在水中更加稳定。如图 9-11 中的带负电荷的磺甲基酚醛树脂就是通过特性吸附于带负电荷的黏土表面使其 ξ 电势变得更负。

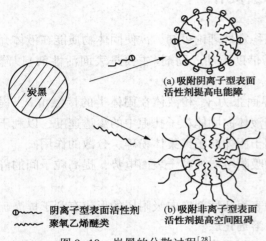

(a) 吸附阴离子型表面活性剂提高电能障

(b) 吸附非离子型表面活性剂提高空间阻碍

○〜〜 阴离子型表面活性剂
〜〜 聚氧乙烯醚类

图 9-10 炭黑的分散过程[28]

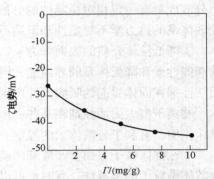

图 9-11 ζ 电势与在膨润土上吸附量的关系[28]

（2）表面活性剂与质点表面带有相反电荷

当表面活性剂离子与粒子表面带电符号相反时，吸附易于进行。但若恰发生电性中和，失去粒子间静电排斥作用，可能会导致粒子聚集。提高表面活性剂浓度，使已带电极性基吸附于固体粒子表面，朝向液相的非极性基与液相中表面活性剂的疏水基发生疏水相互作用，形成极性基向水相的第二吸附层或表面胶团。同时，因吸附量大增，粒子重新带电，由于静电的斥力又使固体微粒重新被分散，如图 9-12 所示。

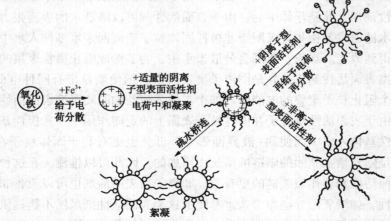

图 9-12 阴离子型表面活性剂对带正电荷的氧化铁粒子的分散与絮凝作用[29]

从以上讨论可以看出，无论是何种性质的粒子，用离子型表面活性剂进行分散和稳定时都需要较大的浓度。此外，离子型表面活性剂分子中引入多个离子基团，常有利于粒子的分散，这是因为这些基团有的可吸附于粒子表面，有的留在水相，它们更易于使表面重新带电（与固体表面带电符号相反时）或提高表面电势（与固体表面带电符号相同时），起到静电稳定作用。

事物总是一分为二的。增加表面活性剂分子中离子基团的数目常又使其在水中溶解度增加，致使吸附量下降，这当然不利于对粒子的分散和稳定作用。因此，有时表面活性剂在粒子上的吸附能力和对粒子的分散能力，随着表面活性剂分子中离子基团数的增多出现一最大值。

非离子型表面活性剂对各种表面性质的粒子均有较好分散、稳定作用。这可能是因为长的聚氧乙烯链以卷曲状伸到水相中，对粒子间的碰撞可起到空间阻碍作用，而且厚的聚氧乙烯链水化层与水相性质接近，使有效 Hamaker 常数大大降低，从而也减小了粒子的范德华力。

9.3.2　表面活性剂在有机介质中的分散稳定作用

非水介质一般介电常数小，粒子间静电排斥不是体系稳定的主要作用。在这种情况下表面活性剂的作用表现如下：①空间稳定作用。吸附在粒子上的表面活性剂以其疏水基伸向液相阻碍粒子的接近。②熵效应。吸附有长链表面活性剂分子的粒子靠近时使长链的活动自由度减小，体系的熵减小。同时吸附分子伸向液相的是亲液基团，从而使有效 Hamaker 常数减小，粒子间的吸附势能也就降低了。

对于无机质点往往通过表面改性将原来亲水的表面变为亲油的表面而提高在有机介质中的分散稳定性。例如，对白色无机颜料钛白粉（TiO_2）的表面改性可用图 9-13 来表示。

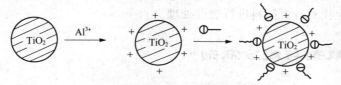

图 9-13　TiO_2 的表面处理过程[30]

TiO_2 的零电点为 pH=5.8，为了使其表面能在 pH 值高于零电点时带正电荷，可采用在钛白浆液中加入铝盐或偏铝酸钠，再以碱或酸中和使析出的水合 Al_2O_3 覆盖在钛白颗粒上。由于 Al_2O_3 可以从溶液中吸附 Al^{3+} 而使其表面带正荷，然后再加入羧酸型阴离子型表面活性剂就能通过静电吸引力以羧基吸附于 TiO_2 粒子表面，疏水链向外的定向吸附层使 TiO_2 粒子的表面由亲水变为亲油，疏水链在有机介质中的溶剂化作用使 TiO_2 粒子表面覆盖了一层溶剂化油膜，从而增加了 TiO_2 在有机介质中的分散稳定性。

此外，如碳酸钙、氧化铁等无机颜料均可通过表面改性提高表面的亲油性而使其能分散稳定于有机介质中。

对于非极性的质点如有机颜料也需对其进行表面处理以克服质点间的范德华相吸力而达到分散稳定于有机介质中。

对于有机颜料的表面处理可以通过以下几种方式。使用有机胺类对有机颜料进行表面处理，见图 9-14。

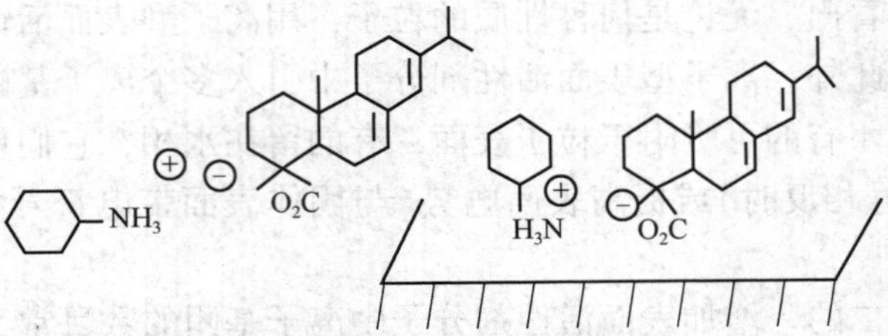

图 9-14　以有机胺实施表面处理模型[25]

由于脂肪胺化合物带有极性较高的氨基，对于颜料分子的极性面具有较大的亲和力，可吸附在颜料粒子表面上，而疏水的碳氢链将使颜料表面变得更加亲油。另外溶剂化的碳氢链将会起到空间阻碍作用阻止颜料粒子间的絮凝，使颜料粒子更易分散稳定于介质中，而且还能增加其流动性。

常用的有机胺有

$C_{18}H_{37}NH_2$(硬脂胺)

$C_{18}H_{37}NHCH_2CH_2CH_2NH_2$($N$-硬脂基丙二胺)

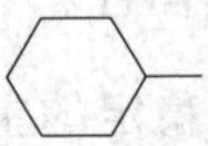 —$NHCH_2CH_2CH_2NH_2$(N-环己基丙二胺)

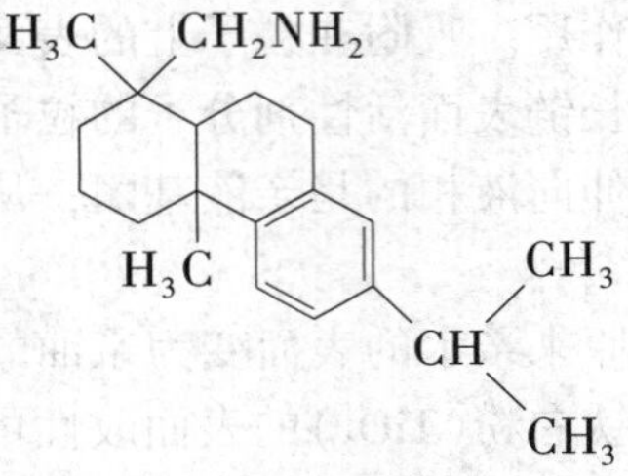

(脱氢松香酸胺)

使用颜料衍生物对有机颜料进行表面处理。

9.4　分散剂与超分散剂

9.4.1　分散剂的选择

能使固液悬浮体中的固体粒子分散稳定于介质中的表面活性剂称为分散剂。选择分散剂涉及若干因素，其中以使分散体系稳定最为主要。分散剂应具有下述特点：①良好的润湿性质。能使粉体表面和内孔都能润湿并使其分散。②便于分散过程的进行。要有助于粒子的破碎，在湿磨时要能使稀悬浮体黏度降低。③能稳定形成的分散体系。润湿作用和稳定作用都要求分散剂能在固体粒子表面上吸附。因此，分散剂的相对分子质量、相对分子质量分布及其电性质对其应用都是重要的。

9.4.2　水介质中使用的分散剂

1. 无机分散剂

无机分散剂是以静电稳定机理使分散体系稳定。常用的无机分散剂都是不同相对分子质量的某类化合物的混合物，如多磷酸盐 $NaO(PO_3Na)_nNa$、聚硅酸盐 $NaO(SiO_3Na_2)_nNa$、聚铝酸盐等。

2. 低相对分子质量有机分散剂

这类分散剂一般都是亲水性较强的表面活性剂，另外疏水链多为较长的碳链或成平面结构，如带有苯环或萘环，这种平面结构易作为吸附基吸附于具有低能表面的有机固体粒子表面而以亲水基伸入水相，将原来亲油的低能表面变为亲水的表面。对于离子型表面活性剂还可使固体粒子在接近时，产生电斥力而使固体粒子分散。对于亲水的非离子型表面活性剂可以通过长的柔顺的聚氧乙烯链形成的水化膜来阻止固体粒子的絮凝而使其分散稳定。

（1）阴离子型分散剂

这种分散剂的阴离子吸附于粒子表面使其带有负电荷，粒子间的静电排斥作用使分散体系得以稳定。

油酸钠、月桂醇硫酸钠盐、净洗剂 LS、十二烷基磺酸钠和琥珀酸二辛酯磺酸钠等相对低分子质量表面活性剂都有良好的分散作用。

（2）非离子型分散剂

非离子型分散剂在粒子表面吸附时以其亲油基团吸附，而亲水基团形成包围粒子的水化壳。非离子型分散剂日益受到重视是因为它的应用不受介质 pH 值的影响，对电解质也不太敏感。并且，其亲水-亲油平衡易于用调节氧乙烯链的方法予以改变。

最常用的非离子型分散剂是烷基酚聚氧乙烯醚（APE）、脂肪醇聚氧乙烯醚和聚氧乙烯脂肪酸酯。近年来，出于环保考虑，后二者有取代 APE 的趋势。

（3）阳离子型分散剂

阳离子型表面活性剂广泛用于矿物浮选作为捕集剂，不宜在水介质中作为分散剂用，因为在水溶液中基质一般带有负电荷，阳离子型表面活性剂的离子头吸附后，使粒子带有疏水性，松子间较易凝聚，不利于分散。

3. 高分子分散剂

天然高分子物如淀粉、明胶等，海藻酸钠、木质素磺酸、羧甲基纤维素、羟乙基纤维素等天然高分子物的化学加工产物均可作为保护胶体、分散剂使用。

合成高分子化合物以环氧乙烷缩合物、β-萘磺酸甲醛缩合物、聚羧酸盐等均具有优良的分散性能，其中烷基苯酚甲醛缩合物的环氧乙烷加成物常用于农药加工。

9.4.3 有机介质中的分散剂

1. 用于无机粒子的分散剂

包括各类脂肪酸钠盐，常用的有月桂酸钠、硬脂酸钠盐和磺酸盐。长碳链的胺类化合物，如伯胺类、仲胺类和季铵盐以及醇胺类，除此以外还有长碳链醇类和有机硅类。

2. 用于有机粒子的分散剂

主要包括各种非离子型表面活性剂，各种长碳链胺类如十八胺，各类以聚氧乙烯为亲水基团的烷基胺，吐温类，亲油性强的斯盘类非离子型表面活性剂。

3. 超分散剂

对于低能表面的有机粒子在非水介质中采用经典的表面活性剂作分散剂，其分散稳定作用远不及在水性介质中。其主要原因是以表面活性剂的极性基作为吸附基团在低能表面上的吸附强度差，往往出现脱附现象，导致分散体系粒子的聚集或沉淀；在非水介质中质点间几乎不存在电斥力，而主要能起作用的是被吸附的表面活性剂疏水链形成的溶剂化膜起分散稳定作用，而经典表面活性剂的疏水链不具备足够长的链，即不能形成足够厚的溶剂化膜产生足够高的空间排斥能来克服粒子间的范德华相吸力，而使粒子分散稳定于有机介质中。为了克服经典表面活性剂在非水介质中的分散稳定作用的局限性，从 20 世纪 70 年代开始国外就开始开发新一代聚合物型分散剂。由于其对非水体系独特的分散效果又被称为超分散剂（hyperdispersants）[31]。

超分散剂不同于经典表面活性剂之处在于在非水介质中能有效地使颜料粒子完全分散稳定于介质中。相似之处是同样具有亲水亲油性，更确切地说是具有亲颜料亲液体（pigmento-philic–lyophilic）的分子结构。

超分散剂的相对分子质量一般在 1000~10000 之间，分子结构中含有性能、功能完全不同的两个部分[32,33]：一部分为锚固基团（Anchoring functional group），可通过离子对、氢键、范德华力及改性剂结合等作用以单点锚固或多点锚固的形式紧密地结合在颗粒表面上，如图 9-15 所示。另一部分为亲介质的（binder–plilic）溶剂化的聚合物链，它通过空间位阻效应（熵排斥）对颗粒的分散起稳定作用。常见的有聚酯、聚醚以及聚丙烯酸酯等，它们按极性大小可分为三类：① 低极性聚烯烃链；② 中等极性的聚酯链或聚丙烯酸酯链等；③ 强极性的聚醚链。在极性匹配的分散介质中，链与分散介质具有良好的相容性，故在分散介质中采用比较伸展的构象，在固体颗粒表面形成足够厚度的保护层[34,35]。

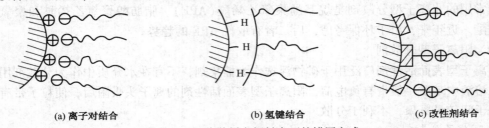

（a）离子对结合　　　　　　（b）氢键结合　　　　　　（c）改性剂结合

图 9-15　超分散剂在颜料表面的锚固方式

4. 超分散剂的作用机理

超分散剂的作用机理主要包括锚固机理和稳定机理。

（1）锚固机理[36]

对具有强极性表面的无机粒子，超分散剂只需单个锚固基团，此基团可与粒子表面的强极性基团以离子对的形式结合起来，形成所谓的"单点锚固"，如图 9-16（a）所示。

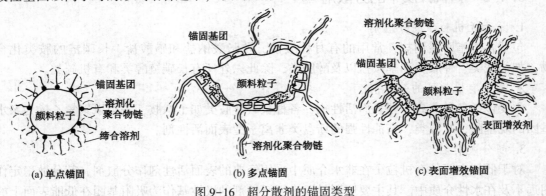

（a）单点锚固　　　　　　（b）多点锚固　　　　　　（c）表面增效锚固

图 9-16　超分散剂的锚固类型

对弱极性表面的有机粒子，为了增加与粒子表面的吸附强度避免脱附发生，一般采用含多个锚固基团的超分散剂，这些锚固基团可以通过偶极力在粒子表面形成"多点锚固"的形式，如图 9-16（b）所示。

对完全非极性表面的有机颜料，通常先合成一种与颜料分子结构非常相似的弱极性化合物（表面增效剂）。最好采用有机颜料带一定极性基团的衍生物。由于两者之间的分子结构相似，性质相似，因此可以很好地被吸附在粒子表面，而使粒子表面带有一定极性的锚固位。这就是所谓的"协同作用"，机理如图9-16(c)所示。

（2）稳定机理

分散体系的稳定性是颗粒、分散介质、分散剂等组分间的各种相互作用共同决定的，两颗粒间相互作用的总能量包括范德华相吸能、电斥能、熵斥能等。在非水分散体系中，对稳定起决定作用的是空间位阻（熵排斥）[37]。

在超分散剂作用体系中，超分散剂以其锚固段吸附于颗粒表面，溶剂化段则伸展于分散介质中，其长度一般在 10~15nm 之间，当两个吸附有超分散剂的颗粒相互接近时，由于伸展链的空间阻碍因此不会引起絮凝，而维持稳定的分散状态。

5. 超分散剂的分子结构

超分散剂应具备以下功能：锚固段与固体颗粒表面能形成牢固的结合；超分散剂在颗粒表面形成较完整的覆盖层；溶剂化段在分散介质中有一定的厚度；溶剂化段在分散介质中有一定的厚度[38]。由于锚固段（A 段）与溶化剂段（B 段）往往存在着相互抵触的要求，单一的均聚物往往难以满足条件，而只有那些被官能化了的聚合物或共聚物才可能达到上述的功能。

超分散剂在粒子表面的吸附形态、吸附层厚度及表面覆盖度均受 A 段、B 段序列分布和配比影响。超分散剂在颗粒表面的主要吸附形态如图 9-17 所示。

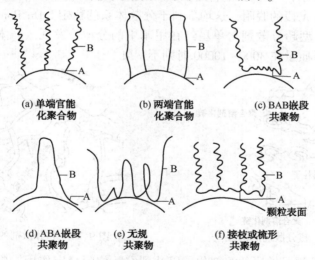

（a）单端官能　　　（b）两端官能　　　（c）BAB嵌段
化聚合物　　　　　化聚合物　　　　　共聚物

（d）ABA嵌段　　　（e）无规　　　　　（f）接枝或梳形
共聚物　　　　　　共聚物　　　　　　共聚物

图 9-17　超分散剂在颗粒表面的主要吸附形态[28]

其中基本形态有 3 种：尾形、环形、卧形。其中聚合物（a）、（c）、（f）起分散剂作用，最有效的是（a），即单端官能化的 A-B 两嵌段聚合物[39]。其分散效率随 A 段含量增加会出现一最大值[40]。

（1）锚固段（A 段）的选择

对于 A 段来说，最重要的是与固体颗粒表面牢固地结合，并形成完整的覆盖层，这不仅依赖于 A 段本身的结构，还与颗粒表面特性及所用分散介质有关。

① 粒表面特性。颗粒表面与 A 段间能发生较强的相互作用有氢键、共价键、酸碱作用

等。若颗粒表面含有—OH、—COOH、—O—等极性基团，则更易与 A 段形成牢固的结合[41]。在颗粒表面棱角凸凹部位，有较强的吸附强度。典型的锚固官能团有—NR_2、—N^+R_3、—COOH、—COO^-、—SO_3H、—SO_3^-、—PO_4^{2-}、—OH、—SH 等[42]。

② 溶剂的竞争吸附。在多相分散体系中，溶剂及其他助剂会与 A 段争夺粒子表面，发生竞争吸附。溶剂在颗粒表面的竞争吸附对 A 段在颗粒表面的吸附有一定影响，当分散介质为 A 段的不良溶剂时，有利于 A 段在颗粒表面的吸附。

③ A 段中锚固基团的大小和数目。A 段中锚固基团的大小和数目对 A 段在颗粒表面的吸附有一定影响，即 A 段中锚固基团数目越多"体积"越大有利于 A 段的吸附，吸附得越牢固，但 A 段太大则会影响 B 段的比例，不利于克服颗粒间的范德华相吸力。

综上所述，A 段的结构应与颗粒的表面特性相配合，相对分子质量与 B 段相比应取最佳值。

（2）溶剂化段（B 段）的选择

B 段的作用是能形成足够厚度的溶剂化膜以克服颗粒间的范德华相吸力，对分散体系起到空间稳定作用。因此一方面 B 段与分散介质应有较好的相容性，另一方面 B 段本身要具有足够的相对分子质量。

① B 段长度存在一最佳值。在一定的分散介质中，对一定粒度的颗粒进行分散，B 段长度存在一最佳值[43]。B 段若太短，不足以发生空间位阻稳定作用。B 段若太长，一方面会在粒子表面发生"折叠"（压缩空间位阻层），如图 9-18 所示，或引起颗粒间的缠结（架桥絮凝），如图 9-19 所示；另一方面介质对 B 段的溶剂化作用可能太强，对锚固基团所产生的拨离力太大，引起 A 段的脱附，这均不利于分散体系的稳定。Du Pont 公司研究了聚吖啶-聚己内酯的 A-B 型超分散剂对单星红在甲苯中的分散，发现 A 段相对分子质量为 146 时，若 B 段相对分子质量在 3000~10000 时则不絮凝[44]。

图 9-18　超分散剂的折叠[36]

图 9-19　超分散剂的缠结[36]

② 溶剂。为了获得足够厚的溶剂化层以达到空间位阻稳定作用，应使 B 段在溶剂中保持足够伸展的构象，即应选择 B 段的良溶剂——好于 θ 的溶剂。

综上所述，超分散剂一般是单端官能化的聚合物、AB 嵌段共聚物、锚固基团处于中央的 BAB 型嵌段共聚物以及以锚固基团为背、以溶剂化链为齿的梳型共聚物四种分子构型，其锚固基团处于超分散剂分子链的同一端且紧密相连，相互之间没有足够的距离，故同一超分散剂的不同锚固基团不可能吸附到不同的固体颗粒表面上，从而有效地避免了架桥絮凝。同时正因为它的锚固基团紧密相连，所以若不考虑溶剂化链本身的吸附，它则只可能采取尾形吸附形态，从而大大提高了溶剂化链的链段有效利用率[8]。其锚固段和溶剂化段可以分段合成，然后通过一定的方法将它们组合在一起，或者先合成一段，然后将它与另一段的单体通过一定化学反应结合起来。一般采用自由基聚合、缩合聚合等方法来实现。例如，可以将脂肪酸与羟基酸一起缩合得到端羧基聚酯；将脂肪醇与羟基酸缩合得到端羟基聚酯；端羧基聚酯可以与聚乙烯亚胺反应得到梳型聚合物分散剂；端羟基聚酯可与异氰酸酯及其他含活泼氢的化合物反应得到聚氨酯型分散剂。

6. 超分散剂结构分类与主要品种[45~50]

在超分散剂的两部分结构中，锚固基团虽然所占的比例很少(5%~10%)，但是其适用范围相对较广，按此分类如下：

(1) 含单个锚固基团的超分散剂

含单个锚固基团的超分散剂，如国内的 WL1、WL2、WL5，ICI 的 17000、17240、17940、3000 等，适用于具有强极性表面的无机颜料及部分有机颜料。如钛白、氧化铁或铅铬酸盐等，由于其表面的天然极性使得它们能以离子对的形式与具有一定功能的锚固基团相互结合，这种离子对可产生机械力，故锚固基团通过此力得以牢固地吸附在颜料表面。

(2) 含多个锚固基团的超分散剂

含多个锚固基团的超分散剂，如国内的 WL3、WL4，ICI 的 13240、13650、13940、2400 等，适用于低极性表面的有机颜料及部分无机颜料。如较为复杂的多环有机颜料及炭黑，其表面无极性，必须找到锚固机械力来产生必要的吸附和空间稳定，而含多个锚固基团的超分散剂就能与其形成多个微弱锚固力。

对于某些完全非极性或极性很低的有机颜料及部分炭黑，因不具备可供超分散剂锚固的活性基团，故不管使用何种超分散剂，分散效果均不明显，此时需要使用表面增效剂。实际上，表面增效剂是一种带有极性基团的颜料衍生物，其分子结构及物理化学性质与待分散颜料非常相似，因此它能通过分子间范德华力紧紧地吸附于有机颜料表面，同时通过其分子结构的极性基团为超分散剂锚固基团的吸附提供活性位。通过这种协同作用，超分散剂就能对有机颜料产生非常有效的润湿和稳定作用。

9.5 聚沉作用

胶体的稳定和聚沉是既对立又统一的。不同的添加物当然可以使分散体系稳定或聚沉，即使是同一添加物，添加量不同也可以使分散体系稳定或聚沉。聚沉作用是非常复杂的物理化学过程，是凝聚和絮凝两种作用过程。凝聚过程是固体质点脱稳并形成细小的凝聚体的过程；而絮凝过程是所形成的细小的凝聚体在絮凝剂的桥连下生成大体积的絮凝物的过程。在固液分离过程中，由于两种作用不同，其效果亦有区别。现将这两种作用的区别叙述如下[51]：

1. 絮团大小不同

絮凝作用生成的絮团比凝聚作用生成的絮团大，这是由于高分子絮凝剂本身具有凝聚剂所没有的独持性能——吸附架桥作用，它可以使许多微粒互相结合，具有形成大块絮团的功能。

2. 沉降速度

絮凝速度较凝聚速度快。根据斯托克斯定律可知，悬浮微粒的沉降速度与其粒径成正比。有机高聚物通过其吸附架桥作用能将许多微粒连在一起，形成一个较大的絮团，因大絮团自由沉降作用与大颗粒相似，所以沉降速度快。凝聚作用是依靠微粒的碰撞黏附在一起的，所以聚集速度慢，形成的絮团细小，因而沉降速度缓慢。

3. 絮团强度不同

日本鹿野、武彦[14]用电子显微镜照片进行考察，其照片是在染料溶液中分别添加高分子絮凝剂和无机凝聚剂以后，将生成的絮团干燥，然后用扫描电子显微镜放大拍摄而成。从照片观察到，没有添加药剂时，看不到任何类似絮凝的物质，其染料粒子好像薄薄的塑料片一样。从用硫酸矾土凝聚处理后获得的凝聚物照片上可以清楚地看到，生成了独立的坚硬的金属片状凝聚物，再放大可以更清楚地看到凝聚物的状态。从用阳离子型高分子絮凝剂处理后的絮凝物照片上可以看到，絮凝物比用硫酸矾土大得多，而且看不列独立的金属片状凝聚物。如将照片进一步放大，则可清楚地看到，由高分子絮凝剂结合的微粒像海绵一样，它与使用无机凝聚剂时所得到的金属片状凝聚物相比松散得多。

从两种作用机理可理解：凝聚作用是压缩双电层使排斥能降低，然后由范德华吸引力起吸附作用，使微粒靠得很近，而絮凝作用是长碳链分子线状化合物起纽带的架桥作用，将微粒连结在一起，形成比较松散的絮团。

4. 滤饼含水率

使用高分子絮凝剂生成的絮团松散，微粒间空隙很多，水分可以直接浸入到絮团内部，因而絮凝物或滤讲含水率高。使用凝聚剂时，凝聚物坚硬密实，原因是絮团内部没有空隙，水分不能进入，凝聚物或滤饼含水率低。

凝聚和絮凝两种作用机理不同，聚集的效果也不相同，而且各有利弊。现将凝聚和絮凝的区别列于表9-4，使用时如何选择应根据被处理的对象或通过试验确定。

表9-4 凝聚和絮凝的区别[51]

作用名称	凝聚(coagulation)作用	絮凝(flocculation)作用
作用机理	电性中和作用为主	架桥作用为主，但有时兼有电性中和
药剂类型	以无机化合物为主	有机高分子聚合物为主但亦有无机高聚物
相对分子质量	一般化合物相对分子质量	数十万至数千万
絮团强度	紧密	松散
滤饼水分	较低	较高
聚集速度	较慢	快(较无机凝聚剂快几倍至几十倍)
对 pH 反应	敏感	较不敏感
用量	较大	少
药剂成本	较低廉	稍高
对冶炼产品的影响	无机杂质可能进入冶炼产品	无影响

9.6 凝聚作用

凝聚作用主要是在体系中加入无机电解质凝聚剂，通过带电质点对溶液中反离子的吸附，使两个带电质点的表面电荷被中和，ξ 电势下降，双电层被压缩减薄，减小质点间双电层斥力，在范德华相吸力占主导的情况下，质点间能形成稳定的化学键结合在一起，质点间的相互作用处于第一极小值的能态，而产生凝聚体与溶液分离[40]，见图9-20。

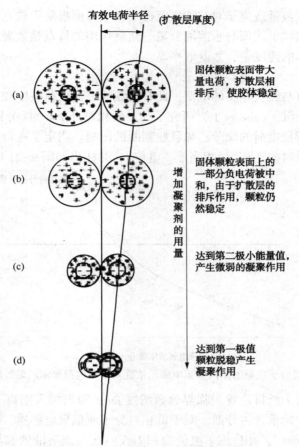

有效电荷半径 (扩散层厚度)

(a) 固体颗粒表面带大量电荷，扩散层相排斥，使胶体稳定

(b) 固体颗粒表面上的一部分负电荷被中和，由于扩散层的排斥作用，颗粒仍然稳定

增加凝聚剂的用量

(c) 达到第二极小能量值，产生微弱的凝聚作用

(d) 达到第一极值颗粒脱稳产生凝聚作用

图 9-20　中和电荷降低 ξ 电势和扩散层有效厚度达到脱稳和凝聚作用示意图[28]

由图 9-20 看出，带电质点表面带有较厚的扩散双电层，ξ 电势较高，电斥力大，带电质点处于分散稳定状态(a)。随无机絮凝剂(b)的加入进入扩散双电层被压缩变薄，ξ 电势下降但还具有一定值，因此体系仍处于分散状态(b)。随着絮凝剂浓度继续增加，体系进入状态(c)，质点表面的扩散双电层被进一步压缩已变得比较薄，ξ 电势继续下降，体系处于第二极小能量值，开始产生疏松的絮凝体。再继续提高絮凝剂的浓度进入到状态(d)，质点表面电荷几乎被完全中和，ξ 电势接近于零，扩散双电层已变得很薄，质点间的电斥力几乎不存在。此时，质点间的范德华相吸力占主导，最终使质点形成稳定的化学键结合在一起。质点间的相互作用能达到第一极小值，质点间产生凝聚体而从溶液中分离出来。

用无机电解质作凝聚剂时，其凝聚效果受很多因素的影响。例如，分散体系中所含物质的性质、溶解的离子及其浓度，pH 值、温度与搅拌情况等对凝聚效果有明显的影响，影响程度因凝聚剂的不同而有所差别。为了获得最有效的凝聚效果和选择合理的处理条件，首先应进行凝聚剂的筛选，以便最有效地利用其凝聚作用。不同种类、不同浓度和不同粒度的悬浮液的凝聚性质都不相同。

9.7　絮凝作用

絮凝作用主要是在体系中加入有机高分子絮凝剂，有机高分子絮凝剂通过自身的极性基或离子基团与质点形成氢键或离子对，加之范德华相吸力而吸附于质点表面，在质点间进行桥连形成体积庞大的絮状沉淀而与水溶液分离。絮凝作用的特点是絮凝剂用量少，体积增大的速度快，形成絮凝体的速度快，絮凝效率高。

1. 静电中和

加入的絮凝剂带有与胶粒相反的电荷，此时胶粒的表面电荷被中和，导致胶粒间的静电斥力下降，胶体发生聚沉。Greeory J[52]研究了高、低相对分子质量(分别为$1×10^6$和$2×10^4$)的阳离子聚电解质对带负电荷的聚苯乙烯乳胶絮凝的影响。测定了在负电乳胶溶液中加入不同浓度阳离子聚电解质时的迁移率(相当于ζ电位)，并作出如图9-21所示的两条曲线。

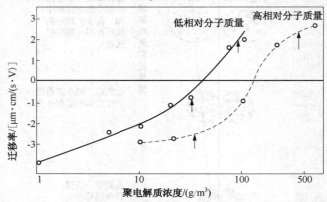

图9-21 不同相对分子质量的阳离子聚电解质浓度对带负电荷聚苯乙烯乳胶迁移率的影响

而水平线以上的箭头所指位置为临界分散浓度csc，即当加入阳离子聚电解质的浓度达到达一数值时，乳胶开始重新再分散。对于低相对分子质量聚电解质，临界聚沉浓度相应于迁移率约为$-1\mu m/V \cdot cm^{-1}$，相应的ζ电位为$-12mV$。这与该溶液的临界ξ电位相吻合，可见它是由静电中和效应引起聚沉的。但是对于高相对分子质量聚电解质来说则有些不同，其聚沉发生于$\xi \approx -30mV$处，即在远离溶液的临界ξ电位点之前已发生聚沉。从图9-21上可见，虚线上两个箭头之间距离较宽，即聚沉距离较宽。Gregory J等[52]提出一种"嵌镶模型"(mosaic model)加以解释。他认为带正电聚合物分子与带负电胶粒的静电作用并非均匀。也就是说，并非胶粒表面每处的负电荷都被正电荷的聚电解质分子所中和，这样便在胶粒表面上某些位置仍带负电荷，而有些位置则带正电荷，呈现出如图9-22那样的不均匀表面电荷分布。

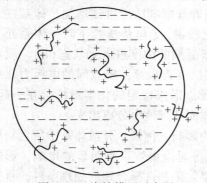

图9-22 嵌镶模型示意图

当这两个胶粒发生碰撞时，最可能的是一胶粒的正电荷表面碰撞另一胶粒负电荷表面。这样由于局部静电吸引力使它在远离临界聚沉点时就发生聚沉，而且聚沉范围较宽，聚沉速度也比 Smoluchowski 快速聚沉理论所预言的要快，但在高离子强度的溶液中将会减弱这一效应。

2. 桥连作用(bridge mechanism)

鲁尔温(Ruchrwein)及沃德(Ward)提出桥连理论[53,54]。桥连作用是指质点和悬浮物通过有机高分子絮凝剂架桥而被连接起来形成絮凝体的过程。主要通过高分子絮凝剂在质点表面的环式和尾式吸附架桥形成桥连。桥连效应主要有二种不同形式：一种是长链聚合物分子的链节吸附在二个或多个胶粒表面上搭桥；另一种是吸附在二个胶粒表面上聚合物分子搭桥。它们分别如图 9-23(a)、(b)所示。

（a）一个聚合物吸附在二个或多个表面上搭桥　　（b）吸附在二个胶粒表面上的聚合物分子搭桥

图 9-23　搭桥效应的二种类型

从图 9-23 可见，形成(a)型桥必须要求聚合物分子有多个吸附链节，链长到足以吸附在二个或多个胶粒表面上。而且要求粒子表面覆盖率较低，这样才有可能留出空位置让已吸附在其他粒子表面上聚合物分子的另一些链节吸附在其上面。最好粒子表面有一半是空白的。所以这种搭桥效应是在较低的聚合物浓度下发生的。而(b)型桥的形成要求链节之间相互作用能必须大到足以克服链节成桥后由于构型几率的减少所产生的熵斥力位能。当一个聚合物的亲水基吸附在亲水的粒子表面上，而憎水基团伸入水溶液中时，则不同粒子的这些憎水基团相互连结而成(b)型桥，这样处于更稳定状态。此外，在更高浓度的聚合物溶液中还可能出现这样一种搭桥效应：溶液中自由聚合物分子的不同位置链节分别与吸附在两个不同粒子表面上吸附聚合物分子搭桥。

架桥机理的根据是聚合物具有絮凝带相同电荷的颗粒的能力[55]。但如果双电层的斥力太大，颗粒也可能不致于相互靠近到足以发生架桥的地步。在这些情况下，可加进反离子以降低 ξ 电位，从而促进颗粒絮凝。当 pH 可能发生变化时，采用非离子型聚合物可能有利，虽然一般来说它们用作絮凝剂不如离子型聚合物有效。

聚合物在固-液界面上的吸附是一种复杂现象，克莱菲尔德(Clayfield)及伦布(Lumb)曾用计算机模拟法解决过这个问题[56]。而西尔伯拍格(Silberber)[57]、霍维(Hoeve)[58]及赫塞林克(Hesselink)[59]则用统计力学方法解决这个问题。所有这些作者的结论是，聚合物的最终构型是从表面延伸的线卷(loops)，线卷的大小取决于聚合物-固体-溶液体系的许多物理性质；线卷的相对大小随不同理论而不同。有些人预言是很多的短线卷，有些人则预言是一些长线卷。由于聚合物表面吸附的许多附着点是不可逆的，且是单层的，从而得出一条与郎格米尔(Langmuir)等温线相似的吸附等温线。

有机高分子既有絮凝作用，又有保护作用。在高分子化合物浓度很低时，吸附于分散粒子上的聚合物长链可以同时吸附于其他粒子表面上，这样就可将多个粒子通过聚合物分子连接起来，从而发生聚集作用。当高分子化合物浓度很大时粒子表面已被吸附的聚合物包裹起来，形成水化外壳，将分散相粒子完全包围起来，对溶胶则起保护作用，不再能与其他粒子桥连。高浓度高分子化合物使分散体系稳定常称为保护作用(protective action)；极低浓度时因发生桥连而引起的聚集作用，早期称为敏化作用(sensitization)(图 9-24)。

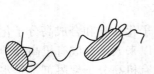

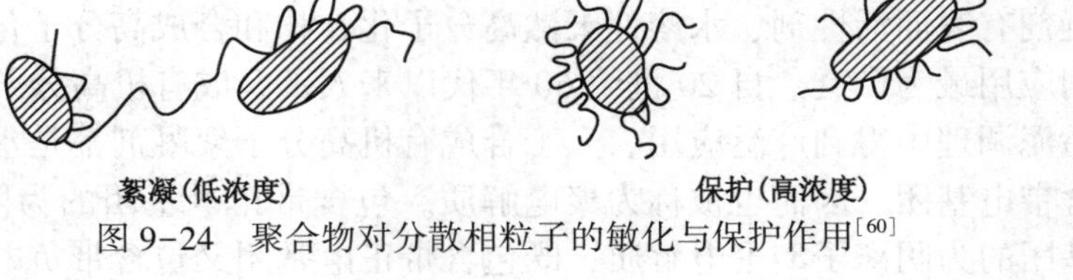

絮凝(低浓度)　　　　　　　保护(高浓度)

图 9-24　聚合物对分散相粒子的敏化与保护作用[60]

一般来说，高分子絮凝剂相对分子质量大对桥连絮凝有利，但相对分子质量太大时桥连过程中将发生链段重叠，排斥作用加大。聚电解质絮凝剂的应用效果还要考虑其离解度、带电符号及粒子荷电性质的关系。通常，聚电解质离解度大，电荷密度高，分子舒展，有利于桥连。但是，若聚电解质与粒子带电符号相同时，聚电解质解离度越大，越不利于其在粒子表面的吸附。在这种情况下，通常加入高浓度电解质，使其反离子起到促进聚电解质吸附和压缩粒子表面双电层双重作用，最终使得吸附的聚电解质能跨越压缩后两倍双电层厚度的距离起到桥连作用（参见图 9-25）。

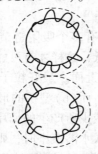 

（a）离子强度，静电斥力阻碍桥连　　　　（b）高离子强度，双电层变薄，利于桥连

图 9-25　电解质存在下聚合物桥连絮凝示意图[60]

9.8　聚集剂

聚集剂是在很低浓度就能使分散体系失去稳定性并能提高聚集速度的化学物质。絮凝剂主要用于生活用水、工业用水和污水的处理，以除去其中的无机和有机固体物。絮凝剂也用于固液分离、污泥脱水、纸料处理等。絮凝剂主要有无机絮凝剂和有机絮凝剂两大类。有机絮凝剂以高分子絮凝剂为主。聚集剂分无机凝聚剂和有机絮凝剂两大类。

9.8.1　无机凝聚剂

无机凝聚剂可分为无机电解质（无机盐）和无机酸类[61~65]。常用的无机絮凝剂有水溶性铝盐、铁盐、氯化钙、硅酸钠、酸（HCl、H_2SO_4）、碱[$NaOH$、$Ca(OH)_2$]等，铝盐和铁盐有硫酸铝、三氯化铝、三氯化铁、硫酸铁等，它们在水中都以三价铝和三价铁各种形态存在。

另一类无机絮凝剂是无机高分子絮凝剂，常用的有聚合铝和聚合铁。聚合铝的基本化学式有铝溶胶[$xAl(OH)_3$]、聚氯化铝[$Al_2(OH)_nCl_{6-n}$]、聚合硫酸铝[$Al_2(OH)_n(SO_4)_{3-n/2}$]$_m$等。聚合铝作为絮凝剂的优点是适用于各种废水处理，浊度越高处理效果越显著，处理条件不苛刻，形成絮凝体快，沉淀速度快等。聚合铁为聚合硫酸铁[$Fe_2(OH)_n(SO_4)_{3-n/2}$]$_m$。聚合铝与聚合铁絮凝机制以电性中和为主，它们在水中能电离生成高价聚阳离子，这些聚阳离子吸附在负电粒子表面中和粒子电荷而使聚集。

9.8.2　有机高分子絮凝剂

有机絮凝剂有表面活性剂、水溶性天然高分子化合物和合成高分子化合物。其中以合成高分子絮凝剂应用最为广泛。自 20 世纪 60 年代以来人工合成有机高分子絮凝剂已在给水和废水处理及污泥调理中得到广泛应用。人工合成有机高分子絮凝剂都是水溶性聚合物，重复单元中常包含带电基团，因而也被称为聚电解质。包含带正电基团的为阳离子型聚电解质，包含带负电基团的为阴离子型聚电解质，既包含带正电基团又包含带负电基团的为两性型聚电解质。有的人工合成有机高分子絮凝剂在制备中并没有人为地引进带电基团，为对称起见，称之为非离子型聚电解质。在水和废水处理中，使用较多的是阳离子型、阴离子型和非离子型聚电解质，两性型电解质使用较少[66]。

有机高分子絮凝剂大分子中可以带—COO^-、—NH—、—SO_3、—OH 等亲水基团，具有链状、环状等多种结构。因其活性基团多，相对分子质量高，具有用量少，浮渣产量少，絮凝能力强，絮体容易分离，除油及除悬浮物效果好等特点，在处理炼油废水，其他工业废水，高悬浮物废水及固液分离中阳离子型絮凝剂有着广泛的用途。特别是丙烯酰胺系列有机高分子絮凝剂以其相对分子质量高，絮凝架桥能力强而显示出在水处理中的优越性[67]。

高分子絮凝剂应用的主要问题是制造成本和毒性。特别是长期大量应用对人体健康是否会带来危害，絮凝物的后处理是否困难都是应十分重视的。由于高分子絮凝剂的价格高于无机絮凝剂的几十倍，故生产工艺流程的改进、原料价格的降低都是需要考虑的。近年来将有机与无机絮凝剂联合应用收到良好的效果。

1. 有机高分子絮凝剂应具备的条件

有机高分子絮凝剂的絮凝作用主要是通过桥连而实现的，也就是絮凝剂的分子同时被吸附在两个以上的颗粒上，通过架桥再经大分子的卷曲使这些颗粒产生聚结和絮凝。因此要使絮凝过程发生，高分子聚合物应具备以下条件。

① 在介质中必须可溶。

② 高分子的链节上应具有能与固液悬浮体中的固体粒子间产生桥连的吸附基团。例如，阳离子型的季铵基，阴离子型的羧钠基以及非离子型的氨基、羟基、酰胺基和羧基等。

③ 大分子应是线型的，并有适合于分子伸展的条件。

④ 分子链应有一定长度，使其能将一部分吸附于颗粒上，而另一部分则伸进溶液中，以便吸附另外的颗粒，产生桥连作用。

⑤ 固液悬浮体中的固体颗粒表面必须有以供高聚物架桥的空位。

2. 阳离子型有机高分子絮凝剂

阳离子型聚电解质主要是分子重复单元中含有带正电荷的氨基（—NH_3^+）、亚氨基（—CH_2—NH_2^+—CH_2—）或季铵基（N^+R_4）的水溶性聚合物，主要品种有二甲基二烯丙基氯化铵与丙烯酰胺的共聚物或均聚物，聚乙烯基咪唑啉等[68]。高相对分子质量阳离子型聚电解质由自由基加聚反应制备，低相对分子质量阳离子型聚电解质由自由基缩聚反应合成。由于水中胶体粒子一般带负电荷，所以阳离子型聚电解质不论相对分子质量大小，均起絮凝剂作用。由于阳离子单体价格较高，因而在合成阳离子型聚电解质时引入的带正电荷的单体的数量有所限制，造成正电荷密度不很高。

阳离子型人工合成类有机高分子絮凝剂，一般通过阳离子基团与有机物接枝获得[69]。常用的阳离子基团有季铵盐基、吡啶嗡离子基或喹啉嗡离子基，产品有聚二烯丙基二甲基氯化铵（PDMDAAC）、环氧氯丙烷与胺的反应产物、胺改性聚醚和聚乙烯吡啶等[70]。其中，聚二烯丙基二甲基氯化铵是一种高效阳离子型高分子絮凝剂，它在油田污水、含油污水和除油处理中都有很好的性能。在油田污水处理中它可以克服国内常采用的碱式氯化铝或聚丙烯酰胺絮凝的弊端，如絮凝速度慢、净化效果差、加重杀菌工序负担等，因其自身的优点（去油力强，絮凝速度快），现广泛运用于油田污水处理；它对含色污水处理也有很好效果，同时也能降低 COD 值，与其他阳离子絮凝剂相比，环氧氯丙烷与胺的反应产物在含氯分散相的分散体中不与氯化物起作用，从而不会降低其絮凝效果。

3. 阴离子型高分子絮凝剂

阴离子型聚电解质主要是重复单元中包含—$COOM$（其中 M 为氢离子或金属离子）基团

或—SO_3H 基团的水溶性聚合物，主要品种有部分水解的聚丙烯酰胺（含聚丙烯酸钠）和聚磺基苯乙烯[68]。阴离子型聚电解质由自由基加聚反应合成，相对分子质量可因反应条件不同而异。作为水处理絮凝剂，只能是选用高相对分子质量的（相对分子质量大于 10^6），低相对分子质量（$M_W<10^5$）阴离子聚电解质不是絮凝剂，而是胶体稳定剂。由于羧基电离度不大，已水解的聚丙烯酰胺中—COO—基团含量不高（低于未水解的—COOH 基团含量），因而负电荷密度不大；但磺酸基电离度很大，因而聚磺基苯乙烯的负电荷密度较高。目前广泛应用的有聚丙烯酰胺（PAM）和聚丙烯酸钠（PAA），其中阴离子型 PAM 的阴离子基团是通过酰胺基水解获得，或通过酰胺基的反应接枝聚合上去的。

阴离子型有机高分子絮凝剂主要有聚丙烯酸、聚丙烯酸钠、聚丙烯酸钙以及聚丙烯酰胺的加碱水解物等均聚或共聚物。

4. 非离子型有机高分子絮凝剂

非离子型聚电解质的主要品种为未水解的高相对分子质量聚丙烯酰胺和聚氧化乙烯[68]。这里的"末水解"，是指在聚丙烯酰胺分子重复单元中已水解的酰胺占全部酰胺基的比例低于 3%，而不是指完全没有水解。

聚丙烯胺系列聚电解质由相对分子质量和电荷不同的聚丙烯酰胺及其衍生物组成，是用量最大的人工合成有机高分子絮凝剂。

非离子型人工合成类有机高分子絮凝剂，这类絮凝剂不具电荷，在水溶液中借质子化作用产生暂时性电荷，其凝集作用是以弱氢键结合，形成的絮体小且易遭受破坏。产品有非离子型聚丙烯酰胺和聚氧化乙烯（PEO）等。

5. 两性型人工合成类有机高分子絮凝剂

两性型有机絮凝剂兼有阴、阳离子基团的特点，在不同介质条件下，其离子类型可能不同，适于处理带不同电荷的污染物，特别是对于污泥脱水，它不仅有电性中和、吸附架桥、而且有分子间的"缠绕"包囊作用，使处理的污泥颗粒粗大，脱水性好。同时，其适应范围广，酸性、碱性介质中均可使用，抗盐性也较好。Corpart 等[71]采用苯乙烯-丙烯酰胺共聚物，在不同条件下分别进行 Hofmann 反应和酰胺基的水解反应，制得相同颗粒大小、不同电荷密度、不同等电点的含羧基和胺基的乳胶共聚物。丙烯腈或腈纶废丝（PAN）、双氰双胺（DCD）类两性有机絮凝剂在国外发展迅速，其基本制备工艺是将 PAN 与 DCD 在 N, N-二甲基甲酰胺溶液中，于碱性条件下反应，然后在酸性条件下水解制得[72]。PANDCD 类有机絮凝剂对染料废水有较好的脱色和去除 COD 的效果[73]。

9.8.3　天然产物絮凝剂

天然改性类高分子有机絮凝剂是一类生态安全型絮凝剂，天然高分子絮凝剂在水处理中的应用历史可以追溯到 2000 年以前的古代中国和古代埃及。目前研究较多的是美国、德国、法国和日本。我国的研究起步较晚，商品化速度较慢，现仍处于研究开发阶段。天然改性类高分子有机絮凝剂具有基本无毒，易生化降解，不造成二次污染的特点，且分子结构多样，分子内活性基团多，可选择性大，易于根据需要采用不同的制备方法进行改性。不过它们的使用远少于人工合成高分子絮凝剂，其原因是天然高分子絮凝剂电荷密度较小，相对分子质量较低，且易发生生物降解而失去絮凝活性。目前天然高分子絮凝剂的主要品种有淀粉类、半乳甘露聚糖类、纤维素衍生物类、微生物多糖类及动物骨胶类等五大类[74]。

9.9 絮凝与分散的应用

9.9.1 絮凝与分散在油田钻井液中的应用

1. 絮凝作用

（1）钻井液中的絮凝作用[75]

钻井液在油田钻井过程中的主要功能之一是携带和悬浮钻屑即把钻头破碎的岩屑从井底带出井眼，保持井眼净化。当接单根或临时停止循环时，钻井液又能把井眼内的钻屑悬浮住，不致很快下沉，防止沉砂卡钻的危险。这就要求钻井液具有适当的黏度等流变性能。这取决于钻井液中的黏土的颗粒大小和多少，以及与有机高分子絮凝剂间的相互作用，搭桥和成网能力有关。

钻井工艺要求钻井液具有良好的触变性，所谓触变性就是黏土粒子与有机高分子絮凝剂之间通过桥连产生一定程度的絮凝形成的空间网状结构，在搅拌下（即一定剪切力下）由于拆散了土黏粒子与絮凝剂高分子间形成的空间网状结构而使钻井液的黏度降低，而在搅拌停止时（剪切力撤除后）钻井液中的黏土粒子与絮凝剂分子间的空间网状结构又恢复使其黏度又升高的特性。钻井液正是具有这种独特的触变性性质，才使得钻井液停止循环时，黏土粒子与絮凝剂间的网状结构才可能很快地恢复且具有一定强度使其钻屑悬浮于钻井液中而不会下沉，又不致于在静止后开泵泵压过高。

钻井液的触变性取决于黏土粒子与絮凝剂之间的相互作用力即形成空间网状结构的强度。而空间网状结构的强度与黏土粒子在钻井液中的分散与絮凝状态有关，下面就空间网状结构的形成进行描述。

被水化分散成片状结构的黏土矿物其平表面带负电荷，在黏土片状结构的端面，由于铝氧八面体和硅氧四面体的断开，而使端面带正电荷。这就使黏土片能形成一定的空间结构类型如图9-26所示。

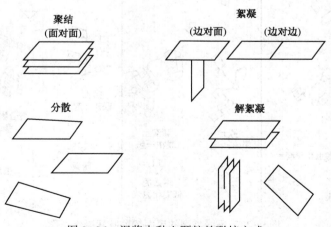

图 9-26 泥浆中黏土颗粒的联接方式

在黏土浆中形成的这些结构可以是连续的，也可以是不连续的，其结构强度主要取决于单位体积中网架结构的数目和每个网架结构的强度。在泥浆中加入较少电解质时，黏土颗粒的 ζ 电位下降，颗粒间斥力减小，网架结构就会使黏土颗粒间的絮凝程度加强。在黏土浆中加入降黏剂可吸附于黏土片的表面，特别是端面，减弱黏土粒子间的联接力，使絮凝强度减弱，从而大大削弱网架结构强度或使网架结构的拆散变为现实。与之相反絮凝剂又可通过桥连方式使这些拆散的黏土片形成空间网状结构，如图 9-27 所示。这种空间网状结构的强度可以通过使用不同类型的降黏剂和絮凝剂来调整，以使钻井液达到适宜的触变性。

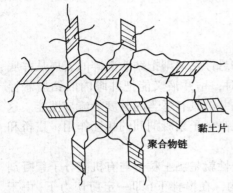

图 9-27　黏土粒子与絮凝剂间
形成的空间网状结构

（2）聚合物在钻井液中的絮凝作用

① 完全絮凝剂。既絮凝膨润土又絮凝钻屑和劣土，如相对分子质量为 150 万~350 万、水解度为 2% 左右的聚丙烯酰胺，基本上属于非水解聚丙烯酰胺，它可使钻井液中所有的固体粒子都发生絮凝沉淀，即既絮凝岩粉及劣土，又絮凝膨润土。

② 选择性絮凝剂。分为两种：a. 增效型，选择性絮凝剂在钻井液中只能絮凝岩粉和劣土，而不絮凝膨润土，同时还能增加钻井液的黏度（网状结构的强度显著增大）。b. 非增效型，选择絮凝剂在钻井液中只能絮凝岩粉和劣土，而不絮凝膨润土，同时对钻井液的黏度影响不大。如一些相对分子质量较小的水解聚丙烯酰胺。

不同类型的聚丙烯酰胺的三种絮凝作用如图 9-28 所示。

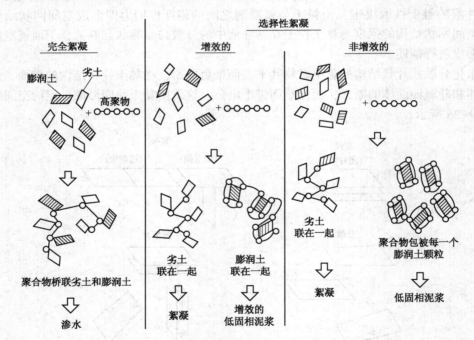

图 9-28　不同类型的聚丙烯酰胺絮凝作用图

③ 聚丙烯酰胺的完全絮凝机理。聚丙烯酰胺的大分子链很长且分子链节中带有（—C—
　　　║
　　　O

NH_2）和少量的—OH，对于非水解的聚丙烯酰胺其分子链节上的电荷密度很低，因此极易与黏土表面的氧形成氢键而发生多点吸附并同时吸附于几个黏土颗粒的表面上，由于电斥力小相互间还可通过共同吸附黏土颗粒或互相缠绕而彼此桥连在一起，形成絮凝团块（或闭粒）。形成的絮凝团块很容易脱水收缩生成紧密絮凝团，这种絮凝团块的动力稳定性差，容易下沉或离心沉淀。

对于部分水解聚丙烯酰胺在溶于钻井液后，分子链节中除带有酰胺基（—C—NH$_2$）外，

$\underset{\displaystyle O}{\overset{\displaystyle |}{}}$

还有部分带负电荷的羧基负离子（—C—O$^-$）使聚丙烯酰胺大分子链上具有较高的负电荷密

$\underset{\displaystyle O}{\overset{\displaystyle |}{}}$

度。对于优质膨润土，由于阳离子交换容量高（C.E.C = 80~150meq/100g 土），表面所带的永久负电荷密度高，因此 ζ 电势的绝对值高，扩散双电层厚，水化膜电斥力大。带有的负电荷密度较高，部分水解聚丙烯酰胺大分子与膨润土粒子靠近时，产生很强的电斥力，若电斥力大于聚丙烯酰胺与膨润土粒子间的范德华相吸力时，那么丙烯酰胺就不可能吸附在膨润土表面，也就不可能发生桥连的絮凝现象。即使水解聚丙烯酰胺与膨润土粒子间的范德华相吸力能克服电斥力而被吸附于土粒表面，也会由于膨润土分散度高，颗粒小，水化度高，形成的絮团小且松散而达不到马上沉降。因此部分水解聚丙烯酰胺对膨润土表现为无絮凝作用。对产颗粒粗大的劣质土（岩屑），阳离子交换容量低（C.E.C = 10~40meq/100g 土或为 0），表面所带的永久负电荷少，双电层薄，ζ 电位低，水化膜薄，斥力小，故它对劣土表现为吸附–架桥–絮凝。因此，对部分水解聚丙烯酰胺当其相对分子质量合宜，水解度在 30% 左右时表现为对膨润土和劣质土的选择性絮凝，这有助于将岩屑从钻井液中分离出去，有利于固含量的控制。

选择性絮凝完全不絮凝膨润土，这只是一种完全理想的状态。事实上在低固相不分散钻井液体系中部分水解的丙烯酰是用作絮凝剂，主要作用是与黏土粒子通过桥连形成空间网状结构，而这种空间网状结构的强度一方面受黏土颗粒含量的影响，若黏土粒子含量高形成的网状结构数目多，钻井液的结构黏度上升，另一方面受黏土表面电荷的影响，黏土表面负电荷密度越高水解聚丙烯酰胺与黏土颗粒间的范德华相吸力就被抵销得越多，形成的单个网状结构的强度就较低，这都会影响钻井液的触变性。性能良好的钻井液应具备适当的触变性。当在高速剪切下如在喷射钻井的水眼处钻井液中的空间网状结构能迅速拆散，有极低的黏度，这有利于钻速的提高。而在钻井液上返时的环空中低速低切作用下能使网状结构迅速恢复提高结构黏度有利于钻屑的悬浮携带。

2. 分散降黏作用

（1）分散降粘作用在钻井液中的重要性

在钻进过程中，常会遇到高造浆率的黏土层或高矿化度地层，此时钻井液的性质会受到较大的影响。造浆率高的地层会使钻井液中黏土颗粒的含量急剧上升，导致钻井液中空间网状结构的个数增加使整个网状结构的强度增加，而高矿化度地层的无机盐会使黏土颗粒的表面净电荷及聚合物的表面电荷因反离子浓度增加而被中和，从而使黏土颗粒与聚合物间的电斥力下降，范德华相吸力占优势，因此使单个空间网状结构的强度增加。这两种因素都会导致钻井液的结构黏度升高。钻井液黏度升高会造成钻速下降，甚至破坏钻井液的胶体化学性质使失水增加，造成缩井、卡钻等井下复杂情况。此时就须加入降黏剂（即分散剂）降低钻井液的黏度。

（2）聚合物型分散降黏剂的作用

国内油田钻井液中常用的降黏剂，大多是阴离子型，最具代表性的是磺化木质素铁铬盐

（简称 FCLS）、磺化腐殖酸盐等。此外，还有如醋酸乙烯酯-马来酸酐（VAMA）、磺化苯乙烯-马来酸酐（SSMA）和低相对分子质量丙烯酸盐等阴离子聚合物型降黏剂。但因阴离子型降黏剂分子结构的特点，决定了在调整钻井液流变性的同时，会削弱钻井液对黏土的抑制性，使钻井液的屈服值增高，导至低固相难以实现等问题。进入 20 世纪 80 年代末 90 年代初，出现了复合离子降黏剂。这种类型降黏剂克服了阴离子型降黏剂给钻井液带来的弊病，在提高降黏率的同时还有利于井壁的稳定，有效地提高了钻井速度。徐燕莉合成和考擦了聚合物阴离子型磺化苯乙烯-马来酸酐（SSMA）和两性离子型丙烯酸钠-丙烯酰胺-丙烯磺酸钠-二烯丙基二甲基氯化铵四元共聚物（AMTA）在水基钻井液中的应用。

9.9.2　表面活性剂在颜料分散中的应用

颜料是由原始分散粒子及其凝聚体构成的混合物。原始分散粒子有较高的界面能，能自发地凝聚。在涂料、油墨等生产中，必须使颜料具有良好的分散性能和分散稳定性。

1. 颜料的分散过程

颜料在分散介质中的分散过程分为三个阶段：介质润湿颜料；机械研磨，使凝聚体分散成小粒子；介质润湿微粒子表面，使其处于稳定状态。

（1）润湿

颜料能否被介质润湿，由两者的物理、化学性质所决定。例如，表面自由能高的二氧化钛等无机颜料易被极性分散介质所润湿。表面自由能低的有机颜料，在极性介质（如水）中润湿性能差，必须采取适当措施进行处理以提高其润湿性。

（2）分散

颜料经提高润湿性预处理后继而进行研磨处理，研磨处理一般采用机械研磨。为使研磨粉碎效率高，直先要选择好适当的研磨设备；体系的黏度大时，宜选用二辊机；黏度较大时，应选用三辊机；黏度中等时，可选用高速搅拌机；黏度小时，选用沙磨机、球磨机或立式球磨机。

经表面处理剂处理后的颜料，能显著改善分散性。例如，以苯乙烯和烯丙醇的共聚物与邻苯二酸酐和月桂酸的反应产物为表面处理剂，对二氧化钛进行预处理后，用球磨机研磨，研磨后的二氧化钛在乙烯树脂中的分散性如表 9-5 所示。二氧化钛在乙烯树脂中难以分散，但是用表面处理剂进行预处理后，其分散性能得到显著的改善。

表 9-5　用球磨后的二氧化钛在乙烯树脂中的分散性

处理剂对颜料的浓度/%	赫格曼细度计对不同研磨时间的评价值（读数范围 0~8）					
	1/2h	1h	2h	4h	6h	14h
3	0	1.5	4	6	7	7.5[+]
1	0	1.5	4	6	7	7.5[+]
0.5	0	0.5	3	4.5	5.5	7.5[+]
0	0	0	1	1	2	3

7.5[+]——高于 7.5。

2. 分散体系的稳定性[76~80]

颜料在分散介质中形成的体系是热力学上不稳定的体系。由于布朗运动和颜料与分散介质的相对密度差，颜料粒子会发生自然沉降而使体系破坏，因此，产品在储存过程中可能发生质量劣变。为使制得的分散体系具有良好的稳定性，通常可采取以下几种方法：用离子或离子表面活性剂在颜料表面上吸附或形成配位化合物，使颜料表面形成ζ电位；用聚合物或表面活性剂在颜料表面上形成吸附层，以防止絮凝；增高分散介质的黏度以控制布朗运动和自然沉降；减小颜料和分散介质的相对密度差。

颜料的分散过程中，表面活性剂主要作用是有助于颜料粒子的润湿及颜料聚集体的粉碎，并使分散体更趋稳定，保证颜料粒子在分散介质中充分发挥作用，使着色力等提高。在非水溶剂中，溶剂的表面张力较低，添加相应的表面活性剂后，表面活性剂吸附在颜料粒子上，也使其界面张力降低或者 $\cos\theta$ 提高，有利于颜料的稳定分散。

① 在有机介质中的分散。对于涂料、医药、农药、印刷用油墨等工业来说，非水溶剂中的分散是非常重要的。在非水溶剂中，表面活性剂的作用是吸附在粒子表面上，使粒子表面易被溶剂湿润，并且阻止粒子间的接触，起到防止凝聚的目的。对于低能表面的有机粒子在非水介质中采用超分散剂。

例如，经过烷基酚-烷基胺甲醛缩合物(简称 AAFC)处理后的酞菁绿颜料在有机介质中的分散性优于经十八胺处理后的酞菁绿颜料。其加量为 5%~7%。

图 9-29 所示为用超分散剂 AAFC 处理后的酞菁绿颜料与经十八胺处理后的酞菁绿颜料相比颜料粒子在正辛醇中有更好的分散性。可能是因为在 AAFC 的分子结构中具有多个—NH—，—OH 作为锚固基团能较牢地吸附在酞菁绿表面上，且有多个可溶剂化较长的碳氢链，更有利于对颜料粒子表面的包覆，形成较强的空间位阻，减弱了粒子间的相互作用，从而得到易分散的颜料。

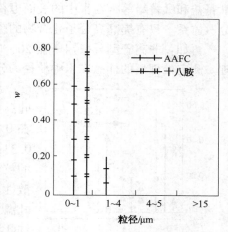

图 9-29　分别经 5%AAFC 和 5%十八胺处理后的样品在正辛醇中的粒度分布

② 在水介质中的分散。由于颜料粒子表面能极性低，不易在水介质中稳定分散，限制了使用，因此对有机颜料表面改性，使颜料粒子表面覆盖某种分散剂或表面活性剂，以适应不同分散介质，从而改善颜料应用性能。高分子类分散剂通过空间位阻作用可使颜料在水介质中的分散性能有较大提高。如：

松香皂-马来酸酐

丙烯酸-丙烯酸酯共聚物

苯乙烯-丙烯酸共聚物

苯乙烯–马来酸酐烷酯共聚物

注：R 为 CH 时可使铜酞菁在水中接触角 θ 由 103.1° 降至 78°。

这些高分子化合物对颜料粒子的非极性侧面具有一定亲和力，即非极性锚基吸附在颜料粒子非极性表面上，使高能量的极性端基覆盖了非极性、低能量的颜料表面，整个颜料粒子显示出更强的极性，从而易于分散在水介质中。

这类高分子化合物均以羧酸铵盐形式存在。由于高分子化合物电离成羧酸阴离子，有机颜料在水中也呈阴电荷，表面电荷为 $-60 \sim -40\text{mV}$，因此带负电荷的高分子化合物极性部分对有机颜料具有电性斥力，高分子化合物的疏水部分与颜料吸附，表面改性后的粒子表层为亲水性的羧酸负离子。

极性很低的有机颜料，如喹啶酮红、异吲哚啉酮红、二酮吡咯并吡咯红、二嗪紫（红）、酞菁蓝和酞菁绿等，在水中的表面电荷为 $-15 \sim 35\text{mV}$，与—COO—的斥力较小，较难制成水分散体系，只有提高高分子化合物的疏水性，才能得到稳定的水分散体系。

再如：非离子型分散剂斯盘 20、吐温 20 和吐温 80，分别在水中对酞菁绿颜粒进行处理。测定处理后的样品在水中粒径的分布结果如图 9-30 所示。

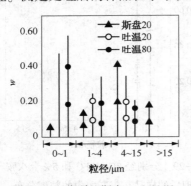

图 9-30　分别经斯盘 20、吐温 20 和吐温 80 处理后的样品在正辛醇中的粒度分布

经吐温-80 处理后的酞菁绿颜料，可在水中分散。经吐温 80 处理后的酞菁绿颜料，在水中的分散性较好。粒径在 $0 \sim 1\mu\text{m}$ 区间，$w_{0 \sim 1}$ 为 0.57；在 $1 \sim 4\mu\text{m}$ 区间，$w_{1 \sim 4}$ 为 0.33；在 $4 \sim 15\mu\text{m}$ 区间，$w_{4 \sim 15}$ 为 0.20。而粒径 $>15\mu\text{m}$ 区间的粒子不存在。与空白样完全不能在水中分散相比，其分散性得到了很大的改善。在水相中，用斯盘 20、吐温 20 和吐温 80 对酞菁绿颜料进行处理，首先是斯盘 20、吐温 20 和吐温 80 在水中溶解，然后被吸附在颜料-水界面上作定向排列，疏水基通过色散力吸附在颜料粒子的表面上，而亲水基一端伸进水中，从而降低了固-水界面张力，改善了水对颜料粒子表面的润湿性。经此种方法处理后的颜料在干燥过程中，会因存在毛细管吸引力，往往得到较硬的颜料粒子。当这种经处理后的颜料粒子在水中分散时，其亲水基经水化形成水化膜，它可以有效地阻止颜料粒子间的絮凝，使颜料粒子易于分散。与吐温 20 相比，吐温 80 由于其疏水基较长（17 个碳原子）与颜料表面有较强的分子间作用力，易于吸附在颜料表面。与斯盘 20 相比，它具有比斯盘 20 上的—OH 的亲水性更强的聚氧乙烯链，可形成较厚的水化膜，因此经吐温 80 处理过的颜料在水中易分散，且粒子细小。

例如，甲基丙烯酸甲酯–马来酸酐共聚物（MM）的聚羧酸型分散剂对水性超细颜料分散体系的作用。颜料作为喷墨印花墨水的着色剂，在墨水中的粒径分布和分散稳定性问题被视为关键。由于颜料粒子表面极性低，不易在水介质中稳定分散，使得在配制墨水时分散稳定性问题难于解决，限制了其使用。

分散剂的性能随共聚物分子中两种单体比例的不同而不同，实验中就共聚物中马来酸酐含量对颜料红分散性能的影响作了对比，实验结果如表9-6所示。

表9-6 马来酸酐含量对分散稳定性能的影响

$F_{Man}^{①}$/%	19.1	22.3	25.5	26.5	27.3
R/%	77	85	94	86	83

① F_{Man}是共聚物组成中马来酸酐所占的摩尔分数。

颜料分散在介质中，要求具有很高的分散稳定性才能满足喷墨印花墨水的要求，用样品离心前后吸光度的比值 R 来表示样品的分散稳定性，R 值越大，分散稳定性越好。从表中可以看出，随着共聚物中马来酸酐含量的增加，分散稳定性有先增加后降低的趋势。马来酸酐是 MM 共聚物的亲水部分，其链节增加则分散剂的水溶性增强，所得颜料分散体系的 ζ 电位变大，颜料粒子间的静电斥力增大，体系的分散稳定性增加；当马来酸酐的含量继续增加，甲基丙烯酸甲酯的含量减少，甲基丙烯酸甲酯是疏水部分，其链节减少后对颜料的吸附力减小，不利于颜料粒子的稳定分散。F_{Man} 为 25.5% 时，高分子分散剂能有效地阻止颜料微小粒子重新絮凝，起到稳定分散的作用。

9.9.3 絮凝技术及其在矿物分选中的应用

在选矿生产实践中，细粒矿物的回收是一个急待解决的问题。20μm 以下的微细粒不能用常规的选矿方法处理，而实际生产过程中往往将这部分难选的矿粒脱除废弃，造成了大量的金属损失。由于微细粒具有它本身的物理特性，所以重、浮、磁选方法难以回收，采用特种选矿方法和选择性絮凝法，有可能得到满意的回收[81~85]。诸多选矿新工艺中，选择性絮凝法有着较强的生命力，从理论到实践均发展较快。

1. 絮凝技术的原理及方法

利用聚合物(絮凝剂)絮凝细粒物质以及使这些团聚体与其他分散相组分分离的过程称为选择性絮凝。必须控制不同组分的表面对絮凝剂的竞争，以达到使絮凝剂吸附在目的组分上。这样就可采用沉淀-淘析法或絮团浮选法从悬浮液中将覆盖着聚合物的颗粒形成的团聚体或絮团分离出来。理想的絮团应该是一种任意的、具有三度空间的、松散的、多孔性絮状结构。倘若它们相当牢固，那么这些絮团就能进一步精选，以提高精矿品位。选择性絮凝法包括：①微细颗粒的分散(通常都在该段中加入分散剂)；②聚合物选择性地吸附在絮凝组分上，并形成絮团；③低剪切速率下调浆使絮团长大；④用沉淀、淘析、筛分法或浮选法分离絮团，如有必要，可接着再分散和再絮凝以精选絮团。絮凝过程主要依靠带有不同电性的絮凝剂，选择性地作用于不同的矿物，它的作用机理除桥连作用以外，尚与矿物表面吸附力有关。絮凝工艺的影响因素，除絮凝剂本身的选择性能(相对分子质量的大小、结构、水解度、功能团性质等)外，尚有矿物表面的电化性质和溶解度等物理性质、介质的性质(溶液中存在的电解质种类和数量、pH 值、黏度等)、流体动力学等；另外磨矿时矿物表面的污染、矿泥的覆盖，以及絮凝剂的配制、添加方式和剂量、搅拌强度、絮团分离的方式等因素也都将对絮凝工艺产生影响。

2. 絮凝在矿物分选中的应用

(1) 硫化矿

印度尝试用改进的絮凝剂，如黄原酸纤维素选择性絮凝从复杂硫化矿石中预富集硫化矿物。实验表明，Pb 品位由 2% 提高到 33%；Zn 由 6% 提高到 10.57%。用选择性指数估计过程的效率，发现是有效的，Pb 的指数为 0.3，而 Zn 为 0.35。研究结果表明，颗粒沉降速率随 pH 值的升高而增大，与固体含量变化无关；对于 2% 固体含量的矿浆，使用 2mL 1% 絮凝剂可获得最好结果；絮凝块的洗涤以及加入分散剂会改善选择性絮凝：加入 2mL 1% 黄原酸纤维素和 6kg/t 硅酸钠，经 3 级洗涤后，Zn 提高 0.73%~12.16%，Pb 提高 21%~38%，回收率为 99%。

用选择性絮团浮选方铅矿和闪锌矿研究中，通过戊基钾黄药和动能输入引起絮凝，少量的煤油可大幅度改进浮选指标，大量节省戊基钾黄药的用量。在优化条件下，方铅矿和闪锌矿的絮团浮选回收率接近 100%，而常规浮选的回收率只有 40%。此外，银和铜的回收率也分别提高 14.1% 和 24.8%。

（2）氧化矿

美国 Engelhard 公司早已在工业生产中用选择性絮凝工艺，从黏土中除去 TiO_2。在该法中，含有矿物的分散矿浆与阴离子聚合物(如聚丙烯酸钠)预先调浆，随后再加入脂肪酸(油酸)和多价金属阳离子化合物(如氯化钙)。脂肪酸和多价金属阳离子选择性地覆盖在 TiO_2 颗粒上，之后再用高相对分子质量的阴离子聚合物使这些颗粒絮凝。絮凝后的物质可沉降出来，也可采用常规设备(如浓密机)很容易地将它除去。

（3）絮凝脱泥

脱泥的方法有：重选法、浮选法、选择性絮凝等。就矿泥粒度来说，矿泥是胶体($<1\mu m$)与超细粒($1~10\mu m$)的混合物，具有很慢的沉降特性。用重选法和浮选法脱泥，尤其是处理 $<20\mu m$ 的矿泥，矿泥中的有用矿物损失严重。选择性絮凝是分离矿泥及胶体矿物的有效方法。有文献报道，选择性絮凝脱泥已成功应用于选铁、金和铝工艺。

9.9.4　有机高分子絮凝剂在废物处理中的应用

随着世界各国工业的飞速发展，由各种工业生产所排放出的废物量日益增加。排放出的这些废物对环境的污染日益严重，因而造成对人民的健康和生命的巨大威胁和危害。废物的治理中，废水和污水的处理是一个较难解决的问题，因为它们的量非常大，同时悬浮物质非常稳定，很难自然沉降下来，也难以简单的过滤方法使它们脱水。为保证水资源的可持续利用，解决水环境污染问题，国内外在水处理方面做了大量工作，开发出多种水处理工艺，如絮凝沉淀法、生化法、离子交换法、吸附法、化学氧化法、电渗析法和污水生态处理技术等。目前，絮凝沉淀法应用广泛，在废水一级处理中占有重要地位。

采用无机絮凝剂处理它们，不但效力低，用量大，同时需要大量储存和运输，因而总成本高昂。此外它们对许多特殊的废水和污水的处理是根本无效的。用微生物处理废水和污水是一种比较好的方法，但是它的效果和应用范围都很有限，也不能令人满意。

有机高分子絮凝剂对废水和污水的处理，不但使用简便，其絮凝效力比传统的无机盐絮凝剂(例如铁盐或铝盐)大几倍至几十倍，而且对各种废水和污水都具有很大的絮凝效力，适合于处理各种各样的污水和废水，且具有絮凝和沉降速度快、污泥脱水效率高等特点。对某些废水的处理还有特效。此外还具有所用设备简单、占地面积小、处理成本低廉、废水能回收循环利用等优点[86~90]。

目前有机高分子絮凝剂不仅在废水和污水处理中得到了广泛应用，而且在工业用水和民用水的净化、采矿工业、冶金工业、制糖工业、石油工业、造纸工业、国防工业、化学工业、建筑工业、食品工业、制药工业、纺织印染工业、农业等领域也有着广泛的应用。

参 考 文 献

1　Weiser H B. Colloid Chemistry. New York：Wiley，1949

2　赵国玺，朱步瑶．表面活性剂作用原理．北京：中国轻工业出版社，2003

3　Kissa E. Dispersions. NewYork：Marcel Dekker，1999

4　Parfitt D D，Picton N H. Trans Faraday Soc，1968，64，1955

5　Parfitt G D，Wharton D G. J Colloid Interface Sci，1972，38：431

6　Rebinder P. Nature，1947，159：866

7　Tadros T F. Adv Colloid Interface Sci，1980，12：141

8　Rehbinder P A. Colloid J，1958，20：601

9　郑忠，胡纪华．表面活性剂的物理化学原理．广州：华南理工大学出版社，1995：129-136

10　聂福德，李凤生，宋洪昌．化工进展，1996，4：24~28

11　佐藤 T，鲁赫 R T. 聚合物吸附对胶态分散体稳定性德影响．江龙译．北京：科学出版社，1988

12　陈礼永，袁继祖．中国陶瓷，1995，3(3)：1~3

13　Marcelja S，Radic N. Chemical Physics Letters，1976，42(1)：129~130

14　刘程，米裕民．表面活性剂性质理论与应用．北京：北京工业大学出版社，2003

15　Gibbs J W. Scientific Papers. London：Longman Green，1906

16　Liang W，Bognolo G and Tadros T F. Langmuir，1995，11(8)：2899

17　陈荣圻．表面活性剂化学与应用．北京：纺织工业出版社，1990

18　Derjaguin B，Landau，Acta Physiccohim，1941，14：633；

19　Verwey E，Overbeek J Th G. Theory of the Stability of Lyophobic Colloids. Amsterdam：Elservier，1948

20　Hamaker V H. Physica，1937，4：1058

21　Kruyt H R. Colloid Science. NewYork：Elsevier，1952

22　周祖康，顾惕人，马季铭．胶体化学基础．北京：北京大学出版社，1987

23　Kruyt H R. Colloid Science. New York：Elsevier，1952

24　Gregory J. in"The Scientific Basis of Filtration". ed Ives K J，Noordhoff. Leyden，1975

25　Kruyt. Colloid Science. New York：Elsevier，1952

26　Mackor E L. J Colloid Sci，1951，6：490

27　Rehbinder P A. Colloid J，1958，22：269

28　徐燕莉．表面活性剂的功能．北京：化学工业出版社，2000

29　沈钟，赵振国，王果庭．胶体与表面化学．北京：化学工业出版社，2004

30　李玲．表面活性剂与纳米技术．北京：化学工业出版社，2004

31　Polymer Paint Colour Journal，1980，12：196

32　周之群．塑料，1992，21(6)：29

33　王正东，胡黎明．塑料工业，1996，3：36

34　James S. Hampton. American Ink Msder，1985，1：16

35　王正东，胡黎明．精细石油化工．1996，8：59

36　汪剑伟，王正东，胡黎明．化工进展，1994，4：32

37　Coweley A C D. JOCA，1978，8：207

38　Rjckenscan E，Hao I V. Colloids and Surfaces，1986，17：185

39　Clayfield E I，Lumb E C. Macromolecules，1980，1：133

40　Lubbock F J，Ketshaw R W. J Macromol Sci Chem，1971，3：593

41　Wu S，Brzozuwski K J. J Colloid and Interfaces Sci，1971，4：37

42　Schofield J D. JOCCA，1991，6：204

43 Tadros T E. Polymer Journal, 1991, 23(5): 683

44 Jakubauskas H L. Journal of Coatings Technology, 1986, 58: 71

45 李华. 塑料, 1999, 28(2): 25

46 汪剑伟, 王正东, 胡黎明. 塑料工业, 1995, 1: 29

47 王正东, 张雪莉, 胡黎明. 化学世界, 1996, 37(2): 59

48 汪剑伟. 涂料工业, 1994, 4: 32

49 Schofield J D. JOAC, 1991, 6: 204

50 James S. Hamerican Ink Mader, 1985, 1: 16

51 梁为民. 凝聚与絮凝. 北京: 冶金工业出版社, 1987

52 Gregory J. Trans Faraday Soc, 1969, 65: 2260

53 Sato T, Ruch R. Stabilization of Colloid Dispersion by Polymer Adsorption. New York: Marcel Dekker, Inc, 1980

54 Ruchrwein R A and Ward D W. Soil Sci, 1952, 73: 485

55 Reblun M and Wacks A M. Int Congr Pure Applchem., (Moscow)1965, A88

56 Clayfield E I, and Lumb E C. Macrolecules, 1968, 1: 133

57 Silberborg A . J Phys Chem, 1962, 66: 1872

58 Hocve C A. J Poly Sci Part C, Polymer Symposia, 1970, 30: 361

59 Hesselink F T. J Phys Chem, 1969, 73: 3488

60 肖建新. 表面活性剂应用原理. 北京: 化学工业出版社, 2003

61 汤鸿霄. 工业水处理, 1997, 17(4): 1

62 陈友存. 安庆师范学院学报, 2000, 6(1): 4

63 汤鸿霄. 无机高分子絮凝理论与絮凝剂. 北京: 中国建筑工业出版社, 1979

64 万鹰昕, 程鸿德. 矿物岩石地球化学通报, 2001, 20(1): 62

65 Narkeev S, Teleab S, Komplekan A D. Moner Syrya, 1994, 5: 51

66 张国杰, 王栋, 程时远. 化学与生物工程, 2004, 1: 10

67 王强林, 李旭祥, 吕飞摘. 精细与专用化学品, 2003, 20: 16;

68 Vorchheimer N. Synethetic Polyeletrilytes. in Polyelecrolytes for water and wastewater treatment, schowyer, CRC: Boca Raton, F L, 1981

69 王杰, 肖锦. 环境污染治理技术与设备, 2000, 3(4): 14

70 Kim Y H. Coagulants and Flocculant: Theory&Practice. New York: Tall Oaks Pubblishing Inc, 1995

71 Corpart J M, Candau F. Colloid Polym Sci, 1993, 271(11): 1055

72 Jeager W. Acta Polymer, 1989, 40: 161

73 程云, 周启星. 环境污染治理技术与设备, 2003, 4(6): 56

74 Levine N M. Natural Polymer Sources. in Polyelectroly for water and wastewater treatment. Schowyer W L K. CRC: Boca Raton F L, 1981

75 James L. 钻井液优选技术. 石油工业出版社, 1994

76 徐燕莉, 贺黎明, 刘维. 染料工业, 1998, 35(2): 51;

77 陈荣圻, 陈岚. 印刷助剂, 2001, 18(4): 1

78 周春隆. 染料工业, 1992, 36(1): 18

79 张霞, 朱金丽, 房宽峻, 蔡玉青. 北京服装学院学报, 2005, 25(1): 1;

80 张天永, 周春隆, 栗淑梅. 染料工业, 1998, 3: 14

81 黄传兵, 陈兴华, 兰叶, 胡业民. 矿业工程, 2005, 3(3): 27

82 何延树, 松全元. 中国矿业, 1996, 3: 40

83 孙晓. 黄金, 2001, 4: 34

84 张云海等 . 金属矿山，2003，12：31

85 刘承宪，岳子明 . 中国锰业，1995，9：14

86 邵青 . 工业水处理，1999，19(3)：

87 尹先清 . 工业水处理，2000，20(3)：29

88 Darlington，et al. Process for treating produced water from oil recovery for removal of oil and water soluble petro-leumcomponents. EP901805，1999

89 高宝玉 . 油田含油污水净化处理 . 环境工程，1998，12(3)：12

90 刘睿，周启星，张兰英，王兵，孙丕武 . 应用生态学报，2005，16(8)：1558～1562

第 10 章　表面活性剂复配

实际应用的表面活性剂都不是纯化合物，而是复杂的混合物。由于经济上的原因，原料不可能很纯，同时在合成过程中不可避免的副反应会引入杂质，产品也不可能精制得很纯。在实际应用中，也没有必要使用纯的表面活性剂，而是使用含有各种添加剂的按一定配方调和而成的产品。实践证明，两种或两种以上的表面活性剂复配能起到增效，互相弥补各自性能上的缺陷，派生出新性能的作用，这就是表面活性剂的协同效应（synergistic effect）。这种协同效应，不但发生于表面活性剂复配体系之间，而且在表面活性剂溶液中加入某些无机盐、有机化合物（如醇类、高分子化合物等），也会产生出优于单一表面活性剂溶液的特性，另外复配的用量往往比单一用量少，成本低。所以研究表面活性剂复配，有着明显的经济效益。例如一般用的洗衣粉，除 20%～25% 表面活性剂外，大部分是无机添加剂（硫酸钠、硅酸钠、磷酸钠等）以及少量有机添加剂（增白剂、促泡剂或消泡剂、香料等）。而所用的表面活性剂也不是纯化合物，往往是一系列同系物的混合物或是为达到一定目的而复配的不同品种的表面活性剂混合物。

总之，研究表面活性剂之间，表面活性剂与有机化合物或无机盐之间的复配协同效应，对提高表面活性剂的应用效果，开发新的应用领域，提高经济效益都有深远的意义和广阔的背景。从理论上讲，表面活性剂与添加剂之间复配可以研究表面活性剂与添加剂之间的相互作用的物理化学问题。就实践而言，则是摸清表面活性剂复配的基本规律，以获得适于各种实际用途的高效配方，此种研究往往比寻求新结构类型的表面活性剂的合成，更加有效和更加经济。

10.1　理想体系和非理想体系

10.1.1　理想体系——同系物混合体系

1. 同系物混合物的 *cmc*

一般商品表面活性剂都是同系物的混合物。例如脂肪酸钠皂中，不会是纯的硬脂肪酸钠，而是不同碳数的脂肪酸钠的混合物。其他类型的表面活性剂商品也是这样的。

同系物混合物的物理化学性质，常介于各个纯化合物之间（虽然与成分比例并非直线关系），溶液的表面活性亦遵循此规律。表面活性剂同系物的表面活性与其碳氢链的长度密切相关，碳原子数越多，越易于在溶液的表（界）面吸附，表面活性愈高。在胶团形成的性质上亦相似，同系物碳原子数愈多，越易于在溶液中形成胶团，临界胶团浓度越低（*cmc* 亦是表面活性的一种度量），表面活性亦愈高。图 10-1 表示出典型的离子型表面活性剂十二烷基硫酸钠和癸烷基硫酸钠混合溶液的表面张力与浓度的关系。

如图 10-1 所示，混合物的表面活性介于两个化合物之间。由表面张力-浓度曲线的转折点，可以求出临界胶团浓度（*cmc*）。在利用质量作用模型处理胶团化作用时，混合表面活性剂的 *cmc* 与单一表面活性剂的 *cmc* 之间有关系式[2]：

$$\frac{1}{C_r(1+K_0)} = \sum \frac{X_i}{C_i(1+K_0)} \quad (10-1)$$

式中，C_r 为混合表面活性剂的 cmc；C_i 为 i 组分表面活性剂的 cmc；X_i 为 i 组分的摩尔分数；K_0 为与胶团反离子结合度有关的常数。

对于二组分表面活性剂混合物的水溶液，式(10-1)可写成

$$\frac{1}{C_{12}(1+K_0)} = \frac{X_1}{C_1(1+K_0)} + \frac{X_2}{C_2(1+K_0)}$$

$$(10-2)$$

式中，C_{12} 为二组分混合物的 cmc；C_1 为组分 1 的 cmc；C_2 为组分 2 的 cmc；X_1 为组分 1 的摩尔分数；X_2 为组分 2 的摩尔分数；K_0 为与胶团反离子结合度有关的常数。

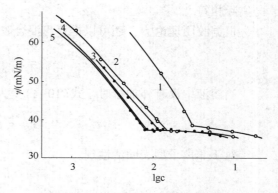

图 10-1　$C_{10}H_{21}SO_4Na$-$C_{12}H_{25}SO_4Na$
混合体系的表面张力(30℃)[1]
1—1：10；2—3：1；3—1：1；4—1：3；5—0：1

根据式(10-2)可以由 $C_{10}H_{21}SO_4Na$ 和 $C_{12}H_{25}SO_4Na$ 的 cmc 计算出不同比例的二者混合物的 cmc。因二者为同系物，可认为其 K_0 值相同。当取 $K_0 = 0.59$[3] 时，$C_{10} \sim C_{12}$ 的计算值与实验值表示于图 10-2 中，实验值与理论值相符。

对于非离子型表面活性剂的二元混合物，上式中的 $K_0 = 0$，则

$$\frac{1}{C_{12}} = -\frac{X_1}{C_1} + \frac{X_2}{C_2} \quad (10-3)$$

图 10-3 给出了两种亚砜同系物及其混合溶液的表面张力-浓度对数曲线。

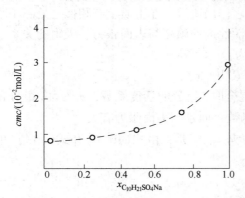

图 10-2　$C_{10}H_{21}SO_4Na$-$C_{12}H_{25}SO_4Na$
混合体系的 cmc(30℃)[3]
○—实验值；……—理论计算值

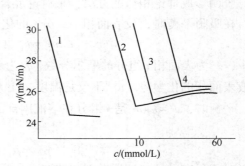

图 10-3　亚砜混合溶液的表面张力(25℃)[4]
1—$C_{10}H_{21}SOCH_3$；2—$X_1 = 0.156$；3—$X_1 = 0.075$；
4—$C_8H_{17}SOCH_3$

由图 10-3 可以求出 $C_{10}H_{21}SOCH_3$ 的 cmc 为 $2.0 \times 10^{-3} mol/L$ 和 $C_8H_{17}SOCH_3$ 为 2.7×10^{-2} mol/L。其中 $C_{10}H_{21}SOCH_3$ 摩尔分数为 0.075 的混合液(曲线 3)cmc 为 $1.35 \times 10^{-2} mol/L$(理论值为 $1.39 \times 10^{-2} mol/L$)；其 $C_{10}H_{21}SOCH_3$ 的摩尔分数为 0.156 的混合液(曲线 2)cmc 为 $9.1 \times 10^{-3} mol/L$(理论计算值为 $9.35 \times 10^{-3} mol/L$)。$cmc$ 的计算值与实验值很好地符合。

大量事实充分说明，对于表面活性剂同系物的混合溶液，上述关于混合胶团形成的理论

与实际相符[5,6]。

根据胶团理论[2]，还可以推算出混合胶团的成分。

$$x_{im} = x_i \frac{C_R (C_R + C_s)^{K_0}}{C_i (C_i + C_s)^{K_0}} \quad (10-4)$$

当溶液中没有外加盐时，式(10-4)变为

$$x_{im} = x_i \left(\frac{C_R}{C_i}\right)^{1+K_0} \quad (10-5)$$

对于非离子型表面活性剂：

$$x_{im} = x_i \left(\frac{C_R}{C_i}\right) \quad (10-6)$$

式中，x_{im} 为组分 i 在混合胶团中的摩尔分数；x_i 为 i 组分在溶液中的摩尔分数；C_R 为混合溶液的 cmc；C_i 为混合溶液的组分 i 溶液的 cmc。

因此，由混合表面活性剂溶液和单一表面活性剂溶液的 cmc 可计算出某一表面活性剂在混合胶团中的摩尔分数 X_{im}。

由式(10-5)和式(10-6)可知，对于一个两组分的表面活性剂的混合体系，其中有较高表面活性的组分，其 cmc 低[C_i 小]，则在混合胶团中的比例大；即它在胶团中的摩尔分数 X_{im} 较其在溶液中的摩尔分数 X_i 大。说明此种表面活性剂容易在溶液中形成胶团。反之，表面活性较低者，cmc 较高。cmc 值较大的表面活性剂则不易形成胶团，在混合胶团中的摩尔分数较小。

2. 同系物表面张力

对于两种表面活性剂混合溶液来说，其表面张力与临界胶束浓度一样，都是介于两个单一表面活性剂之间，存在一定的规律性。这是因为表面活性剂在溶液表面的吸附及在溶液内都生成胶团，都是表面活性剂分子中碳氢链的疏水作用所致，在本质上有相似之处。于是利用与胶团形成理论相似的方法，来讨论混合表面活性剂的浓度与表面张力、吸附的关系。

在吸附平衡时，设表面相中组分 i 的化学势为：

$$u_i^s = u_i^{s,\ 0}(\gamma) + RT\ln f_{is} x_{is} \quad (10-7)$$

式中，x_{is} 为表面相 i 组分的摩尔分数；f_{is} 为表面混合时 i 组分的活度系数；$u_i^{s,0}$ 为 i 组分在纯溶液表面相的化学势。$u_i^{s,0}$ 不仅是温度、压力的函数，而且与表面张力有关。

平衡时，$u^s = u_i$（u_i 是 i 组分在溶液内部的化学势）。于是，由式(10-6)和式(10-7)可以得到：

$$\mu_i^{s,\ 0}(\gamma) - \mu_i^0 = RT\ln(C_T x_i / f_{is} x_{is}) \quad (10-8)$$

对于只有一种表面活性剂的溶液

$$\mu_i^{s,\ 0}(\gamma) - \mu_i^0 = RT\ln C_i \quad (10-9)$$

由式(10-8)和(10-9)即得

$$f_{is} x_{is} = C_T x_i / C_i \quad (10-10)$$

若混合溶液是理想的，f_{is}-1，$\sum x_{is} = 1$，则得

$$\left(\sum C_T x_i / C_i\right) = 1 \quad (10-11)$$

若溶液表面张力与 C_i 的关系已知，则可利用上式求出混合溶液的表面张力与组成之间的关系。对于一般表面活性剂溶液，在 cmc 以下的一定浓度范围内，表面张力-浓度对数关

系基本为一直线，可用式(10-12)表示：

$$\gamma = A - B\ln C_i \tag{10-12}$$

式(10-12)可写为

$$1/C_i = \exp[(\gamma - A)/B] \tag{10-13}$$

对于二组分混合溶液，将式(10-13)带入式(10-11)中，得：

$$C_T\left[x_1\exp\left(\frac{\gamma - A_1}{B_1}\right) + x_2\exp\left(\frac{\gamma - A_2}{B_2}\right)\right] = 1 \tag{10-14}$$

式中，常数 A_1、B_1、A_2、B_2 可分别自纯组分 1 和纯组分 2 的表面张力实验数据利用 $\gamma = A - B\ln c_i$ 求得。

因此可由式(10-12)求出混合溶液的浓度、组成与表面张力的关系，从而可自纯组分溶液的表面张力曲线得出混合溶液的表面张力曲线。

式(10-12)用于计算 cmc 以下溶液的表面张力。图 10-3 给出了两种亚砜同系物及其混合溶液的表面张力-浓度对数曲线。实验值与理论值很好地相符。

对 cmc 以上溶液的表面张力，形成的胶团对表面张力没有贡献，只有未缔合的单体有贡献。

$$C_{it} = C_{is} + x_{im}\sum(C_{it} - C_{is}) \tag{10-15}$$

对于二组分表面活性剂的混合溶液，则有

$$C_{it} = C_{1s} + x_{1m}(C_{1t-C_{1s}}) + (C_{2t} - C_{2s}) = C_{is} + x_{1m}(C_t - C_{1s} - C_{2s})$$
$$(C_t = C_{1t} + C_{2t}) \tag{10-16}$$

自混合溶液中胶团与体相的平衡关系，可导出

$$x_{im} = \frac{c_{is}}{c_i^0} \tag{10-17}$$

将 $x_{im} = C_{is}/C_i$ 带入式(10-14)，得

$$Px_{1m}^2 - Qx_{1m} - C_t a = 0 \tag{10-18}$$

式中，a 为组分 1 在混合物中所占的分数。

$$a = C_{1t}/(C_{1t} + C_{2t}) \tag{10-19}$$

$$P = f_{2m}C_2 - f_{1m}C_1 \tag{10-20}$$

$$Q = f_{2m}C_2 - f_{1m}C_1 - C_t = P - C_t \tag{10-21}$$

对于理想混合胶团，

$$P = C_2 - C_1 \tag{10-22}$$

$$Q = C_2 - C_1 - C_t \tag{10-23}$$

$$x_{im} = \frac{C_{1s}}{C_1} \tag{10-24}$$

将 x_{im} 代入式(10-18)中：

$$C_{1s} = \frac{C_1}{2P}[Q \pm (Q^2 + 4PaC_t)^{1/2}] \tag{10-25}$$

$$C_{2s} = C_2 x_{2m} = C_2(1 - x_{1m}) = C_2\left(1 - \frac{C_{1s}}{C_1}\right) \tag{10-26}$$

把求出的缔合浓度带入式(10-14)可求出表面张力(γ)。此法可算出图 10-3 cmc 以下的

的混合表面张力，计算值与实验值符合性较好。

有些同类型的表面活性剂，仅亲水基稍有不同，虽不是同系物，但适用于同系物的上述理论。例如，$C_{10}H_{21}SOCH_3(DeMS)$ 与 $C_{10}H_{21}(OC_2H_4)_3OH$ 的混合体系[7]，其混合 cmc 与 x（摩尔分数）的计算曲线与实验相近。

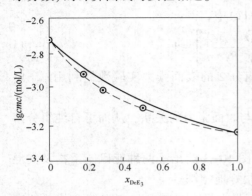

图 10-4 DeMS-DeE$_3$ 体系的 cmc（25℃）

由图 10-4 看出，理论曲线与实验点相当好的符合。以上所讨论的表面活性剂同系物的混合体系中，由于同系物分子结构十分相近，有相同的亲水基，憎水基的结构亦相同，仅有链长的差别，故溶液较为理想，自理想溶液前提的计算值与实验结果较好地相符。

10.1.2 非理想体系

非同系物混合体系往往与理想的相差较大，特别是不同类型的表面活性剂的混合物（如非离子型与离子型混合，阳离子型与阴离子型混合）溶液性质，则与理想体系偏差更大，不能用上述理想溶液公式来描述。这类体系即非理想体系，如非离子型与离子型、正与负离子型表面活性剂混合体系，以及各种表面活性剂与极性有机物等混合体系。

对于非理想混合表面活性剂体系，用于同系物的的上述公式就不适合了，需要进一步考虑具体的分子相互作用，对非理想性作适当校正。

表面活性剂水溶液中的胶团形成可视为一相分离过程[8]。平衡时，混合溶液中表面活性剂组分 i 的化学势 u_i 与胶团中的 u_{im} 化学势相等。

$$\mu_i = \mu_{im} \tag{10-27}$$

对单一表面活性剂溶液

$$\mu_i^0 + RT\ln a_i = \mu_{im}^0 \tag{10-28}$$

在混合溶液中，则为

$$\mu_i^0 + RT\ln a_i = \mu_{im}^0 + RT\ln f_{im}x_{im} \tag{10-29}$$

式中，a_i 为组分 i 在溶液中的活度；f_{im} 为组分 i 在胶团中的活度系数；x_{im} 为组分 i 在胶团中的摩尔分数。

对于离子型表面活性剂（1-1 型），应考虑到离子组分以及在胶团形成中可能作电功，于是胶团可看作一带电相[9]。应用此概念，并假设稀溶液的活度可用浓度代替，及 $a_i \approx cmc$；于是由式（10-28）和式（10-29）可得

$$\ln cmc_i^0 = A_0 - K_i\ln c_i' \tag{10-30}$$

$$\ln\frac{cmc_i}{f_{im}x_{im}} = A_0 - K_i\ln c_i'' \tag{10-31}$$

式中，A_0 为常数；K_i 为胶团反离子结合度（常数）；c_i' 为单一表面活性剂溶液反离子浓度；c_i'' 为混合溶液中的反离子浓度。

联合式（10-30）和式（10-31），可得

$$f_{im}x_{im} = \frac{cmc_i}{cmc_i^0}\left(\frac{c_i''}{c_i'}\right)^{K_i} \tag{10-32}$$

对于二元混合表面活性剂体系，根据非理想溶液理论：

$$\ln f_{1m} = \beta_m x_{2m}^2 \tag{10-33}$$

$$\ln f_{2m} = \beta_m x_{1m}^2 \tag{10-34}$$

式中，β_m 即称为胶团中二表面活性剂组分的分子相互作用参数。

将式(10-33)、式(10-34)和式(10-32)联合得

$$\beta_m = \frac{\ln \dfrac{cmc_1}{cmc_1{}^0 x_{1m}}\left(\dfrac{c''_1}{c'_1}\right)^{K_1}}{x_{2m}^2} = \frac{\ln \dfrac{cmc_2}{cmc_2^0 x_{2m}}\left(\dfrac{c''_2}{c'_2}\right)^{K_2}}{x_{1m}^2} \tag{10-35}$$

1-1 型离子表面活性剂的 K_i 值，一般皆接近 0.67。用实验数据(cmc 以及反离子浓度)，以迭代法自上式可同时计算出 x_{1m}、x_{2m} 及 β_m。

一般绝大多数表面活性剂(离子型)都是 1-1 型电解质。若一表面活性剂为多个(j)离子基团，则 cmc 与反离子浓度的关系为[8]：

$$\ln cmc_i^0 = A'_0 - jK_i \ln c'_i \tag{10-36}$$

于是分子相互作用参数公式成为

$$\beta_m = \frac{\ln \dfrac{cmc_1}{cmc_1^0 x_{1m}}\left(\dfrac{c''_1}{c'_1}\right)^{jK_i}}{x_{2m}^2} = \frac{\ln \dfrac{cmc_2}{cmc_2^0 x_{2m}}\left(\dfrac{c''_2}{c'_2}\right)^{jK_i}}{x_{1m}^2} \tag{10-37}$$

溶液中有过量无机盐或离子强度维持恒定时(盐为有与反离子相同离子的盐)，即 $c''_i = c'_i$，于是式(10-35)和式(10-37)皆化为

$$\beta_m = \frac{\ln \dfrac{cmc_1}{cmc_1^0 x_{1m}}}{x_{2m}^2} = \frac{\ln \dfrac{cmc_2}{cmc_2^0 x_{2m}}}{x_{1m}^2} \tag{10-38}$$

此式也可应用于非离子型表面活性剂的混合体系。

在溶液表面张力恒定的条件下，可导出与上述公式有相同形式的表面活性剂的表面吸附层中分子相互作用参数(β_s)的关系(对于 1-1 型表面活性剂电解质)：

$$\beta_s = \frac{\ln \dfrac{c_1}{c_1^0 x_{1s}}\left(\dfrac{c''_1}{c'_1}\right)^{K'_1}}{x_{2s}^2} = \frac{\ln \dfrac{c_2}{c_2^0 x_{2s}}\left(\dfrac{c''_2}{c'_2}\right)^{K'_2}}{x_{1s}^2} \tag{10-39}$$

式中，下标 s 即表示表面层(相)；K'_i 为表面层的反离子结合度。

对于非离子型表面活性剂混合体系，以及 $c''_i = c'_i$ 的离子型表面活性剂体系，则得

$$\beta_s = \frac{\ln \dfrac{c_1}{c_1^0 x_{1s}}}{x_{2s}^2} = \frac{\ln \dfrac{c_2}{c_2^0 x_{2s}}}{x_{1s}^2} \tag{10-40}$$

β 为负值表示两种分子相互吸引；β 为正值表示两种分子相互排斥；β 绝对值的大小则显示作用的强弱，β 绝对值越大，表示分子的相互作用力越强，而 β 绝对值接近 0 时，表明两分子间几乎没有相互作用，近乎于理想混合。β 一般在 +2(弱排斥)到 -40(强吸引)，分子间相互作用可以划分为下述几个等级：

$|\beta| > 10$ 强相互作用

$|\beta| = 3 \sim 10$ 中等相互作用

$|\beta| < 3$ 弱相互作用

$|\beta| \approx 0$ 无相互作用

$\beta \approx 0$ 时，$f \approx 1$，表示混合体系中二表面活性剂组分的相互作用与单一表面活性剂体系中同种分子间的相互作用相同；即在胶团中或表面层中为理想混合溶液。

理想混合时，f_{im} 及 f_{is} 皆为 1，β_m 及 β_s 等于 1。于是式（10-32）化为

$$x_{im} = \frac{cmc_i}{cmc_i^0} \left(\frac{c''_i}{c'_i} \right)^{K_i} \tag{10-41}$$

在无外加盐的情况下，则得（设 $K_i = K_0$）

$$\frac{1}{cmc_T^{1+K_0}} = \sum \frac{x_i}{cmc_i^{1+K_0}} \tag{10-42}$$

判断表面活性剂混合体系有无增效作用的条件：

自 β（β_m 或 β_s）值可了解二表面活性剂组分在胶团（或表面层）中分子相互作用的性质和程度[11,12]，即

①如果在胶团中存在增效作用，则

$$\beta_m < 0 \text{ 时，} \quad \left| \ln \frac{cmc_1^0}{cmc_2^0} \right| < |\beta_m|$$

②如果在表面吸附层上存在增效作用，则

$$\beta_s < 0, \quad \left| \frac{C_1^0(\pi)}{C_2^0(\pi)} \right| < |\beta_s|$$

相互作用参数 β 的受很多因素的影响。了解了该参数的含义和影响因素后，需进一步利用它判断两种表面活性剂之间混合后是否存在复配效应，若存在加和增效作用，两者产生最大加和效应时的摩尔比例及该体系的性质又如何？此即引入相互作用参数 β 的意义。β 的影响因素如下：

（1）表面活性剂种类影响

由于加和增效产生的概率随着两种表面活性剂分子间相互作用力的增加而增大，因此与阴离子型表面活性剂产生加和增效可能性最大的是阴离子-阳离子和阴离子-两性离子表面活性剂复配体系。而阳离子-聚氧乙烯型非离子和阴离子-阴离子复配体系只有在两种表面活性剂具有特定结构时才可能发生加和增效作用。表 10-1 列出了各种类型表面活性剂间相互作用参数 β 的大致范围。

从表 10-1 可以看出，不同表面活性剂间的相互作用按下述顺序递减：阴离子-阳离子≥阴离子-两性≥非离子-阴离子≥非离子-阳离子>阳离子-两性>非离子-两性>同种类型。

表 10-1   分子间相互作用参数 β 的典型范围[10]

表面活性剂	阳离子	非离子	两性	阳离子
阴离子	<-1			
非离子	−5~−1	<-1		
两性	−15~−5	<-1	<-1	
阳离子	−25~−15	−5~−1	−3~−1	<-1

（2）疏水基的影响

随表面活性剂疏水基碳链长度的增加，β 会变得更负，即绝对值增加，且为负值。当两种表面活性剂碳链长度相等时，混合单分子层中分子间的相互作用参数最大，吸引力最强。而混合胶束中的 β 值则随着碳链长度的总和的增加而增加。

（3）介质 pH 的影响

两性表面活性剂在水溶液中的离子类型随介质 pH 值的变化而有所不同。当溶液 pH 值低于等电点时，以阳离子形式存在，通过阳离子与阴离子型表面活性剂发生作用。因此当介质的碱性或 pH 值增加，两性表面活性剂逐渐转变为电中性分子，甚至于负离子，与阴离子型表面活性剂的相互作用力降低。

基于同样的原因，两性表面活性剂本身碱性较低，获得质子的能力差，则与阴离子型表面活性剂的相互作用也较低。

（4）无机电解质的影响

无机电解质的增加，会使离子型表面活性剂与聚氧乙烯型非离子型表面活性剂混合体系中分子间相互作用力降低，这说明此两类表面活性剂分子间存在着静电力的作用。

（5）温度的影响

在 10~40℃ 范围内，温度升高，分子间相互作用力降低。

10.2　无机电解质

存在于表面活性剂溶液中的无机电解质（一般为无机盐），往往使溶液的表面活性提高。在表面活性剂的应用配方中，无机电解质是最主要的添加剂之一，因为无机电解质（一般为无机盐）往往可提高溶液的表面活性。这种协同作用主要表现在离子型表面活性剂与无机盐混合溶液中。

10.2.1　无机电解质对离子型表面活性剂的影响

在离子型表面活性剂中加入与表面活性剂有相同离子的无机盐（如在 RSO_4Na 中加入 NaCl），不仅可降低同浓度溶液的表面张力，而且还可降低表面活性剂的 cmc，此外还可以使溶液的最低表面张力降得更低，即达到全面增效作用。图 10-5 示出 NaCl 对 $C_{12}H_{25}SO_4Na$ 水溶液表面活性的影响。

由图 10-5 看出，在 $C_{12}H_{25}SO_4Na$ 溶液中加入 NaCl 表面活性提高，cmc 降低。无机盐对离子型表面活性剂临界胶团浓度的影响是由于加入电解质使反离子在溶液中的浓度上升，促使更多的反离子与表面活性离子结合。这使得胶团的表面电荷密度，或缔合成胶团的表面活性离子的平均电荷量减小，电性排斥减小。其结果是，胶团容易形成，临界胶团浓度降低。通常，cmc 与所加盐的浓度有下列关系[14]：

$$\lg cmc = A_2 - K_0 \lg C'_i \tag{10-43}$$

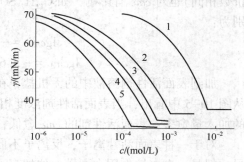

图 10-5　NaCl 对 $C_{12}H_{25}SO_4Na$

水溶液表面活性的影响（29℃）[13]

NaCl 浓度为：1—NaCl 浓度为 0；2—NaCl 浓度为 0.1mol/L；3—NaCl 浓度为 0.3mol/L；4—NaCl 浓度为 0.5mol/L；5—NaCl 浓度为 1mol/L

式中，A_2 为常数；K_0 为与胶团反离子结合度有关的常数；C'_i 为表面活性剂反离子的浓度。

经验式(10-43)其物理意义是：反离子浓度(C'_i)增加，影响表面活性离子胶团的扩散双电层，使扩散双电层厚度减小，胶团容易生成，cmc 值降低。图 10-6 表示了 $C_{12}H_{25}SO_4Na$ 的 cmc 与反离子浓度的关系。

由图 10-6 看出，$C_{12}H_{25}SO_4Na$ 的 $\lg cmc$ 与 $\lg[Na^+]$ 有很好的直线关系。从图中直线的斜率可求出 K_0 值，自图 10-6 求出的 K_0 值为 0.65。对于有两个离子基团的表面活性剂，其斜率二倍于 K_0；

$$\lg cmc = A_2 - 2K_0 \lg C'_i \tag{10-44}$$

图 10-7 表示这类表面活性剂的 cmc 与反离子浓度的关系。以上两种情况皆对一价反离子而言。若为多价反离子，cmc 与浓度的关系为[15,16]：

$$\lg cmc = A_2 - \frac{K_0}{Z} \lg C'_i \tag{10-45}$$

式中，Z 为反离子电荷价数。

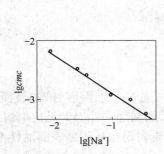

图 10-6　$C_{12}H_{25}SO_4Na$ 的 cmc
与离子浓度的关系(25℃)[8]

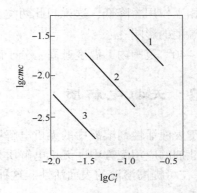

图 10-7　$RCH(COOK)_2$ 的 cmc[8]
1—$R=C_{12}H_{25}$；2—$R=C_{14}H_{29}$；3—$R=C_{16}H_{33}$

实验证明：①$\lg cmc$ 与 $\lg C'_i$ 上述的直线关系并非普遍存在，一般限制在一定浓度范围内，浓度过大时，往往不能得到良好的直线关系。②除了反离子浓度，反离子的种类(即使价数相同)也对 cmc 有影响，如 $C_{12}H_{25}SO_4Na$ 与 $C_{12}H_{25}SO_4N(CH_3)_4$ 的 $\lg cmc$ 与 $\lg C'_i$ 的关系分别为：

$$\lg cmc = -3.6 - 0.66\lg[Na^+] \tag{10-46}$$
$$\lg cmc = -3.65 - 0.57\lg[N^+(CH_3)_4] \tag{10-47}$$

加到表面活性剂溶液中的无机盐，在降低溶液 cmc 的同时，也使其表面张力大大下降。从图 10-5 中看出，当表面活性剂浓度相同时，NaCl 浓度愈高，溶液的表面张力愈低。NaCl 的加入量愈多，表面活性剂的 cmc 愈低，且最低表面张力降得更低。

对于一种表面活性离子，反离子不同时会有不同的 cmc。价数相同时，cmc 也可能有差异。但是，在电性作用占主导地位的离子型表面活性剂与其相反电荷离子的相互作用中，电解质离子价的高低影响显著，图 10-8 表明，相同当量浓度的钠、镁(及二价锰)、铝盐，降低十二烷基硫酸钠的 cmc 的能力有所不同，价数愈高的反离子，降低溶液 cmc 的作用愈显著。同时，高价离子比一价离子具有更大的降低表面活性剂最低表面张力的能力。

10.2.2 对于非离子型表面活性剂

对于非离子型表面活性剂，无机盐对其性质影响较小。当盐的浓度较小时（如小于0.1mol/L）非离子型表面活性剂的表面活性几乎没有显著变化。只是在盐浓度较大时，表面活性才显示变化，但也较离子型表面活性剂的变化小得多。图 10-9 表示无机盐对非离子型表面活性剂表面活性的影响。

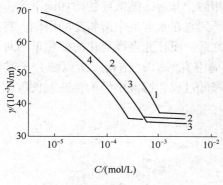

图 10-8　金属盐对 $C_{12}H_{25}SO_4Na$
水溶液表面张力的影响（29℃）[17]
1—NaCl；2—$MgCl_2$；3—$MnCl_2$；4—$AlCl_3$

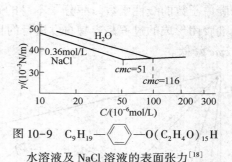

图 10-9　C_9H_{19}—⬡—$O(C_2H_4O)_{15}H$
水溶液及 NaCl 溶液的表面张力[18]

由图 10-9 看出，0.36mol/L 的 NaCl 仅使 C_9H_{19}—⬡—$O(—C_2H_4O)_{15}H$ 水溶液的 cmc 下降大约一半，而 0.4mol/L NaCl 使 $C_{12}H_{25}SO_4$ 的 cmc 下降到原来数值的 1/16 左右。同时应看到，NaCl 不能使非离子型表面活性剂溶液的最低表面张力降得更低。总之，对非离子型表面活性剂，盐效应不大。

10.3　极性有机物

极性有机物一般是指碳原子数较多（≥6）的长链的醇、酸、胺等，其化学结构与表面活性剂相似，由长链的亲油基和极性基组成，只是极性基的极性不够，不能形成胶团，溶解度很小。但是，少量的这样的有机物的存在，常导致表面活性剂在水溶液中的 cmc 有很大下降。同时，出现表面张力有最低值的现象。一般工业表面活性剂不可避免地含有少量未被分离出去的原料或副产物作为杂质存在，如十二烷基硫酸钠中，不可避免地含有少量十二醇。另外，在实际应用中，为调解应用性质也常在配方中加入极性有机物作添加剂，以达到表面活性剂的最佳效果。例如，在十二烷基硫酸钠中加入少量十二醇，在烷基苯磺酸钠中加入月桂酸胺以及其他长链极性有机物，以提高表面活性，起到增泡、助洗、增稠等作用。因此，对极性有机物在表面活性剂溶液中所起的作用进行讨论很有意义。

醇、胺、羧酸等极性有机物与非离子型表面活性剂（特别是聚氧乙烯醚型）的相互作用不大，类似于同系物混合体系，因此，我们在这里主要探讨长链极性有机物与离子型表面活性剂之间的相互作用。

10.3.1 长链脂肪醇

脂肪醇的存在对表面活性剂溶液的表面张力、临界胶团浓度以及其他性质(如起泡性、泡沫稳定性、乳化性能及加密作用等)皆有显著的影响,其影响作用,一般是随脂肪醇烃链的加长而增大。

图 10-10 和图 10-11 表明了这一影响作用。无论是阳离子型表面活性剂(图 10-10)还是阴离子型表面活性剂(图 10-11),醇的影响皆相似,其 cmc 随浓度的增加而下降。醇的碳氢链愈长,影响愈大。但长的碳氢链醇的浓度要受到它在水溶液中溶解度的限制。在所研究的浓度范围内,溶液的 cmc 随醇浓度有直线变化关系,而且此直线变化的变化率的对数为醇分子碳原子数的线性函数。醇分子本身的碳氢链周围有"冰山"结构,所以醇分子参与表面活性剂胶团形成的过程是容易自发进行的自由能降低过程,溶液中醇的存在就使胶团容易形成,cmc 降低。

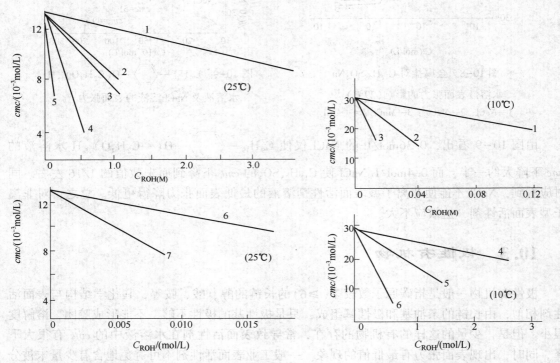

图 10-10　几种醇对 $C_{12}H_{25}NH_3C$ 的 cmc 的影响[8]
1—C_2H_5OH; 2—i-C_3H_7OH; 3—C_3H_7OH; 4—C_4H_9OH;
5—$(C_2H_5)_3COH$; 6—$C_6H_{13}OH$; 7—$C_7H_{15}OH$

图 10-11　几种醇对十二酸钾的 cmc 的影响[8]
1—C_2H_5OH; 2—C_3H_7OH; 3—C_4H_9OH; 4—i-$C_5H_{11}OH$;
5—$C_6H_{13}OH$; 6—$C_6H_{13}OH$

长链脂肪醇对表面活性剂溶液表面张力的影响更显著,能将溶液表面张力降至一般表面活性剂溶液不能到达的程度(约 23mN/m)。例如,在固定浓度的十二烷基硫酸钠溶液中加入十二醇,表面张力随十二醇浓度的增加而降低。正辛醇对正辛基硫酸钠水溶液表面张力的影响也如此。这是因为醇分子 $C_nH_{2n+1}OH$ 与表面活性剂分子 $C_nH_{2n+1}SO_4Na$ 之间有较强烈的相互作用(碳氢链的疏水作用,加之极性头间的氢链结合),而使醇分子和表面活性剂离子在表面上的定向排列很紧密,大大改变水的表面性质,使之接近非极性表面,表现出很低的表面张力。图 10-12 给出了 $C_8H_{17}OH$ 与 $C_8H_{17}SO_4Na$ 比例为 0.109 时溶液的表面张力。

由图 10-12 中可以看出，$C_8H_{17}SO_4Na$ 浓度为 0.02mol/L 时溶液表面张力为 28×10^{-3} N/m，浓度为 0.055mol/L 以后，直到 0.011mol/L，表面张力达到最低值 22×10^{-3} N/m，与无醇的 $C_8H_{17}SO_4Na$ 溶液相比，在 0.02mol/L、0.05mol/L 和 0.1mol/L 时，表面张力分别为 64×10^{-3} N/m、53×10^{-3} N/m、43×10^{-3} N/m 左右，可见醇的存在使表面张力降低。表面活性剂浓度在 0.11mol/L 以上时，溶液的表面张力反而上升，这是由于正辛醇参加了胶团的形成，被加溶于胶团中的缘故。

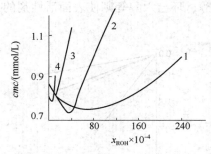

图 10-12　正辛醇对正辛基硫酸钠的水溶液表面张力的影响（15℃）[2]

加醇后的表面活性剂溶液，在其他一些性质上也有突出的变化。溶液的表面黏度由于醇的加入而增加，所以直链脂肪醇有时可作为增稠剂。表面黏度的增加亦与上述表面吸附分子的紧密定向排列有关。实验表明 $C_{12}H_{25}SO_4Na$ 溶液中有 $C_{12}H_{25}OH$ 存在时，气体透过液膜的速度减低，这也间接表明吸附膜比较致密。

当有醇存在于表面活性剂溶液中时，表面张力的时间效应更显著，达到平衡表面张力所需时间更长，如含有少量 $C_{12}H_{25}OH$ 的 $C_{12}H_{25}SO_4Na$ 溶液，表面张力的时间效应长。这可以认为，是由于醇与表面活性剂竞争吸附的结果。

10.3.2　短链醇的影响

短链醇（如从甲醇到己醇）在浓度小时可使表面活性剂的 cmc 降低；在浓度高时，则 cmc 随浓度变大而增加。对此现象的解释是：在醇浓度较小时，醇分子本身的碳氢链周围即有"冰山"结构，所以醇分子参与表面活性剂胶团形成的过程是容易自发进行的自由能降低过程，溶液中醇的存在使 cmc 降低。但在浓度较大时，一方面溶剂性质改变，使表面活性剂的溶解度变大；另一方面由于醇浓度增加而使溶液的介电常数变小，于是胶团的离子头之间的排斥作用增加，不利于胶团形成。两种效应综合的结果，导致醇浓度高时 cmc 上升。从甲醇至己醇都有这种性质。图 10-13、图 10-14 给出了几种醇对离子型表面活性剂的 cmc 的此种影响作用。

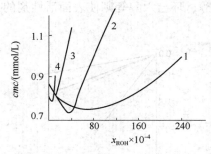

图 10-13　醇对 $C_{16}H_{33}N(CH_3)Br$ 的影响[8]
1—C_3H_7OH；2—C_4H_9OH；3—i-$C_5H_{11}OH$；
4-$C_6H_{13}OH$

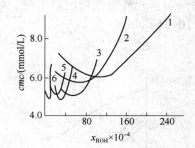

图 10-14　醇对 $C_{12}H_{25}SO_4Na$ 的影响[8]
1—$C_8H_{17}OH$；2—$C_6H_{11}OH$；3—C_5H_9OH；
4—C_3H_2OH；5—$C_5H_{11}OH$；6—$C_6H_{12}OH$

一般认为碳原子数少的醇有破坏水结构的作用。但在低浓度时，醇本身碳氢链周围有冰山结构，故醇分子参与表面活性剂胶团形成的过程是容易形成 cmc 降低。由于醇浓度升高，溶剂性质改变，使表面活性剂（未缔合的分子或离子）在其中的溶解度增大，表面活性剂分子或离子不易缔合[19]；由于醇浓度的增加，使溶液介电常数降低。胶团离子头之间的斥力增加，亦不利于胶团形成，致使表面活性剂溶液随醇浓度增加 cmc 值升高。

10.3.3 强水溶性极性有机化合物

许多在水中有高溶解度的极性有机物，表面活性很低，甚至没有表面活性。它们加入表面活性剂溶液中后，所起的作用与长链极性物不同。此种极性物质分为两类情况。

一类物质，如尿素，N-甲基乙酰胺、乙二醇、1，4-二氧六环等，此类物质使表面活性剂的 cmc 和表面张力上升，而不是下降。表 10-2 给出了尿素对$C_{12}H_{25}N$⬡的 cmc 之影响。

表 10-2 尿素对$C_{12}H_{25}N$⬡的 cmc 之影响[20]

介质	cmc/（mol/L）		
	未加尿素	3.4mol/L 尿素	5.9mol/L 尿素
H_2O	0.0053	0.0093	0.0136
$Na_2S_2O_3$ 0.0001mol/L	0.0052	0.0093	0.0139
$Na_2S_2O_3$ 0.001mol/L	0.0043	0.0091	0.0133

由表 10-2 可以看出加入尿素比加入无机盐对 cmc 的影响显著，尿素加入量增高时，表面活性剂溶液的 cmc 升高。

图 10-15 所示为几种有机物对非离子型表面活性剂 TX-100 溶液表面张力的影响。N-甲基乙酰胺使溶液表面张力和 cmc 变大，表面活性下降。而果糖和木糖使表面活性增高，表面张力下降，cmc 下降。

一般认为，尿素及 N-甲基乙酰胺一类化合物，在水中易通过氢键与水分子结合，使水本身的结构易于破坏，而不易形成。这类化合物对表面活性剂分子疏水基碳氢链周围的"冰山"结构也同样起破坏作用，使冰山结构不易形成。这使表面活性剂吸附于表面及形成胶团的趋势减小，表面活性降低，cmc 升高。尿素等水溶性强的极性添加物能使聚氧乙烯非离子型表面活性剂 cmc 有比较大的改变。

另一类多元醇极性物质如木糖、果糖以及山梨醇、环己六醇等则使表面活性剂的 cmc 下降（图 10-16）。

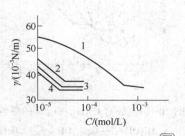

图 10-15 几种添加剂对 C_8H_9—⬡—$O(C_2H_4O)_9H$ 溶液表面张力的影响[21]

1—3mol/L N-甲基乙酰胺；2—无添加剂；
3—1mol/L 果糖；4—1mol/L 木糖

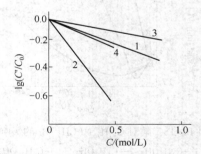

图 10-16 多元醇对 C_9H_{19}—C_6H_4—O—$(C_2H_4O)_{13}H$ 的 cmc 的影响[22]

1—山梨糖醇；2—环己六醇；3—山梨糖醇加 6mol/L 尿素；4—环己六醇加 6mol/L 尿素

由图 10-16 看出，环己醇比山梨醇下降 *cmc* 的作用大。当溶液中有尿素存在时，加入多元醇，仍能降低 *cmc*，但由于尿素会使水结构遭到破坏，降低 *cmc* 的效率较差。我们认为山梨醇与环己醇的主要作用是使表面活性剂分子的疏水基在水中的稳定性降低，易于形成胶团。

凡使表面活性剂溶液的 *cmc* 增加的这类强极性有机物，也能使表面活性剂在水中的溶解度增加。例如 $C_{16}H_{33}SO_4Na$ 在 28℃时几乎不溶于水（$<10^{-4}mol/L$），而在 3mol/L $CH_3CONHCH_3$ 水溶液中，其溶解度增至 0.01mol/L 以上。这类能增加表面活性剂在水中溶解度的物质，在配方中称为助溶剂。助溶剂作用机理、体系、各种影响因素都很复杂，一般在长链表面活性剂分子之间的相互作用相当强烈，在溶液中容易形成不溶的晶体（即表面活性剂的 Krafft 点较低），或是产生液晶；前者即表面活性剂溶度甚低的情况下，未形成胶团即已不能溶解而结晶。助溶剂的作用在于防止溶液中的表面活性剂晶相（或液晶相）形成。由于助溶剂与表面活性剂结构相似，故二者能形成混合胶团。此种混合胶团容易形成球状胶团，而不易形成晶状、液晶结构。助溶剂的这种防止或破坏结晶形成的作用增加表面活性剂在水相的溶度，并增加其胶团溶液增溶不易溶有机物的能力[23~25]。

10.4 非离子型表面活性剂与离子型表面活性剂的混合物

非离子型表面活性剂与离子型表面活性剂复配混合物早已得到广泛应用，此种复配可以得到比单一表面活性剂更优良的洗涤性、润湿性等。例如非离子型表面活性剂（特别是聚氧乙烯醚型）加到一般肥皂中，量少时起钙皂分散作用，量多时形成低泡洗涤剂配方。烷基苯磺酸盐和烷基硫酸盐也常与非离子型表面活性剂复配使用，可以获得比单一表面活性剂更优良的洗涤性质、润湿性质以及其他性质。虽然混合表面活性剂在实际应用中积累了大量经验，但对于复配规律的深入研究尚还不够。离子型表面活性剂与非离子型表面活性剂之间的分子相互作用，从结构上考虑，主要是极性头之间的离子-偶极子相互作用。

非离子型表面活性剂中加入离子型表面活性剂后，浊点常常升高，但浊点界限不够分明，实际上常是一个较宽的温度范围。图 10-17 表明了一些商品离子型表面活性剂对非离子型表面活性剂 Triton-100 溶液浊点的影响。

由图 10-17 看出。此种影响比较明显，当 R—C_6H_4—SO_3Na 占表面活性剂总量 1%时，可把原溶液的浊点提高约 30℃。

对非离子型表面活性剂与离子型表面活性剂混合物溶液进行电导测量时发现，当非离子型表面活性剂含量越来越多时，电导随浓度的转折点（*cmc*）就变得越来越不确定，而趋于消失。总趋势是 *cmc* 值随非离子型表面活性剂比例的上升而下降。图 10-18 和图 10-19 表示出在不同的温度下，离子型表面活性剂中只有少量非离子型表面活性剂存在，即可使 *cmc* 大大降低。

非离子型表面活性剂与离子型表面活性剂在溶液中能形成混合胶团。非离子型表面活性剂分子，"插入"胶团中

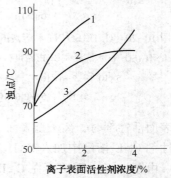

图 10-17 阴离子型表面活性剂对
Triton-100 溶液浊点的影响[8]

1—R—⬡—SO_3Na;

2—R—⬡—$O(C_2H_4O)nSO_4Na$;

3—R—⬡—$O(C_2H_4O)nSO_3Na$

（与脂肪醇作用相似）[8]，使原来的离子型表面活性剂离子头间的斥力减弱，再加上两种表面活性剂疏水链之间的相互作用，而易生成胶团，使混合溶液的 cmc 下降且实际测量的混合溶液之 cmc 低于理论计算的 cmc。

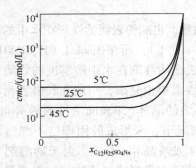

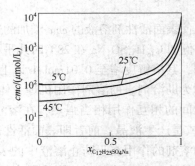

图 10-18　$C_{12}E_7 - C_{12}H_{25}SO_4Na$ 混合溶液的 cmc[26]　　图 10-19　$C_{12}E_{30} - C_{12}H_{25}SO_4Na$ 混合溶液的 cmc[26]

当离子型表面活性剂中加入非离子型表面活性剂时，除使 cmc 下降外，表面张力也下降，表面活性增高。

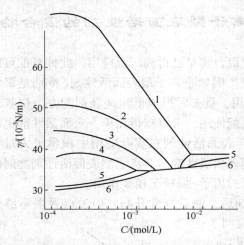

图 10-20　$C_{12}H_{25}SO_4Na$ 水溶液的表面张力[27]
$C_{12}H_{25}SO_4Na$ 水溶液中 $C_{12}E_5$ 浓度（mol/L）：1—0；
2—$5×10^{-6}$；3—$1×10^{-6}$；4—$2×10^{-5}$；
5—$2.5×10^{-4}$；6—$1.0×10^{-3}$

如图 10-20 所示，$C_{12}E_5$ 浓度很小时即可使溶液表面张力大大下降（曲线 2），当 $C_{12}H_{25}SO_4$ Na 的浓度增至其 cmc 附近时，溶液表面张力出现最低值（比未加 $C_{12}E_5$ 时的最低值更低）。此时 $C_{12}E_5$ 的摩尔分数在混合物中约占 0.001，由此可见 $C_{12}E_5$ 对 $C_{12}H_{25}SO_4$ Na 溶液性质影响之强烈。同时，由于 $C_{12}E_5$ 加入，使 cmc 下降，曲线 2 所示的混合液的 cmc 由无 $C_{12}E_5$ 时的 $8×10^{-3}$ mol/L 降至 $4.5×10^{-3}$ mol/L，当 $C_{12}E_5$ 的摩尔分数为 0.02 时 cmc 降至 $1×10^{-3}$ mol/L。由此可见，随着 $C_{12}E_5$ 加入量的增加混合液 cmc 呈下降的趋势。当 $C_{12}E_5$ 加入量超过 $2.5×10^{-5}$ mol/L（曲线 5，6），图中看不出拐点，说明在所研究 $C_{12}H_{25}SO_4Na$ 浓度范围内早已超过了混合溶液的 cmc（实际上此混合液的 cmc 应在 10^{-5} mol/L 以内）。

在非离子型表面活性剂溶液中，加入离子型表面活性剂时，离子型表面活性剂对溶液性质产生影响。图 10-21 表示了非离子型表面活性剂 $C_{12}E_5$ 溶液中加入 $C_{12}H_{25}SO_4Na$，对溶液表面张力的影响。

由图 10-21 看出，在 $C_{12}H_{25}SO_4Na$ 的加入量不大时，使溶液表面张力降低，cmc 变小，表面活性增加（参看图 10-21 中的曲线 2、3）。此种情况与非离子型表面活性剂（$C_{12}E_5$）加到离子型表面活性剂（$C_{12}H_{25}SO_4Na$）溶液中相似。但也存不同之点，即溶液的最低表面张力比未加 $C_{12}H_{25}SO_4Na$ 时高。在图 10-21 中表面张力出现最低值，然后不随 $C_{12}H_{25}SO_4Na$ 浓度增加而上升，这种情况与 $C_{12}H_{25}SO_4Na$ 中有少量杂质如 $C_{12}H_{25}OH$ 存在时的情况一样，是由于 $C_{12}H_{25}SO_4Na$ 达到较高浓度后（大大超过 cmc）大量生成胶团，将表面活性较高的 $C_{12}E_5$ 或 $C_{12}E_5$ 和 $C_{12}H_{25}SO_4Na$ 的复合物加溶于胶团中，使溶液中 $C_{12}E_5$ 的活度下降，表面张力上升，

直至接近 $C_{12}H_{25}SO_4Na$ 溶液形成胶团以后的表面张力。图 10-21 中的曲线 4、5，是 $C_{12}H_{25}SO_4Na$ 的浓度已经达到或超过 cmc 时的情况，即相当于图 10-21 中表面张力上升的部分，所以曲线中无转折点出现。

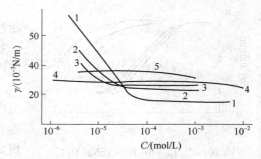

图 10-21 $C_{12}E_5$ 溶液的表面张力（25℃）[27]

$C_{12}H_{25}SO_4Na$ 浓度（mol/L）：1—0；2—1×10^{-3}；3—2.5×10^{-3}；4—6.3×10^{-3}；5—2.5×10^{-2}

很多研究表明，阴离子型表面活性剂与非离子型表面活性剂的相互作用明显强于阳离子型表面活性剂与非离子型表面活性剂[28]。例如，C_8E_3-$C_{12}NMe_3Br$ 混合体系相互作用比 C_8E_3-$C_{12}H_{25}SO_4Na$ 之间的相互作用弱。这可解释为非离子型表面活性剂（如聚氧乙烯链中的氧原子）通过氢键与 H_2O 及 H_3O^+ 结合，从而使这种非离子型表面活性剂分子带有一些正电性[29,30]。因此阴离子型表面活性剂与此类非离子型表面活性剂的相互作用中还有类似于异电性表面活性剂之间的电性作用。

10.5 阳离子型表面活性剂与阴离子型表面活性剂混合物

阴离子-阳离子型表面活性剂分子间的相互作用力较强，具有比单一表面活性剂高得多的表面活性，显示出极大的增效作用，在润湿性能、稳泡性能和乳化性能等方面也有较大的提高。目前这一类复配体系已经在纤维和织物的柔软和抗静电处理、泡沫和乳液的稳定等方面得到了较为广泛的应用。

由于正负电性中和，阳离子型表面活性剂和阴离子型表面活性剂在水溶液中极不稳定，一旦超过其临界胶团浓度后，就将产生沉淀或絮状络合物，从而产生负效应甚至使表面活性剂失去表面活性，这在日用化学工业特别是在洗涤剂工业中，是一种常见规律。因此，早期对于该体系的研究主要在 cmc 之下。许多研究者曾经做过许多努力，希望解决阴、阳离子混合表面活性剂的沉淀问题，但效果均不理想。随着许多新型阴、阳离子混合表面活性剂的发现，对它们水溶液稳定性的研究取得了重要进展，可以得到在任何混合比和浓度之下都不分层的阳、阴离子表面活性剂溶液[2]。由此看来，只要阴离子型表面活性剂的负表面活性离子和阳离子型表面活性剂的正表面活性离子的体积不太大，所生成的盐在溶液中不发生沉淀而失去效用，在适当的条件下，有可能比单一表面活性剂具备更高的表面活性。

10.5.1 表面活性

表面活性剂的表面活性也可由临界胶团浓度的大小和浓度高于 cmc 时能降低水溶液表面张力的程度来判断。实验表明，阴离子型表面活性剂与阳离子型表面活性剂相互作用可形成一种复合物，其临界胶束浓度远小于各自离子型表面活性剂的临界胶团浓度，所以阴离子-阳离子复配具有很高的表面活性。阴离子型表面活性剂与阳离子型表面活性剂形成的复合物，其组成是 1:1 等物质的量的。例如，$C_8H_{17}N(CH_3)_3Br$ 和 $C_nH_{2n+1}SO_4Na$ 的各种不同混合比的复配体系，测定它们水溶液的表面张力得知，溶液表面上吸附的复配表面活性剂为等物质的量的复合物。这种复合物在溶液表面上形成离子亲和力很强的单分子层，而留在溶液内的则被增溶于胶束中。

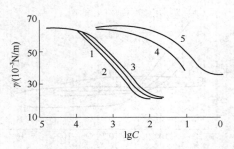

图 10-22　$C_8NMe_3Br-C_8SNa(1:1)$
混合溶液的表面张力(25℃)[31]
1—无 NaCl；2—加 NaCl，$C_{NaCl}=0.1mol/kg$；
3—加 NaCl，$C_{NaCl}=2.0mol/kg$；4—C_8SNa(加
NaCl，$C_{NaCl}=0.1mol/kg$)；5—C_8NMe_3Br

由图 10-22 看出，等物质的量的混合物的表面活性远高于单一的表面活性剂。表 10-3 中列出了一些表面活性剂混合体系的临界胶团浓度和在临界胶团浓度时的表面张力。

表 10-3 中数据表明，不仅等物质的量比的正、负离子表面活性剂混合物显示出高表面活性，非等物质的量比的混合物亦显示出高表面活性。一方面提高了降低表面张力的效能，混合体系的表面张力可低达 25mN/m 甚至更低；另一方面极大地提高了降低表面张力的效率，混合体系的 cmc 小于每一单纯组分表面活性剂的 cmc，甚至呈现几个数量级的降低，因而表现为全面增效作用。

表 10-3　正、负离子混合表面活性剂的 cmc 和 γ_{CMC}(25℃)[32]

表面活性剂[①]	$cmc/(mol/L)$	$\gamma_{cmc}/(mN/m)$
$1:1C_8NMe(1)-C_8Sna(2)$	7.5×10^{-3}	23
(1)	0.26	41
(2)	0.13	42.5
$1:1C_8NMe(1)-C_{10}Sna(2)$	4.5×10^{-4}	22
(1)	6.0×10^{-2}	40
(2)	3.2×10^{-2}	38
$1:1C_8NEt(1)-C_8Sna(2)$	8.2×10^{-3}	27
$1:1C_8NEt(1)-C_{10}Sna(2)$	2.0×10^{-3}	27
$10:1C_8NMe_3Br-C_8SNa$	3.3×10^{-2}	23
$1:10\ C_8NMe_3Br-C_8SNa$	2.5×10^{-2}	23
$1:50\ C_8NMe_3Br-C_8SNa$	5×10^{-2}	25

注：C_nNMe 为 $C_nN(CH_3)_3Br$；C_nNEt 为 $C_nN(C_2H_5)_3Br$；C_nSNa 为 C_nSO_4Na；C_n 为 C_8H_{17} 或 $C_{10}H_{21}$。

对于其他的阴离子型表面活性剂-阳离子型表面活性剂的复配体系，如烷基硫酸钠与十二烷基丙酸铵来说，也能形成等物质的量组成的复合物，其表面活性较未复配的单表面活性剂要高 1~2 个数量级。此外，复合物的表面活性随复配体阴离子表面活性剂的烃链增长呈指数增大，而对于在溶液表面上的吸附层来说，其单分子吸附层是由 1:1 的复合物与阳离子表面活性剂组成，而几乎无阴离子型表面活性剂。

实验表明，阴离子-阳离子复配型表面活性剂形成的 1:1 复合物是 $C_nH_{2n+1}SO_4\cdot C_mH_{2m+1}N(CH_3)_3$，而不是 $C_nH_{2n+1}SO_4Na\cdot C_mH_{2m+1}N(CH_3)_3Br$。阴离子-阳离子复配型表面活性剂有很高的表面活性，也必然反映在与其相应的其他性质上，这是由于正、负离子型表面活性剂在混合溶液中存在着强烈的相互作用。这种作用的本质主要是电性相反的表面活性离子间的静电作用及其亲油基碳氢链间的疏水作用，也就是说，与单一表面活性剂相比，除了碳氢链间的相互作用外，不但没有极性基团的相同离子间的静电斥力，反而增加了阴、阳离子电荷之间的引力，这就大大增加了阴、阳两种表面活性离子之间的缔合，使溶液内部的表面活性剂分子更易聚集形成胶团，表面吸附层中的表面活性剂分子的排列更为紧密，表面能

更低。下面以辛基三甲基溴化铵和辛基硫酸钠的复配型表面活性剂与其单一表面活性剂为例加以讨论。在同一浓度（$1 \times 10^{2} mol/L$）时，前者 1:1 的溶液在石蜡表面几乎可铺展，润湿角为 1.6°；而后者（辛基三甲基溴化铵）的溶液在石蜡表面上润湿性能较差，润湿角为 100°（接近于纯水在石蜡表面上的润湿角）。又如，该类型复配表面活性剂溶液能形成很稳定的泡沫和气泡，其寿命较单一表面活性剂溶液形成的大很多，特别是溶液达到临界胶团浓度时表现得更为明显。与此相似，复配表面活性剂的液滴在油水界面上的寿命较单一表面活性剂长很多。表 10-4 列出了辛基硫酸钠、辛基三甲基溴化铵及其 1:1 复合物的溶液在临界胶束浓度（0.0075mol/L）下形成的气泡和液滴的寿命。

表 10-4 辛基硫酸钠、辛基三甲基溴化铵及其 1:1 复合物溶液形成的气泡及液滴的寿命（25℃）[33]

表面活性剂溶液	气泡寿命/s	液滴寿命/s
$C_8H_{17}SO_4Na$ 溶液	19	11
$C_8H_{17}(CH_3)_3Br$ 溶液	18	12
两者 1:1 复合物溶液	26100	771

从表 10-4 中看出，1:1 复合物溶液的气泡和液滴的寿命分别为单一表面活性剂溶液的 1400 倍和 70 倍左右。气泡、液滴的寿命主要由液膜强度和黏度决定，由于复配表面活性剂溶液的表面液膜强度和黏度远远大于单一表面活性剂溶液的相应值，所以该 1:1 复配表面活性剂溶液的气泡和液滴的寿命极高。

应该指出的是并不是所有类型的阴、阳离子型表面活性剂（$C_m NMe_3 - C_n S$）都具有上述突出的表面活性，只有当亲油基中的碳原子数比较多，而且 $m \approx n$ 时表面活性才有特殊表现。例如在烷基硫酸盐和烷基三甲基溴化铵的混合体系中，当烷基的碳数为十二时，表面活性最高，cmc 最低。碳原子数在 6 以上，皆有较高的表面活性，碳数在 6 以下，表面活性大大降低[34,35]。

对于碳原子总数相同，而阴离子和阳离子的碳数不同的阴、阳离子型表面活性剂混合体系，如不对称的混合体系（例如 $m+n=14$，$m \neq n$），与对称的混合体系（$m+n=14$，$m \approx n$）相比，cmc 较低，而溶液表面张力所能达到的最低值比较高。如图 10-23 所示（图中表面活性剂通式为 $C_m H_{2m+1} N^+ (CH_3)_3$ 及 $C_n H_{2n+1} SO_4$，憎水基碳原子总数为 $m+n=14$，数字符号如 8/6 表示 $m=8$，$n=6$）。

一般离子型表面活性剂水溶液中加入无机盐时，cmc 会显著降低，表面活性得到提高。应该注意，对于阴、阳离子型表面活性剂混合体系，由于阴、阳离子型表面活性剂复配体系中表面活性离子的正、负电性相互中和，盐效应不显著。主要有以下几种情况：

① 对于 1:1 阴、阳离子型表面活性剂混合物当烷基链碳数不同时，在吸附层和胶团中的阴、阳离子型表面活性离子的比例不是 1:1，碳数较多的表面活性离子所占的比例大。这就是说在吸附层不是电中性的，有扩散双电层存在，无机盐对表面活性有显著影响。

② 当碳数相近时，无机盐（NaCl）对 cmc 及表面张力无显著影响。这表明胶团周围及表

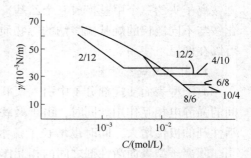

图 10-23 一些阴、阳离子型表面活性剂水溶液的表面张力[34]

面吸附不存在扩散双电层，胶团与表面层皆近于电中性。

③ 当阴、阳离子型表面活性剂的碳原子数相差较大时，两种离子的比值与 1 相差较远，胶团与表面层不是电中性的，有扩散双电层存在，无机盐对表面活性有显著影响。

这些事实说明，阴、阳表面活性离子中有一种有机离子的碳数很少时，典型的阴、阳离子型表面活性剂混合物的特性就消失，而与一般离子表面活性剂无大差异。

10.5.2　提高混合物溶解性的方法

尽管阴、阳离子表面活性剂复配体系有强烈的增效效应，其表面活性比单一组分高。然而阴、阳离子表面活性剂混合体系的一个主要缺点是由于强电性作用易于形成沉淀或絮状悬浮，混合体系的水溶液因此不太稳定。一旦浓度超过 cmc 以后溶液就容易发生分层析出或凝聚等现象，甚至出现沉淀（特别是等物质的量混合体系），产生负效应甚至使表面活性剂失去表面活性，从而给实际应用带来不利影响。经过多年的研究和实际应用，人们已经尝试了多种方法[36]。

1. 非等物质的量比复配

阴、阳离子型表面活性剂配合使用时，要使其不发生沉淀或絮状悬浮，达到最大增效作用，两者配比是很重要的。不等比例（其中一种只占总量少部分）配合依然会产生很高的表面活性与增效作用。一种表面活性剂组分过量很多的复配物较等物质的量的复配物的溶解度大得多，溶液因此不易出现浑浊，这样就可采用价格较低的阴离子型表面活性剂为主，配以少量的阳离子型表面活性剂得到表面活性极高的复合表面活性剂。

2. 降低疏水链长度对称性

在疏水链总长度（碳原子总数）一定时，两疏水链长度越不对称，混合体系的溶解性越好。如 C_8N-$C_{12}S$ 和 $C_{12}N$-C_8S 形成均相溶液的能力高于 $C_{10}N$-$C_{10}S$。但应注意的是，降低疏水链长度对称性往往会使表面张力（γ_{cmc}）升高。

3. 增大极性基的体积

阴、阳离子型表面活性剂混合体系易形成沉淀的原因可归结为异电性离子头基之间强烈的静电引力导致电性部分或全部中和（当然这也正是其具有高表面活性的原因），因此人们设想：是否可以通过增大极性基的体积，增加离子头基之间的空间位阻以降低离子头基之间强烈的静电引力？事实正是如此。如将常见的烷基三甲基铵换为烷基三乙基铵（即烷基三甲基铵离子头的三个甲基换成三个乙基），混合体系的溶解性能即大大改善，如辛基三乙基溴化铵与不同链长的烷基硫酸钠的等物质的量混合溶液均可形成均相溶液，其 Krafft 点很低，可以在低温下使用。

4. 引入聚氧乙烯基

离子型表面活性剂分子中引入聚氧乙烯基有利于降低分子的电荷密度从而减弱离子头基间的强静电相互作用。同时，由于聚氧乙烯链兼有弱的亲水性和弱的亲油性，它不仅使表面活性剂的极性增大，同时也增长了疏水基的长度。聚氧乙烯链的亲水性和位阻效应减弱了阴、阳离子型表面活性剂之间的相互作用，从而对沉淀或凝聚作用有明显的抑制作用。

5. 极性基的选择——烷基磺酸盐代替烷基硫酸盐

对于单组分体系，烷基磺酸盐的水溶性明显低于烷基硫酸盐，因此人们习惯认为，当与阳离子型表面活性剂如烷基季铵盐混合后，烷基磺酸盐-烷基季铵盐混合体系的水溶性要低于烷基硫酸盐-烷基季铵盐混合体系。因此在与阳离子型表面活性剂复配时，人们一般不用烷基磺酸盐。这几乎成了阴、阳离子型表面活性剂复配的一个规则。然而事实正好相反，烷基磺酸钠-烷基季铵盐混合体系的水溶性远高于烷基硫酸钠-烷基季铵盐混合体系。实验发现，C_8NE、$C_{10}NE$ 和 $C_{8,10,12}H_{17,21,25}SO_3Na$ 的混合体系以及 $C_{12,14}NE-C_8H_{17}SO_3Na$ 混合体系，在所研究的浓度范围内（最高达 0.2mol/L）任意混合比例时均可形成稳定的均相溶液，而且溶液中聚集体的尺寸较小。将溶液升温至 60℃，或降温至 3℃，均未见溶液有任何变化。将溶液于室温下静置半年，亦无任何变化。阴、阳离子型表面活性剂混合体系在高浓度下的 1∶1 混合体系能形成均相溶液，这是很不寻常的。

另外，从烷基磺酸钠的角度来看，阳离子型表面活性剂烷基三乙基季铵盐的加入增加了烷基磺酸钠的溶解性，降低了其 Krafft 点。烷基磺酸钠单组分体系的 Krafft 点较高，如 $C_{10,12}H_{21,25}SO_3Na$ 溶液在室温 25℃ 下就会析出晶体，而上面提到的均相混合体系在 3℃ 时静置 1 月仍为均相澄清溶液。也就是说，阳离子型表面活性剂的加入，增大了阴离子型表面活性剂的溶解性。

6. 加入两性表面活性剂

两性表面活性剂其表面活性不如阴、阳离子型表面活性剂强。将其加入阴、阳离子型表面活性剂复配体系，结果表明有利于改善复配体系的溶解性能。

7. 加入非离子型表面活性剂

加入溶解度较大的非离子型表面活性剂，阴、阳离子型表面活性剂在水中溶解度明显增加。实验表明，当非离子型表面活性剂浓度超过 cmc 后才能使阴、阳离子型表面活性剂溶解，说明非离子型表面活性剂的增溶作用改善了阴、阳离子型表面活性剂的溶解性能。而且，非离子型表面活性剂有其自身的优良洗涤性能，在水溶液中不电离，以分子状态存在，与其他类型表面活性剂有较好的兼容性，因而可以很好地混合使用。

因此，在阴、阳离子型表面活性剂复配体系中加入非离子型表面活性剂，不但有利于复配体系溶解度增加，而且还可以起到增强洗涤效果的双重作用。以阴离子型表面活性剂为主，加入少量的阳离子型表面活性剂，有时再加以适量的非离子型表面活性剂辅助，有可能得到性能较好、价格合理、高效复配型配方产品。

10.5.3　阴、阳离子型表面活性剂混合体系的相行为

阴、阳离子型表面活性剂混合体系的相行为极为复杂，其中最与众不同的性质之一是混合体系中普遍存在三个浓度区和两类性质完全不同的均相溶液。

绝大多数阴、阳离子型表面活性剂混合体系在很低浓度（通常在其 cmc 附近）即生成沉淀，因而长期以来对此类体系的研究主要集中在 cmc 附近，人们难以得到均相胶团溶液，实际应用受到极大限制。

研究表明，在形成沉淀的浓度之上，继续增加浓度，混合体系又可形成均相溶液，因此阴、阳离子型表面活性剂混合体系普遍存在三个浓度区，即在很低浓度和较高浓度形成均相溶液，在中间浓度形成复相溶液。肖建新、赵国玺[37] 以 C_nNE（溴化十二烷基三乙铵）-$C_{12}S$（十二烷基硫酸钠）为例，证明阴、阳离子型表面活性剂混合体系在生成沉淀或混浊之后，如继续增加浓度，又可形成透明均相溶液，为低浓度区；浓度超过一定值后，生成有沉淀的复相溶液，称为中浓度区；当浓度进一步增大，又成为透明均相溶液，也就是第二个均相溶液区又称高浓度区。低-中浓度区的转变浓度记为 C_I，中-高浓度区的转变浓度记为 C_{II}，显然，C_I 越大，C_{II} 越小，体系形成的均相溶液的能力越强。图 10-24 是十二烷基三乙基溴化

铵[（$C_{12}H_{25}N(C_2H_5)_3Br$，$C_{12}NE$）]和十二烷基硫酸钠（$C_{12}H_{25}SO_4Na$，$C_{12}S$）混合体系三个浓度区的相边界。

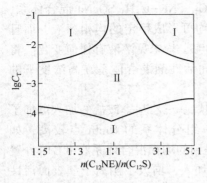

图 10-24　十二烷基三乙基溴化
铵和十二烷基硫酸钠混合体系
三个浓度区的相边界

三个浓度区的存在是阴、阳离子型表面活性剂混合体系的普遍特征。由于三个浓度区的存在，此种混合体系就有两类均相溶液：一类是低浓度（通常在其临界胶团浓度 cmc 附近或以下）时形成的普通均相溶液；第二类是在形成沉淀的浓度之上形成的均相溶液。研究表明，第二类均相溶液具有与第一类普通均相溶液完全不同的物理化学性质。仅从其稀释后出现沉淀即可说明其特殊之处。为与第一类均相溶液相区分，我们将它称之为"浓均相溶液"（第一类均相溶液可称为"稀均相溶液"）。应该指出，浓均相溶液只是相对于稀均相溶液浓度较高而已，实际上仍然是稀水溶液（很多阴、阳离子型表面活性剂混合体系在浓度远低于 1% 时即可形成浓均相溶液）。

对于非等物质的量混合体系，三个浓度区的存在是非常明显的，且 $C_{12}S$ 过量的体系形成均相溶液的能力高于 $C_{12}NE$ 过量的体系，随某一组分过量程度的增加，体系形成均相溶液的能力增大。对于等物质的量混合体系，$1.0×10^{-4}mol/L$ 以下为低浓度区，以上为中浓度区。因图 10-26 中最大浓度为 0.1mol/L，在此浓度范围内，为出现高浓度区，但从中浓度区溶液的状态可以推测，若总浓度超过 0.1mol/L，在一定浓度之上仍有可能出现高浓度区。

一般认为，温度对表面活性剂相行为的影响主要表现为表面活性剂的克拉夫点（Krafft point）和浊点（cloud point）两个方面，浊点现象为非离子型表面活性剂的普通特征，而离子型表面活性剂除极少数外，只有克拉夫点，而不具有浊点性质。赵国玺、肖建新对浊点的研究证明[38]，对阴、阳离子型表面活性剂混合体系，除了具有离子型表面活性剂特有的克拉夫点外，在很大浓度和混合比范围内可观察到明显的浊点效应。即一些室温澄清的溶液，当加热到某一温度时变为乳光或混浊，降温后又复原；或有些在室温下为乳光或混浊的溶液，冷却到一定温度时，变为澄清透明，再升温又恢复乳光或混浊，而且由澄变浑或由浑变清的温度可以重合。

图 10-25 表示 $C_{12}NE$-$C_{12}S$ 混合体系的浊点区，要说明的是，在图 10-25 所示区域中只表示那些浊点在 0~100℃ 范围内的体系。图 10-26 则显示出不同比例混合体系的浊点与浓度

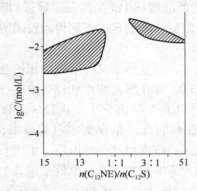

图 10-25　$C_{12}NE$-$C_{12}S$ 混合体系的浊点区域[38]

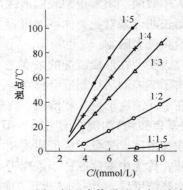

图 10-26　不同比例混合体系的浊点-浓度关系[38]

关系，从实验结果可以总结出浊点变化规律：

① 浊点现象一般出现于非等物质的量混合体系中；

② 浊点现象一般出现于相对较高的浓度（在中、高浓度区交界附近及以上一段）；

③ 在同一浓度，随某一组分过量程度的增加浊点升高。

对于非等物质的量混合体系，胶团带有一定数量的电荷，而且由于胶团之间强烈的静电斥力以及带电胶团表面水化层的存在，阻止了胶团的进一步长大或聚结。因而若温度升高，胶团获得足够的能量，即可克服胶团之间的静电斥力，而且温度升高时，胶团表面的水化层也被破坏，两种因素综合作用的结果将使胶团进一步长大甚至发生聚凝，导致原来澄清透明的溶液变为混浊。对一些室温下已是混浊的溶液，可认为体系温度已经达到或超过其浊点，若温度降低，胶团间的水化及静电斥力又起主导作用，胶团又变小，从而使混浊溶液变为澄清透明。

因此，阴、阳离子型表面活性剂混合溶液具有浊点性质的条件是胶团带电，而且带电量要适中。如果胶团所带电荷太高，所获得的能量不足以克服胶团之间的电性排斥；反而当温度太高时，胶团的热运动明显加快，胶团更不易发生聚结了。由此可解释高浓度区的一些溶剂加热至100℃也观察不到浊点的现象。相反，如果胶团不带电或所带电荷太少，胶团之间较弱的静电斥力不足以阻止胶团的长大或聚结。既使温度降得很低，原来的混浊溶液也不能变清，反而当温度降低到其克拉夫点以下时，阴、阳离子型表面活性剂以难溶盐形式析出，由此可解释图10-25所示区域下方的体系不具有浊点的现象。

上面讨论的阴、阳离子型表面活性剂混合体系的一般情况。若阳离子型表面活性剂极性基带有较长碳链，如溴化十二烷基三丁铵和十二烷基硫酸钠混合体系，其浊点形成除上述机理外，还存在一些附加效应。对这类混合体系，胶团表面的部分丁基链由于空间结构因素不能渗透到胶团内核，这些"自由"丁基链的存在使胶团表面具有一定的疏水效应。因而当温度升高时，胶团之间除前述从升温获得能量外，胶团表面的疏水作用又可产生一附加效应。甚至一胶团表面的"自由"丁基有可能"渗透"到另一胶团内核，从而使不同胶团之间靠"自由"丁基链的"桥连"作用发生聚结，综合作用的结果将使这类混合体系的浊点效应更为明显[34]。俞志健等在研究十四烷基硫酸四丁基铵体系时也曾证实表面"自由"丁基桥连作用[39,40]。

10.5.4 阴、阳离子型表面活性剂混合体系的双水相

除了浊点现象外近几年的文献中还报道了关于表面活性剂的双水相性质[41]：双水相上、下两层都是表面活性剂胶束水溶液，下层澄清透明，上层略带乳光。两层间界面清晰，界面膜结实，双水相体系是一个平衡稳定体系，上、下层已相互饱和，互不相溶。上层为富表面活性剂相，其胶束中阴、阳离子型表面活性剂的比例接近1:1；下层为贫表面活性剂相，其胶束中的阴、阳离子型表面活性剂的比例远远偏离1:1，其中阳离子型表面活性剂的摩尔分数远大于阴离子型表面活性剂的摩尔分数。

另外，李兴福等[42]对混合表面活性剂微乳液的形成和相行为进行了研究，主要是研究了五元体系水(A)、油(B)，阴离子型表面活性剂(C)，阳离子表面活性剂(D)和醇(E)微乳液的形成和相规律。在这里定义了五个独立的热力学变量：温度T，油水比例（油在油水混合物中所占的质量分数）$a=B/(A+B)$，乳化剂分数（醇和表面活性剂在整个体系中所占的质量分数）$\gamma=(C+D+E)/(A+B+C+D+E)$，阳离子型表面活性剂分数（阳离子型表面活性剂

在两种表面活性剂中所占的质量分数 $\delta = D/(C+D)$，表面活性剂分数（阴、阳离子型表面活性剂在表面活性剂和醇中所占的质量分数）$\varepsilon = (C+D)/(C+D+E)$。为了在三维空间中表示这五元体系的相行为，一般选择拟三相棱柱-Gibbs 三角形 $(A)-(B)-(C+D+E)$ 作为地面，T 作为纵坐标，并固定 ε 和 δ，五元体系相行为通过表面活性剂分数 δ 对五元体系相行为的影响最为关键。上面所述五元体系相图一般由单相区（为乳状液和双折相区）、二相区（油与微乳状液、水相与微乳状液等）和三相区（油、水相和微乳状液）组成。

当阴、阳离子型表面活性剂在一定浓度混合时，水溶液可自发分离成两个互不相溶的，具有明确界面的水相，可称之为阴、阳离子型表面活性剂双水相。其中一相富集表面活性剂，另一相表面活性剂浓度很低，但两相均为很稀的表面活性剂水溶液。此种双水相也可作为一种分配体系，特别是用于生物活性物质的分离和分析。

10.5.5 增溶行为

由于强烈的静电作用，阴离子-阳离子混合胶团在刚刚形成时具有几乎对称的组成，因而有巨大的聚集数，易于凝聚即发生相分离[43,44]。但当溶液总浓度大于混合 cmc 并继续增加时，混合胶团的组成逐渐趋近于体相组成。如果体相组成具有较大的不对称性（阴离子过量或阳离子过量）则聚集数显著下降[45]，胶团也可能从棒状变为球状[46]，从而避免胶团的凝聚。因此对于非等物质的量混合体系随总浓度的增加，溶液会出现透明-浑浊-透明的转变[47]，这一现象通常被解释为胶团对沉淀的增溶。

胶团的内核具有非极性性质因而具有所谓的增溶能力，表现为胶团溶液对不溶或微溶于水的非极性有机物具有相对较高的溶解能力。在一定温度下，胶团对不同的非极性物的增溶能力取决于非极性物在胶团相和水相的分配系数 $P(x)$[48]：

$$P(x) = \frac{x^{M}}{x^{b}} \tag{10-48}$$

式中，x^{M} 为增溶物在胶团相中的摩尔分数；x^{b} 为增溶物在水相中的摩尔分数。

当增溶物在胶团相中的浓度达到饱和时，增溶量达到极限，称为最大添加量，以 MAC（maximum additive concentration）表示：

$$MAC = \frac{C_{1} - S}{M(C_{t} - cmc)} (\text{mol 增溶物} / \text{mol 表面活性剂}) \tag{10-49}$$

式中，C_{1} 为胶团溶液保持均相，透明时增溶物的极限加入量（g/L）；S 为增溶物在水中的溶解度（g/L）；M 为增溶物相对分子质量；C_{t} 为溶液中表面活性剂总浓度。

若以 MAC_{i} 表示增溶物在单一胶团中的最大添加浓度，如果增溶物在混合胶团中的 MAC_{m} 等于在单一胶团中 MAC_{i} 的摩尔分数线性加和：

$$MAC_{m} = \sum_{i} x_{i}^{M} (MAC)_{i} \tag{10-50}$$

则称混合胶团中的增溶是理想的，否则是非理想的。其中若左边大于右边，称为正协同效应，反之为负协同效应或无协同效应。然而，从热力学分析，理想增溶的表达式应是以分配系数表示的摩尔线性增加和规则[49]：

$$\ln P(x) = x_{1}^{M} \ln P_{1}(x) + (1 - x_{1}^{M}) \ln P_{2}(x) \tag{10-51}$$

式中，$P_{1}(x)$ 为单一表面活性剂 1 体系增溶物在胶团相和水相中的分布系数；$P_{2}(x)$ 为单一表面活性剂 2 体系增溶物在胶团相和水相中的分布系数；$P(x)$ 为混合体系中增溶物在胶团相和水相中的分布系数。

　　混合表面活性剂在增溶方面的协同效应不同于表面张力降低或混合胶团的形成，而是很大程度上取决于增溶物的分子结构、极性大小以及在胶团中的位置[50,51]。

　　一方面，阴离子-阳离子混合胶团具有相当大的聚集数和棒状结构[52]。这种聚集数很大的棒状结构对增溶于胶团内核的增溶物具有较大的增溶能力，通常非极性物如烷烃类增溶于胶团内核，而微极性物如芳烃类增溶于胶团的栅栏核内核中，因此阴离子-阳离子混合胶团对它们具有较高的增溶能力[53,54]。另一方面，由于正、负电荷中和，胶团中分子排列紧密，因而使得增溶于胶团栅栏中的两亲类物质如脂肪醇和脂肪酸的增溶能力下降或显示负协同效应[55,56]。

　　虽然式（10-50）可以判断阴离子-阳离子复合物混合胶团对烷烃类非极性物的增溶有正协同效应。但在热力学上，非极性烃类在混合胶团内核中的增溶却是理想的[56]。Nishikido[57]提出，在混合胶团中，阴离子和阳离子的强烈的静电作用增加了极性头基间的紧密程度，致使醇分子等难以插入胶团的栅栏中，阴离子-阳离子混合胶团中的增溶具有负协同效应是很自然的。

　　通过考虑混合胶团中的相互作用，Treiner[58]提出了下列方程描述两亲类增溶物在混合胶团中的增溶：

$$\ln P(x) = x_1^M \ln P_1(x) + (1 - x_1^M) \ln P_2(x) + B x_1^M (1 - x_1^M) \qquad (10\text{-}52)$$

式中，B 为表面活性剂相互作用参数 β_M 在正、负号和大小上都相关的一个参数。

　　当 β_M 小于零时，B 为负值，因此增溶显示出负协同效应。

　　鉴于阴离子-阳离子混合体系在气-液界面及固-液界面的超强吸附能力，预计在涉及气-液和固-液吸附的应用领域如静态润湿、洗涤去污等方面将有所作为。事实上在以阴离子型表面活性剂为主的洗涤剂中加入少量阳离子，可以显著提高洗涤效果[59]，或者降低表面活性剂用量。目前，商品洗涤剂中主表面活性剂为烷基苯磺酸盐（LAS），如要加入阳离子与之复配，显然加入的阳离子量不可能多。为了获得较高的降低表面张力的效率和效能并避免沉淀，根据上述分析，与 LAS 复配的阳离子应当满足：①具有足够的非离子亲水基团；②烷基链不宜过长；③具有比 LAS 更高的表面活性。为此需要进行分子设计，合成出理想的阳离子。在动态润湿方面，由于阴离子-阳离子复合物具有较大的摩尔质量，在溶液中的扩散速度减慢，预计不会比单一表面活性剂有更显著的效果。在发泡方面，由于混合吸附单层基本无双电层，混合体系将是低泡体系，但由于吸附单层中分子排列紧密，膜弹性及泡沫稳定性可能较优[60]。在油-水界面，由于阴离子与阳离子的混合将显著改变表面活性剂的亲水亲油平衡，从而改变表面活性剂在油水两相中的分布，对乳状液的形成，超低界面张力的形成，以及微乳体系的相行为将产生显著的影响。阴离子-阳离子复合物由于电荷的相互中和而亲水性大大下降，将趋向于分布于油相，因此在气-液界面存在的紧密吸附单层在油-水界面可能不复存在。随着阴离子-阳离子的配比趋向于等物质的量配比，亲水性从最高逐渐下降至最低，对特定体系的乳化能力以及乳液稳定性将会出现明显的变化[60]，也可能导致乳液的转相。油水超低界面张力的产生与表面活性剂在油、水两相中的分配有关，对稀体系，当分配系数接近于 1 时，能产生超低界面张力[61]，因而用阴离子与阳离子混合可能也是获得超低界面张力的一条途径。相应地，对微乳体系，由于阴离子-阳离子复合物亲水性大大下降，可能导致相转变并使表面活性剂的增溶能力大大下降[62]。由于阴离子-阳离子混合胶团的巨大聚集数，对烃类非极性物的增溶能力大大增加[63]，因而在胶团强化超滤处理废水的技术中可能获得重要应用[64]。但对带有较大极性基团如羟基、羧基等的极性物的增溶往往不如单一表面活性剂[62]。迄今对阴离子-阳离子混合体系的研究仍偏重于理论或基本性质研究，对该体系的应用研究虽然已有一些报道，但总体上讲远远落后于基础研究。预计随着应用研究的深入，还将不断会有新的发现。

10.6 表面活性剂和高聚物复配体系

在实际应用中，表面活性剂往往和一些水溶性高分子一起复配使用。通过复配可减少表面活性剂或聚合物的用量，却显著提高了体系的功能。此外，聚合物与表面活性剂的复配可能产生许多新的应用性质。例如照像乳剂中的主要成分明胶，洗涤剂配方中的羧甲基纤维素都是水溶性高分子，并且是与表面活性剂一起使用。在化妆品制造中常用水溶性高分子提高乳状液的稳定性，或作为增稠剂与表面活性剂一起使用。在三次采油中，表面活性剂也常常与聚合物一起使用作为高效驱油剂来提高原油采收率。在生物和生理过程中更是存在许多至今尚未清楚地了解的生物高分子(如各种蛋白质、多糖等)与表面活性物质的相互作用问题。总之，对水溶性高分子物质与表面活性剂之间的相互作用的研究，具有重要的理论与实际意义，正受到人们的关注[65,66]。

对表面活性剂与高分子相互作用的研究开始于20世纪40年代发现表面活性剂与蛋白质相互作用，并缔合成为复合物，使得溶液性质及蛋白质的生物活性(蛋白质的二级结构和三级结构发生了变化)都发生了改变。20世纪50年代，研究逐渐转向离子型表面活性剂与非离子型高分子的相互作用。之后，离子型表面活性剂与离子型高分子(聚电解质)以及非离子型表面活性剂与高分子相互作用的研究也开展起来。20世纪90年代以后，两性表面活性剂与高分子相互作用[67,68]。疏水聚合物与表面活性剂的相互作用研究是最近几年才开始引起人们的重视。随着现代分析仪器在该领域的应用，使研究向分子、亚分子水平微观结构扩展[69~71]。但是是目前对这种作用的本质的认识还很不够，许多方面的问题尚需深入研究。

水溶性高分子与表面活性剂之间的作用一般可分为三种：即电性作用、疏水作用及色散力作用[72]。在水溶液中，水分子与水分子之间的色散力作用和水分子与碳氢链之间的色散力作用差别不大，在相同的数量级内，而水这种溶剂所具有的特殊结构而引起的碳氢链之间的疏水作用较强。因此，对于一般的非电解质中性水溶性高分子，它与表面活性剂之间的相互作用主要是烃链间的疏水结合。但对于离子型表面活性剂存在的体系，则电性作用比较强烈，成为主要作用力。通过加入水溶性高分子于表面活性剂溶液中，研究高分子物质对表面活性剂溶液性质的影响，可逐步了解这二者之间相互作用的本质。

10.6.1 非离子型聚合物与表面活性剂复配体系

在表面活性剂溶液中加入聚乙二醇(PEG)或聚氧乙烯(PEO)、聚乙烯吡咯烷酮(PVP)等非离子高聚物与离子型表面活性剂如十二烷基硫酸钠(SDS)后，混合体系的γ-$\lg c$曲线有一个共同特征，即在固定高聚物浓度时，增加SDS的量，在γ-$\lg c$曲线上出现了两个转折点，相应的临界浓度分别记作c_1、c_2，如图10-27所示。

两个临界浓度的出现最初被认为是表面活性剂分子通过疏水力结合到高聚物链上所致，但后来的大量研究证明在该体系中表面活性剂并不是通过疏水作用结合到高聚物链上，而是以其亲水头基通过离子-偶极作用结合到高聚物如PEG链的极性基上。一般认为C_1为两者间开始形成复合物(complex)时的浓度，C_2为两者间结合已经达到平衡且自由胶团开始形成的浓度，C_1、C_2满足$C_1<cmc<C_2$。

对于非极性基比列较大的高分子物，在水溶液中表面活性较高，则当相对分子质量较大或浓度较大时，与表面活性剂的混合溶液表面张力不易显示出两个转折点，甚至无转折点。图10-28表明了此种情况。

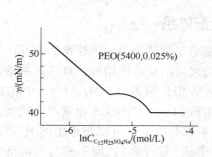

图10-27　聚氧乙烯对$C_{12}H_{25}SO_4Na$
溶液表面张力的影响[73]

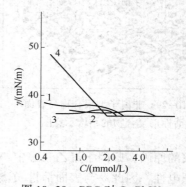

图10-28　PPG对$C_{12}PhSNa$
溶液表面张力的影响[74]
1—PPG(1025)，0.1%及1%；2—PPG(2000)，0.1%；
3—PPG(4000)，0.01%及0.1%；4—无PPG

水溶性高分子与表面活性剂混合物溶液的表面张力曲线出现两个转折点的现象，是高分子物质与表面活性剂在水溶液中通过彼此的碳氢链之间的疏水作用而结合的结果。此种结合常称之为形成"复合物"，或是聚合物分子"吸附"到胶束的界面上，或是表面活性剂分子以小分子簇的形式吸附于聚合物分子上[75]。在第一个转折点时，高分子开始明显地"吸附"表面活性剂，溶液中表面活性剂的活度与无高分子存在时相比显著降低。表面活性剂在溶液表面的吸附量随浓度的增加而增加的量不多，表面张力下降率明显变小，直到高分子对表面活性剂的吸附达到饱和时(出现曲线中较平的一段)。当表面活性剂的浓度继续增加时，它在溶液表面的吸附虽开始增加，表面张力明显下降，直到溶液表面吸附达到最大值，表面张力降到最低值。此时，表面活性剂在溶液中开始生成胶团，溶液表面张力不再发生显著变化，出现第二个转折点。

有关两性表面活性剂与非离子聚合物相互作用的研究较少，Karlstrom等人[67,76]发现，在乙基(羟乙基)纤维素中加入烷基三甲基铵磺酸盐时，浊点略有上升，且烃链越长，加量越大，上升越高。两性表面活性剂与聚合物的相互作用与pH值有关，在低于或高于其等当点时，分别呈现阳离子或阴离子型，与离子型表面活性剂相似。等当点附近，可能通过疏水力或偶极作用等与聚合物发生相互作用，与离子型表面活性剂相比，由于两性表面活性剂可以形成内盐，故受电解质的影响较小。

综合过去有关非离子型聚合物与离子型表面活性剂相互作用的实验结果，有两个因素影响其相互作用的大小：一是疏水力；二是聚合物亲水基和表面活性剂极性基间的偶极作用。聚合物疏水性越强，链越柔顺，表面活性剂烷基链越长，则相互作用越强。聚合物与表面活性剂的电性差异越大则作用越强。外加电解质也起到加强它们之间的相互作用。对于非离子型表面活性剂，一般相互作用也较弱，表面活性剂的碳氢链越长则与聚合物的作用越强。图10-29是非离子型聚合物与表面活性剂复合物的结构示意图。

图 10-29 非离子型聚合物与表面
活性剂复合物的结构示意图

高分子与表面活性剂相结合形成的复合物，具有聚合电解质的性质。因为高分子与表面活性剂的结合是中性高分子与表面活性离子的结合，形成的复合物有一定的电荷，表面活性剂的反离子存在于溶液中，具有与电解质相类似的结构与性质。

10.6.2 离子型表面活性剂与离子型聚合物复配体系

在高分子物质与表面活性剂的相互作用中，除考虑烃链之间的疏水作用外，有些体系常需考虑电性的相互作用。例如 $C_{12}NMe_3Cl$ 中，PEG120000 存在时，溶液的 $\gamma-lgC$ 曲线不出现两个转折点。产生这种现象的原因，归因于聚乙二醇中的氧原子有未成对电子，可以与水中的 H^+ 相结合而稍微带有正电性，因此易与表面活性负离子结合，形成"复合物"；而不易与表面活性正离子结合。电性作用在聚电解质与离子表面活性剂的混合体系中表现尤为突出。图 10-30(a) 即表示出这种相互作用，带正电荷的季铵基取代的纤维素(JB，相对分子质量约 500000)水溶液的表面张力很大，表面活性很差，当它与 $C_{12}SNa$ 混合时，浓度很低时(0.001%)，就可以往表面张力由无 JR 时的 70mN/m 降至约 46mN/m(如图 10-30 所示)，而 JR 与阳离子型表面活性剂或甜菜碱类两性离子表面活性剂相互混合时，皆无此种作用。

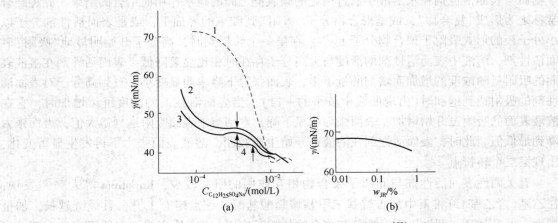

图 10-30 JR 对 $C_{12}SNa$ 溶液表面张力的影响[77]

JR 的质量分数：1—0；2—0.001%；3—0.01%；4—0.1%(↓或↑表示沉淀或相分离)

综合上述有关中性水溶性高分子与表面活性剂的相互作用的实验结果，大致可得到下述一些规律。对于阴离子型表面活性剂来说，高分子物质作用的强烈程度次序是：PEG<CMC(羧甲基纤维素)<PVAC<PPG≈PVP。高分子与阳离子型表面活性剂的作用较弱，研究得也较少。影响相互作用强弱的两个主要因素是：高分子的疏水愈强，相互作用愈大；表面活性剂的碳氢链愈长，与高分子的相互作用愈强；高分子与表面活性剂的电性差异愈大，相互作用愈强。非离子型表面活性剂与高分子的相互作用一般较弱。

水溶性的聚电解质-表面活性剂聚集结构归纳起来有以下几个特点：

① 表面活性剂沿聚电解质链聚集成一定大小、形状和组成的胶束状的簇，类胶束簇沿

聚电解质链无规分布成"串珠"状[78]，聚电解质链处于簇内表面活性剂头基的界面[79]，与此同时聚电解质链发生卷曲[80~83]（图 10-31）。

② 聚电解质-表面活性剂中的类胶束簇与表面活性剂胶束有相似的疏水性，聚合物-表面活性剂的疏水性随聚电解质的疏水性改性度的提高或表面活性剂疏水链长的增加而增强，这种疏水结构对非水溶性的物质如染料等显示出很好的溶解性能。

③ 表面活性剂沿聚电解质链聚集成簇大大减小了表面活性剂的流动性，同时处于表面活性剂头基界面的高分子骨架发生缠绕使表面活性剂簇比自由胶束更紧密，这种微区比胶束有更大的微观黏度。

④ 表面活性剂沿聚电解质链形成局部高度有序的结构。表面活性剂的头基通过静电作用沿聚电解质链定向排列有利于长链尾基排列成局部高度有序的结构[84,85]。

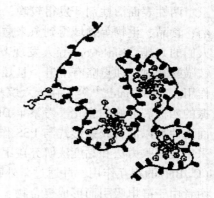

图 10-31　表面活性剂与
聚电解质聚集结果图

总结前人所做的研究可以得出如下结论。离子型，特别是阴离子型表面活性剂与非离子型聚合物的作用分为两种类型：一是靠彼此疏水链间的疏水作用，聚合物疏水性越强、链越柔顺、表面活性剂烷烃链越长，则相互作用越强，外加电解质加强了它们之间的相互作用；二是靠聚合物亲水片段和表面活性剂头基间的偶极作用。

无机电解质的加入通常会促进表面活性剂-大分子复合物的形成。Murata 和 Arai 发现[86]，PVP/SDS 混合溶液的表面张力随 NaCl 浓度增大而降低，而且 $\ln T_1 \sim \ln C_{Na}$ 直线的斜率正好与 $\ln cmc \sim \ln C_{Na}$ 的相同，如图 10-32 所示。盐的加入使表面活性剂结合到大分子的结合比增加，即扩大了 T_1 到 T_2 的范围。Cabane 和 Duplessix 也发现了相似的规律[87]，无盐时 SDS 与 PEO 的结合比为 0.25，而含有 0.4mol/L NaCl 时结合比增加到 0.85（摩尔比）。Saito 和 Kitamura[88] 的研究表明，水结构破坏（structure-breaking）阳离子倾向于使表面活性剂阴离子与大分子缔合的趋势增大，而水结构促成（structure making）阳离子则使其缔合作用减弱。

温度对表面活性剂-大分子混合溶液的表面活性也有一定影响[86]。SDS/PVP 体系的 T_1 和 T_2 随温度的变化与 cmc 相似，三者均随温度升高而稍有增加，但 SDS 在 PVP 上的结合量基本不随温度而改变，如图 10-33 所示。

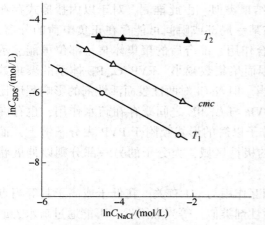

图 10-32　有无 PVP 存在时，SDS 的
有关浓度与 NaCl 浓度的关系

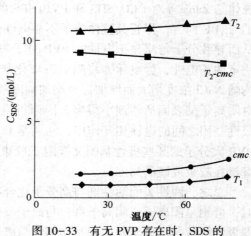

图 10-33　有无 PVP 存在时，SDS 的
有关浓度与温度的关系

10.6.3　两性表面活性剂与高分子化合物的复配体系

两性表面活性剂开发得较晚，但由于其独特的优良性能，近年来在洗涤剂、化妆品、医药、食品、生物等领域得到愈来愈广泛的应用，它们与聚合物相互作用的情况也开始引起了人们的兴趣。Karlstrom 等人发现[67,89]，在乙基(羟乙基)纤维素(EHEC)中，加烷基二甲基铵磺酸盐时，浊点略有上升，且烃链越长，加量越多，上升越大，这说明两者间发生了相互作用。Macdonald[90]等人在十六烷基硫酸胆碱(HDPC)的极性基上标氘^{2}H，通过^{2}H 的核磁共振的四极裂分峰的变化，考察了 DHPC 与 CTAB 的混合胶束与 PSS 的作用情况。发现两种表面活性剂以混合胶束形式与 PSS 作用，使絮凝浓度远小于单独的 CTAB 溶液。李干佐等[91]采用表面张力法和黏度法研究羧甲基纤维素钠(CMC-Na)与两性表面活性剂十四烷基甜菜碱($C_{14}BE$)的相互作用，并通过紫外吸收光谱法对其作用机理进行探讨。发现在 pH=2.92 时，两者由于静电吸引而形成复合物，CMC-Na 使 $C_{14}BE$ 溶液表面张力出现两个转折点，$C_{14}BE$ 使 CMC-Na 溶液黏度下降；在 pH=7 时，没有形成复合物，两者间的作用类似于电解质作用，CMC-Na 使 $C_{14}BE$ 溶液表面活性提高，$C_{14}BE$ 使 CMC-Na 溶液黏度下降。外加盐促进了两者间氢键的形成，在 pH=7 的情况下也产生了复合物，但由于 pH=7 时没有静电吸引作用，故形成复合物的量比 pH=2 时要少。

另外，徐桂英等研究了 PVP 与 $C_{14}BE$ 之间的相互作用[92]。由表面张力的测定发现，PVP 的存在使体系浓度达到形成正常胶束的浓度时，溶液的表面张力稍高于纯 $C_{14}BE$ 溶液的表面张力，这说明 PVP 的存在导致 $C_{14}BE$ 的表面活性降低。PVP/$C_{14}BE$ 复合物有一定组成，$C_{14}BE$ 与 PVP 的摩尔比为 0.76。含有 NaCl 时，PVP 与 $C_{14}BE$ 之间的缔合作用随 NaCl 浓度增大而增强，可推测 PVP 与 $C_{14}BE$ 分子之间主要是通过疏水力而相互缔合，此缔合过程类似于正常胶束的形成。NaCl 的存在使 $C_{14}BE$ 的表面活性稍有提高，但提高幅度远小于离子型表面活性剂。这可能是两性离子型 $C_{14}BE$ 呈内盐形式存在，而不像离子型表面活性剂那样在溶液中形成扩散双电层，NaCl 的加入，只是减少了 $C_{14}BE$ 分子周围水化的水分子，破坏了水化膜，导致 $C_{14}BE$ 分子疏水性增强。由胶束聚集数(N)的测定发现，N 值随 $C_{14}BE$ 浓度变化的幅度较小(78~86)，但含有 PVP 时，N 值随 $C_{14}BE$ 浓度变化的幅度增大。相同 PVP 浓度(C_P)，N 随 $C_{14}BE$ 浓度增大而显著升高；相同 $C_{14}BE$ 浓度，C_p 越大，N 越小。此规律与 Zana 等对 PEO/SDS 和 PVP/SDS 的研究结果类似。由此推测，对于以内盐形式存在的 $C_{14}BE$ 而言，尽管其整体分子不显电性，但在某一局部或瞬间可能存在正负电荷的分离，从而导致分子与略显正电性的 PVP 分子发生缔合作用，缔合后的聚集体某一部位可能显示一定的正电性，静电斥力将阻碍胶束化作用，因而聚集数减小。PVP/$C_{14}BE$ 体系的聚集数均随 NaCl 浓度增大而增加，且增加幅度基本相当。但 NaCl 对两性表面活性剂的影响程度比对阴离子型表面活性剂小得多。因而可推断，PVP 与 $C_{14}BE$ 之间既存在疏水作用，也存在极性基团之间的电性相互作用，结果是 $C_{14}BE$ 分子以簇的形式吸附于 PVP 大分子链上，而 PVP 大分子的某些极性基团又吸附于胶束或簇的极性区域，大分子的另一部分则以伸展状缠绕在胶束或簇的周围。

总之，两性表面活性剂与高分子化合物的相互作用与 pH 有关。在低于或高于其等当点时，分别呈阳离子或阴离子型，与离子型表面活性剂类似。等当点附近，可能通过疏水力或偶极作用等与高分子发生相互作用。与离子型表面活性剂相比，由于两性表面活性剂可形成内盐，故受电解质的影响较小。

10.6.4 疏水聚合物与表面活性剂的复配体系

对非疏水水溶性聚合物–表面活性剂体系，在水溶液中，表面活性剂在非疏水聚合物上的吸附是一个协同过程[93-97]，其典型吸附等温线如图10-34所示。

由图10-34可看出，等温线的最突出的特点是：可测出的表面活性剂在聚合物上的结合量不是从原点开始的，而是当表面活性剂浓度达到一定值时，吸附量突然增加，一般认为表面活性剂是以协同的方式结合到聚合物上形成聚集体，开始结合的浓度为cac(critical aggregating concentration)，$cac<cmc$。高表面活性剂浓度时等温线所出现的平台指示自由胶束开始形成。此类体系的特点：吸附是一协作过程，表面活性剂吸附在聚合物上形成的聚集体有一定的组成，即聚集体中聚合物非极性链段与表面活性剂的比例及其聚集数有恒定的值，更多地加入的表面活性剂会与聚合物非极性链段开始形成新的聚集体，即聚集体的浓度$[M]$与被吸附表面活性剂的浓度C_b成正比[98]。流变数据说明，这种聚合物与表面活性剂形成的复合物具有聚电解质性质[99]。

疏水性聚合物与表面活性剂的相互作用与上述有所不同，其典型吸附等温线如图10-35所示。

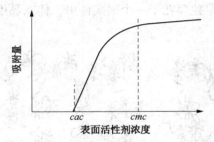

图10-34　表面活性剂在非疏水水溶性
聚合物上的典型吸附曲线示意图

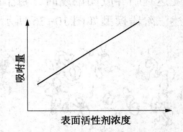

图10-35　水溶液中表面活性剂在疏水
缔合聚合物上的吸附等温线示意图

等温线是缓慢而持续上升的，不存在一个突然上升点，也就不存在cac[100]，电导和荧光研究也表明，此种缔合是非协作的持续过程[101]。在大多数情况下，表面活性剂几乎全部结合到聚合物链上，疏水侧链在此过程中起到类似吸附位的作用[102]。并且，表面活性剂吸附在聚合物形成的聚集体(或混合胶束)上没有恒定的组成，其聚集数随表面活性剂浓度增大而增大。在较低表面活性剂浓度范围内，聚集体的浓度$[M]$几何不变[103]。

疏水聚合物在溶液中的行为与表面活性剂相似，同样存在着强烈的疏水作用，因此，疏水聚合物对表面活性剂的加入非常敏感，很少量的表面活性剂就能对聚合物溶液的性能造成很大的影响。

疏水聚合物在溶液中会形成链内和链间缔合。这两种缔合方式的分界浓度C^*(critical associating concentration 或 critical overlapping concentration)，$C<C^*$，溶液以链内缔合为主，$C>C^*$，溶液以链间缔合为主[104,105]，不管疏水性聚合物采取何种缔合方式，都会在水溶液中形成疏水微区(microdomains)。这种疏水微区有一个疏水的内核，由聚合物的疏水基团缔合而成，外层由聚合物的亲水链段包裹，起到稳定的作用[100,106]。疏水微区的存在使聚合物与表面活性剂的作用方式明显不同于一般水溶性聚合物。

Biggs S等研究了十二烷基硫酸钠(SDS)与N-(4-乙基苯基)丙烯酰胺–丙烯酰胺共聚物的相互作用[100]。他们提出的三阶段模型较具代表性。

第一阶段：无表面活性剂时，聚合物的链间和链内缔合使溶液中出现很多疏水微区，聚合物的亲水链段包裹在疏水微区的表面上，使聚合物的构象较为卷曲。链内缔合的数量远大于链间缔合。加入表面活性剂（或离子）后，就开始吸附于聚合物的疏水微区中，与聚合物的疏水侧链一起形成混合胶团（mixed micelles）或聚集体（aggregates）。表面活性剂的疏水基进入聚集体的疏水内核，亲水基取代聚合物的亲水链段从卷曲状态被解放出来，从而能采取较为伸展的构象，而且疏水链通过混合胶团形成的缔合比直接形成的缔合强度大得多，这导致溶液黏度有一定程度的上升。以上是第一阶段的情况。

当加入的表面活性剂将聚合物的亲水链段从聚集体表面完全替代后，再加入表面活性剂，表面活性剂与聚合物的相互作用历程进入第二阶段。此时，加入的表面活性剂开始与部分聚合物的疏水侧链形成新的聚集体。聚集体数的增加使每个聚集体中平均包含的疏水侧链数 N 下降，由 $N>2$ 逐渐接近 $N=2$，并使更多的链内缔合向链间缔合转变（因为聚合物链的伸展有利于链间缔合的产生）。这样就形成了更稠密、更大规模的空间网络结构，导致体系黏度迅速上升。

更多表面活性剂的加入使作用历程进入第三阶段。聚集体数的继续增加使聚集体中平均包含的疏水侧链数 $N<2$，即空间网络结构开始被拆散，体系黏度迅速下降。当自由表面活性剂浓度达到临界胶团浓度时，每个疏水侧链都单独存在于一个聚集体中，体系黏度降到最低。上述三阶段模型如图 10-36 所示。

第一阶段　　　　　　第二阶段　　　　　　第三阶段

图 10-36　三阶段模型示意图

各种类型的表面活性剂，高分子相互作用的机理及其影响因素，归纳见表 10-5。

表 10-5　表面活性剂、高分子相互作用的机理及其影响因素[36]

表面活性剂	高分子	作用机理	影 响 因 素
离子型	非离子型	偶极作用力 疏水作用力	表面活性剂极性基种类，烃链长，高分子疏水、柔顺性、两者浓度、盐度、温度等
离子型	离子型	静电力 疏水力	表面活性剂极性基电荷，烃链长，高分子电荷密度、柔顺性、浓度、温度等
非离子型 （聚氧乙烯醚型）	离子型 非离子型	色散力、氢键、疏水力	表面活性剂烃链长，EO 链长，高分子疏水性、柔顺性，浓度，温度等
两性型	离子型 非离子型	疏水力，氢键，偶极作用	表面活性剂结构，高分子结构，浓度，溶液 pH，盐度，温度等

10.6.5　混合溶液的增溶作用

表面活性剂-大分子混合溶液会表现出不同于单一表面活性剂溶液的增溶能力。十二烷基氯化铵的很稀溶液对油溶性染料 OB-黄的增溶作用随 PVP 或 PEO 加入稍有增加，但较高浓度的该表面活性剂溶液增溶 OB-黄的能力随 PVP 或 PEO 的加入显著升高[88]。在有表面活性剂-大分子存在的溶液中，增溶作用在小于 cmc 的活性剂浓度下即可发生。如聚丙烯酸（PAA）的存在，使非离子型表面活性剂(EO)$_{20}$OP 增溶 OB-黄的能力在很低浓度下就直线增加[107]。而且非离子型表面活性剂对油溶性染料增溶能力随所加大分子的疏水性增强而增大。徐桂英等[108]对 SDS/PEO 混合物增溶 OT-橙以及 Arai 等[109]对 SDS/PVP 增溶 OB-黄的研究均表明，混合物开始发生增溶作用所对应的活性剂浓度，与混合物 $\sigma \sim C_{saa}$ 曲线的第一个转折点(T_1)是一致的。PVP 对烷基硫酸盐增溶 OT-橙的影响如图 10-37[110]所示。由此可见 T_1 小于相应的 cmc，而且 T_1 与 cmc 随表面活性剂链长的变化遵从相同的规律。此结果表明，表面活性剂在大分子链上聚集成簇的过程与胶束化作用是相似的。

　　曾利容等[111]考察不同相对分子质量的 PAM 对 SDS 增溶二甲基黄（DMAB）的作用时发现，PAM 使 SDS 的增溶能力增大，而且随 PAM 加量增大，DMAB 的增溶量显著增大；DMAB 的增溶量隋 PAM 相对分子质量增大出现极大值，即相对分子质量为 30 万～40 万的 PAM 对 DMAB 的增溶效果最好。Tokiwa 等[88]的研究也报道，只有 PEO 的相对分子质量大于 600 时，才会对八烷基苯磺酸盐的增溶作用产生显著影响。

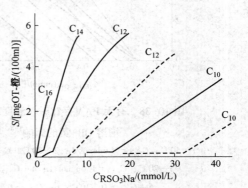

图 10-37　PVP 对 RSO$_4$Na 溶液增溶
OT-橙的影响[108]
------ $C_{pvp=0}$;　—— $C_{pvp=3g/L}$

　　电解质对增溶作用的影响随被增溶物溶解方式而异，在离子型表面活性剂溶液中加入中性电解质，将导致烃类在胶束内核的增溶量增大，而使增溶于胶束"栅栏"层中的极性化合物增溶量减小，不含 PAM 时，SDS 溶液对 DMAB 的增溶量随 NaCl 浓度增大而增大，但含有 PAM 时，混合溶液对 DMAB 的增溶量却随 NaCl 浓度增大而减小。这表明 DMAB 在 SDS 水溶液中以中性型增溶于胶团内部；而在 SDS-PAM 溶液中，则以酸性型增溶于胶束的"栅栏"层[88]。

　　Horin 等人[112]的研究结果表明，聚醋酸乙烯酯（PVAc）的存在，能显著增大 SDS 对 OB-黄的增溶量。NaCl 浓度的增加，虽能导致 cmc 降低并有利于 SDS 的增溶，但 SDS 对 OB-黄的增溶能力并不受 NaCl 浓度的影响，即每克 SDS 胶束增溶 OB-黄的量为 4.8×10^{-5} mol，与 NaCl 无关。而 SDS-PVAc 的增溶能力随 NaCl 浓度增加而增大。不含盐时 SDS-PVAc 溶液增溶 OB-黄的量为 1.6×10^{-4} mol/g(SDS)。含有 0.04 和 0.1mol/L NaCl 的 SDS-PVAc 体系增溶量分别为 1.8×10^{-4} mol/g(SDS)和 2.4×10^{-4} mol/g(SDS)。产生这一现象是由于 SDS-PVAc 复合物的增溶能力取决于 SDS 在 PVAc 上吸附量的增加，也取决于 SDS 吸附状态的变化。

　　温度升高可导致表面活性剂-大分子混合溶液的增溶能力提高。如图 10-38 和图 10-39 所示。

　　由增溶作用的热力学模型可知，温度升高可使被增溶物的溶解度增大，而且能使被增溶物与胶束的缔合常数增大；而最大增溶量正比于被增溶物的饱和浓度和缔合常数。所以胶束的增溶能力通常随温度升高而增强。对离子型表面活性剂胶束而言，温度升高，热运动使胶束胀大，从而导致胶束中可增溶的空间加大，也是增溶作用增强的原因之一。但对于聚氧乙烯非离子型表面活性剂，则温度升高时 cmc 降低，胶束聚集数增大使增溶量增大。通常在表面活性剂的浊点附近增溶量最大。温度继续升高，非离子型表面活性剂因氢键破坏，分子脱水而卷缩，则会使胶束"栅栏"层空间减小，从而降低对极性有机物的增溶量。由于表面活性剂分子在大分子上的聚集类似于胶束形成，所以温度对表面活性剂-大分子混合物增溶能力的影响也类同于对胶束的影响。

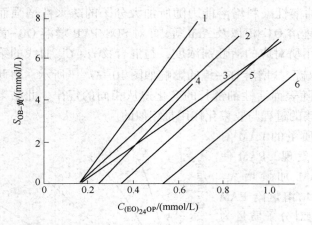 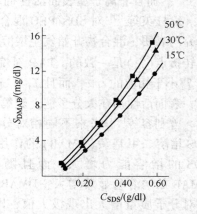

图 10-38　有无 PAA 存在时，温度对 $(EO)_{24}OP$
增溶 OB-黄的影响[108]

图 10-39　PAM 存在时，温度对
SDS 增溶 DMAB 的影响[108]

1—40℃，$C_{PAA}=1.6mmol/L$；2—30℃，$C_{PAA}=1.6mmol/L$；

3—20℃，$C_{PAA}=1.6mmol/L$；4—$C_{PAA}=0$，40℃；

5—$C_{PAA}=0$，30℃；6—$C_{PAA}=0$，-20℃

10.6.6　表面活性剂-高聚物复配体系的应用

1. 增黏

非离子聚合物如 PEO 和 PVP 与阴离子型表面型活性剂如 SDS 复配使聚合物带上电荷，成为"聚电解质"，分子间斥力增加使聚合物分子伸展，导致溶液黏度增加。这种黏度增加在一定的表面活性剂浓度（c_1 或 cac）下发生，与聚合物的相对分子质量无关。黏度增加值可达到五倍。除了黏度增加，这些复配体系也常显示黏弹性。

2. 保护乳液的稳定性

在乳液界面上吸附的非离子型高分子（如聚乙烯醇）与不同类型的表面活性剂的相互作用研究表明，在有离子型表面活性剂形成的胶团存在的情况下，吸附在乳液界面的中性高分子和这些胶团发生相互作用使得高分子链具有聚电解质的一些性质。由于高分子链上的带电胶团之间的相互排斥导致高分子链的伸展，从而可以更好地保护乳液的稳定性。

参 考 文 献

1　朱步瑶，赵国玺. 化学学报，1981，39：493

2　赵国玺. 表面活性剂物理化学. 北京：北京大学出版社，1991

3　Lin I J，，Somasundaran P. J Coolloid Interface Sci，1971，37：731

4　Clint J H. J C S. Fraday I，1975，71：1327

5　Shinoda K，Nakagawa T，Tamamushi B I，Isemura T. Colloid Surfactants. New York：Academic Press，1963

6　Lange H，Reek K H. Kolloid-Z Z Polymer，1973，251，424.

7　Ingram B T, Luckhurst A H W. Surface Active Abents. London：SCI, 1979：89

8　Shinoda K, Nakagawa T, Tamamushi B I, Isemura T. Colloidal Surfactants. New York：Academic Press, 1963

9　Shinoda K. Proc 4th Intern Congr Surface Active SugstanceI. Th. G. Overbeek, ed. Vol 2 . London&Paris：Gordon&Breach Sci Publ, 1967：527

10　方云, 夏咏梅. 日用化学工业, 2000, 30(5)：55

11　Rosen M J, Hun X Y. J Am Oil Chem Soc, 1982, 59：582;

12　Zhu B Y, Roen Rosen M J. J Colloid Interface Sci, 1984, 99：435

13　Matuura R, Kimizuka K A, Yatsunami K. Bull Chem Soc Japan, 1959, 32：646

14　Israelachvili J N. Intermolecular and Surface Force. London：Academic Press, 1985

15　Sinoda K, Nomura T. J Phys Chem, 1980, 42：416

16　Matuura R. Bull Chem Soc. Japan, 1956, 32：646

17　Matuura R, Kimizuka K A, Yatsunami K. Bull Chem Soc Japan, 1959, 32：646

18　Hsiao L, Dunning H N, Lorenz P B. J Phys Chem, 1956, 60：657

19　Schick M J, Gilber A H. J Colloid Sci, 1965, 20：104

20　Harkins W D. Physical Chemistry of Surface Films. New York：Reinhold, 1963

21　Schwuger M J, Ber Bunsengese. Phys Chem, 1971, 75：167

22　Ueda M, Urebatta T, Katayama A, Kuroki N. ibid, 1979, 257：973

23　Garrett H E. Surface Active Chemicals. Oxford：Pergamon, 1975

24　Friberg S E, Rydhag L. J Am Oil Chemists' Soc, 1971, 48：113;

25　Cox J M, Friberg S E. J Am Oil Chemists' Soc, 1981, 58：743

26　Shinoda K, Manning DJ. J Am Oil Chemists' Soc, 1966, 43：113

27　Schick M J, Mamring D J. J Am Oil Chemists/ Soc, 1974, 51：519

28　朱德民, 赵国玺. 物理化学学报, 1988, 4：129

29　Schwuger M J. J Colloid Interface Sci, 1973, 43：491;

30　Rosen M J, Hua X Y. J Colloid Interface Sci, 1982. 87：469

31　赵国玺. 化学学报, 1980, 38：409

32　肖建新, 赵国玺. 北京日化, 1980, 1：7

33　刘程, 米裕民. 表面活性剂理论与应用. 北京：北京工业大学出版社, 2003

34　Lange H, Schwuger M J. Kolloid-Z Z Polymer, 1971, 243：120;

35　梁梦兰. 表面活性剂和洗涤剂——制备、性质、应用. 北京：科技文献出版社, 1992

36　肖建新, 赵振国. 表面活性剂应用原理. 北京：化学工业出版社, 2002

37　肖建新, 赵国玺. 物理化学学报, 1995, 11(9)：818

38　赵国玺, 肖建新. 日用化工工业, 1997, (2)：1

39　Yu Z J, Xu G Z. J Phys Chem, 1989, 93：7441

40　Yu Z J, Zhang X K, Xu G Z, Zhao G X. J Phys Chem, 1990, 94：3675

41　高莹, 郑用熙. 化学学报, 1996, 54(5)：491

42　李兴福, 王建中, 傅正生. 化学通报, 1999, (6)：13

43　Malliaris A, Binana-Limble W. Zana R. J Colloid Interf Sci, 1986, 110(1)：114

44　Kato T, Takeuchi H, Seimiya T. J Colloid Inerf Sci, 1990, 140(1)：253

45　Malliaris A, Binana-Limble W. Zana R. J Colloid Interf Sci, 1986, 110(1)：114

46　赵国玺, 肖建新. 物理化学学报, 1994, 10(7)：577

47　崔正刚, Jean, Paul Canselier 等. 日用化工, 1998, 4：1

48　崔正刚, Jean Paul Canselier. 日用化工, 1997(4)：1

49　Nagamine Nishikido. Langmuir, 1991, 7 (10)：2076 - 2082；Nagamine Nishikido. Langmuir, 1992, 8

(7): 1718

50 Pasupati Mikerjee. In Dolution Chemistry of Surfactants. New York: Plenum Press, 1979

51 Vaution C, Treiner C S. Pharm, 1985, 1(4): 330

52 Zhao G X and Li X G. J Colloid Interface Sci, 1991, 144(1): 185

53 Smith G A, Christain S D, Tucker E E, and Scamehorn J F. J Colloid Interface Sci, 1989, 130(1): 254

54 Jeffry C. JOACS, 1990, 67(5): 340

55 Treiner C. Langmuir, 1987, 3(5): 729

56 Treiner C, Nortz M, and Vaution C. Langmuir, 1990, 6(7): 1211

57 Nagamune Nishikido. Langmuir. 1992, 8(7): 1718

58 Treiner C, Nortz M, and Puisieux F. J Colloid Interface Sci, 1988, 125(1): 261

59 Lucassen-Reynders EM, 朱步瑶等译. 表面活性剂作用的物理化学. 中国轻工业出版社, 1998

60 李学刚, 赵国玺. 物理化学学报, 1992, 3(2): 191

61 杨普华, 杨承志译. 化学驱提高石油采收率. 石油工业出版社, 1998

62 崔正刚, 殷福珊. 微乳化技术及其应用. 轻工业出版社, 1992

63 崔正刚, Jean Paul Canselier. 日用化学工业, 1984, (4): 1

64 崔正刚, 朱立强. 97 全国日用化工学术研讨会文集, 无锡, 1997

65 Miguel M. Adv in Colloid and Interface Sci, 2001, 89~90: 1

66 Goddard E D. JAOCS, 1994, 71(1): 1

67 Karlstrom G, Carisson A, Lindman B. J Phy Chem, 1990, 94: 5005

68 李干佐. 日用化学工业, 1995, (5): 1

69 Zana R, Linaos P, Lange J. J Phy Chem, 1985, 89: 41

70 Junji K. Colloid Interface Sci, 1991, 142, 326

71 Witte F M. Colloid and Polymer Sci, 1987, 265, 42

72 赵国玺, 朱步瑶. 表面活性剂作用原理. 北京: 中国轻工业出版社, 2003

73 Jones M N. J Colloid Interface Sci, 1967, 23: 36

74 Плетнв M IO, Тралезникова А. К Ж, 1978, 40: 1126

75 Cabane B. J Phys Chem, 1977, 81: 1639

76 Carbene B. J Colloid Interface Sci, 1992, 151: 294

77 Goddard E D, Harshall R B. J Colloid Interface Sci, 1976, 55: 73

78 Chu D, Thomas J K. J Am Chem Soc, 1986, 108(20): 6270

79 Holzwarth G. Biochemistry, 1976, 15: 4333

80 Hansson P, Almgren M. J Phys Chem, 1995, 99(45): 16684

81 Hansson P, Almgren M. J Phys Chem, 1995, 99(45): 16694

82 Chandar P, Somasundaran P, Turro N J. Macromolecule, 1988, 21(4): 950

83 Abum E B, Scaiano J C. J Am Chem Soc, 1984, 106(210): 6274

84 Cao Z, Washylishen R E, Kwak J C. J Phys Chem, 1990, 94(2): 773

85 Qkuzaki H, Osada Y. Macromelecules, 1995, 28(1): 380

86 Murata M, et al. J Colloid Interface Sci, 1973, 44: 475

87 Cabane B, Duplessix R. J Physique, 1982, 43, 1529

88 Satio S, Kitamura K. J Colloid Interface Sci, 1971, 35: 346

89 Kunid E. Langmuair, 1993, 8: 324

90 Macdonald P M, Yue Y. Langmuir, 1993, 9: 381

91 李干佐. 日用化学工业, 1995, (5): 1~5

92 徐桂英. 化学学报, 1997, 55: 1179~1184

93 Ghoreishi S M, Fox G A, Bloor D M, et al. Langmuir, 1999, 15: 5474

94 Gilanyi T. J Phys Chem. B. 1999, 103: 2085

95 Sakamoto K. J Phys Chem B. 1997, 104: 7520

96 Lianos P. J Phys Chem. B. 1997, 101: 7520

97 Proietri N. Langmuir, 1997, 13: 66: 2

98 Anthony O, Zana R. Langmuir. 1996, 8: 1967

99 Ruckenstein E. Langmuir, 1995, 15: 8086

100 Anthony O, Zana R. Langmuir, 1996, 15: 3590

101 Biggs S, Selb J, Candau F. Langmuir, 1992, 3: 838

102 Wang Y L, Lu D H, Long C F, et al. Langmuir, 1998, 8: 2050

103 Anthony O, Zana R. Langmuir, 1996, 15: 3590

104 Winnik F W. Macromolecules, 1989, 22: 734

105 Yekta A, Duhamel J, Adiwidjaja H. Langmuir, 1993, 9: 881

106 Anthony O, Zana R. Langmuir, 1996, 8: 1967

107 Martin J S. Surfactanta Science series, 1987, 23: 881

108 徐桂英, 李干佐, 隋卫平. 日用化学工业, 1996, 2: 25

109 Arai H, et al. J Colloid Interface Sci, 1971, 37: 223

110 Goddarpd E D. Colloid and Surfaces, 1986, 19: 255, 301

111 曾利容等. 高等学校化学学报, 1987, 8: 383

112 Horin S, Arai H. J Colloid Interface Sci, 1970, 32: 547